물리전자공학

양호언 · 김 탁 공저

도서출판 상학당

欲爲大者 當爲人役

크고자 하거든 남을 섬기라

머리말

전자회로를 설계하려면 반도체 소자의 전기적 특성과 이에 관련된 소자 내에서의 물리적 현상에 대한 충분한 지식이 필요하다. 그러나, 전자나 통신 분야를 처음 공부하는 학생들이 물리적인 메커니즘이나 양자공학(量子工學)을 충분히 이해한다는 것은 매우 힘든 일이라 하겠다.

따라서, 저자는 이러한 고충을 고려하면서 그 동안의 강의 경험을 바탕으로, 현대물리학(現代物理學)이나 양자역학(陽子力學)에 대한 지식이 없는 학생들도 난해한 물리적 현상이나 수학적인 개념, 또는 반도체 소자들의 여러 가지 특성을 쉽게 이해할 수 있도록 노력하였다. 그러므로, 이 책은 양자공학 분야에 첫발을 내딛는 대학의 초·중급 학년과 전문대학 학생들을 위한 교재 또는 참고서로도 적합하리라 여겨진다.

한편, 이 책을 펴내면서 특히 고려한 점들은 다음과 같다.

첫째, 가능한 한 수학적인 해석보다는 개념적인 설명을 중시하였다.

둘째, 각 장마다 많은 예제를 다루어 학습효과를 올림과 동시에 개념의 이해에 도움이 되도록 하였다.

셋째, 전문용어나 새로운 개념마다 각주를 넣어서 쉽게 이해할 수 있도록 하였다.

넷째, 각 장의 선별에 따라서 물리전자공학 또는 반도체공학 교재로 구분하여 강의가 가능하도록 하였다.

다섯째, 반도체 소자의 충분한 개념의 설명과 소자의 특성에 대한 이해를 위하여 응용회로를 삽입하였다.

이 책을 펴냄에 있어서 국내외의 여러 저서와 문헌을 참고하였기에 이들 저자분들께 깊은 사의를 드리는 바이다. 또한, 저자의 노력에도 불구하고, 천학(淺學)의 탓으로 뜻하지 않은 오류를 범하였을지 우려되는 바이나, 선배제현의 지도편달을 받아 앞으로 계속 연구하고 노력하여 보다 좋은 양서(良書)로 개정하려 하는 바이다.

끝으로, 이 책이 나오기까지 적극적으로 협조하여 주신 여러분들께 깊은 감사를 드리는 바이다.

저 자 씀

차 례

제 1 장 물성론의 기초이론

제2장 양 자 론

제3장 반 도 체

제4장 *PN*접합

제5장 접합 트랜지스터

제 6 장 전계효과 트랜지스터

제 7 장 반도체 소자

제 8 장 열전 및 광전소자

제 9 장 집 적 회 로

제 10 장　반도체 마이크로파 소자

제 11 장　LASER

부　　록

chapter

1 물성론의 기초이론

제 1 장

물성론의 기초이론

1·1 하전입자

■ 전자의 전하량

전자는 매우 작은 입자로서, 일정한 크기와 전하량(電荷量)을 갖고 있다. 전자의 가장 기본적인 성질로서 전자 하나하나가 음(−)의 전기를 띠고 있으며, 이 음전기량(陰電氣量)은 일반적으로 e 또는 q로 표시한다.

이론적인 근거를 제시하면 1906년 미국의 Robert A. Millikan은 [그림 1·1]과 같이 균일한 전기장이 걸려 있는 평행금속판 A, B를 수평으로 놓고, 금속판 A에는 아주 작은 구멍을 만들어 분무기와 같은 것을 이용하여 용기의 윗쪽 부분에서 기름방울을 뿜어 기름의 기포(氣泡)를 만들었다. 그리고, 두 평행금속판 A, B 사이에는 전위차 V(수 1000[V])를 소설할 수 있도록 하여 어떤 특정한 기름방울을 공중에 머물러 있게 할 수 있었다.

기름방울이 공중에 정지하고 있는 현상은 기름방울에 작용하는 전기력(電氣力)[1)]이 그 기름방울에 작용하는 중력(重力)[2)]과 평형이 되는 것을 의미하는 것을 알고, 그 운동을 현미경으로 관측하여 이 기름방울의 전하가 항상

$$e = 1.59 \times 10^{-19}[\text{C}]\text{의 정수배} \qquad (1 \cdot 1)$$

가 됨을 발견하였다. 식 (1·1)이 의미하는 것은 이온화(ionization)에 의해 만들어지는 이온화의 전하가 1.59×10^{-19}[C]이라는 전기량의 최소 단위를 나타낸 것이다.

---

1) $F = eE$[N]

2) 일반적으로 $F = mg$[N](m : 질량, g : 중력가속도)이다. [그림 1·1]에서 기름방울에 작용하는 전기력이 그 기름방울에 작용하는 중력과 평형이 된다는 것은 $F = eE = e\frac{V}{d} = mg$이다.

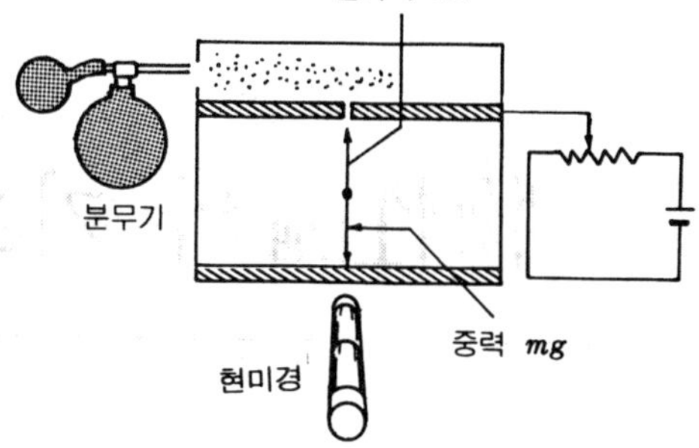

[그림 1·1] Milikan의 기름방울 실험

그 후 공기의 점성계수(粘性係數)를 정밀하게 측정한 결과 전자는 항상 일정한 최소 단위의 부(負)의 전하 $-e$를 갖는 소립자(素粒子, elementary particle)[3)]임을 알 수 있으며 그 전기량, 즉 전자의 전하 e의 값은

$$e=1.602\times10^{-19}[\mathrm{C}] \tag{1·2}$$

으로 밝혀졌다. 이것은 어떤 종류의 입자가 가지고 있는 전기량은 반드시 이 e 값의 정(+) 또는 부(−)의 정수배로 되어 있으므로 e를 전기소량(電氣素量, elementary charge)이라고도 한다.

■ **비전하**(比電荷, specific charge)[4)]

1897년 영국의 물리학자 J. J. Thomson은 전자의 특성인 전자의 질량에 대한 전하의 비를 전기방전 실험을 통하여 측정하였다. 전자 한 개의 질량은 미세한 양이므로 직접 측정될 수가 없으나, 전자의 전하량 e와 질량 m_0의 비 e/m_0의 값을 측정할 수 있다. 이 값을 비전하라고 하며, 그 크기는

$$\frac{e}{m_0}=1.759\times10^{11}[\mathrm{C/kg}] \tag{1·3}$$

정도가 된다. 여기서, 전자의 질량은

$$m_0=9.109\times10^{-31}[\mathrm{kg}] \tag{1·4}$$

이 되며, 수소원자 질량의 1/1836에 해당된다. 또한, 전자 및 원자의 반지름은 각각 10^{-15}[m], 10^{-10}[m] 정도의 값으로 알려져 있다.

이와같이 전자를 일정한 크기의 전하량 및 질량을 갖는 매우 작은 입자로 묘사하는 것을 Newton의 운동법칙에 의거한 고전론적 모델이라 한다. 그러므

---

3) 물질을 구성하고 있는 가장 기본적인 입자이다.
4) 전자의 전하 e와 질량 m과의 비를 뜻한다.

로, 이 고전론은 전자장 내에서나 중력, 예를 들면 전자관 내에서의 전자궤도 등과 같은 거시적 현상(巨視的 現象)[5]에서의 고전론적 취급은 옳다고 볼 수 있지만, 미시적 현상(微視的 現象)[6]에서 취급하는 전자의 결정체 내의 전자운동에서는 고전론은 실험결과와는 차이가 큰 결론을 얻게 된다. 그러므로, 전자운동에 관한 해석에 있어서는 미시적 현상에서의 전자의 파동적 성질에 대한 이론이 필수적으로 첨가되어야 한다.

■ 원자 속의 전자

[그림 1·2]에 실리콘(Si) 원자의 궤도를 예로 들어보자. 일반적으로 전자는 원자를 구성하고 있는 소립자(素粒子)의 하나이다. 원자의 구성은 양(+)으로 대전한 원자핵과 그 주위를 돌고 있는 전자로서 구성된다.[7]

앞서 밝힌 바와 같이 전자란 음전하(陰電荷)를 지닌 입자이며, 이 음전하의 총합은 원자핵이 지니고 있는 양전하(陽電荷)와 똑같다. 따라서, 원자란 전기적인 개념으로 생각하면 중성(中性)이다.

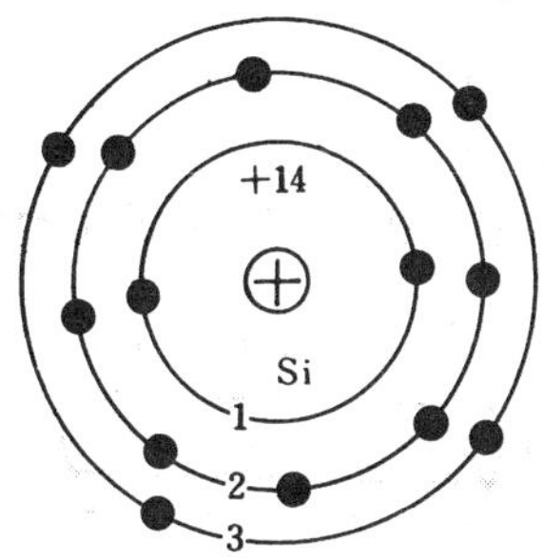

[그림 1·2] 실리콘 원자의 구조

〈표 1·1〉 소 립 자

소립자	질 량	전 하
전 자	$m = 9.109 \times 10^{-31}$kg	$-e$
중성자	1838m	0
양성자	1838m	$+e$

5) 질량 m이 커서 불확정성 원리가 실제로 문제되지 않는 현상
6) 질량 m이 작아서 불확정성 원리가 중요하게 취급되는 현상
7) 일반적으로 원자핵 주위를 돌고 있는 전자의 수는 원자 종류에 따라서 1개에서부터 수십 개에 이른다.

〈표 1·1〉을 참고하면서 요약해 정리하면, 다음과 같다.

① 원자핵은 중성자와 양성자와 같은 소립자로 구성되어 있다.

② 양성자는 전자의 음전하와 동일한 수의 양전하를 갖고 있으나, 전자질량의 약 1,800배가 된다.

③ 중성자는 양성자와 같은 질량을 갖지만, 전하는 갖고 있지 않다.

④ [그림 1·2]는 반도체 재료 중에 가장 많이 사용되는 실리콘의 원자구조이다. 실리콘은 원자번호 14번의 원자로서 14개의 전자를 갖고 있다. 이들 14개의 원자 중에 최외각 궤도를 돌고 있는 4개의 전자는 실리콘의 화학적 성질을 결정하는 중요한 기능을 하며, 화학반응에 있어서 원자가를 결정한다. 그러므로, 이 4개의 전자를 가전자(價電子)[8]라고 하며, 경우에 따라서는 전도전자(傳導電子)라고 하기도 한다.

◀예제 1-1▶ [그림 1·3]과 같은 도선에 1[A][9]의 전류가 흐른다고 하고, 이때 도선의 임의의 단면적을 1[s] 동안에 1[C]의 전하가 이동하고 있다고 하면, 이 단면적을 통과하는 전자의 수는 얼마인가?

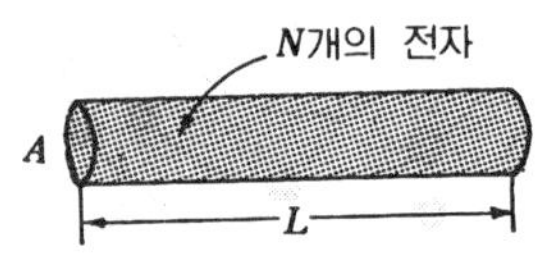

[그림 1·3] 도 선

【풀이】 전류는 전자의 흐름으로서 정의되므로 1[s] 동안에 1[C]의 전하가 흘렀을 때 1[A]로 정의된다. 전자는 1.602×10^{-19}[C]의 전하를 갖고 있으며,

$$I=eN \quad (I\text{: 전류, } e\text{: 전하, } N\text{: 전자수})$$

의 수식이 성립하므로

$$N=\frac{I}{e}=\frac{1}{1.602\times10^{-19}}=6\times10^{18}\,[\text{개}]$$

즉, 6×10^{18}개의 전자가 1[s] 동안 임의의 단면적을 지나고 있는 것과 같다.

---

8) 원자의 가장 밖의 궤도를 돌고 있는 전자이다. 전류의 이동과 관계가 있어서 전도전자라고 하기도 한다.

9) [Å](angstrom) $=10^{-8}$[cm] $=10^{-10}$[m]
[mA](milli-ampere) $=10^{-3}$[A]
[μA](micro-ampere) $=10^{-6}$[A]

1·2 Coulomb[10]의 법칙

■ 2개의 전하 사이의 작용력

2개의 전하 q_1, q_2 사이에 작용하는 힘은 그 전하의 곱에 비례하고, 두 전하 사이의 거리 r[m]의 제곱에 반비례한다. 수식으로 나타내면 다음과 같다.

$$F=k\frac{q_1 q_2}{r^2}\ [\mathrm{N}] \tag{1·5}$$

여기서, k는 비례상수, r은 두 전하 q_1, q_2 사이의 거리이며, 식 (1·5)를 Coulomb의 법칙(Coulomb's law)이라고 한다.

이 힘은 두 점전하를 q_1, q_2를 잇는 직선상으로 작용하며, q_1, q_2가 같은 부호일 때는 서로 밀어내는 힘, 즉 척력(斥力)이 되고, 다른 부호일 때는 서로 잡아당기는 힘, 즉 인력(引力)이 된다.

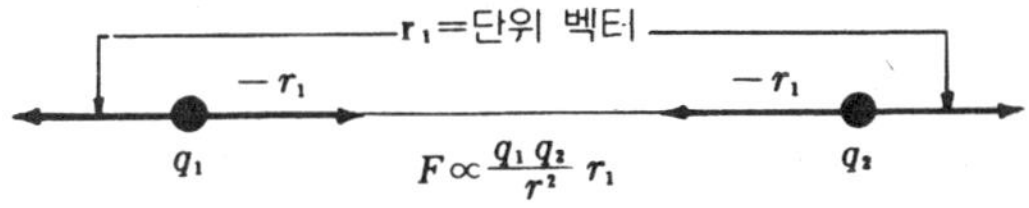

[그림 1·4] 쿨롱의 법칙

[그림 1·4]에 Coulomb의 법칙을 나타내었고, 식 (1·5)에서 F를 newton[N], 전하 q를 coulomb[C], r을 meter[m]로 나타낼 때, 상수 k는 $8.9874\times10^9[\mathrm{N\cdot m^2\cdot C^{-2}}]$가 된다. 그러나, 일반적으로

$$k=9\times10^9[\mathrm{N\cdot m^2\cdot C^{-2}}] \tag{1·6}$$

으로 보아도 무방하다. k가 많이 나오는 식을 간단하게 하기 위하여 상수 k를 다음과 같이 표시한다.

$$k=\frac{1}{4\pi\varepsilon_0} \tag{1·7}$$

단, 여기서 ε은 공간의 유전율(誘電率, permitivity)로, 진공의 유전율을 ε_0, 공간매질의 비유전율을 ε_r이라고 하면

---

10) Charles Coulomb(1736~1806), 프랑스

$$\varepsilon = \varepsilon_r \varepsilon_0 \tag{1·8}$$

로 된다. 공기 중에서 $\varepsilon_r=1$이 되고, ε_0의 값은 대략 8.854×10^{-12}[F/m]가 된다. 그러므로, 식 (1 · 5)의 coulomb의 법칙을 다시 쓰면 다음과 같다.

$$F=\frac{1}{4\pi\varepsilon_0}\cdot\frac{q_1q_2}{r^2}\,[\mathrm{N}] \tag{1·9}$$

1·3 전자 볼트

에너지(energy)의 단위로는 CGS계의 erg와 MKS계의 joule이 있다. 그러나, 전자의 에너지는 매우 미소하여 이와같이 큰 단위를 사용하면 불편한 경우가 많다. 그러므로, 전자의 에너지 단위로서는 사용하기가 편리하고 수치계산하기에 알맞는 전자 볼트(eV : electron Volt)라는 단위를 쓴다.

1[eV]는 전자 1개를 1[V]의 전압을 가하여 가속시켰을 때 얻는 운동 에너지를 말한다.[11)] 따라서

$$1[\mathrm{eV}]=1.602\times10^{-19}[\mathrm{C}]\times1[\mathrm{V}]=1.602\times10^{-19}[\mathrm{J}] \tag{1·10}$$

이 된다. 또한 다음의 관계식도 성립한다.

$$1[\mathrm{J}]=0.63\times10^{19}[\mathrm{eV}] \tag{1·11}$$

1·4 전계와 전위

일반적으로 전계(electric field)란 단위전하가 받는 힘, 또는 어느 단위전하에 대하여 전기력(electric force)이 미치는 공간을 말하고, 그 전기력의 대소로서 전계의 세기(field intensity)를 나타낸다.

[그림 1·5]와 같은 등전위면의 임의의 점 A에서 B까지 정전하(positive charge)를 이동시키려면 이 정전하에 작용하는 힘을 가해야만 한다. 이 정전하에 작용하는 힘을 그 점의 전계강도(電界强度)라고 정의하며, 기호는 E로 표시한다. 점 A에서 B까지 단위정전하를 이동시키는 데 필요한 에너지를 V[V]라고 하면, A는 B보다 V만큼 전위(電位, potential)가 높다고 한다. 또는, 점

11) 1[eV]의 10^6배 : 1[MeV]
10^9배 : 1[BeV]

A와 B 사이의 전위차12)(potential difference)를 V라고 한다. 그리고 그 전위차를 전압(電壓, voltage)이라 한다.

일반적인 이론상 전위의 기준점은 무한원의 점을 영(zero)전위로 정하기도 하며, 이와 별개로 실질적으로 대지의 전위를 영전위로 정하고, 어떠한 다른 점의 전위를 나타내기도 한다. 전계의 단위는 [V/m]이며, 이것은 1[C]의 정전하에 대하여 1[N]의 힘이 미치는 전계의 세기를 1[V/m]로 한다.

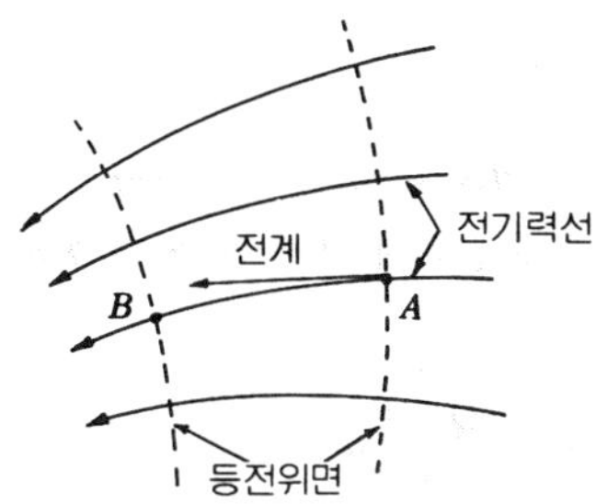

[그림 1·5] 전계와 전위

1·5 전계 내에서의 전자운동

1·5·1 전자의 가속도 운동

방향과 크기가 모두 일정한 전계의 세기 E를 균등전계(均等電界)라 한다. 이러한 균등전계는 극판의 면적에 비해서 극판 사이의 거리가 매우 작은 평행판 캐패시터 사이에 전압을 인가함으로써 쉽게 구할 수 있다. 균등전계 내에서 등가속도 운동을 하는 전자의 운동은 지구중력장 내에서 낙하하는 물체의 운동과 유사하다.

[그림 1·6]에 나타낸 바와같이 정전하(正電荷) e인 입자가 전계 E에 들어갔을 때 받는 힘 F는 정의에 따라서 eE가 된다. 전자의 전하량은 정전하 e 대신 부전하(負電荷) $-e$가 되므로 전자의 질량을 m이라 하면, 전자가 받는 힘 F는 $-eE$가 된다. 그러므로, Newton의 운동법칙13)을 적용하면 다음과 같다.

$$F = ma = -eE\,[\mathrm{N}] \tag{1·12}$$

여기서, (−)는 힘 F의 방향과 전계 E의 방향이 반대임을 의미한다.14) 따

12) 전위차의 실용단위는 volt[V]이며, 1(C)의 정전하를 운반하는데 1[J]의 일을 필요로 하는 두 점 사이의 전위차가 1[V]이다.

13) Newton의 제2법칙 : 입자에 합력이 작용하면 그 입자는 힘의 방향과 같은 방향으로 힘의 크기에 비례하는 가속도로 가속된다.

14) 전자는 부(負)에서 정(正)의 방향으로 힘을 받아 (+)방향으로 움직인다.

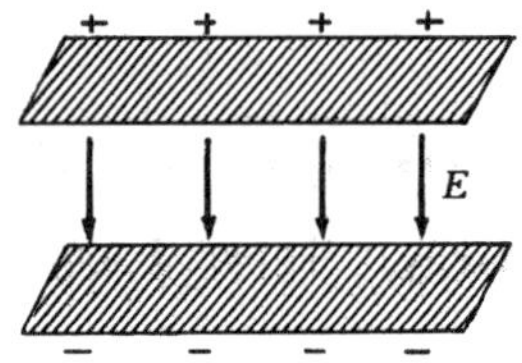

[그림 1·6] 평행판의 전극

라서, 전자가 받는 가속도 a는

$$a=\frac{-e}{m}E[\mathrm{m/s^2}] \tag{1·13}$$

가 된다. 식 (1·13)에서 전계 E가 균등하다고 하면 시간이나 위치에 따라서 변화하지 않으므로 가속도 a는 상수가 된다. 따라서, 이 전계 속에서 운동하는 전자는 등가속도운동(等加速度運動)을 하게 된다.

◀예제 1-2▶ [그림 1·6]에서 두 전극판의 간격이 5[cm]이고, 양극간의 전위차가 200[V]일 때 전자의 가속도를 구하여라.

【풀이】 전자가 받는 힘 F는, $F=-eE=ma$이므로 가속도는 a는

$$a=\frac{eE}{m}=\frac{e}{m}\cdot\frac{V}{d}=1.759\times10^{11}\times\frac{2\times10^2}{5\times10^{-2}}$$

$$\fallingdotseq 7.03\times10^{14}[\mathrm{m/s^2}]$$

여기서 전계 E와 평행판 거리 d, 평행판 사이의 전위 V와의 관계식은 $E=\frac{V}{d}$가 된다.[15)]

1·5·2 전자의 등가속도운동

전자의 운동방향을 x방향으로 잡고, 그 x방향으로 균등한 전계 E가 걸려 있다고 할 때, 식 (1·12), (1·13)을 참조하여 가속도 a는 속도의 변화율 $\frac{dv_x}{dt}$가 되므로, 식 (1·13)을 변형하여 다시 쓰면

---

15) 전계 E는 단위길이[m]당 전위차[V]로 나타낸다. $E=\frac{V}{d}$에 관한 수식은 식 (1·20), (1·21)을 참조.

$$-\frac{e}{m}E_x = \frac{dv_x}{dt} \qquad (1\cdot 14)$$

가 되며, 양변에 $v_x dt$를 곱하고[16], 적분하면 운동 에너지(kinetic energy)와 위치 에너지(potential energy) 사이의 중요한 관계를 얻게 된다. 그러므로, 식 (1·14)는

$$-\frac{e}{m}\int_{x_0}^{x} E_x dx = \int_{v_{x0}}^{v_x} v_x dv_x \qquad (1\cdot 15)$$

가 된다. 여기서, x_0는 처음의 위치이고, v_{x0}는 x_0인 점에서의 속도이며, 또 x는 임의의 한 점의 위치이고, v_x는 x점에서의 속도를 나타낸다. 식 (1·15)에서 좌변의 식 $-\int_{x_0}^{x} E_x dx$는 단위정전하를 전계 E[V/m] 내의 점 x_0에서 x까지 이동시키는 데 소요된 일을 뜻하는 것으로, 1·4절에서 이미 설명한 바와같이 전위의 정의에 따라서 점 x_0와 점 x 사이의 전위는 다음과 같다.

$$V \equiv -\int_{x_0}^{x} E_x dx \,[\mathrm{V}] \qquad (1\cdot 16)$$

여기서, 전위 V는 x_0과 점 x 사이의 전위차(電位差, potential difference)라고도 한다. 그러므로, 식 (1·15), (1·16)으로부터

$$eV = \frac{1}{2}m(v_x^2 - v_{x0}^2)[\mathrm{J}] \qquad (1\cdot 17)$$

이 된다. 이 수식은 역학적 에너지 보존법칙을 나타내며, v_{x0}를 전위차 V[V] 내의 초속도로 하고, 나중속도를 v라고 하면 전자의 초속도 v_{x0}는 0이 되므로 다음과 같이 정리할 수 있다.

$$eV = \frac{1}{2}mv^2[\mathrm{J}] \qquad (1\cdot 18)$$

식 (1·18)에서 식 (1·3)의 $\frac{e}{m}$값[17]을 대입해서 전자의 나중속도 v를 구하면 다음과 같다.

$$v \fallingdotseq 5.93 \times 10^5 \sqrt{V}\,[\mathrm{m/s}] \qquad (1\cdot 19)$$

식 (1·19)에서 전위차가 1[V]라고 하면, 이 경우 전자의 속도 v는 5.93×10^5[m/s]가 된다. 그러나, 전자의 질량이 매우 적으므로 이때 얻어지는 운동

---

16) $\frac{dx}{dt} = v_x$의 관계가 있다(속도에 대한 정의는 거리와 시간의 관계식에서 얻어진다).

17) 비전하 $\frac{e}{m} = \frac{1.602\times 10^{-19}}{9.109\times 10^{-31}} = 1.759\times 10^{11}$[C/kg]

에너지는 매우 적다.

또, 전계와 전위와의 관계를 식 (1·16)을 참고하여 정리하면

$$V=-\int_{x_0}^{x}E_x dx=-E_x(x-x_0)[\mathrm{V}] \tag{1·20}$$

$$E_x=-\frac{V}{x-x_0}[\mathrm{V/m}] \tag{1·21}$$

와 같다. 따라서, 식 (1·21)에서 $x-x_0$를 평행판의 전극간의 거리 d라고 하면

$$E_x=-\frac{V}{d}[\mathrm{V/m}] \tag{1·22}$$

으로 나타낼 수 있다.

◀예제 1-3▶ [그림 1·7]과 같이 두 전극판 A와 B가 있다. A와 B 사이의 거리는 d[m]이고, 양극간의 전위차가 V[V]일 때, 전극판 B면에 정지상태에 있던 전자가 가속되어 전극판 A에 도달했을 때의 속도 v와 B에서 A까지 이동하는 데 걸리는 시간을 구하여라.

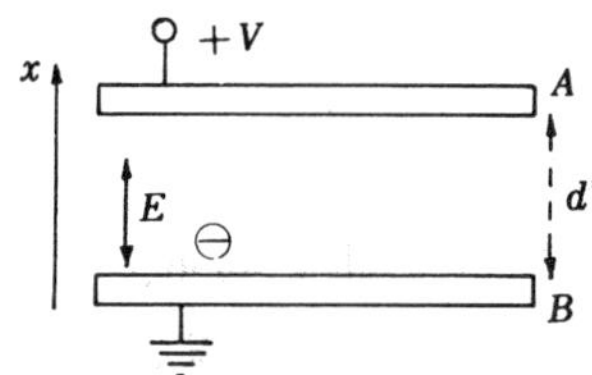

[그림 1·7]

【풀이】 전자의 속도 v는 식 (1·18)로부터 $eV=\frac{1}{2}mv^2$이므로

$$v=\sqrt{\frac{2eV}{m}}[\mathrm{m/s}]$$

전자가 B에서 A까지 이동하는 데 걸리는 시간 t는, 식 (1·12)와 (1·22)로부터, $F=ma=-eE$이므로

$$a=-\frac{e}{m}E=-\frac{e}{m}\cdot\frac{V}{d}$$

등가속도의 운동방정식[18]에서 초속도 v_{x0}와 초기위치 x_0를 0으로 놓으면, 이동거리는

---

18) 등가속도의 운동방정식에서, t초 후의 위치 x와 속도 v_x 및 가속도 a 사이에는 다음과 같은 관계가 성립된다. 단, 초속도 v_{x0}, 초기위치를 x_0라 한다.

$$v_x-v_{x0}=at=\left(-\frac{e}{m}E\right)t$$

$$x-x_0=v_{x0}t+\frac{1}{2}at^2=v_{x0}t\left(-\frac{e}{m}\cdot E\right)t^2$$

$x=\frac{1}{2}\left(\frac{e}{m}\cdot\frac{V}{d}\right)t^2$ 이 되므로 전자가 B에서 A까지 이동하는 데 걸리는 시간은

$t=d\sqrt{\frac{2m}{eV}}$

1·6 음극선관 내의 정전편향

■ 정전편향의 원리

전계 내의 전자운동을 이용한 것으로 정전형 음극선관((陰極線官, CRT, Cathode Ray Tube, braun tube)을 들 수 있다. 이 음극선관의 원리를 이해하려면 우선, 음극선관 내에서의 정전편향(靜電偏向, electrostatic deflection)에 대하여 알아야 하겠다.

[그림 1·7]에서 알 수 있는 바와 같이 두 극판 사이에 V_a라는 일정한 가속전압이 걸려 있다면 두 극판 사이에는 정전계가 형성되고 전자총(electron gun)에서 V_a라는 전압으로 가속된 전자가 v_0의 속도를 갖고 두 극판 사이, 즉 편향전계 속을 지날 때는 y방향으로 가속도가 생기므로 포물선을 그리게 된다.

이때, 전자의 속도 v_0는 음극에서의 초속도를 무시하면[19] 식 (1·18)에 따라서

$$v_0=\sqrt{\frac{2eV_a}{m}} \tag{1·23}$$

가 되며, 포물선을 그리며 운동하는 전자의 궤도에 관한 방정식은 다음과 같이 유도된다. 즉, x, y방향의 수평성분과 수직성분에 관한 식은

$$v_x=v_0, \qquad x=v_0 t$$
$$v_y=a_y t=\frac{-eE}{m}t, \qquad y=\frac{1}{2}a_y t^2 \tag{1·24}$$

식 (1·24)에서 t를 소거하면

$$y=\frac{1}{2}\left(\frac{a_y}{{v_0}^2}\right)x^2 \tag{1·25}$$

그러나, 전자가 두 극판 사이에 걸려 있는 전계를 벗어나는 점을 A라고 하면, 이 점 A부터는 아무 힘을 받지 않게 되므로 [그림 1·8]에서와 같이 수평선과 각 θ를 이루는 직선에 따라 계속 직진하여 형광 스크린에 닿게 된다.

$2a(x-x_0)={v_x}^2-v_{x0}^2$

19) 전자가 열음극에서 방출된 때의 속도는 작아서 초속도는 무시할 수 있다.

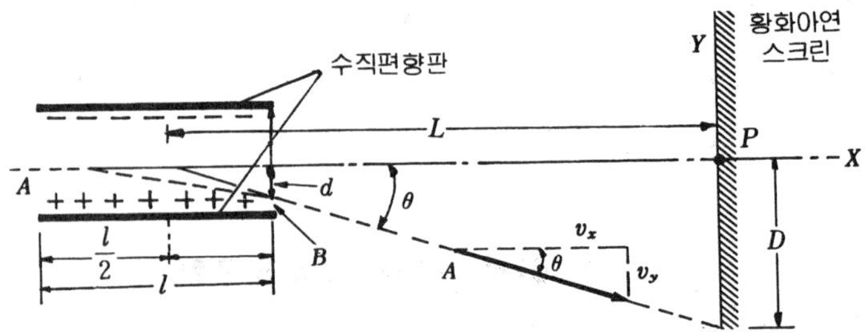

[그림 1·8] 음극선관 내의 정전편향

이때의 각 θ는

$$\tan\theta = \left.\frac{dy}{dx}\right|_{x=l} = \frac{la_y}{v_x^2} \tag{1·26}$$

그러므로, 편향거리 D는 근사적으로 표시하면 다음과 같다. 단, $L \gg l$로 놓는다.

$$D \fallingdotseq \left(L - \frac{l}{2}\right)\tan\theta \fallingdotseq L\tan\theta = L\left.\frac{dy}{dx}\right|_{x=l} = \frac{a_y lL}{v_x^{\ 2}} \tag{1·27}$$

이 되고 여기에 식 (1·23)의 v_x와 a_y의 값을 대입하면

$$D = \frac{lLV_d}{2dV_a} \tag{1·28}$$

가 된다.

따라서 정전편향감도(静電偏向感度, electrostatic deflection sensitivity) S_e는 다음과 같다.

$$S_e \equiv \frac{D}{V_d} = \frac{1}{2}\cdot\frac{lL}{dV_a}\ [\mathrm{m/V}] \tag{1·29}$$

◀예제 1-4▶ 전자의 가속전압 V_a=300[V]이고, 편향판 전압 V_d가 20[V]인 정전형 음극선관의 전자의 편위가 4.4[cm]였다. 가속전압을 600[V]로 변화시키면 전자의 편위는 몇 [cm]인가?

【풀이】 정전편향감도 $S_e = \frac{lL}{2dV_a}$에서 가속전압 V_a가 2배가 되었으므로 결국 $S_e = \frac{1}{2}$이 된다. 따라서, $S_e = \frac{D}{V_d}$에서 V_d는 동일하므로 D는 $\frac{1}{2}$배가 된다. 그러므로, 편위 D =2.2[cm]이다.

1·7 자계 내에서의 전자운동

자장(磁場)[20] 내에서의 전자운동에 관한 고찰을 Fleming의 왼손법칙을 이용하여 해석해 보기로 한다.

[그림 1·9]와 같이 길이 L[m], 전류 I[A]가 흐르고 있는 도선을 자장 B [Wb/m^2] 내에 놓으면, 이 도선에 전류와 직각방향으로 힘이 작용한다. 이 힘이 곧 전자력 F[N]이고, [그림 1·10]에 나타내었다.

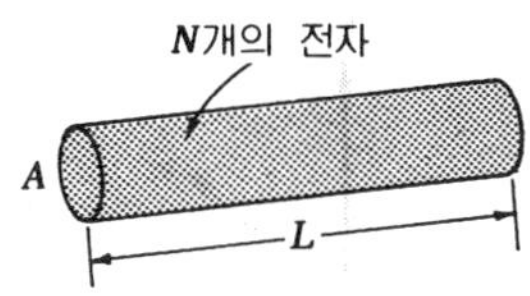

[그림 1·9]

벡터로 표시하면

$$\mathbf{F} = L[\mathbf{I} \times \mathbf{B}] \tag{1·30}$$

가 되며, 그 크기는 다음과 같다.

$$F = BIL \sin\theta \tag{1·31}$$

힘의 방향이 자장과 전류의 방향에 수직이므로 $\theta = \frac{\pi}{2}$ 가 되어 식 (1·31)은

$$F = BIL \tag{1·32}$$

과 같이 된다. 그러므로, 이 Fleming의 왼손법칙을 이용해서 전자에 작용하는 자장의 힘을 구할 수 있다.

[그림 1·9]와 같이 N개의 전자를 갖는 길이 L[m], 단면적 A[m^2]인 도선 안에 N개의 자유전자가 있다고 하면, 단위시간 동안 N/T의 전자가 도선의 단면을 통과하게 될 것이다. 따라서, 이 도선에 흐르는 전류는 정의에 의해서 다음과 같이 나타낼 수 있다.

$$I = \frac{Ne}{T} \tag{1·33}$$

---

20) 자기적인 힘이 미치는 공간으로, 자계라고도 한다.

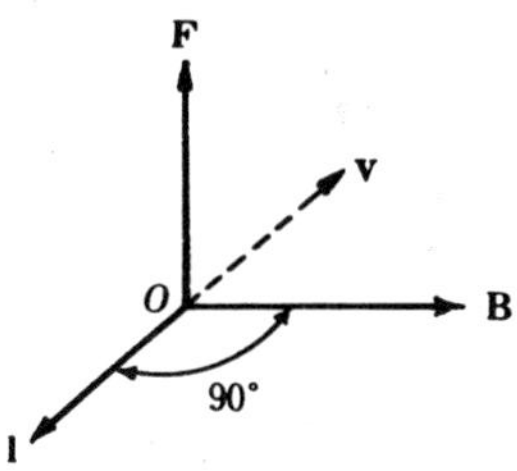

[그림 1·10] 플레밍의 왼손법칙

그러므로, 이 도선에 작용하는 힘은 Fleming의 왼손법칙에 의하여

$$F = BIL = \frac{BNeL}{T} \tag{1·34}$$

이 된다. 그런데, 이 식에서 L/T은 전자의 평균속도 v[m/s]가 되므로 식 (1·34)는

$$F = BIL = BNev \tag{1·35}$$

가 된다. 이것은 도선 내의 N개의 자유전자에 작용하는 힘이다. 그러므로, 속도 v로 자장 B와 직각방향으로 운동하는 1개의 전자에 작용하는 힘, 즉 전자력(電磁力)[21]은

$$F_m = eBv \tag{1·36}$$

라고 할 수 있다. 여기서, F와 B, v 사이의 관계를 고려해 벡터로 표시하면

$$\mathbf{F} = e[\mathbf{v} \times \mathbf{B}] \tag{1·37}$$

가 되며, 여기서 $\mathbf{v} \times \mathbf{B}$는 v와 B의 벡터적(積)을 표시한다.

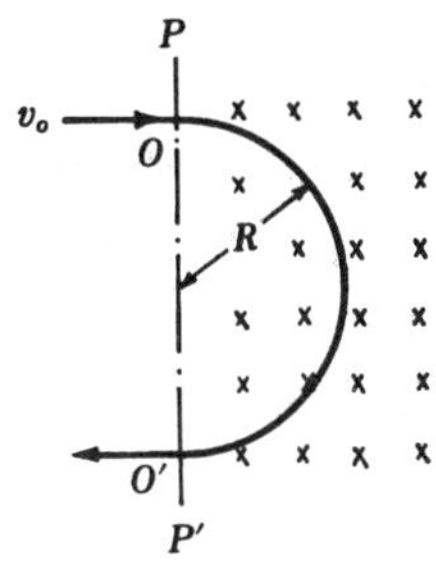

[그림 1·11] 균등자계에서의 전자운동

21) 전기적인 힘을 의미한다. 여기에서 e는 전자의 전하로서 (−)가 되며, q로도 표시한다. 식 (1·37)에서, 만일 전자의 속도 v가 0이면, F_m=0이 되어 자장의 힘이 작용하지 않는다. 또, 만일 전자가 자장과 평행한 방향, 즉 동일방향으로 운동하면 F_m=0이 되어 아무런 상호작용이 없다(v와 B가 수직성분이 아니기 때문이다).

앞에서 밝힌 수식을 결론적으로 설명하면 자계 내의 도체가 있는 경우로서 자장 B[Wb/m²]에 직각방향(또는 수직방향)으로 속도 v로 움직이는 전하 e[C]에 작용하는 힘은 evB[N]이며, 이 힘 F의 방향은 [그림 1·10]에 나타내었다.

■ 균등한 자계 속의 전자는 원운동을 한다

[그림 1·11]에 나타낸 바와같이 전자가 자계와 직각방향으로 속도 v로 균등한 자계 속으로 들어갈 경우의 전자의 운동과 이 전자가 어떤 힘을 받게 될 것인가 고찰해 보도록 한다.

이미 설명한 바와같이 전자의 운동방향과 자계가 서로 수직인 경우에는 전자가 받는 힘의 크기는 evB[N]이고, 그 힘의 방향은 v 및 B에 수직이다. 따라서, 전자력(또는 자기력)은 구심력 작용을 하게 되어 원운동을 한다.[22)]

전자가 균등자계 내에서 속도 v로 반지름 R인 원궤도를 그린다고 해보자, 원운동이라는 개념에서 전자력과 평형이 되어야 할 원심력은 mv^2/R이므로, 이 원의 반지름 R은 다음과 같이 구해진다.

$$m\frac{v^2}{R} = evB \tag{1·38}$$

따라서, 반지름 R은

$$R = \frac{mv}{eB} = 5.68\times 10^{-12}\frac{v}{B} \tag{1·39}$$

여기서, 반지름 R은 전자의 속도 v에 비례함을 알 수 있다. 또한 각속도 ω와 이 원궤도를 한 번 회전하는 데 소요되는 시간, 즉 주기(period) T와 원운동의 주파수 f_c를 구하면 다음과 같다.

$$\omega_C = \frac{v}{R} = \frac{eB}{m} = 1.759\times 10^{11}B \tag{1·40}$$

$$T = \frac{2\pi R}{v} = \frac{2\pi m}{eB} = 3.57\times 10^{-11}\frac{1}{B} \tag{1·41}$$

$$f_c = \frac{1}{T} = \frac{eB}{2\pi m} \tag{1·42}$$

여기서, f_c를 사이클로트로론(cyclotrotron) 주파수라고 한다.

식 (1·37), (1·38), (1·39)에서 유의해야 할 점은 전자의 운동 반지름 R은 v에 비례하지만, 주기 T와 각속도 ω는 속도나 운동 반지름 R에 관계없이 일정하나는 것이다. 다시 말해서, 속도가 빠른 전자는 반지름이 큰 원운동을 하고, 속도가 느린 원자는 작은 원운동을 하는 것을 의미힌다. 그러나, 전지의 속도가 빠르거나

---

22) 이러한 경우 전자의 운동은 실의 한 끝에 돌을 달아서 돌리는 것과 같이 자장(또는 자계) 내에서 일정한 원운동을 한다고 생각하면 쉽게 이해가 된다.

느림에 관계없이 원궤도를 한 번 회전하는 시간은 마찬가지라는 뜻이다.

이러한 특성은 매우 중요하며, 여러가지 전자장치에 응용되고 있다. 다음 장에서 살펴보기로 한다.

1·8 음극선관 내에서의 자기편향

앞에서 설명한 자계 내에서의 전자운동을 잘 응용한 장치로서 음극선관(CRT) 자기편향의 원리를 예로 들 수 있다. 균일한 자계 속에 수직으로 입사된 전자의 원운동을 이용해서 전자빔[23]을 편향시키는 방법을 자기편향(磁氣偏向, magnetic deflection)[24]이라고 한다.

[그림 1·12]는 CRT 내의 자기편향의 원리를 나타낸 것이다. 자력선의 방향을 지면에서 나오는 방향이라고 하면, 이 자계 속에 수직으로 입사된 전자빔은 반지름 R의 원궤도를 그리며 운동하게 된다. 그리고, 이 자계를 벗어나는 점 M에서 직선운동을 하게 되어 형광 스크린상의 점 P'에 도달하게 된다.

수학적으로 표시하면 전자총의 가속전압을 v_a라 하고, 전자의 초속도 v_0와 자계 속으로 들어오는 전자의 속도 v가 같다고 하면, 점 O에서의 전자의 속도는 식 (1·23)에서

$$v=\sqrt{\frac{2eVa}{m}} \tag{1·43}$$

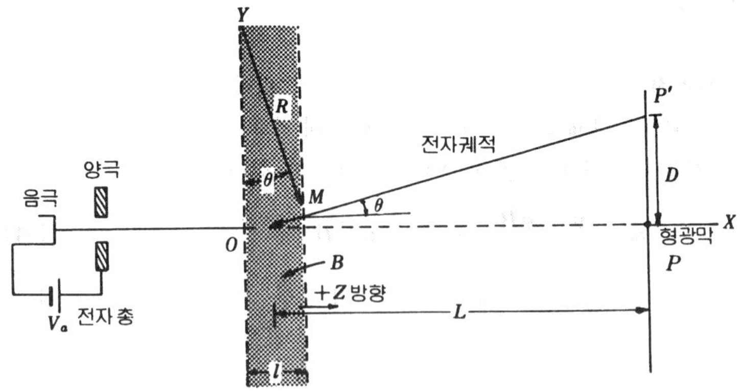

[그림 1·12] CRT 내의 자기편향

23) 전자의 묶음 또는 다발, 전자의 전자속(電子束), 전자류(電子流)라고 하기도 한다.

24) TV수상기에 사용되는 브라운관은 자기편향을 이용한 좋은 예이다.

여기서, 편향거리 D는 근사적으로

$$D \fallingdotseq L \tan\theta \fallingdotseq L\theta \tag{1·44}$$

가 된다.

식 (1·44)에 앞에서 설명한 원궤도의 반지름 R값을 대입하면[25)]

$$D \fallingdotseq L\theta = \frac{lL}{R} = \frac{lLB}{\sqrt{V_a}} \cdot \sqrt{\frac{e}{2m}} \tag{1·45}$$

이 된다. 여기서, L은 자장과 형광 스크린과의 거리이고, l은 자장의 폭으로서 $L \gg l$이라고 가정한다. 따라서, 자기편향감도(磁氣偏向感度, magnetic deflection sensitivity) S_m은 다음과 같다.

$$S_m = \frac{D}{B} = \frac{lL}{\sqrt{V_a}} \cdot \sqrt{\frac{e}{2m}} \tag{1·46}$$

식 (1·46)에서 유의해야 할 사항은 정전편향에서 편향판에 가하는 전압 V_d에 무관한 것과 같이 자계편향감도 S_m 역시 자계의 세기 B에 관계가 없다.[26)] 또한, S_m은 $\sqrt{V_a}$ 에 반비례하고, 비전하 e/m에 영향을 받음을 알 수 있다 (S_e는 V_a에 반비례하고 e/m와 무관하다).

◀예제 1-5▶ 자속밀도 B가 5×10^{-4}[Wb×m^2]인 전자형(電磁型) 음극선관의 전자의 편위가 4[cm]였다. 이때, 전자의 가속전압을 2배로 변화시킬 경우 전자의 편위는 몇 [cm]가 되겠는가?

【풀이】 자기편향감도 S_m은 식 (1·46)인

$$S_m = \frac{D}{B} = \frac{lL}{\sqrt{V_a}} \cdot \sqrt{\frac{e}{2m}}$$

에서 $\sqrt{\frac{e}{2m}} \cdot lL$을 k로 놓으면, $S_m = k\frac{1}{\sqrt{V_a}}$ 로서 $\frac{1}{\sqrt{V_a}}$ 배가 된다.

그러므로, 가속전압 V_a, 변화 전의 편위를 D라 하고 V_a를 2배로 변화시킨 후의 편위를 D'라 하면, 구하고자 하는 D'는

$$D' = D \times \frac{1}{\sqrt{2}} = 4[\text{cm}] \times \frac{1}{\sqrt{2}} = 2.828[\text{cm}]$$

---

25) 자계 내에서의 원궤도의 반지름은

$$R = \frac{mv}{eB} = \sqrt{\frac{2m}{e}} \cdot \frac{\sqrt{V_a}}{B}$$

26) 정전편향은 오실로스코프(oscilloscope)와 같이 작은 편향이 요구되는 장치에 이용되고, 자기편향은 TV 수상관과 같이 큰 편향이 요구되는 장치에 쓰인다.

연습문제

1-1 초속도 0인 전자를 400[V]의 전압으로 가속시킬 때 전자가 갖는 속도를 구하여라.

$$\left(\frac{1}{2}mv^2 = eV\text{에서 } v = \sqrt{\frac{2eV}{m}} = 5.93\times10^5\sqrt{V}\right)$$

1-2 두 평행판 사이의 간격이 2.5[cm]이고, 전계의 세기 E가 10^5[V/m]일 때, 양극판에 전자가 도달할 때의 속도를 구하여라.

1-3 전계의 세기 $E=10^5$[V/m]의 평등전계 중에 놓인 전자에 가해지는 전자의 가속도는? $(F=ma=eE)$

1-4 정지상태의 전자가 400[V]의 전압으로 가속된 경우 전자의 운동 에너지는?

1-5 정전편향감도가 1[mm/V]인 정전형 음극선관의 편향전압이 100[V]일 때, 편향거리는 몇 [mm]인가?

$$\left(S_e \equiv \frac{D}{V_d} = \frac{lL}{2dV_a}\right)$$

1-6 [그림 1·7]과 같이 운동 에너지가 100[eV]의 전자가 평행판 내의 점 A에서 방출하여 균일한 전계 10^4[V/m]의 영역으로 진입하여 4.77[ns] 후에 점 B에 도달하였다.

1) 전자의 초속도는? ($v_0=5.93\times10^6$[m/s])
2) 초속도의 전자가 평행판과 이루는 각 θ는? ($\theta=45^\circ$)
3) AB간의 거리는? ($\overline{AB}=2\times10^{-2}$[m])

1-7 균등한 자계 $B=0.3$[Wb/m^2] 내에서의 전자의 원운동 사이클로트론 각주파수를 구하여라.

$$\left(F=Bev=\frac{mv^2}{r},\ T=\frac{2\pi}{\omega}\right)$$

1-8 원자의 구조를 전자(electron), 중성자(neutron), 양성자(proton)를 중심으로 설명하고, 원자를 구성하고 있는 입자의 전하, 질량값을 설명하여라.

1-9 원자번호가 55인 Cs의 질량수가 133이다. Cs의 양성자와 중성자 및 전자의 수는 각각 몇 개인가? (원자번호 Z, 질량수 A, 중성자수 N이면 $N=A-Z$)

1-10 자계편향에서 자속밀도가 2.8×10^{-6}[Wb/m^2]이고, 전자의 가속전압이 300[V]이면 전자의 편향거리는? 단, $L=20.2$[cm], $l=3$[cm]이다.

$$\left(S_m = \frac{D}{B} = \frac{lL}{\sqrt{V_a}}\cdot\sqrt{\frac{e}{2m}}\right)$$

1-11 3×10^{-10}[A]의 전류가 어떤 도체를 흐를 때 전자 하나의 전하가 1.602×10^{-19}[C]이면 이것은 매 초당 몇 개의 전자와 일치하는가? 또, 이 도체의 단면적이 10^{-4}[m^2]인 균일한 막대에 전자가 분포되어 있을 때 이 막대의 전자밀도는? $(I=eN)$

1-12 전하량 6×10^{-18}[C]이고 부호가 반대인 두 전하가 1[m] 떨어져 있다.

1) 두 전하 사이 중점의 전위는 얼마인가?

2) 중점에서 1[cm] 이동한 점의 전위와 1/2[cm] 이동한 점의 전위를 구하여라.

$$\left(F = k\frac{q_1 q_2}{r^2}\right)$$

1-13 다음 용어를 설명하여라.

1) 소립자(素粒子)
2) 가전자(價電子)
3) 전자 볼트
4) 비전하(比電荷)

chapter

2 양 자 론

제 2 장

양 자 론

2·1 양자론의 개요

1871년 Maxwell은 빛이 전자파(電磁波, electromagnetic wave)의 일종이란 것을 제안하였고, 1900년 Planck는 빛의 에너지가 흡수, 복사된다는 가설을 세우고, 불연속적으로 방사되는 이 양을 양자(量子, quantum), 또는 광자(光子, photon)라고 하였으며, 이 사실을 설명하였다.

이러한 양자론은 원자 이하의 미시적 현상(微視的 現像, microscopic phenomena)으로서 Newton의 고전역학을 이용한 거시적 현상(巨視的 現象, marcroscopic phenomena), 즉 고전물리학의 법칙으로는 설명할 수가 없다.

그러므로, 현재 광범위하게 이용되고 있는 반도체 소자(半導體 素子, solid state device)의 특성 및 동작원리의 이해와 개발을 위해서도 양자역학에 내한 지식을 알아두어야 하겠다.

이 양자역학은 빛의 이중성으로부터 설명할 수 있는데, 그 중 하나는 흑체방사 이론(黑體放射 理論), 광전효과, compton 효과를 주된 이론으로 한 입자성(粒子性)과 de Broglie파, 불확정성 원리, Schrödinger 파동방정식을 주된 이론으로 한 파동성(波動性)을 들 수 있다.

빛의 입자성부터 설명한 다음 파동성에 대해서 설명하기로 한다.

2·2 빛의 입자성

2·2·1 흑체방사 이론(black body radiation)

〈표 2·1〉 가열온도에 따른 흑체의 방사

가열온도[℃]	색	파장성분과 현상
저 온	검 은 색	손을 대면 따뜻하게 느낀다. 물체의 표면에서 적외선이 방사하기 때문이다.
600~700[℃] 부근	오 렌 지 색	한층 더 따뜻해진다. 이 현상은 붉은색 쪽의 가시광선[1]과 더 많은 적외선이 나오고 있음을 의미한다.
900[℃] 부근	황 색	
1000[℃] 이상	흰 색	물체는 백열하게 되고, 이 현상은 대량의 적외선이 방사되는 동시에 적색만이 아니고 여러 종류의 색을 지닌 빛이 방사되기 때문이다. 빛의 파장은 더욱 짧아지게 된다.

〈표 2 · 1〉에 나타난 바와같이 가열된 고체에서 방사되는 빛은 온도가 상승함에 따라 더욱 많이 나오게 되고, 동시에 짧은 파장의 빛이 나타남을 의미한다. 예를 들면, 백열전구 2000[℃] 이상의 고온으로 가열된 텅스텐 필라멘트의 빛을 이용한 것으로, 대부분이 가시광선으로 방사된다.

이러한 실험적인 사실은 1901년 Planck에 의해서 이론적으로 체계화되었다. 즉, Planck의 이론이 있기 전에는 광 및 빛의 에너지(가시광선, 적외선 등)가 흡수되거나 방사될 때, 또 그 에너지가 연속적으로 흡수 또는 방사될 때 그 에너지는 연속적으로 흡수 또는 방사된다고 생각하였다.

그러나, Planck는 [그림 2·1]과 같이 빛의 에너지가 흡수 또는 방사될 경우,

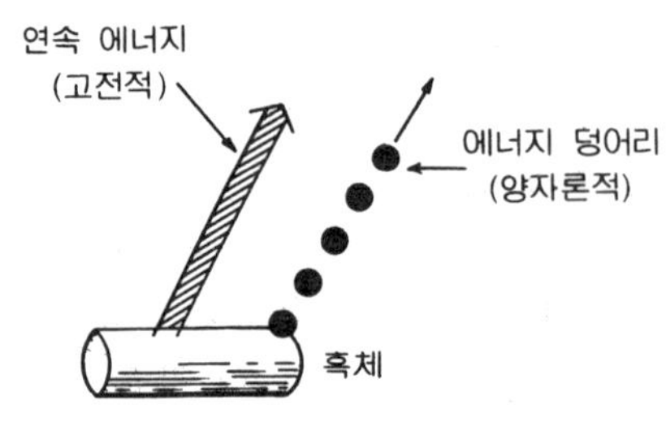

[그림 2·1] 에너지 양자의 설명도

1) visible light : 파장이 380[nm]에서 780[nm]의 범위에 있는 전자방사

그 에너지가 불연속적으로 방사 또는 흡수된다는 가설을 세우고 이론적으로 해석하였다.

즉, 방사되는 주파수를 f(또는 빛의 진동수 ν)라면 hf라는 에너지 덩어리가 불연속적으로 방사되거나 흡수된다고 하였다. 이 에너지 덩어리를 양자라고 하고, 이 에너지의 크기를 수식으로 나타내면

$$E=hf \tag{2·1}$$

가 된다. 여기서, h는 Planck 상수로서 $h=6.624\times10^{-34}$[J · s]이다.

2·2·2 광전효과(photoelectric effect)

[그림 2·2]와 같이 CdS, Se 등의 금속표면에 빛을 비치면 금속표면에서 전자가 방출된다. 이러한 현상을 광전효과라고 하며, 빛을 받아 방출된 전자를 광전자(photoelectron)라고 한다.

이러한 광전효과를 설명하기 위하여 1923년 Einstein은 빛이란 $E=hf$(또는 $E=h\nu$)인 에너지를 가진 입자의 흐름으로 가정하고, 이것을 광자 또는 광전자라고 하였다. 이러한 가정에 의해서 [그림 2 · 2]와 같이 에너지 hf를 갖는 광의 전자, 즉 광자가 금속에 충돌하면 금속 안에 있는 전자는 hf만큼의 에너지를 받아 금속표면에서 튀어나오게 된다.

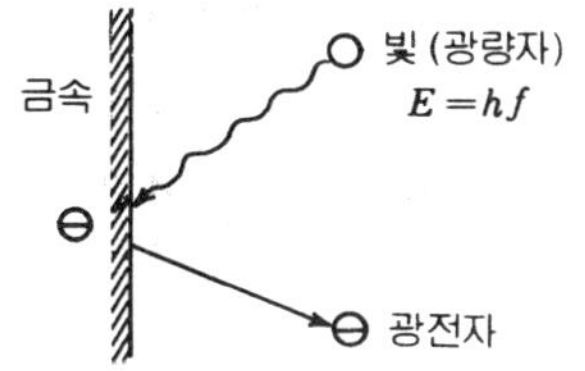

[그림 2·2] 광전효과

그러나, 전자가 금속표면을 통하여 외부로 나오려면 일정한 에너지 W만큼, 즉 전위장벽을 뛰어넘는 데 에너지가 필요하게 된다. 그러므로, 외부로 나온 전자가 갖는 운동 에너지 E_k는 에너지 보존의 법칙에 의해서 입사된 광전자의 에너지 hf에서 W를 뺀 값으로

$$E_k=\frac{1}{2}mv^2=hf-W \tag{2·2}$$

가 된다. 단, $W=e\phi$ 이다.

■ 광전자의 한계주파수

광전효과를 일으키게 하는 최저 주파수를 광전자 한계주파수라고 하는데, [그림 2 · 3]에 f_c로 표시하였다.

이 한계주파수는 금속에 따라서 각각 다른 값을 가지며, 이 한계주파수 이하에서는 아무리 강하게 빛을 조사(照射)하여도 전자는 방출되지 않는다. 즉, 한계주파수 f_c 이상에서만 광전자가 방출된다는 것이다.

수식으로 나타내면 식 (2 · 2)에서 $W=hf$일 때의 주파수를 광전자의 한계주파수라고 한다. 따라서, 한계파장 λ_c는

$$\lambda_c = \frac{c}{f_c} = \frac{ch}{e\phi} \fallingdotseq \frac{12400}{\phi}[\text{Å}] \tag{2·3}$$

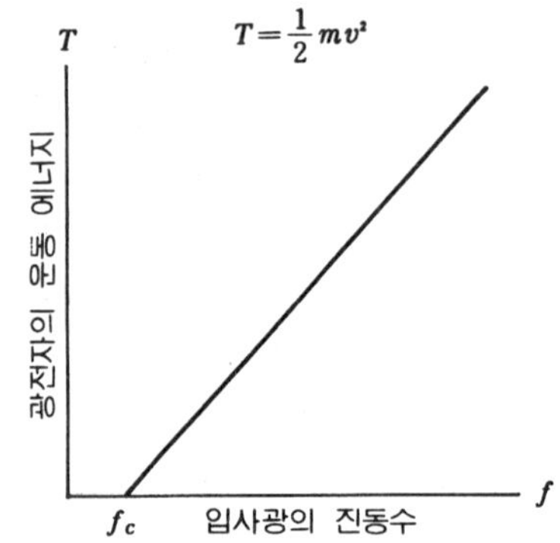

[그림 2 · 3] 입사광 주파수와 방출전자의 에너지

◀예제 2-1▶ 어떤 금속에 4500[Å]의 파장을 갖는 빛을 쬐었더니 비로서 광전자 방출을 시킬 수 있었다. 이 금속의 일함수[2)]는 몇 [eV]인가?

【풀이】 $\lambda_c = \frac{c}{f} = \frac{ch}{e\phi}\ \frac{12400}{\phi}[\text{Å}]$이므로

$$\phi = \frac{12400}{\lambda_c}[\text{Å}] = \frac{12400}{4500} = 2.75[\text{eV}]$$

2·2·3 Compton 효과

빛은 광자 또는 광전자라는 입자로서 이루어졌다는 빛의 입자성을 확실하게

2) 광전자가 금속표면에서 외부로 끌어내는 데 필요한 일을 일함수(work function)라 한다. 이 일함수는 금속의 성질에 따라 각각 다른 값을 갖는다.

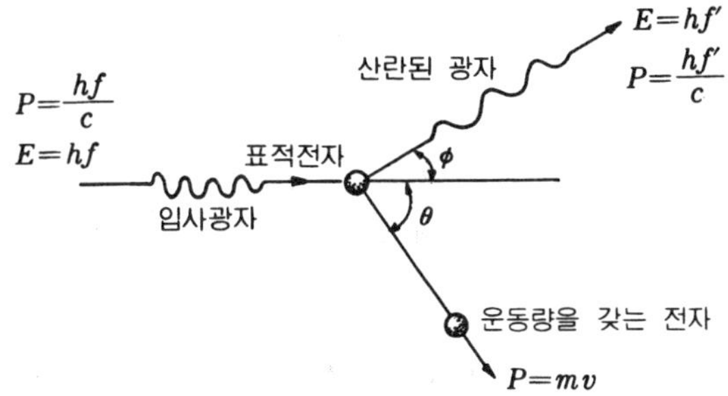

[그림 2·4] 콤프톤 효과

뒷받침 해준 이론은 1923년 Compton에 의해 이루어졌다.

[그림 2·4]에 나타난 바와같이 X선(광양자)을 전자에 충돌하여 산란될 때 X선 중에 입사선과 같은 파장의 성분 이외에 약간 긴 파장이 포함된다. 이 현상을 Compton 효과(Compton effect)라고 한다. 이 효과는 X선을 광전자로서 마치 한 개의 공과 같이 생각하고, 충돌되는 전자도 한 개의 공과 같이 생각하면 빛이 입자성을 갖고 있다는 것이 쉽게 이해가 될 것이다.

즉, X선이 운동량 $P=mc$와 에너지 $E=hf$를 가진 광전자, 즉 입자로 취급하여 설명하기로 한다.

X선, 즉 광전자가 가지고 있는 에너지를 E, 주파수를 f, 파장을 λ라고 하면 $f\lambda=c$이고, $E=hf$가 된다. 또, 광전자의 운동량을 P, 운동 중의 질량을 m, 광속도를 c라고 하면 $P=mc$이므로 Einstein의 상대성 이론식3)에서 에너지 E는

$$E=mc^2=mc\cdot c=hf \tag{2·4}$$

또한, 광양자의 운동량 P는

$$P=mc=\frac{hf}{c}=\frac{h}{\lambda} \tag{2·5}$$

[그림 2·4]의 좌표에서 전자는 X선 광양자와 충돌 전에는 정지상태에 있다고 가정하면, X선 광양자가 전자와 충돌한 후의 상호작용은 에너지 보존의 법칙과 운동량 보존의 법칙이 성립하게 된다. 여기서, 에너지 보존의 법칙이 갖고 있는 의미는 전자와 충돌한 후의 X선 광양자의 에너지는 전자가 얻는 운동 에너지만큼 감소될 것이다. 즉, 광양자의 에너지 변화는 전자의 운동 에너지와 같다는 관계가 성립한다.

---

3) $mv=\dfrac{m_0v}{\sqrt{1-\left(\dfrac{v}{c}\right)^2}}$, 전자의 운동량 $P=mv$. 이 식의 유도는 부록 I을 참고.

따라서, 주파수 f(또는 진동수)인 X선 광양자가 에너지($E=hf$)를 잃었으므로 충돌 후의 주파수 f'가 감소하게 된다는 것이고, $hf=h\cdot\frac{c}{\lambda}$의 관계에서 알 수 있듯이 결과적으로 X선 광양자의 파장 λ가 길게 된다는 것이다.

입사 X선 광양자의 에너지 변화는 전자운동의 에너지 변화와 같다는 의미로부터 유도된 Compton 효과의 결과식은 다음과 같다.4)

Compton의 파장차를 $\Delta\lambda=\lambda'-\lambda$라 하면

$$\Delta\lambda=\lambda'-\lambda=\frac{h}{m_0c}(1-\cos\phi) \tag{2·6}$$

이 $\Delta\lambda$는 산란각 ϕ로만 결정되고, 산란각 $\phi=\frac{\pi}{2}$인 경우 $\cos\frac{\pi}{2}=1$이 되어 파장차 $\Delta\lambda=\lambda'-\lambda$는 다음과 같은 결과식을 얻을 수 있다.

$$\begin{aligned}\Delta\lambda=\lambda'-\lambda&=\frac{h}{m_0c}\\&=2.46\times10^{-12}[\mathrm{m}]\fallingdotseq0.024[\text{Å}]\end{aligned} \tag{2·7}$$

Compton 효과가 갖는 중요한 의미는 광양자(광자)가 갖는다는 이론을 강조한 점에서 광양자의 입자성을 개념화했다는 데 의미가 있다.

2·3 입자의 파동성

2·3·1 de Broglie파

고전역학에서는 전자파(光)는 항상 파동(wave)으로 생각했으나, 앞에서 설명한 바와같이 Planck와 Einstein에 이르러 빛이란 불연속적인 에너지를 갖는 입자성임을 알 수 있었다.

1924년 de Broglie는 물질은 입자성과 아울러 파동성을 가진다고 생각하였다. 앞절에서는 빛의 입자성을 전자에 적용시켜서 전자를 하나의 입자로 생각하였다. 그러나, de Broglie 이론은 빛의 파동성을 전자에 적용시켜서 전자(또는 어떤 입자)가 하나의 파동성분으로서 운동량 $P=mv$를 갖는 입자라고 한다면, 다음과 같은 파장 λ를 갖는다고 가정하였다. 즉, 식 (2·5)에서 운동량은 $P=\frac{hf}{c}=\frac{h}{\lambda}$이므로

4) 식 (2·6)과 식 (2·7)에 관련된 결과식은 부록 I－1을 참조.

$$\lambda = \frac{h}{mv} = \frac{h}{P} \tag{2·8}$$

이 입자에 따른 파를 물질파 또는 de Broglie 파라고 하며, 입자의 운동량 P가 클수록 짧아진다. 또한, 식 (2·8)은 X선이 전자파라는 것을 증명한 실험이라든가, 또는 빠른 속도의 전자가 결정에 부딪칠 때 일어나는 회절현상(回折現象, diffraction phenomena)에 의해서 충분히 증명되었다.

◀예제 2-2▶ 4.52[eV]의 일함수를 가진 텅스텐의 표면을 수은등에서 2537[Å]의 빛을 쬐었을 때 방출된 광전자의 최대 속도는?

【풀이】 빛에너지 $E = hf = \frac{12400}{2537} = 4.89[\text{ eV}]$

광전효과에 의해서 방출전자의 운동 에너지는

$$\frac{1}{2}mv^2 = hf - \phi = 4.89 - 4.52 = 0.37\,[\text{eV}]$$

$$\therefore\ v = 5.93\times10^5\sqrt{V} = 5.93\times10^5\times\sqrt{0.37} = 3.62\times10^5[\text{ m/s}]$$

■ de Broglie파의 속도 W

de Broglie 파장에 관해서는 이미 설명하였다. 이번에는 de Broglie파의 속도가 얼마 정도로 움직이는가를 생각해 보기로 하자.

운동중에 있는 어떤 물체5)에 de Broglie파가 같이 붙어 다닌다고 가정하면, 이 물체가 움직이는 속도는 de Broglie파의 파동속도와 같은 속도가 될 것이다. 즉, 파동이 이 물체의 속도와 같다는 의미이기도 하다.

그러므로, de Broglie파의 속도 W는 일반적으로

$$W = f\lambda \tag{2·9}$$

로 나타낸다. 단, λ는 식 (2·8)의 de Broglie 파장이고, f는 물체의 진동수이다. 따라서, 주파수 (또는 진동수) f는 양자방정식6)(量子方程式, quantum equation)에 의해서

$$f = \frac{E}{h}$$

이다. 또, $E = mc^2$이므로

---

5) 여기에서 어떤 물체는 하나의 입자라고 생각해도 좋을 것이다.

6) $E = hf = h\nu$

$$f=\frac{mc^2}{h} \qquad (2\cdot 10)$$

가 된다. 이 결과, de Broglie파의 파동속도 W는 식 (2·8), (2·10)에 의해서

$$W=f\lambda=\frac{mc^2}{b}\cdot\frac{h}{mv}=\frac{c^2}{v} \qquad (2\cdot 11)$$

이 되며, 결과식7)으로만, 나타내면, de Broglie파의 파동속도 W는 식 (2·12)와 같다.

$$W=\frac{\omega}{k}=\frac{c^2}{v} \qquad (2\cdot 12)$$

식 (2·12)가 갖는 의미는 입자의 속도 v는 광속도 c와 같을 수도 클 수도 없기 때문에 결과적으로 de Broglie파의 속도 W는 항상 광속도 c보다 큰 값을 갖게 된다.

◀예제 2-3▶ 9.5×10^4[m/s]의 속도로 운동하는 수소원자의 de Broglie 파장을 구하여라.

【풀이】 de Broglie의 관계식 (2·8)에서 $\lambda=\frac{h}{P},\ P=mv,\ \lambda=\frac{h}{mv}$ 이고, 수소원자의 질량 m은 $m=1.672\times10^{-24}$[kg]이므로

$$\lambda=\frac{6.624\times10^{-34}}{1.672\times10^{-24}\times9.5\times10^4}=4.17\times10^{-15}[\text{m}]$$

2·3·2 Shrödinger의 파동방정식8)

원자(atom) 이하의 미세현상을 설명함에 있어서 Newton의 고전역학으로는

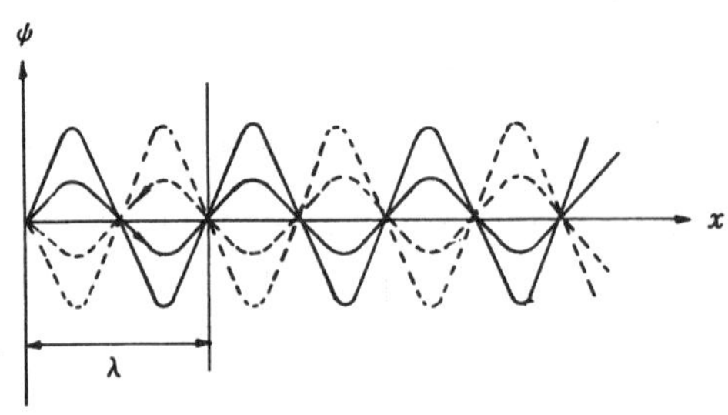

[그림 2·5] 정 상 파

---

7) 결과식 유도는 부록 I −3을 참조.
8) 부록 I −4에 Shrödinger 파동방식을 유도하였다.

완전한 설명이 될 수 없음을 우리는 이미 알고 있다. 또한, 전자도 하나의 입자로서, 즉 물질파(物質波, material wave)로서 파장을 갖는 파동으로 나타낼 수 있으므로, 이 물질파를 취급하는 방정식에 관해서 연구해 보도록 한다.

[그림 2·5]와 같이 파장 및 속도가 같은 2개의 파동이 서로 반대방향으로 중첩된 파를 정상파(定常波, standing wave)라고 하는데, 원자 내의 전자의 진동도 마치 정상파와 같이 움직인다고 한다.

그런데 전자가 갖는 전체 에너지 E는 운동 에너지와 위치 에너지의 합이므로, 즉 $E=E_k+E_P$의 관계가 성립한다. 만일의 경우, 외부에서 작용하는 힘이 없다고 하면 위치 에너지 $E_P=0$이 된다. 이것은 운동 에너지 E_k가 전체 에너지 E와 같다는 뜻이 된다. 반대로 외부의 힘이 작용한다고 하면, 이 전자는 위치 에너지 E_P가 존재한다. 결과식으로만 표현하면 식 (2·13)과 같다.

$$\nabla^2\psi+\frac{2m}{\hbar^2}(E-E_P)\psi=0 \qquad (2\cdot13)$$

특히, 이 Schrödinger 파동방정식이 갖는 중요한 의미는 수소원자 내에서 운동하는 전자의 운동 에너지를 수학적으로 증명하였다는 데 그 의미가 매우 크다고 볼 수 있다. 여기에서 ψ는 [그림 2·5]에서와 같이 각속도 ω인 파가 x축을 따라 진행하는 파의 진폭이고 $\hbar=\frac{\pi}{2}$, E_P는 위치 에너지를 의미한다.

2·4 Bohr의 가설

분광학은 19세기 전반을 통해서 가장 활발한 연구분야였었다. 이 결과 많은 스펙트럼(spcctrum)선의 파장을 알게 되었고, 또한 이 스펙트럼선들 사이의 간격이 규칙적으로 배열되어 있다는 것과 여기에 대한 많은 실험식이 발표되었다. 이러한 실험식 중 가장 유명한 것은 1885년에 발표된 Balmer의 것이다.[9)]

원자가 내놓는 스펙트럼은 분명히 그 원자의 구조와 관계된다. 그러나, 이 원자의 구조와 스펙트럼의 연관성이 정립되어 있지 않아서 스펙트럼을 원자의 모형과 어떻게 관련시켜 해석해야 할지 모르고 있었다. 1913년까지 원자가 양전하($+e$)의 핵을 갖는다는 것이 Rutherford에 의해서 밝혀졌지만, 이 핵의 원자모형은 고전전자기 이론(古典電磁氣理論)면에서 불안정하였다. 이렇게 어려운 문제가 1913년 Niels Bohr에 의해서 풀렸다.

---

9) 1885년 Balmcr는 수소기체를 가열했을 때 복사되는 빛의 분광으로 얻은 스펙트럼선에서 간격이 규칙성이 있음을 발표하였다. 실험식은 다음과 같다.

$$\lambda=3645.6\left(\frac{n^2}{n^2-2^2}\right) \quad (n=3,\ 4,\ 5,\ \cdots 11\text{의 정수})$$

Bohr에 의하면 가장 간단한 수소원자는 전하가 $+e$인 중심핵과 그 주위를 원궤도를 그리면서 돌고 있는 전하가 $-e$인 1개의 전자로 구성되어 있다는 것이다.

Bohr는 이러한 원자구조에 대해서 다음의 가정을 가설하였다.

■ 제1가설 : 양자화 조건(quantum condition)

원자 내의 전자는 핵 주위를 특정한 궤도에 따라서만 돌고, 다른 궤도에는 있을 수 없다[10]. 이들 허용된 궤도는 각각 원자의 정상상태(stationary state)에 해당하며 원자가 정상상태, 즉 이 허용된 궤도를 운동하는 경우에는 전자파를 복사(輻射)하지 않는다. 그리고 다음의 궤도를 만족한다.

$$mvr = n\frac{h}{2\pi} \qquad n=1,\ 2,\ 3\cdots\cdots \tag{2·14}$$

여기서, m은 전자의 질량이고, r은 궤도 반지름, v는 운동속도, h는 Planck 상수[11]이다. 식 (2·14)가 갖는 의미를 다시 설명하면 "전자의 각운동량(mvr)의 2π배가 Planck 상수 h의 정수배가 되는 궤도만 허용된다."는 뜻으로 Bohr가 가정한 것이다.

■ 제2가설 : 주파수 조건(frequency condition)

전자가 한 정상상태(제1가설에 주어진 하나의 궤도)로부터 다른 정상상태(또 다른 궤도)로 옮겨갈 때는 다음 식으로 주어지는 파장의 전자파를 방출(복사)하거나 흡수한다.

$$hf = \varDelta E = E_2 - E_1 \tag{2·15}$$

여기서, $E_1 < E_2 < 0$이면 에너지는 전자파를 방사(복사)하며, $E_1 > E_2 > 0$일 때는 흡수가 일어난다.

그러면, 이 두 가지 가설을 통하여 수소원자의 상태를 구체적으로 고찰해 보기로 한다.

■ Bohr의 반지름

[그림 2·6]과 같이 궤도 반지름을 r, 속도 v로 운동하는 전자에 작용하는 원심력은 mv^2/r이 되며, 원자핵과 전자 사이에 작용하는 정전인력(또는 Coulomb의 힘)은 $-e^2/4\pi\varepsilon_0 r^2$이 된다. 그런데, 이 원자모형이 역학적으로 안정하려면 두 힘이 평형이 되어야 하므로 다음 식이 성립된다.

---

10) 고전론적으로 보면 모든 궤도가 같으며, 특정한 궤도란 있을 수 없다.

11) $h = 6.624 \times 10^{-34}$[J · s]

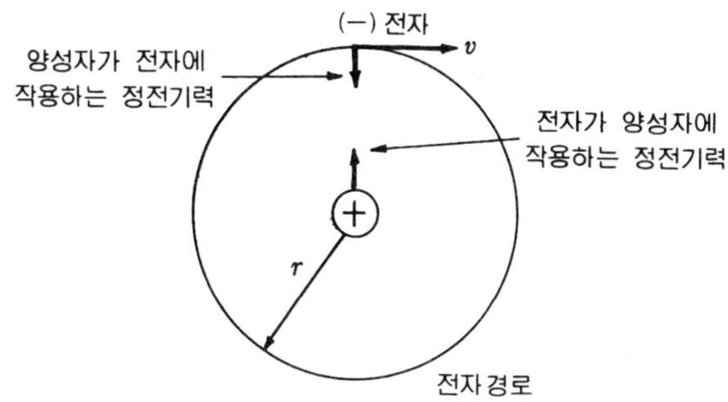

[그림 2·6]

$$\frac{mv^2}{r} = \frac{e^2}{4\pi\varepsilon_0 r^2} \tag{2·16}$$

그리고, 식 (2·14)과 (2·16)에서 v를 소거하여 전자의 운동반지름 r을 구하면 다음과 같다.

$$r = \frac{\varepsilon_0 h^2}{\pi m e^2} \cdot n^2 \tag{2·17}$$

식 (2·17)에서 진공의 유전율 ε_0[12], 전자의 질량 m, Planck 상수 h, 전하 e[13] 등 각각의 상수를 대입해서 그 값을 구하면

$$r_n = 0.52917 \times 10^{-10} \cdot n^2\,[\mathrm{m}] \tag{2·18}$$

식 (2·17)에서 $n=1$, 즉 0.529[Å]을 제1 Bohr 반지름이라 한다. 이와 같이 연속된 값을 갖지 않고 이산적(離散的, discrete)인 값을 갖는 것은 양자화(원자 내에서 전자의 에너지 계산) 되었다고 한다.

◀예제 2-4▶ Bohr의 반지름에서 기저상태와 $n=2$ 궤도인 상태의 거리는 얼마인가?

【풀이】 Bohr의 반지름 r_n은 식 (2·17)에서 $r_n = \frac{\varepsilon_0 h^2}{\pi m e^2} \cdot n^2 \fallingdotseq 0.53n^2$[Å]이므로

$$r_2 - r_1 = 0.53 \times 2^2 - 0.53 \times 1^2 = 1.59\,[\text{Å}]$$

---

12) $\varepsilon_0 = 8.854 \times 10^{-12}$[F/m]

13) $e = 1.602 \times 10^{-19}$[C]

■ 전자의 전체 에너지

전자의 전체 에너지는 운동 에너지 (E_k)와 위치 에너지 (E_P)의 합으로 표시된다. 그러므로, 운동 에너지를 식 (2·16)을 이용해서 먼저 구하면

$$E_k = \frac{1}{2} mv^2 = \frac{e^2}{8\pi\varepsilon_0 r} \tag{2·19}$$

이 된다. 그리고, 위치 에너지 E_P는 Coulomb의 법칙을 이용하는데, 구하는 방법은 다음과 같다.

원자핵에서 임의의 거리 r[m]만큼 떨어져 있는 전자의 위치 에너지 E_P는

$$E_P = \int_\infty^r F dr \int_\infty^r \frac{e^2}{4\pi\varepsilon_0 r^2} dr = -\frac{e^2}{4\pi\varepsilon_0 r} \tag{2·20}$$

와 같이 된다. 따라서, 전자의 전체 에너지 E_T는

$$E_T = E_k + E_P = -\frac{e^2}{8\pi\varepsilon_0 r} \tag{2·21}$$

이 된다. 그러므로, 식 (2 · 20)에 전자의 운동 반지름 r을 구한 식 (2·15)를 대입해서 정상상태의 에너지 준위를 구하면 다음과 같다.

$$E_T = \frac{-me^4}{8\varepsilon_0^2 h^2} \cdot \frac{1}{n^2} = -13.58 \frac{1}{n^2} [\text{eV}] \tag{2·22}$$

이 식은 에너지 준위를 구하는 식으로 매우 중요하게 사용되는 식이다.

2·5 원자 내의 에너지 준위

식 (2·22)에서 n=1인 상태를 기저상태(基底狀態, ground state)라 하며, 이때의 에너지는 최소의 상태이며 가장 안정하다고 볼 수 있다. 또, 이때의 에너지 준위를 기저준위라고 한다.

그리고, $n \geq 2$인 상태를 여기상태(勵起狀態, excited state), 이때의 에너지 준위를 여기준위라고 한다. [그림 2·7]에 수소원자의 에너지 준위를 나타내었다.

$n=2$인 준위에서 $n=1$인 준위로 전자가 천이(遷移)하는 경우의 방출하는 광양자 에너지를 구하면, 식 (2·15)에서

$$hf = \varDelta E = E_2 - E_1 = \frac{me^4}{8h^2 \cdot \varepsilon_0{}^2} \left(\frac{1}{n_1{}^2} - \frac{1}{n_2{}^2} \right) \tag{2·23}$$

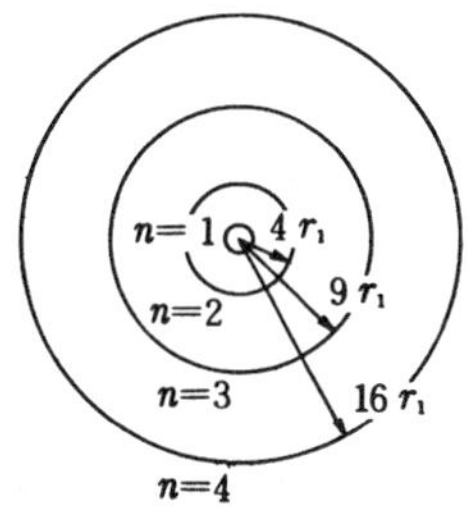

[그림 2·7] 수소원자의 전자궤도

와 같이 되고, 이때의 전자파의 파장 λ는

$$\lambda = \frac{c}{f} = \frac{ch}{E_2 - E_1} = \frac{8h^3 \cdot c\varepsilon_0{}^2}{me^4}(\ n_1{}^2 - n_2{}^2) \tag{2·24}$$

이 된다. 여기서

$n=1\ \ n_2=2,\ 3,\ 4,\ \cdots\cdots$	Lymann series	: 자외선 영역
$n=2\ \ n_2=3,\ 4,\ 5,\ \cdots\cdots$	Balmer series	: 가시광선
$n=3\ \ n_2=4,\ 5,\ 6,\ \cdots\cdots$	Paschen series	적외선 영역
$n=4\ \ n_2=5,\ 6,\ 7,\ \cdots\cdots$	Brackett series	
$n=5\ \ n_2=6,\ 7,\ 8,\ \cdots\cdots$	Pfund series	

이며, 전자의 에너지 준위를 나타낸 것으로 모두 실험과 잘 일치한다. [그림 2·8]에 수소원자의 전자 에너지 준위를 나타내었다.

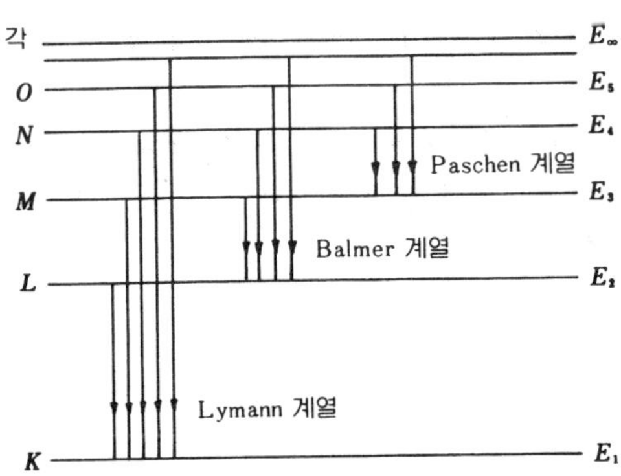

[그림 2·8] 수소원자의 전자 에너지 준위

◀예제 2-5▶ 수소원자에 있어서 기저상태에 있는 전자를 $n=2$인 궤도로 옮기는 필요한 에너지를 구하면 몇 [eV]인가?

【풀이】 식 (2·22)에서 $E_n=-\frac{13.58}{n^2}$[eV]이다. 따라서,

$n=1$일 때 $E_1=-\frac{13.58}{1}$[eV]

$n=2$일 때 $E_2=-\frac{13.58}{4}=-3.39$[eV]

$\therefore E_2-E_1=-3.39-(-13.58)\fallingdotseq 10.2$[eV]

2·6 전자의 양자수

Schrödinger의 파동방정식에 의하면 수소원자의 문제는 쉽게 해결된다. 이 경우, 수소의 원자핵은 고정시켜 놓고 전자에 허용된 에너지 E를 구한다.

여기서 전자의 위치 에너지 E_P는 앞절의 Bohr 이론의 설명 중 전자의 전하를 $-e$, 전자와 핵 사이의 거리를 r이라 할 때 정전기적 법칙(靜電氣的法則 또는 Coulomb의 법칙)에 의해서 $E_P=-\frac{e^2}{r}$임을 알 수 있다. 이 위치 에너지 $\frac{-e^2}{r}$을 앞절의 파동방정식의 결과식인 식 (2·13)으로부터 다음과 같이 유도된다.[14]

$$\frac{\partial^2\psi}{\partial x^2}+\frac{\partial^2\psi}{\partial y^2}+\frac{\partial^2\psi}{\partial z^2}+\frac{8\pi^2 m}{h^2}\left(E+\frac{e^2}{r}\right)\psi=0 \qquad (2\cdot 25)$$

Schrödinger에 의하여 구해진 수소원자의 에너지 준위에 관한 이론은 Bohr의 가설과도 잘 일치하였고, 따라서 Schrödinger는 원자에 허용된 에너지 준위에 관련된 양자수와 파동함수도 구할 수 있었다.[15] 따라서, 원자이론에 전자의 스핀(spin) 개념을 도입하여 원자 속의 전자상태를 상세히 서술하려면 주양자수 n, 부양자수 l, 자기양자수 m_l, 스핀 양자수 m_s의 4가지 양자수가 필요하게 된다.

더구나, 수소원자 외에는 전자가 두 개 이상이므로 이들 원자들의 바닥상태에서 전자의 배열에 대해서 필히 알아두어야 하겠다.

다음은 전자에 대해서 일반적으로 주어지는 양자수에 대해서 설명해 보자.

14) 부록 I−4의 식 (11)을 참조.
15) Schrödinger가 수소원자 속의 전자를 3개의 양자상태 n, l, m으로 표시할 수 있음을 발견했다는 뜻으로, 수소원자에 대한 Schrödinger의 수학적 이론이 성공을 거둔 것을 의미하기도 한다.

■ n : **주양자수**(principal quantum number)

n으로 표시된 주양자수는 전자의 에너지 준위를 결정하는 데 일차적으로 중요하다. 즉, 수소원자의 에너지는 n값에 의하여 완전히 고정된다.[16)]

즉, 수소원자보다 많은 전자를 가진 원자 속의 각 전자의 에너지는 주로(완전하지는 않으나) 주양자수에 의해서 결정되고, 주양자수 n은 다음과 같이 언제나 0이 아닌 양의 정수를 갖는다.

$n=1, 2, 3, \cdots\cdots$

즉, 이 양의 정수값에 따라서 원자핵에서 가까운 쪽부터 K, L, M, N, ··· 각(殼, shell)이라고 궤도의 명칭을 붙이며, 같은 n값을 가진 전자는 거의 같은 원자공간을 움직이고 있으므로 같은 에너지 준위에 존재한다고 한다.

■ l: **부양자수**(subsidiary quantum number)

l로 표시되는 부양자수는 전자의 확률분포의 형을 결정하며, 방위양자수(方位量子數, azimuthal quantum number) 또는 각운동량 양자수라고도 한다(각운동량은 운동량의 모멘트이며, 예를 들면 Bohr의 가설에서 전자는 각운동량 mvr을 취한다).

또한, 전자의 일반적 기하학적인 모양은 부양자수 l에 의하여 결정되며, 주양자수 n의 어떤 값에 대해서 부양자수 l의 값은 $l=0, 1, 2, 3, \cdots, (n-1)$ 중의 어떤 값을 갖게 되며, $0 \le l \le n-1$로 표시된다.

즉, 주양자수 n을 가진 전자는 n개의 다른 l값을 가지게 되므로, 이 상태에 해당하는 궤도를 s, p, d, f, ···라 하며 부각(副殼)[17)]이라 한다.

〈표 2·2〉 원자 내의 전자의 양자수

이 름	기호	값	결정되는 양
주양자수	n	1, 2, 3, ···	전자 에너지
부 양자수	l	$0, 1, 2, \cdots, n-1$	각운동량의 크기
자기 양자수	m_1	$-l, \cdots 0, \cdots +l$	각운동량의 방향
스핀 양자수	m_2	$-\frac{1}{2}, +\frac{1}{2}$	전자 스핀의 방향

16) 수소원자 에너지 E는 $E_n=-13.58\frac{1}{n^2}$의 고정값을 갖게 된다.

17) 부준위(副準位)라고도 한다. $l=0, 1, 2, 3, \cdots$인 상태를 s, p, d, f로 나타낸다.

■ m_l : **자기양자수**(磁氣量子數, magnetic quantum number)

전자의 회전운동은 자장을 발생하므로 원자를 자장 속에 놓았을 때 전자의 운동범위는 이 자기양자수에 의하여 결정된다. 자기양자수 m_l은 원자 속의 전자 에너지에 미치는 영향은 적지만, 부양자수 l과의 관계 때문에 중요하다.

어떤 값에 대해서 m_l은 $-l \leq m_l \leq l$ 사이의 정수를 취한다. 즉, $m_l = l, l-1, l-2, \cdots 0, -1, -2, \cdots, -l$이 되어 어떤 l값에 대해서 $2l+1$개의 m_l값이 있다.[18] 이 m_l은 궤도면의 외부 자장에 대한 기울기를 규정하는 것이기도 하다.

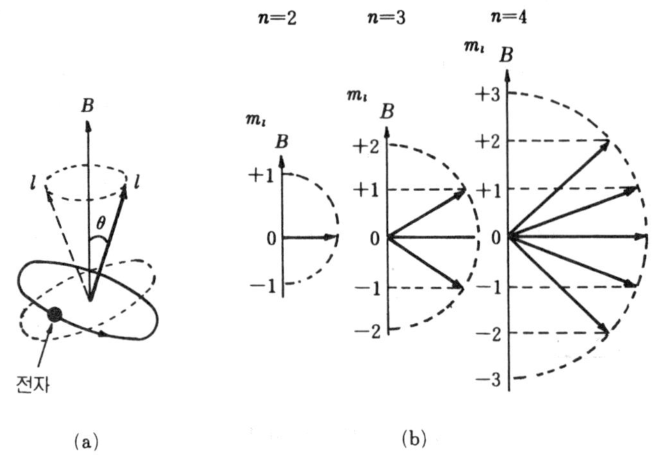

[그림 2·9] 자계 내에 있어서 궤도 각운동량의 방향

■ m_s : **스핀 양자수**(spin quantum number)

A. Sommerfeld는 3개의 양자수, 즉 주양자수 n, 부양자수 l, 자기양자수 m_l에 의해서 전자의 궤도가 타원이라고 생각하고, 에너지는 Bohr의 이론과 같이 주양자수 n으로만 결정된다고 생각하였다.

그러나, 원자핵 주위의 전자궤도는 이들 3개의 양자수 n, l, m_l만으로는 불충분하여 1925년 Uhlenberk와 Goudsmit는 스펙트럼을 더욱 정밀하게 설명하기 위하여 4번째의 양자수를 도입하였다. 이것이 스핀 양자수 m_s(또는 s)이다.

이 두 학자의 이론에 따르면 전자가 원자핵 주위로 궤도운동을 할 뿐만 아니라, 전자 자신도 외부 자장의 방향을 축으로 해서 시계방향 또는 반시계방향으로 [그림 2·10]과 같이 자전한다는 것이다. 이 전자의 자전을 스핀이라 하고, 이것을 나타내는 양자수가 곧 m_s이다. 특히, 이 스핀 양자수 m_s에는 다른 양

---

18) 만일, $l=1$이면 $m_l=-1, 0, +1$의 3가지 값으로 양자화된다.

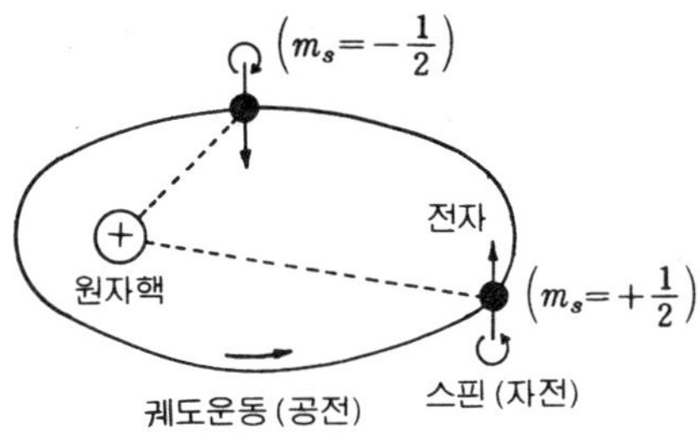

[그림 2·10] 스핀 양자수를 갖는 전자궤도

자수의 값과는 관계없이 $+\frac{1}{2}$, $-\frac{1}{2}$의 두 가지 값만 갖는다.

$$m_s=+\frac{1}{2} \text{ 또는 } -\frac{1}{2}$$

2·7 Pauli의 배타율

원자 내의 전자의 상태를 서술하려면 앞절에서 이미 설명한 바 있는 전자의 양자수에 의한 주양자수 n, 부양자수 l, 자기양자수 m_l, 스핀 양자수 m_s의 4가지 양자수, 즉 한 조로 원자 내에서 전자의 상태를 양자역학의 한계 내에서 설명할 수가 있다.

수소원자를 제외하고는 전자가 2개 이상이므로 이들 원자들의 바닥상태에서 전자의 배열을 알아볼 필요가 있다.

다시 말해서, 복합원자에서 전자는 모두 같은 조합의 양자수를 갖는 것인가? 또는, 이들 조합의 형태는 어떻게 다른가?라는 의문이 생기게 된다. 이러한 의문에 대해서 1925년 Wolfgang Pauli는 다음과 같은 제안을 하였다. 즉, "어느 한 원자 내에서 2개의 전자가 같은 양자 상태에 존재할 수 없다."

다시 설명하면 복합원자에서의 전자들은 각각 다른 조합의 양자수 n, l, m_l, m_s를 갖지 않으면 안된다는 뜻이다. 이 조건을 Pauli의 배타율(排他率, Pauli's exclusion principle)이라고 한다.

원자의 구조를 이해하는 데는 Pauli 배타율에 대한 이해도 중요하지만, 여러 원자들의 전자배열을 실제로 다루기에 앞서 화학의 주기율에 의한 원자의 전자배열을 알아보는 것이 또한 중요하다.

■ 전자각과 전자부각

고립상태의 독립된 원자[19)]가 1개 있다고 하자. 이때, 이 원자 내의 전자 중

19) 원소의 전자배열에서는 원자와 원자 사이의 영향은 무시되어야 하며, 주위에 있는 이웃 원자로부터 멀리 떨어져 고립되어 있는 경우라고 생각한다.

같은 주양자수 n의 값을 가질 때, 이들은 같은 전자각[20](電子殼, electron shell)에 속한다라고 한다.

전자각에 대해서 구체적으로 설명하면,

① 주양자수값 $n=1, 2, 3, 4, \cdots$에 따라서 전자각은 K, L, M, N, O 등으로 나타낸다.

② 즉, $n=1$인 경우 K각, $n=2$인 경우는 L각, $n=3$인 경우는 M각, …으로 표시된다.

이와같이 나타낸 전자각은 전자부각(또는 부각이라고도 한다)으로 다음과 같이 세분하여 설명할 수 있다.

① 한 개의 전자각은 부양자수값 $l=0, 1, 2, 3, \cdots, (n-1)$에 따라서 각각의 다른 부각 s, p, d, f[21] 등으로 표시된다.

② 즉, $n=1$인 전자각 K의 경우를 예를들어 보면, $n=1$일 때 $l=0$, $m_l=0$, $m_s=\pm\frac{1}{2}$이 되어 K각에는 전자가 두 개가 있게 되는데 이 상태를 $1s$ 상태라고 한다.

③ $n=2$인 전자각 L인 경우에서는, 부양자수 l은 $l=0$, 1의 값을 갖게 되어 두 가지 경우로 나누어 생각할 수 있다. 첫째 경우는 $n=2$, $l=0$, $m_l=0$, $m_s=\pm\frac{1}{2}$인 2개의 전자가 존재하는 $2s$ 상태와, 둘째 경우로 $n=2$, $l=1$, $m_l=-1, 0, 1$, $m_s=\pm\frac{1}{2}$인 6개의 전자가 존재하는 $2p$ 상태로 구분할 수 있다.

④ 따라서, 주양자수 $n=2$인 L각에는 전체 8개의 상태가 있게 되며, 이 L각에는 최대로 8개의 전자가 속할 수 있게 된다. 〈표 2·3〉을 참고하면 d부각에는 최대 10개까지의 전자상태, f부각에는 14개의 전자가 최대로 존재함을 알 수 있다.[22]

일반적으로 원소의 원자가를 간단하게 결정할 때에는 주양자수 n으로서 나타낼 수 있는데, 전자가 채워지는 상태가 $2n^2$으로 이루어진다고 한다.[23]

---

20) 주양자수 n의 값으로 $n=1$이면 K각, $n=2$이면 L각, $n=3$이면 M각, $n=4$이면 N각, 원자궤도를 예를 들면 K각은 제1궤도, L각은 제2궤도, M각은 제3궤도, N각은 제4궤도를 뜻하며, "전자의 배열상태를 의미한다."

21) s : sharp, p : principal, d : diffuse, f : fundmental의 약자이다.

22) 전자각(또는 주각이라고도 한다)에 들어갈 수 있는 모든 전자의 수는 이미 설명한 전자의 양자수에 의한 4가지의 양자수인 주양자수 n, 부양자수(또는 방위양자수, 각운동량 양자수) l, 자기양자수 m_l, 스핀 양자수 m_s에 의해 순차적으로 결정된다.

23) 주양자수 n에 대해 l, m_l의 값을 결정짓는 조합수를 구하는 수식은 앞에서 m_l이 $2l+1$개임을 참고하여 다음과 같이 구한다.

$\sum_{l=0}^{n-1}(2l+1)=2\times\frac{(n-1)n}{2}+n=n^2$이고, 여기에 각각 $m_s=\pm\frac{1}{2}$을 포함하게 되므로 주양자수에 대해서 가능한 전자배열상태는 일반적으로 $2n^2$으로 나타낸다.

〈표 2·3〉 전자각과 전자부각

각	양 자 수				전자수	부 각
	n	l	m_l	m_s		
K	1	0	0	$\pm\frac{1}{2}$	2	$1s$
L	2	0	0	$\pm\frac{1}{2}$	2	$2s$
		1	−1	$\pm\frac{1}{2}$	6	$2p$
			0	$\pm\frac{1}{2}$		
			+1	$\pm\frac{1}{2}$		
M	3	0	0	$\pm\frac{1}{2}$	2	$3s$
		1	−1	$\pm\frac{1}{2}$	6	$3p$
			0	$\pm\frac{1}{2}$		
			+1	$\pm\frac{1}{2}$		
		2	−2	$\pm\frac{1}{2}$	10	$3d$
			−1	$\pm\frac{1}{2}$		
			0	$\pm\frac{1}{2}$		
			+1	$\pm\frac{1}{2}$		
			+2	$\pm\frac{1}{2}$		

원자번호 14인 실리콘 원자의 경우를 예를들어 보면,

주양자수 $n=1$(K각) : $2n^2=2\times1^2=2$개

$n=2$(L각) : $2n^2=2\times2^2=8$개

$n=3$(M각) : 나머지 4개

실리콘 원자의 최외각 전자가 4개임을 알 수 있다.[24] 전자각과 전자부각에 있어서 전자배열(電子排列, electron configuration)로 표시한다면 Si 원자의 전자배열은 $1s^2\,2s^2\,2p^6\,3s^2\,3p^2$이 되고, 제IV족 원소의 전자배열을 〈표 2·4〉에 나타내었다.

24) $n=3$(M각)에서는 채워질 수 있는 전자가 18개까지이지만, Si 원자번호가 14이므로 $n=1$(K각), $n=2$(L각)에 각각 2개, 8개가 채워지고 남은 수가 4개이므로 이 4개의 최외각 전자를 가전자 또는 전도전자라고 한다. 이 최외각 전자는 원소의 값을 결정짓는다. 이 개념은 반도체 이론에서 중요하게 적용되므로 확실히 알아두어야 한다.

〈표 2·4〉 제Ⅳ족 원소의 전자배열

원 소	원자번호	전 자 배 열
C	6	$1s^2\,2s^2\,2p^2$
Si	14	$1s^2\,2s^2\,2p^6\,3s^2\,3p^2$
Ge	32	$1s^2\,2s^2\,2p^6\,3s^2\,3p^6\,3d^{10}\,4s^2\,4p^2$
Sn	50	$1s^2\,2s^2\,2p^6\,3s^2\,3p^6\,3d^{10}\,4s^2\,4p^6\,4d^{10}\,5s^2\,5p^2$

주기율표에 나타낸 바와같이 동일 Ⅳ족인 Si, Ge, Sn, C 등이 고립원자인 경우에는 전자배열은 〈표 2·4〉와 같이 4가 원소이지만 실질적으로 결정체를 이루게 되면 그 성질은 각각 다르게 된다.[25)]

원자들이 밀집된 고체의 물리적, 전기적인 특성도 원자의 전자배열로서 설명되어지나, 원자들이 고립된 경우나 밀집된 경우 그 성질이 각각 달라진다.

■ 알칼리 금속과 불활성 기체

알칼리 금속(alkali metal)은 1족 원소인 Li(3), Na(11), K(19), Rb(37), Cs(55), Fr(87)을 들 수 있는데, 앞에서 배운 부각 관계로 살펴보면 최외각 전자가 1개임을 알 수 있다(예 Na : $1s^2\,2s^2\,2p^6\,3s^1$).

이들 원소는 화학적 성질이 비슷하여 동일족에 속하게 되며, 1가 원자라고 한다. 불활성 기체(inert gas)는 화학적으로 활성이 없으며, 다른 원소와 화합물을 형성하지 않고, 또한 분자를 형성하기 위하여 그들끼리 결합하지도 않는다. 따라서, 이 불활성 기체의 원자가는 0이다. 다시 말해서 전자각에 최대 허용 전자의 수로 꽉차 있는 전자는 지극히 안정되어 있다고 볼 수 있다.

예를 들면, 0족 원소인 He(2), Ne(10), Ar(18), Kr(36), Xe(54), R(86) 등이다.

2·8 결정체의 에너지대

결정(crystal)이란 결정을 이루는 분자, 원자들이 3차원적인 기본단위의 격자구조(lattice)로서 밀집되어 있는 것을 말한다. 따라서, 금속이나 고체 내의 원자도 3차원 결정격자(結晶格子)로 규칙적으로 배열되어 있다고 볼 수 있으므로, 고립원자와 같이 원자를 중심으로 포텐셜(potential)이 존재하게 된다.

동시에 이 원자는 원자핵으로부터의 힘을 제외한 다른 모든 전자로부터 힘을

25) 원자들이 밀집되어지면 원자 사이의 간격이 가까워지므로 고립된 원자와 같은 전자배열이 안된다는 의미이다.

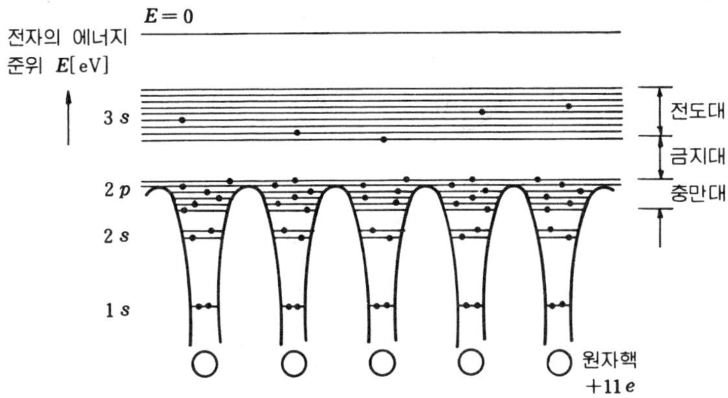

[그림 2·11] 금속 내부 및 표면에서의 위치 에너지

받아 운동을 하게 된다. 따라서, 전자운동을 알려면 금속이나 고체 내부의 원자의 3차원적인 배열에 의한 위치 에너지(potential energy)를 구해야 한다.

그러나, 이 위치 에너지를 3차원적으로 나타내기는 매우 곤란하므로 금속 내에서 핵이 배열된 격자점을 통과하는 직선상에서 위치 에너지를 나타내면 이 위치 에너지를 나타내는 곡선에 의해서 금속 내의 임의의 점에서 에너지를 알 수 있게 된다.

[그림 2·11]은 여러 개의 원자가 어떤 간격을 갖고 서로 접근해 있는 경우로서, 결정 내의 원자가 위치 에너지를 갖고 대단히 작은 간격으로 규칙적으로 배열되어 있음을 나타낸 것이다. 결국, 결정내부에서는 규칙적으로 배열을 형성한 이웃원자(또는 인접원자)들의 영향으로 어떤 주기적인 포텐셜 분포(또는 주기함수)를 이루게 된다.

2·8·1 에너지대

[그림 2·12]에 원자의 간격에 따른 전자의 에너지가 변화하는 상태를 나타내었다. 에너지대(energy band)를 설명하기 전에 미리 밝혀둘 것은 [그림 2·11]에서의 주기함수를 이루는 전자는 대부분이 인접원자들의 외각에 위치하고 있는 가전자임을 알아야 하겠다.[26)]

따라서, 원자들의 외각전자들은 인접원자들과 근접하여 있으므로 변화가 생겨 에너지 준위(energy level)를 형성함과 동시에 금속에서 전기전도에 기여하게 된다. 이 외각전자들의 에너지 준위가 밀집되어 주기적인 위치 에너지를 형성한 값을 에너지대라고 한다.

26) 왜냐하면, 원자가 결정을 이룰 때 원자핵에 강하게 구속된 전자들의 에너지 준위는 인접원자들의 상호영향이 매우 작게 작용하므로 별로 변하지 않는다고 볼 수 있다. 즉, 에너지 준위를 변화시키고 형성하는 전자는 주로 원자의 제일 외각궤도의 가전자인 것이다.

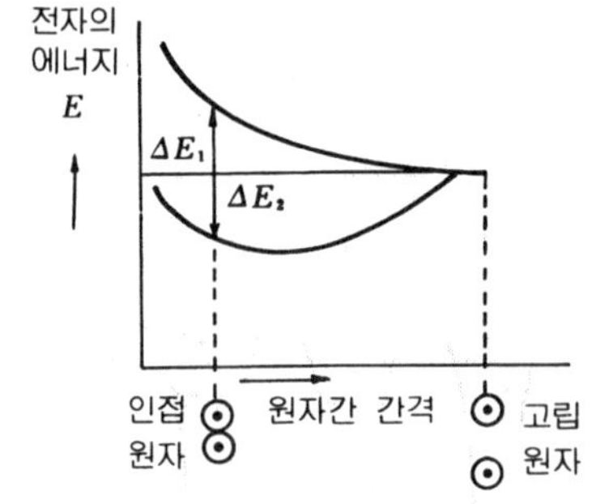

[그림 2·12] 원자의 간격과 전자의 에너지

[그림 2·13]에 에너지대를 나타내었다. 여기에 N개의 원자가 어떤 결정을 이룬다고 한다면, 이 N개의 원자에 따른 에너지 준위는 N개씩 갈라진 상태로, 또는 인접한 상태로 ΔE_1, ΔE_2,…라는 에너지 준위가 형성되어 폭(band)을 갖게 된다. 이것이 에너지대이다.

이 에너지대가 갖는 특성은 다음과 같다.

① 에너지 준위가 높을수록 외부영향을 크게 받게 되어 넓어지게 되고, 인접해 있는 다른 에너지대와 겹치게 된다.

② 결정 내에서의 수많은 원자에 의하여 영향을 받게 되므로 에너지대가 형성된다.

2·8·2 에너지대의 구분

[그림 2·12]는 원자의 격자간격[27]이 좁아질 경우 원자의 에너지 준위가 분리되어 이동된 상태를 나타내었었고, [그림 2·13]은 결정 내의 원자들이 상호작용에 의하여 에너지대(또는 에너지 밴드)를 형성한 모양을 나타내었다.

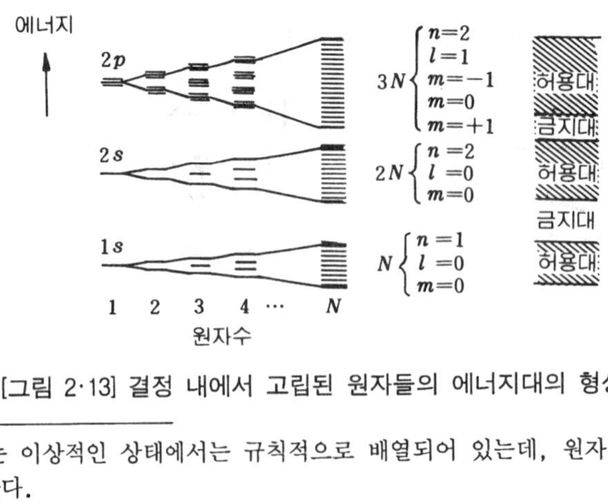

[그림 2·13] 결정 내에서 고립된 원자들의 에너지대의 형성

27) 결정 내의 원자는 이상적인 상태에서는 규칙적으로 배열되어 있는데, 원자와 원자 사이의 간격을 격자간격이라고 한다.

에너지대를 구분해서 요약하면 다음과 같다.

■ **허용대**(allowed band)

전자가 존재할 수 있는 영역의 에너지대를 뜻하며, [그림 2·13]에서 빗금친 부분이다.

■ **금지대**(forbidden band)

[그림 2·13]에서와 같이 허용대와 허용대 사이의 영역을 뜻하며, 전자가 존재할 수 없는 영역이다. 즉, 두 에너지를 갈라놓은 부분으로서 에너지갭(energy gap) E_g로도 나타내며, 이 금지대 폭의 크기가 고체이론에 있어서 절연체인가, 도체인가, 아니면 반도체인가를 결정짓는 중요한 의미를 갖는다.

■ **충만대**(filled band)

[그림 2·13]에서 알 수 있듯이 에너지대는 낮은 에너지 준위로부터 순차적으로 전자가 채워져 간다. 따라서, 아래의 에너지대는 전자로 충만된다. 이렇게 전자로 충만된 허용대를 충만대라고 한다.

■ **공대**(empty band)

[그림 2·13]에서 윗부분의 에너지대는 허용대를 뜻하는데, 전자가 존재하지 않을 경우의 빈 에너지대를 공대라고 한다. 이 공대에 관해서는 조금 더 생각해 볼 필요가 있다.

간단하게 설명을 덧붙이면, 공대라고 해서 항상 빈 에너지대를 의미하는 것은 아니다. 충만대에 존재하고 있는 전자가 금지대의 폭보다 큰 에너지를 받게 되면, 이 에너지갭을 넘어서 공대로 올라오게 된다. 이 경우의 공대는 아랫부

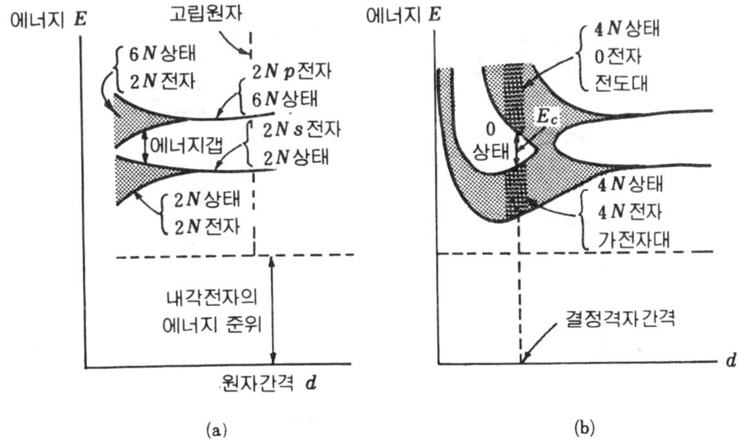

(a) (b)

[그림 2·14] 원자상호작용에 의한 에너지대 구조

분의 충만대와 같은 완전한 충만대의 형태도 아니며 완전히 비어 있는 공대라고 할 수 없다. 따라서 공대는 가전자대(valence band), 전도대(conduction band)라는 두 가지의 용어로 경우에 따라서 사용하기도 한다.[28)]

2·9 절연체, 반도체, 도체

모든 고체(固體, solid state)는 전류의 흐름의 정도, 즉 전기전도의 정도에 따라서 도체, 반도체, 절연체로 분류되며, 또한 어떠한 결정이 도체인가, 반도체인가 또는 절연체인가 구분은 그 결정의 에너지대 구조에서의 금지대 폭으로 정해진다. 〈표 2·5〉는 여러 가지 물질에 대한 상온에서의 저항률을 나타낸 것이고, [그림 2·15]는 에너지대로서 구분한 것이다.

■ **절연체**(insulator)

[그림 2·15] (a)에서 낮은 부분의 에너지대는 전자로 모두 채워져 있고, 전기전도가 일어날 수 있는 에너지대는 비어 있음을 알 수 있다. 또한, 금지대의 폭이 매우 넓어서 5~6[eV] 이상이 되므로 보통의 전계강도나 작은 에너지를

〈표 2·5〉 여러 가지 물질의 저항률

	물 질	저항률
금 속	Ag	1.59×10^{-8}
	Al	2.66×10^{-8}
	Au	2.35×10^{-8}
	Cu	1.67×10^{-8}
	Fe	9.70×10^{-8}
	Hg	98.4×10^{-8}
	Ni	6.85×10^{-8}
	Na	4.1×10^{-8}
	Pb	20.6×10^{-8}
반도체	Ge	0.53
	Si	2.3×10^{3}
	GaAs	$>1\times10^{5}$
절연체	마이카	9×10^{14}
	석 영	3×10^{14}
	다이아몬드	10^{14}

28) 공대가 충만대의 의미를 갖게 되면 가전자대, 공대의 의미를 갖게 되면 전도대란 용어를 사용한다. 열이나 전계 등의 에너지를 받아서 전도대로 넘어온 전자는 원자의 속박으로부터 벗어나서 자유롭게 움직이게 되어 전류를 형성하여 전기전도에 기여하는 자유전자가 된다.

받아서는 전자가 이 금지대 폭을 넘어 전도대로 올라갈 수 없어서 전기전도는 생기지 않는다.

그러나, 상당히 강한 전계(약 10^6[V/m] 정도)를 가하거나, 아주 고온에서 충분히 큰 열에너지를 얻어야 전기전도가 이루어진다. 이러한 경우를 외부의 강한 전계에 의한 절연파괴(絶緣破壞, dielectric break down) 현상이라고 한다.

■ 도체(conductor)

[그림 2·15] (c)에서와 같이 금지대폭이 거의 없음을 알 수 있다. 즉, 저항률이 극히 작은 금속의 에너지대 구조로서 전자가 부분적으로 채워져 있는 허용대가 있으며, 외부의 에너지(열, 전계)를 받은 전자는 에너지를 얻게 되어 빈자리로 쉽게 이동하여 전기전도가 쉽게 일어난다.

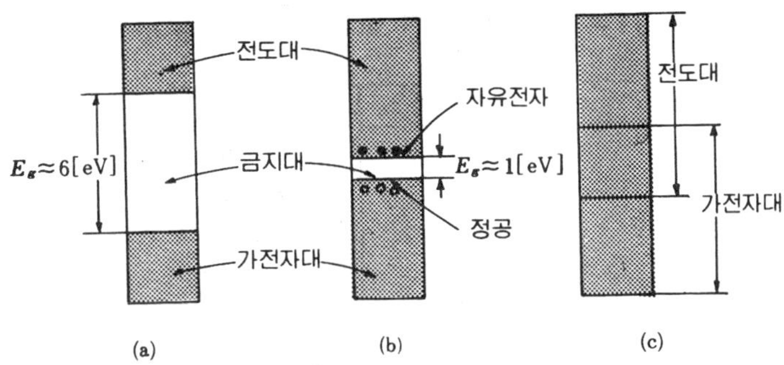

[그림 2·15] 절연체, 반도체, 금속의 에너지대

■ 반도체[29](semiconductor)

[그림 2·15(b)]에서 반도체의 에너지대 구조는 절연체의 에너지대와 비슷하지만, 금지대폭의 크기가 1[eV] 정도로 절연체의 금지대폭보다 좁다. 따라서, 가전자대(충만대)의 전자가 쉽게 전도대로 이동할 수 있어서 전기전도, 즉 전류가 흐르게 된다.

가전자대의 전자가 금지대를 넘어서 전도대로 옮겨가면 가전자대에는 전자가 있던 자리가 빈자리로 남게 되는데, 이 자리를 정공(正孔, hole)이라고 한다. 이 정공은 전류를 흐르게 하는 매개체(carrier)가 된다.[30]

가전자대에 있는 전자는 아주 저온 0[°K]에서는 이동하지 않으므로 전기전도

29) 반도체란 금속과 절연체의 중간정도의 전기저항률($10^{-4} \sim 10^{-7}$[Ωm] 정도)을 가지며, 온도가 상승함에 따라 전기저항이 낮아지는 부성저항 특성(negative resistance)을 갖고 있는 물체이다. 참고석으로 나이아몬드 : 약 6[eV], Ge : 0.72[eV], Si : 1.1[eV], InSb : 0.18[cV], GaAs : 1.4[eV]의 E_g를 갖는다.

30) 충만대 대신 가전자대, 공대 대신 전도대란 용어를 쓰게 된다. 따라서, 전도대에서 전기전도의 매개체는 자유전자가 된다.

가 생기지 않는 절연체와 같아진다는 것을 알아두어야 하겠다. 간단하게 정의하면, 반도체란 절연체와 금속(또는 도체)의 중간정도의 전기저항률 $10^{-4} \sim 10^{7}$ (Ωm) 정도를 가지고 전기전도가 전자와 정공에 의해서 생기는 물체로 광전현상, 트랜지스터의 작용, 열전효과, 자계효과 등의 여러 현상을 갖고 있다.

◀예제 2-6▶ 반도체의 특성을 몇 가지만 나열하여 보아라.

【풀이】 반도체는 다음과 같은 중요한 성질을 갖고 있다.

① 전기적 도전성은 금속 또는 도체와 중간적 성질을 갖고 있다.
② 온도가 상승함에 따라 저항값이 감소하는 부(−)의 온도계수를 갖고 있다.
③ 매우 낮은 온도 0[°K]에서는 절연체가 된다.
④ 광전효과와 자계효과 등을 갖고 있다.
⑤ 불순물이 증가하면 전기저항이 급격히 감소한다.

2·10 금속 내의 전자

금속 내부의 에너지 분포를 살펴봄으로써 전자운동에 대한 지식을 얻을 수 있다. 일반적으로, 대부분의 금속은 원자 또는 분자(또는 이온)가 결정격자(結晶格子)를 이루고 있다. 각각의 원자는 전자로 둘러싸인 원자핵으로 구성되어 있어서 이 전자들은 원자핵 주위에 구면분포(球面分布)를 하고 있다.[31]

금속의 경우에는 원자들이 상호간에 밀집되어 있어서 원자의 가전자는 특정한 원자에 구속되지 않고 원자와 원자 사이를 이동하고 있다. 다시 설명하면, 금속은 가전자대(價電子帶)가 충만되지 않으며, 금지대준위(禁止帶準位)가 존재하지 않으므로 가전자들은 금속 내부의 양이온 사이를 무질서하게 움직이게 된다. 이러한 전자들을 자유전자라고 한다.[32] [그림 2·16]은 Na의 전하분포를 나타내었으며, (+)기호는 원자의 양원자핵을 의미한다.

■ 전 류

1장에서 설명한 바와같이 전자는 전하를 갖고 있음을 알고 있다. 이 전하량은 -1.602×10^{-19}[C]이었으며, (−)는 전자의 전하가 음임을 뜻한다.[33]

---

31) 일종의 전자군(電子群)을 형성하는 것과 같다.
32) 금속의 종류에 따라 다르지만 최소한 1~2개의 자유전자가 원자마다 존재하므로 단위체적 내에는 대략 10^{29}개의 자유전자가 존재한다.
33) 원자의 크기와 전자의 크기를 비교하면 원자의 반지름 10^{-10}[m], 전자의 반지름이 10^{-15}[m]이다. 즉 전자는 원자의 10^{-5}배임을 알 수 있다.

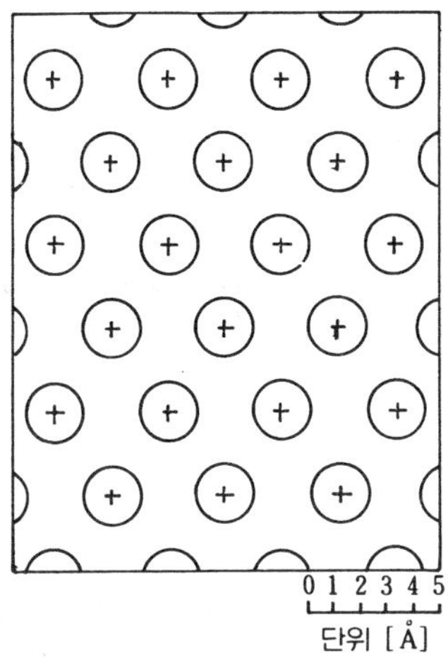

[그림 2·16] Na 금속결정체의 전하분포

전류는 전자의 흐름으로 정의한다. 즉, 1[s] 동안에 1[C]의 전하가 어느 면을 흘렀을 때, 이 면에 1[A]의 전류가 흐른다고 정의한다. 이 정의에 의하면 한 개의 전하가 1.602×10^{-19}[C]이므로 1.602×10^{-19}의 역수인 약 6×10^{18}개의 전자가 1[s] 동안에 흐름으로써 1[A]의 전류를 얻는다는 의미이다.34)

■ 전류밀도

단위면적당 얼마만큼의 전류가 흐르는가를 전류밀도로 정의한다. 다시 말해서, 도체의 단위면적을 흐르는 전류량을 의미하고, 수식으로 나타내면 다음과 같다.

$$J\equiv\frac{I}{A}\ [\mathrm{A/m^2}] \tag{2·26}$$

여기서, A는 도체의 단면적, I는 전류를 표시한다.

단면적 A, 길이 L인 도체에 N개의 전자가 v[m/s]의 속도로 이동한다면 단위시간에 단면적을 통과하는 전체의 전자수는 N/T이므로 전류는

$$I=\frac{Ne}{T} \tag{2·27}$$

따라서, 전류밀도 J는

$$J=\frac{Ne}{TA} \tag{2·28}$$

여기서, $T=\dfrac{L}{v}$ 이므로

34) $I=eN$, 1·1절 참조.

$$J=\frac{Nev}{LA} \qquad (2\cdot29)$$

식 (2·29)에서 LA는 도체의 체적이며, Ne는 도체가 가지고 있는 전전하이다. 따라서, 단위체적당 전하밀도 ρ는

$$\rho\equiv\frac{Ne}{LA} \qquad (2\cdot30)$$

그러므로, 식 (2·29)를 ρ로 나타내면 다음과 같다.

$$J=\rho v \qquad (2\cdot31)$$

■ 이동도와 전도율

금속결정체 내를 움직이는 자유전자들은 이온들과 충돌로 인하여 주행방향이 바뀌는 마구잡이 운동(random motion)을 한다.[35)]

금속 내에 일정한 전계 E[V/m]를 인가하면 전자는 전계에 의하여 가속되어 일부 에너지를 이온에 주면서 지그재그(zigzag) 운동을 하면서 전계와 반대방향으로 일정한 속도 v[m/s]로 주행하게 되어 전기도전 현상을 나타낸다. 이 속도를 드리프트 속도(drift velocity)라고 한다.[36)]

실험적으로 드리프트 속도 v는

$$v=\mu E \qquad (2\cdot32)$$

이다. 여기서, μ를 전자의 금속 내의 이동도(移動度, mobility)라고 한다.

단위체적 1[m^3] 당의 자유전자의 밀도를 n[개/m^3]이라 하면 전류밀도 J는

$$J=\rho v=nev=ne\mu E \qquad (2\cdot33)$$

가 되고, 금속 내의 전자의 도전율(導電率, conductivity)(또는 전도도) σ는 다음과 같이 정의된다.

$$\sigma\equiv ne\mu \qquad (2\cdot34)$$

식 (2·33)과 (2·34)에서

$$J=\sigma E \qquad (2\cdot35)$$

가 얻어진다. 식 (2·35)는 Ohm의 법칙의 미시적 표현방법을 나타내는 식이다.

---

35) 반도체의 경우에도 금속의 경우와 같이 생각할 수 있다.(반도체물성에서 설명)
36) 전자는 전계를 받아서 무한정 속도가 증가하지는 않는다.(이온과 전자의 비탄성 충돌 때문이다.)

◀예제 2-6▶ 가전자대의 전자밀도가 10^{25}[m^{-3}]인 금속에 전류밀도가 10^{6}[A/m^{2}]인 전류가 흐르면, 이때의 드리프트 속도는 몇 [m/s]인가?

【풀이】 $J=\sigma E=ne\mu E=nev$

$$\therefore v=\frac{J}{ne}=\frac{10^{6}}{1.6\times10^{-19}\times10^{25}}=6.25\times10^{-1}\,[\mathrm{m/s}]$$

2·11 금속 내 전자의 위치 에너지

금속 내부에 전계를 형성하는 이온들은 3차원적 배열로 구성되어 있으므로, 금속 내의 한 점에 놓여있는 전자의 위치 에너지는 각 이온들에 의한 위치 에너지의 총합이 되겠으나, 편의상 1차원적 이온 배열만 설명하기로 한다.

고립된 원자핵에 한 개의 전자가 있을 경우를 생각해 보면, 핵과 전자 사이에는 Coulomb의 법칙에 의하여 잡아당기는 힘 F가 작용한다.

$$F=\frac{Ze^{2}}{4\pi\varepsilon_{0}r^{2}} \tag{2·36}$$

여기서, Z는 원자번호이고, r은 핵과 전자 사이의 거리를 말하며, ε_0는 자유공간의 유전율이다.

고립된 한 원자핵으로부터 거리 r[m] 떨어진 점에 놓여 있는 전자의 위치 에너지37) U는

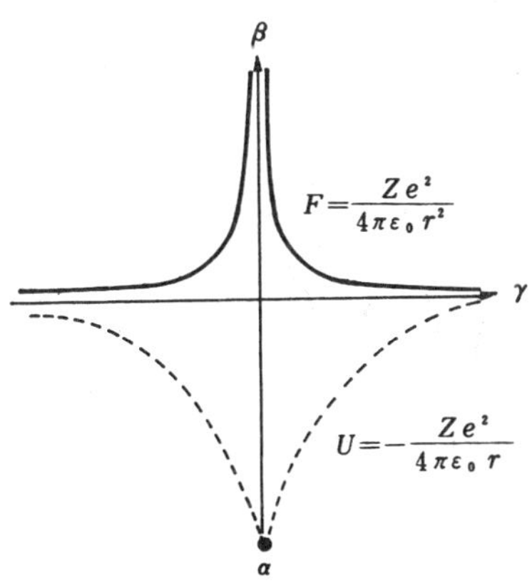

[그림 2·17] 원자핵과 전자에 의한 위치 에너지

37) 위치 에너지 U는 E_P로도 표시한다.

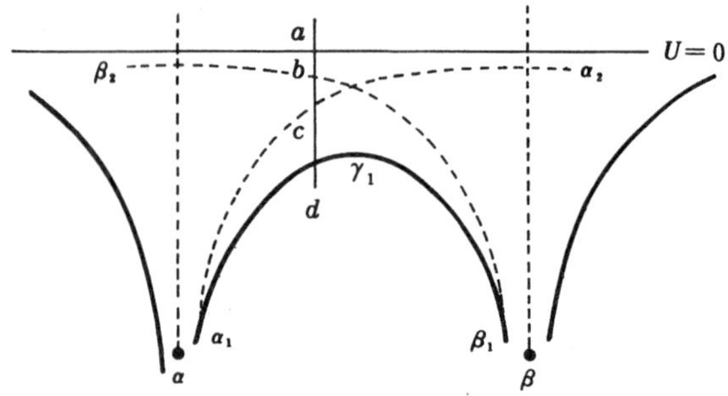

[그림 2·18] 두 개의 원자핵에 의한 위치 에너지

$$U=qV=-eV \tag{2·37}$$

여기서, 전위 V를 구하면

$$V=-\int_{\infty}^{r}Edr=-\int_{\infty}^{r}\frac{Ze}{4\pi\varepsilon_0 r^2}\,dr \tag{2·38}$$

$$\therefore U=-\frac{Ze^2}{4\pi\varepsilon_0 r} \tag{2·39}$$

이 된다. 식 (2·39)의 그래프는 [그림 2·17]과 같다.

이 경우는 고립된 한 개의 원자핵인 상태를 나타낸 것이며, 두 개의 원자핵, α, β에 의한 위치 에너지를 합성한 것은 [그림 2·18]과 같다.

[그림 2·18]에서 α_1, α_2는 원자핵 α에 의한 에너지이고 β_1, β_2는 원자핵 β에 의한 에너지이다. 따라서, α와 β 사이에서의 결과는 두 곡선의 합으로 $\alpha_1\gamma\beta_1$이 된다.[38)]

금속은 원자가 3차원 결정격자로 되어 있으므로 위치 에너지도 3차원적으로 나타내어야 되지만 매우 곤란하다. 그러므로, 금속 내에서 원자핵이 1차원적으로

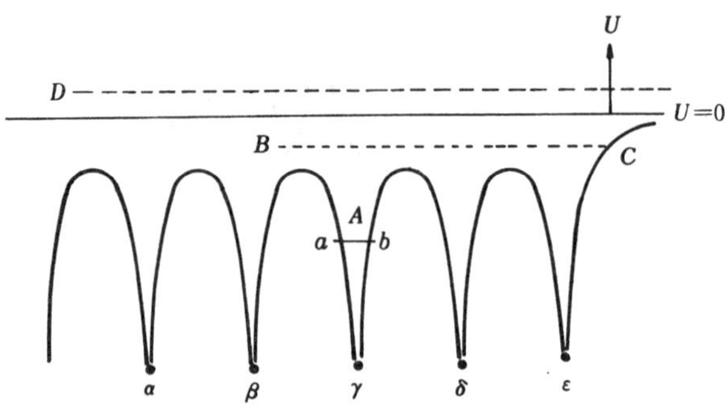

[그림 2·19] 금속 내부 및 표면에서의 위치 에너지

38) $ad=ab+bc$이므로

배열된 격자점을 통과하는 직선상에서 [그림 2·19]와 같이 위치 에너지를 나타내면 이 위치 에너지 곡선에 의해서 금속 내에서의 임의점의 에너지를 알 수 있다.

[그림 2·19]에서 오른쪽의 부근에서는 언덕을 이루게 되는데, 이 부분을 금속표면의 위치 에너지 장벽이라고 한다. 이러한 현상이 생기는 이유는 금속표면에서, 즉 표면 외부에는 원자핵이 없으므로 위치 에너지의 합성이 이루어지지 않기 때문이다.

◀예제 2-7▶ $+Ze$인 전하를 갖고 정지하고 있는 전자의 포텐셜(potential) V를 구하여라.

【풀이】 $V=\int_{\infty}^{r} F dr \quad \left(\because F=\dfrac{Ze^2}{4\pi\varepsilon_0 r^2}\right)$이므로

$$V=\int_{\infty}^{r} \frac{Ze^2}{4\pi\varepsilon_0 r^2}\, dr=-\frac{Ze^2}{4\pi\varepsilon_0 r}\ [\mathrm{J}]$$

■ 속박전자

금속내부 및 표면에서의 위치 에너지를 나타내고 있는 [그림 2·19]를 보자. 점 A에 해당하는 전자는 원자핵으로부터 멀리 떨어질 수 없고, $a \sim b$ 사이만 운동한다. 이렇게 원자핵에 속박되어 운동하는 전자를 속박전자(束縛電子, bound electron) 또는 구속전자라고 한다.

따라서 이와같은 속박전자는 금속 내에서 이동을 하지 못하므로 전기전도(電氣傳導)에 기여하지 못한다.

■ 자유전자

[그림 2·19]에서 전체 에너지 준위가 점 B에 해당하는 전자를 자유전자(free electron)라고 한다. 이와같은 자유전자는 금속 내를 자유롭게 이동한다. 그 이유로는 금속 내에서 전체 에너지 E가 완전히 위치 에너지 E_P로 변환되지 않기 때문이다.

그러나, 자유전자가 금속표면에 도달하면 에너지 장벽에 부딪쳐서 점 C에서 운동 에너지가 0이 되어 다시 금속 내부로 되돌아오게 된다. 결론적으로, 속박전자는 외부전계가 가해져도 전기전도에 기여하지 못하므로 금속 내의 자유전자를 주로 고찰해야 한다. 또, 에너지 준위가 D인 전자는 금속표면을 뚫고 금속 외부로 쉽게 이탈할 수 있다.

2·12 전자의 방출

반도체나 금속 내에는 자유전자들이 많이 존재하고 있으며, 이 자유전자들의 운동은 금속 내부에서 제한을 받고 있으므로, 이들 전자에 에너지를 공급하면 전자는 외부로 튀어나오게 된다. 이러한 현상을 전자방출(電子放出, electron emission)이라고 한다.

이러한 전자방출을 위해서는 일함수(work function)[39]가 필요하다.

전자방출은 에너지를 공급하는 방법에 따라 다음과 같이 구분된다.

■ **열전자방출**(熱電子放出)

금속을 고온으로 가열하면 전자가 방출된다. 이 현상을 열전자방출(thermionic electron emission)이라고 한다. 구체적으로 설명하면 액체를 기화하여 증발하는 것과 같이 금속을 가열하면 금속 내에 있는 자유전자가 열에너지를 얻게 되어 정전기력(靜電氣力) 보다 커져서 금속 밖으로 방출된다.

금속표면의 단위면적에서 단위시간에 방출이 되는 전자류(電子流) I_{th}는 Richardson-Dushman의 식에 의한다.

$$I_{th}=AT^2e^{(-e\phi/kT)} \tag{2·40}$$

여기서, A는 금속의 종류에 의하여 결정되는 상수, T는 절대온도[°K], ϕ는 일함수[eV], k는 Boltzmann 상수(1.38×10^{-23}[J/ °K])이다.

참고적으로 열전자방출을 위한 열음극재료[40]의 구비조건은 다음과 같다.

① 일함수 ϕ가 적어야 한다.

② 융점이 높아야 한다.

③ 높은 온도에서 기계적인 강도가 커야 한다.

④ 사용온도에서 증기압이 낮아야 한다.

〈표 2·6〉 대표적인 금속의 일함수

금 속	Ni	W	Mo	Ta	Th-W	Cs
일함수[eV]	4.61	4.52	4.17	4.1	2.63	1.81

39) 0[°K]에 있는 금속에 있어서 전자를 방출하는 데 필요한 최소의 에너지로 단위는 [eV]이다. 수식으로는

$$e\phi \equiv E_B - E_f$$

여기서, $e\phi$: 일함수, E_B : 전위장벽, E_f : Fermi 준위이다.

40) 열음극재료는 순금속음극으로 W, Ta, Nb, Mo, 피복음극으로는 W의 표면을 Cs, Rb, Sr, Th 등의 단원자층으로 피복한 음극재료, 또는 산화물음극 등이 있다. 이러한 재료들은 대형 송신관, X선관, 고전압용 음극재료 등으로 쓰인다.

■ 광전자방출(光電子放出)

빛에 의하여 여기된 전자가 진공 중에서 방출이 되는 현상을 광전자방출(photoelectron emission)이라고 하는데, 일반적으로 광전효과(photoelectric effect)[41]라고 한다.

광전자방출은 다음과 같은 특성을 갖고 있다.

① 광전자의 갯수(광전자류)는 빛의 세기에 비례한다.
② 광전자가 가지는 에너지($E=hf$)는 입사광의 파장에 관계하여 그 최대치는 광의 파장이 길어질수록 감소한다.
③ 광전자방출을 할 수 있는 최소의 주파수(임계주파수), 최소의 파장(임계파장)을 갖고 있다.[42]
④ 임계주파수 이하 ($h_f < eE_w$)에서는 광전자방출이 일어나지 않는다.

광전자방출용 재료로는 금속의 화합물이나 일함수가 작은 알칼리 금속, 은 및 안티몬 등의 복합재료가 많이 이용된다.

■ 전계방출(電界放出)

금속표면에 강한 전계를 가하면 금속 내에 있는 자유전자가 방출되는 현상을 전계방출(field emission)이라 한다.[43] 또한, 상온에서도 전계를 10^8[V/m] 이상으로 강하게 하면 음극으로부터 전자가 방출된다. 이와 같은 전계에 의한 방출을 냉음극방출(cold cathode emission) 또는 냉전자방출이라고도 한다.

■ 2차 전자방출(二次 電子放出)

고속전자(또는 이온)가 금속의 표면에 충돌하면 금속 안의 자유전자가 방출되는 현상을 2차 전자방출(secondary electron emission)이라 한다. 이 효과는 광전효과와도 비슷하다. 방출되는 2차 전자의 수와 1차 전자(primary emission) 수의 비를 2차 전자방출비 δ라고 한다.

이 δ는 다음의 요인들과 관계가 있다.

① 물질(재료)의 종류
② 1차 전자의 속도 및 입사각
③ 표면의 상태

δ는 1차 전자의 속도가 수 100[eV]인 때가 가장 크다고 할 수 있으며, 이 이상의 속도가 되면 오히려 감소한다.

---

41) 1905년 Einstein의 광양자설에 의하여 빛의 입자성이 확증되었다.
42) 한계주파수, 한계파장이라고도 한다.
43) 수은을 전계방출제로 이용한 수은정류기에서는 이 현상이 주가 된다.

일반적으로 금속면의 2차 전자 방출비 δ는 0.5~1.5 정도(Li : 0.56, Cu : 1.29, Ag : 1.56)이나 Ag-O-Cs와 같은 복합면에서는 δ는 8~10 정도가 된다.

◀예제 2-8▶ Ba의 일함수는 2.51[eV]이다. 이 Ba에 빛을 조사해서 광전자가 방출될 수 있는 임계파장은 얼마인가? 단, $h=6.624\times10^{-34}$[J·s]이다.

【풀이】 임계주파수를 f_c로 하면 $hf_c=eE_w$이므로 $f_c=\dfrac{eE_w}{h}$이다. 임계파장을 λ_c로 하면,

$$\lambda_c=\frac{c}{f_c}=\frac{ch}{eE_w}=\frac{12400}{2.51}=4940[\text{Å}]$$

연습문제

2-1 여기상태에 있는 원자가 10.2[eV]의 에너지를 방출하며 돌아갈 때의 복사파의 주파수는 몇 [Hz]인가? $(W = e\phi = hf)$

2-2 Pauli 배타율을 간략히 논하여라.

2-3 수소원자의 기저상태 ($n=1$)에서의 전자궤도의 반지름과 전자의 에너지를 구하여라. (Bohr의 가설을 참조)

2-4 나트륨(Na)의 한계주파수는 4.35×10^{14}[Hz]이다. 나트륨의 일함수와 한계파장을 구하여라. $\left(f_c = \dfrac{e\phi}{h}\right)$

2-5 빛의 입자성과 파동성에 대해서 간략히 설명하여라.

2-6 절연체, 반도체, 도체의 특성을 간략하게 설명하여라.

2-7 다음 용어를 설명하여라.

(1) 허용대
(2) 금지대
(3) 공대
(4) 가전자대
(5) 전도대

2-8 전계의 세기 $E = 10^5$[V/m]인 곳에 놓인 전자밀도가 10^{28}[m^{-3}]이고, 평균 충돌시간(평균 자유행로)이 10^{-14}[s]인 금속의 전류밀도는? $(F = \sigma E = nev)$

2-9 전자방출 종류에 대해서 요약하고, 그 원리를 설명하여라.

2-10 일함수의 개념을 설명하여라.

2-11 이동도와 도전율의 개념을 설명하고, μ와 σ의 관계를 유도하여라.

2-12 어떤 절연물의 금지대폭이 $300kT$이다. 이 절연물이 도전상태가 되기 위한 에너지를 구하여라. 단, 온도는 실온이다. $(W = e\phi)$

chapter

3 반 도 체

제 3 장

반 도 체

3·1 결정의 결합

대부분의 고체는 본질적으로 결정을 이루고 있다. 이 결정을 구성하고 있는 원자나 분자들은 상호간의 결합력에 의해서 규칙적으로 배열되어 있는 격자구조를 이루고 있다.

고체는 그 성질에 따라서 공유결합, 이온결합, 금속결합, Van der Waals 결합으로 구분된다.

3·1·1 공유결합

공유결합(共有結合, covalent bond)은 두 원자 중의 하나가 전자를 완전히 독점하는 것이 아니고, 두 원자가 최외각의 가전자를 서로 공유함으로써 결합력이 생기는 것을 말한다.

인접원자들이 가전자를 공유하게 되므로 결합력이 매우 강하여 결정고체를 지탱하는 작용도 한다.

공유결합의 특징은 매우 단단하고, 융점이 높으며, 저온에서는 전기전도가 작다.

[그림 3·1]은 다이아몬드(diamond) 결정에서 탄소원자의 배열을 나타낸 것이다. 각 탄소원자는 이 원자와 인접하고 있는 4개의 다른 탄소원자와 한 쌍의 전자를 공유하고 있다.[1)]

---

1) 탄소원자 사이의 길이, 즉 결합의 길이는 3.08[Å] 정도이고, 다이아몬드는 매우 단단하여 이 결정구조를 파괴하려면 3550[℃] 이상으로 가열해야 한다.

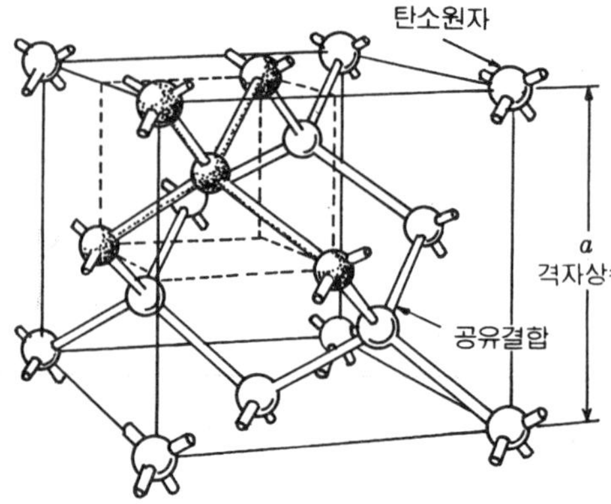

[그림 3·1] 다이아몬드의 결정구조

이밖에도 다른 공유결합 결정에는 흑연, Si, 수정(SiO_2), SiC, Ge, BeO 등이 있다.

3·1·2 이온결합

이온결합(ionic bond)은 하나 또는 그 이상의 전자가 한 원자로부터 다른 원자로 이동하여 생기는 양이온과 음이온이 서로 정전기적으로 인력을 작용하여 생기는 결합이다.2)

이와같이 이온 결합은 서로 반대로 대전된 이온 사이의 정전상호작용(靜電相互作用)으로 이루어지는 결합이다.

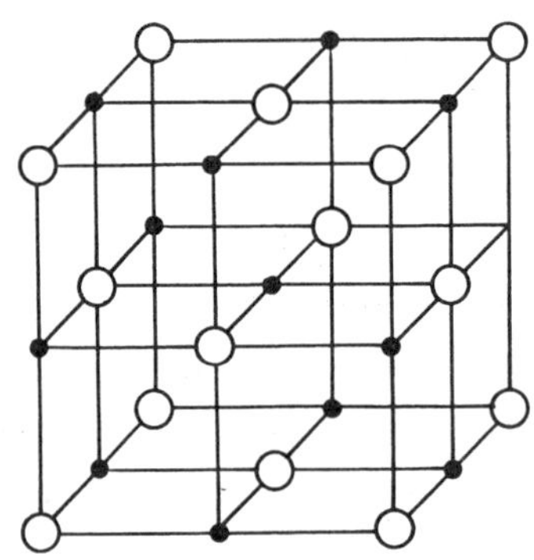

[그림 3·2] NaCl의 이온 결합구조

2) 즉, 한 원자의 가전자가 다른 원자로 이동하여 전자를 잃은 원자는 양이온, 전자를 얻은 원자는 음이온이 된다는 뜻이다.

이 결합의 특징은 저온에서는 전도성이 작으나 고온에서는 이온 전도가 크고 잘 쪼개지며, 결합력이 비교적 크기 때문에 용융점이 높고 전해액에 잘 녹는 성질이 있다.

[그림 3·2]는 보통 소금의 구성요소로 되어 있는 NaCl 분자의 이온결합을 나타낸 것이다. 즉 (+)이온이 되기 쉬운 1족의 알칼리 금속과 (−)이온이 되기 쉬운 7족의 할로겐 원소의 결합이 대다수이다.[3] 이밖에도 NaBr, KI, KCl, LiF, CaO, $MgSO_4$, $MgCl_2$, $AgNO_3$ 등이 있다.

3·1·3 금속결합

각종 금속이 이 금속결합(金屬結合, metallic bond)에 속하며, 결정의 결합력은 전자가 빠져나온 양이온과 자유전자 사이의 정전기력이라 할 수 있고, 전기전도가 큰 것이 특징이라 하겠다.

Na, Fe, Cu, Al, Au, Ag, Li 등과 같은 금속들은 결정구조에 있어서 원자가 매우 밀집하고 있어서 가까운 거리에 다수의 원자집단으로 놓여져 있다.

Li의 경우를 예로 들면, [그림 3·3]과 같이 Li은 체심입방결정(體心立方結晶)을 이루고 있으며, 인접하여 8개의 원자가 있다. 따라서, Li의 가전자는 이 8개의 원자로부터 각 방향으로 힘을 받게 되므로 어느 특정한 원자에 구속되지 않고 가전자는 자유전자가 되어서 금속 내부의 빈 에너지 준위를 자유롭게 운동하게 된다. 이러한 자유전자들은 자유전자군(自由電子群)이라 하며, 전자 가스(electron gas)라고도 한다.

한편, 가전자를 상실한 원자는 (+)이온으로 대전(帶電)된 상태가 된다. 이미 설명한 바와같이 금속결합에서는 양이온과 자유전자 사이의 인력과 (+)로 대전된 원자상호간의 반발력이 서로 평형을 이루어서 결정을 이루게 된다.

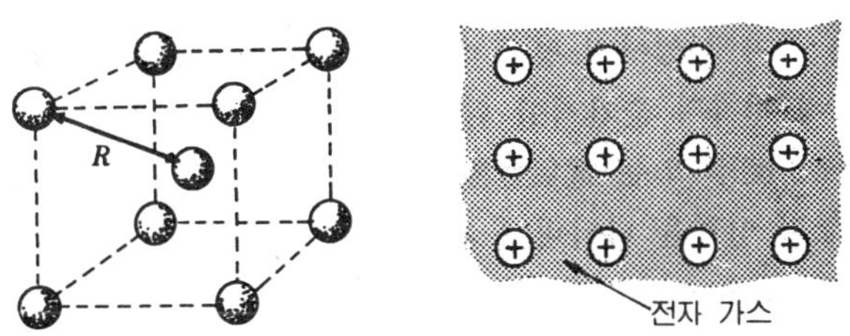

[그림 3·3] 체심입방격자(Li)

3) 1가 원소 : Li, Na, K
7가 원소 : F, S, Cl, Br, I

금속에서 전기전도율과 열전도율이 큰 것은 금속의 결정구조를 통하여 자유전자가 자유롭게 이동할 수 있기 때문이다.[4]

3·1·4 Van der Waals 결합

최외각이 완전히 채워진 비활성 기체분자나 포화분자들은 Van der Waals 힘[5]이라고 하는 약한 정전기력에 의하여 결합되어 고체상태를 이루고 있는 것이다.

이와같은 Van der Waals 힘은 원자나 분자에 있어서 평균적으로 볼 때는 전기쌍극자 능률(電氣雙極子 能率)은 0이지만 원자 내의 전자의 순간적인 위치 변동에 의해서 원자나 분자가 분극을 일으켜서 쌍극자능률(또는 전기쌍극자)을 형성한다. 이 쌍극자간의 상호작용은 원자들의 인력을 나타내어 결합하게 된다. 이때에 쌍극자에 작용하는 힘을 Van der Waals 힘이라고 한다.

이 결합의 특성을 살펴보면 다음과 같다.

① Van der Waals 힘은 이온결합이나 공유결합에서 발견된 힘보다 훨씬 약하다.
② 분자결합이라고도 하며, 상온에서는 기체이고, 충분히 낮은 온도에서는 액체로 응결되거나 고체가 된다.
③ 비활성기체인 He, Ne, Ar 등이 이에 속하며, 예로써 Ar의 비등점은 −186[℃], 메탄의 비등점은 −161[℃]이다. 따라서, 분자결합에서는 낮은 융해점과 낮은 비등점을 갖는 것이 특징이다.

3·2 반도체의 성질

근래에 와서 반도체의 재료는 눈부신 발달을 하여 소형, 경량이면서 신뢰도가 큰 전자공학의 부품으로서 더욱 각광을 받게 되었다. 여기에서는 앞서 설명한 바 있는 양자이론으로부터 유도된 에너지대 이론을 바탕으로 하여, 반도체의 물리적 구조 및 화학적 성질, 그리고 응용분야에 대해서 설명하기로 한다.

3·2·1 반도체의 기본성질

반도체는 도체와 절연체의 중간정도의 도전율을 가지고 있다.[6] 저항률[7]은

---

4) 금속결합은 도전성이 크며, (+)이온인 금속이온이 규칙적으로 배열되어 있고, 융점이 높다.
5) 표면장력, 마찰력, 점성, 엉키는 힘, 붙는 힘, 상의 변화 등은 모두 다 Van der Waals 힘에서 생기는 것이다.
6) 반도체란 금속과 절연체 중간의 전기저항을 가지고, 전기전도가 전자와 정공에 의해서 일어나는 것으로 트랜지스터, 광전효과, 자기효과 등의 현상을 나타내는 물질이다.
7) 단면적이 1[cm^2], 길이가 1[cm]인 물질의 전기저항을 저항률, 비저항, 또는 고유저항률이라 한다.

$10^{-4} \sim 10^{7}[\Omega \cdot cm]$ 정도이고, 저항은 온도의 상승과 함께 감소하는 성질을 갖고 있다. 그러나 이러한 이유만으로는 반도체라고 할 수 없으며, 금속이나 절연체와는 전혀 다른 성질을 갖고 있는 것이 특징이다.

반도체가 갖는 특성을 나타내면 다음과 같다.

① 부(負)의 온도계수를 갖는다. 반도체는 어떤 온도범위 내에서 온도가 상승하면 저항률이 감소하고, 도전율이 증가하는 부(−)의 온도계수를 갖는다.[8]

② 현저한 정류작용을 갖는다. 금속과의 접촉 및 다른 종류의 반도체와의 접합에서 정류작용이 나타난다.

③ 광도전성 및 광기전력 효과를 나타낸다. 반도체에 빛을 조사하면 저항치가 감소하여 도전성이 증가하거나, 빛의 조사에 의해서 기전력이 생긴다.

④ 자기효과를 갖는다. 자계에 의해서 전기저항이 변한다. 또는 전류가 흐르고 있는 상태에서 자계를 인가하면 기전력이 생긴다(즉, Hall 효과가 현저하다).

⑤ 열전효과[9]를 갖는다. 온도의 상승에 따라 전기저항이 감소하며, peltier 효과가 현저하다. 또 열전자를 방사하기 쉽고 열기전력이 크다.

⑥ 불순물 첨가에 의한 저항률이 변한다. 반도체 결정 속에 포함된 불순물이 증가되면 저항률은 감소되고, 도전성은 증가한다.

3·2·2 반도체 재료의 분류

현재 사용되고 있는 반도체 재료를 용도별로 구분하면 능동소자용, 광전변환용, 열전변환용, 자전변환용, 압전재료용 등으로 구분할 수 있다.

〈표 3·1〉에 용도에 따른 반도체 재료의 분류를 나타내었다.

〈표 3·1〉 반도체 재료의 분류

분류		재료
능동소자 재료	다이오드 재료	Si, Ge, Se, GaAs
	트랜지스터 재료	Si, Ge
	다이리스터 재료	Si
	집적회로 재료	Si
광전변환 재료	광전셀, 광전자 재료	Si, Ge, GaAs, Se, CdS
	광도전 재료	CdS, Sb_2S_3, PbO, Se, ZnO
	형광재료	ZnS, ZnO, (Zn, Cd)S, Zn_3SiO
	EL 재료	ZnS, ZnSe
	발광 다이오드 재료	GaAs, GaP, Ga(As, P), (Ga, Al)As

8) 일반적으로 금속도체는 온도상승에 따라 저항이 증가하고, 도전율이 감소하는 정(+)의 온도계수를 갖는다.

9) 열전효과는 그 응용으로 전자냉동장치, 열발전, 열전자관 등에 응용된다.

열전변환 재료	열전발열 재료	PbTe, $MnSi_2$, InAs, InP
	열전냉각 재료	Bi_2Te_3, Bi_2, Sb_2, Te_3, $Bi_2(TeSe)_3$
	열전자 방출재료	BaO, SrO, ThO_2, LaB_6
	더미스터 재료	NiO, $CaTiO_3$, VO_2, $BaTiO_3$
	발열재료	SiC
자전변환 재료	Hall소자 재료	InSb, InAs
	자기저항 재료	InSb, InAs, Bi
압전변환 재료	압전변환 재료	Si, Ge, GaAs, GaSb
	압전반도체 재료	CdS, ZnO, CdSe, $LiGaO_2$

3·3 진성 반도체

앞절에서 반도체의 성질은 불순물의 영향에 의해서 전기적인 특성이 변한다고 이미 설명하였다.

앞에서 설명한 반도체의 에너지대 구조는 불순물이 전혀 들어 있지 않은 순수한 반도체인 경우에만 성립한다. 그러나, 이러한 이상적인 순수 반도체를 얻는 것은 불가능하다.

반도체의 전기적 성질에 아무런 영향을 미칠 수 없는 극히 미소한 양의 불순물이 포함된 반도체라면 순수 반도체와 다름이 없다고 하겠다. 이와같이 불순물이 들어 있다고 하더라도 전기적 성질이 순수한 반도체를 진성 반도체(眞性半導體, intrinsic semiconductor)[10)]라고 한다.

3·3·1 실리콘 결정구조와 캐리어

[그림 3·4]에 평면화한 Si 단결정(單結晶)을 나타내었다. 순수한 Si 단결정은 [그림 3·1]의 다이아몬드의 결정구조와 같이 극히 안정된 결정구조를 하고 있다.

Si의 가전자는 4개인데, 이 4개의 가전자가 인접한 4개의 원자쪽에 1개씩 배열되어 동시에 4개의 인접원자와 2개씩의 가전자를 공유하게 된다. 즉, Si원자는 전부 8개의 가전자로 둘러싸여 있게 된다.

이러한 Si의 단결정에 열에너지나 광에너지가 가해지면 원자의 핵에 의하여 속박되어 있던 가전자가 이탈하여 자유전자가 되어 도전성을 갖게 되는 반도체의 성질을 나타낸다. 물론 상온에서도 적은 수의 가전자는 이탈된다.

10) 반도체 재료(Ge, Si)의 원자 10^{10}개에 대하여 불순물 원자가 1개 이하인 고순도를 가진 반도체라면 진성 반도체라고 할 수 있다. (순도 99.9999[%] 정도)

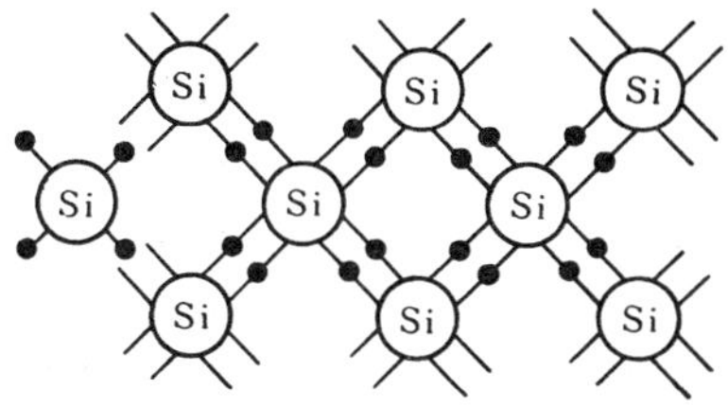

[그림 3·4] 평면화한 Si 결정구조

이와같이 이탈된 가전자가 자유전자로 되면, 자유전자로 된 수만큼 구멍(hole)이 생긴다.

이 구멍은 전기적으로 중성인 곳으로서, (−)의 부전하를 갖고 있는 가전자가 이탈되었으므로 (+)의 정전하를 갖게 된다. 이것을 정공(正孔) 또는 홀(hole)이라고 한다.

이들 자유전자와 정공은 반도체 내에서 전하를 운반한다는 의미에서 캐리어(carrier)[11]라고 한다.

3·3·2 진성 반도체의 에너지대 구조

[그림 3·5]는 진성 반도체의 에너지대 구조를 나타내었다. 절대온도 0[°K]에서 가전자대는 완전히 채워져 있으며, 전도대는 완전히 비어 있는 상태가 된다.

즉, 이 경우의 반도체는 마치 절연체와 같이 되어 전류가 흐르지 않는 상태가 되며, Fermi 준위 E_f는 금지대폭의 중앙 $\left(\frac{1}{2}E_g\right)$에 위치하게 된다.

그러나, 온도 T가 상승하면 공유결합 상태에 있던 전자는 열에너지를 받아 시 전도대로 올라간다. 전자가 빠져나간 가전자대에는 정공이 생기게 되어 (+)의 정전하로 대전된다.

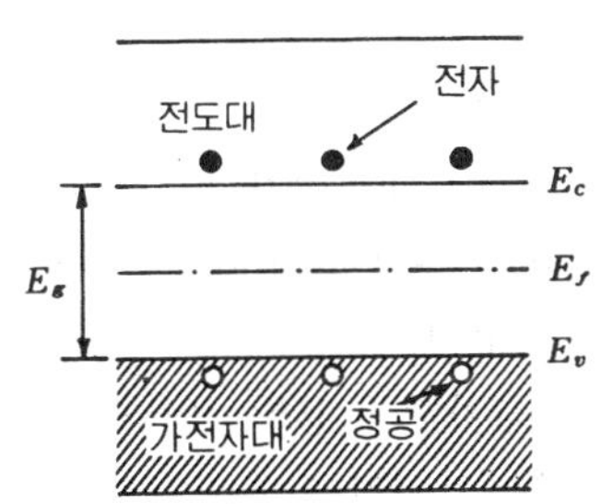

[그림 3·5] 진성 반도체의 에너지대

11) 진성 반도체에서의 캐리어 농도는 n_i라고 표시한다. ($n_i=n=p$)

이와같은 현상이 계속해서 반복되는데, 여기에 전계를 인가하면 전자는 운동량과 에너지를 얻게 되어 전계와는 반대방향으로 운동하고, 정공은 전계 내에서 정전하와 같은 성격을 갖게 되어 도전성을 갖는다.[12)]

3·4 불순물 반도체

일반적으로 반도체에 대한 이용은 불순물이 들어 있는 반도체를 사용한다.

순수 반도체의 단결정에 미소량의 불순물, 즉 가전자 3개를 가지고 있는 3가 원소나, 가전자 5개를 가지고 있는 5가 원소를 첨가한 것을 불순물 반도체(不純物半導體, impurity semiconductor)라고 한다.

보통, 저항률은 0.01～60[Ω·cm] 정도의 범위 내로 하며, 온도가 상승하면 저항률이 감소하는 성질은 순수 반도체와 같으나, 불순물의 가감량에 따라 저항률이 변화할 수 있다는 중요한 특성이 있다.

3·4·1 n형 반도체

Si이나 Ge의 순수한 단결정에 원자가가 5가인 불순물 P, As, Sb, Bi 등을 넣은 것을 n형 반도체라고 한다. 이와같이 반도체에 불순물을 첨가하는 것을 도핑(doping)이라고 한다.

4가 원소인 Si 원자에 5가 원소 P를 첨가시킨 경우를 생각한다. 가전자 4개를 갖고 있는 Si 원자는 가전자 5개인 P원자가 들어오면 Si원자와 P원자는 각각 4개의 가전자만 공유결합을 하게 되고, 1개의 가전자가 남게 된다.

이렇게 남은 전자를 과잉전자(過剩電子, excess electron)라고 한다. 그러나, 온도가 상온(T=300[°K]) 정도되면 이 과잉전자는 원자핵의 속박에서 벗어나서 결정 속을 자유롭게 이동할 수 있는 자유전자(free electron)가 된다.

이와같이 공유결합되고 남은 과잉전자를 주는 P와 같은 5가원소인 불순물을 도우너 불순물(donor impurity) 또는 간단하게 도우너(doner)[13)]라고 한다.

[그림 3·6](a)와 (b)는 n형 반도체의 결정구조와 도우너 준위를 각각 나타내었다.

n형 반도체의 에너지대를 보면 전도대의 바로 아래에 과잉전자에 의해서 형성된 에너지 준위, 즉 도우너 준위(donor level)가 위치하고 있다. 이 도우너 준위를 넘어 전기전도가 이루어진다.

---

12) 반도체에서는 전자, 정공 모두 전기전도에 기여한다. (캐리어 이동)

13) 도우너는 '준다'는 의미이고, n형의 n은 negative, 즉 (−)를 표시한다.

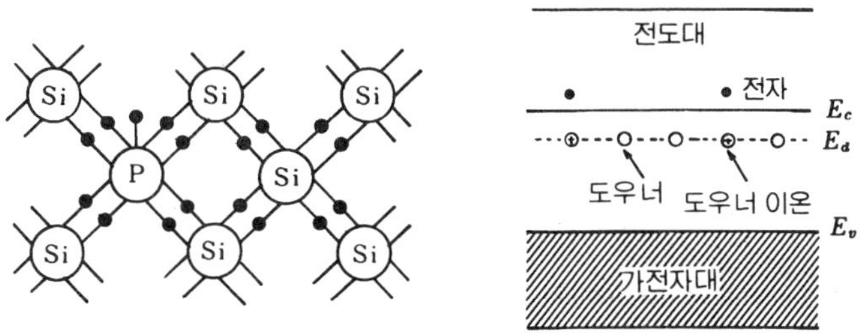

(a) 결정구조 (b) 도우너 준위

[그림 3·6] *n*형 반도체

*n*형 반도체에서는 전류의 흐름, 즉 전기전도가 주로 자유전자의 운동에 의해서 이루어진다.[14] 따라서, 이 자유전자를 *n*형 반도체의 다수(多數) 캐리어(majority carrier)라고 한다. 그리고, 수는 적지만 정공도 다소 있으므로 이 정공을 소수(少數) 캐리어(minority carrier)라고 한다.

3·4·2 *p*형 반도체

순수한 반도체 Si 결정에 가전자 3개를 갖는 3가 원소 B, Al, Ga, In 등의 불순물을 넣어서 만든 반도체를 *p*형 반도체라 한다.

[그림 3·7(a)]에 나타낸 바와같이 3가의 불순물 원소와 Si이 공유결합을 하기 위해서는 1개의 전자가 부족하다. 그러므로 3가 불순물 원소는 인접한 Si 원자가 가지고 있는 4개의 가전자 중에서 1개를 뺏어와서 (−)의 음이온으로 되어 완전한 공유결합을 하게 된다.

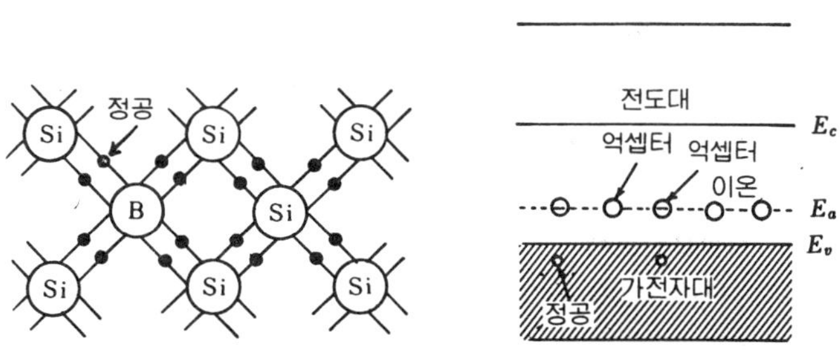

(a) 결정구조 (b) 억셉터 준위

[그림 3·7] *p*형 반도체

14) 원자로부터 과잉전자를 분리시키는 데 필요한 에너지는 Si : 0.05[eV], Ge : 0.01[eV], 실온에서의 전자의 열평균 에너지는 0.026[eV]이다.

이와 반대로, 1개의 전자를 뺏긴 Si 원자는 공유결합이 깨어지게 되어 전자를 뺏긴 자리에 구멍(hole)이 생기는데, 이것을 정공이라고 한다.

이와같이 3가 불순물 원소는 (+)의 정전하인 정공을 공급하는 역할을 함을 알 수 있다. 이 불순물 원자를 억셉터(acceptor)[15] 또는 *p*형 불순물이라고 한다.

■ 억셉터 준위

[그림 3·7(b)]에 *p*형 반도체의 에너지대 구조를 나타내었다.

Si 결정에 3가의 불순물 원소를 첨가하면 충만대의 약간 윗부분, 즉 Si의 금지대 내에 새로운 에너지가 생기게 되는데, 이 준위를 억셉터 준위(acceptor level)라고 한다.

이렇게 구성된 억셉터 준위는 Si의 경우 가전자대보다 0.5[eV] 정도[16] 높은 곳에 존재한다. 그런데, 0[°K]에서 가전자대는 완전히 채워져 있고, 전도대나 억셉터 준위는 완전히 비어 있으므로 온도가 상승하면 열에너지를 받은 전자는 이 억셉터 준위로 올라가게 되어 도전성을 일으킨다.

*p*형 반도체에서는 정공이 다수 캐리어, 전자가 소수 캐리어가 된다.

3·4·3 화합물 반도체

두 가지 또는 그 이상의 금속원소가 결합된 화합물을 금속간화합물(金屬間化合物)이라고 한다. 이와같이 2개 이상의 원소가 결합되어 이루어지는 화합물이 본래의 구성원소와는 다른 성질을 가지고 반도체의 성질을 갖게 되는 경우가 있다.

화합물 반도체는 복합 반도체라고도 하는데, 원소 주기율표의 각각 다른 족 원소들의 결합으로 이루어진 반도체를 의미한다.

근래의 화합물 반도체의 흐름은 발광특성, 소자특성의 고속화 등을 고려하여 각종 원소들의 화합물 조합에 의한 새로운 물질의 개발, 양자(量子)의 효율화를 위한 연구개발이 이루어지고 있다. 화합물 반도체의 실용화가 매우 높은 Ⅲ-Ⅴ족 화합물 특성을 중심으로 설명한다.

■ Ⅲ-Ⅴ족 화합물 반도체

Ⅲ-Ⅴ족 화합물 반도체는 GaAs[17], GaP, InSb, InAs, InP 등을 들 수 있다. 이들은 발광 다이오드, 자계 속에서 전기저항값이 변하는 응용소자, Hall 효과 등에 이용된다.

---

15) 전자를 '받아들인다'는 의미이고, p형의 p는 positive를 표시한다.

16) Ge의 경우에는 0.01[eV]이다.

17) 모든 반도체는 에너지 밴드폭에 의해서 특성이 결정된다. Ge, Si 등 4족 원소는 간접천이형 에너지 밴드폭을 갖는다. 그러나 GaAs는 직접천이형 에너지 밴드폭의 특성을 갖는다.

또한 BP, BN, GaN 등도 있으나, 시스템의 응용에는 결정체의 성장기술에 관련된 문제가 남아 있다.

대표적으로 GaAs의 특성을 설명하면 다음과 같다.

① 전자의 이동도(mobility)가 단결정인 Si, Ge에 비해서 5~6배 이상 빠르며, 응답속도도 빠르다.
② 열특성이 양호하다(고온에서도 동작이 가능).
③ 고출력의 마이크로파 발진이 가능하다.
④ 가시광선 영역에서도 발광 및 수광기능이 있다.
⑤ 광증폭 및 광전소자로 이용된다.
⑥ LD(Laser Diode) 등의 고출력 기능에 이용된다.

■ **Ⅱ－Ⅵ족 화합물 반도체**

ZnS, ZnSe, HgS, CdSe, CdS 등이 있으며, 광도전재료, 형광체, 정전지 등의 응용소자로 사용된다.

■ **그밖의 화합물 반도체**

Ⅱ-Ⅴ족 화합물, Ⅱ-Ⅵ족 화합물 외에도 Ⅱ-Ⅴ족 화합물(ZnSb, CdSb), Ⅴ-Ⅵ족 화합물(Bi_2Te_3, Bi_2Se_3), Ⅳ-Ⅵ족 화합물(PbTe, PbSe), 3원합금($AgInS_2$, $AgSbTe_2$) 등이 있다.

〈표 3·2〉 화합물 반도체 재료의 주기율

주기 \ 족	Ⅰ	Ⅱ	Ⅲ	Ⅳ	Ⅴ	Ⅵ	Ⅶ
2			B	C	N	O	F
3			Al	Si	P	S	Cl
4	Cu	Zn	Ga	Ge	As	Se	Br
5	Ag	Cd	In	Sn	Sb	Te	I
6	Au	Hg	Tl	Pb	Bi	Po	At

3·5 반도체의 도전율과 온도특성

반도체와 금속이 기본적으로 다른 점은 금속은 단극(單極, unipolar) 물질로서 한 가지 전하에 의해서 전류를 형성하지만, 반도체는 쌍극(雙極, bipolar) 물질로서 전자와 정공에 의해서 전류를 형성한다.

금속 내의 도전율(導電率, conductivity)은 앞절에서 설명하였다. 여기서는 전자와 정공에 의하여 전류가 형성되는 반도체의 도전율을 설명하기로 한다.

■ 도 전 율

식 (2·33)에 의해 전류밀도 J는 다음과 같이 쓸 수 있다.

$$J = nev = ne\mu E = \sigma E \tag{3·1}$$

[그림 3·8]과 같이 진성 반도체 전압을 인가하면 전자는 (+)전위, 정공은 (−)전위 방향으로 전기전도가 일어난다.

식 (3·1)에서, 전자에 의한 전류밀도를 J_n, 정공에 의한 전류밀도를 J_p라고 하면,

$$J_n = env_n \tag{3·2}$$

$$J_p = epv_p \tag{3·3}$$

여기서, v_n은 전자의 속도, v_p는 정공의 속도이다. 따라서, 전체 전류밀도는 J_n+J_p이므로

$$J = J_n + J_p = e(nv_n + pv_p) \tag{3·4}$$

이 된다. 그런데, 도전율 σ는 $J = \sigma E$에서

$$\sigma = en\mu_n + ep\mu_p \tag{3·5}$$

이다. 여기서, μ_n은 전자이동도, μ_p는 정공이동도이다.

진성 반도체에서는 전자와 정공의 수가 같으므로, $n = p = n_i$ 관계에서 식 (3·5)는

$$\sigma = en_i(\mu_n + \mu_p) \tag{3·6}$$

이 된다. 고유저항률 ρ는 $\rho = \frac{1}{\sigma}$의 관계로부터 다음과 같다.

$$\rho = \frac{1}{en_i(\mu_n + \mu_p)} \tag{3·7}$$

식 (3·7)에서 반도체의 종류에 따라 도전율[℧/cm]을 구할 수 있다.

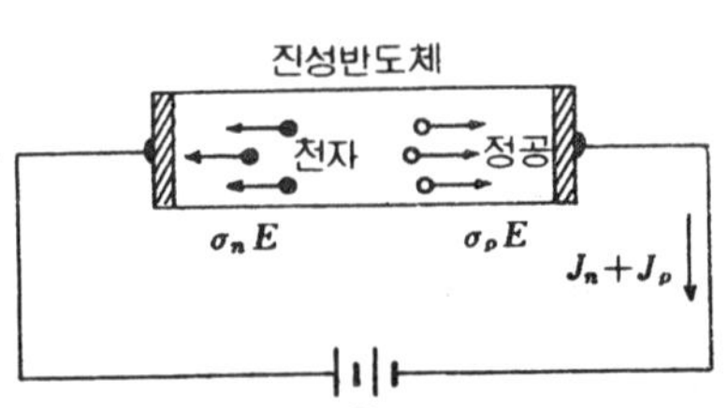

[그림 3·8] 전계방향과 전류밀도

n형 반도체인 경우에는 $n \gg p$이므로 식 (3·5)의 제2항 $ep\mu_p$는 제1항 $en\mu_n$에 비교할 경우 무시할 수 있으므로, n형 반도체의 도전율 σ_n은 다음과 같다.

$$\sigma_n = en\mu_n \tag{3·8}$$

식 (3·8)의 구체적인 표현은 $\sigma \simeq en_{no}\mu_n \simeq eN_d\mu_n$으로 된다. 같은 방법으로 p형 반도체의 도전율 σ_p는 다음과 같다.

$$\sigma_p = ep\mu_p \tag{3·9}$$

■ 온도특성

그런데, 온도 T와 에너지갭 E_g와 관계되는 일반식[18]은

$$\sigma = \sigma_0 \exp^{(-E_g/2kT)} \tag{3·10}$$

이므로, 양변에 대수(log)를 취하면 다음과 같다.

$$\log \sigma = \log \sigma_0 - \frac{E_g}{2kT} \tag{3·11}$$

[그림 3·9]는 n형 반도체의 전자농도 n과 도전율 σ가 온도변화에 따라 변화하는 모양을 대수(對數) 눈금으로 나타낸 것이다. 온도변화에 따라 영역을 구분해서 설명하면 다음과 같다.

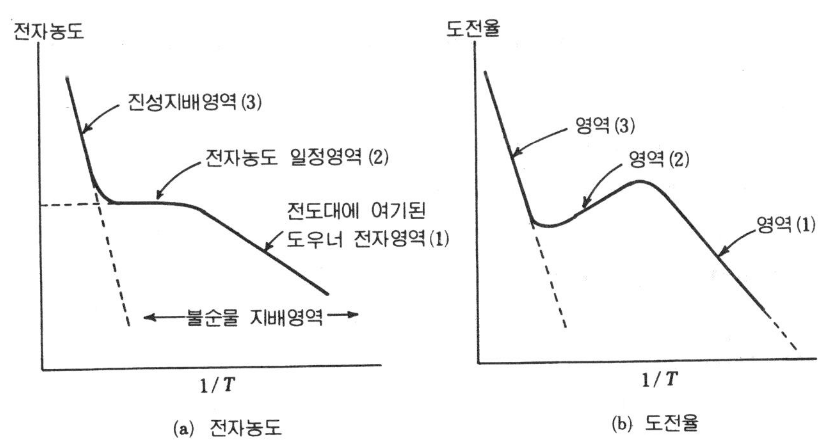

(a) 전자농도 (b) 도전율

[그림 3·9] 온도변화에 따른 선사농도와 도전율

18) 진성 반도체의 캐리어 농도식 $\eta_i^2 = np = N_c N_v \exp^{(-E_g/kT)}$에 관계되는 식이다.

① 영역(1) : 온도가 낮은 저온상태의 영역으로 전도대에서 여기된 도우너 전자의 일부가 이온화되어 전자농도가 증가하여 도전율이 증가되는 부분으로 불순물 지배영역이라고도 한다.

② 영역(2) : 온도가 약간 상승한 영역으로 도우너가 거의 이온화되어 전자농도가 증가하지 않는 포화상태, 즉 전자농도가 일정한 영역이다.

③ 영역(3) : 고온상태의 영역으로 가전자대로부터 열 여기가 증대되어 캐리어 밀도가 증가하는 부분이다. 이 영역은 진성 반도체와 비슷한 성질을 갖게 되며, 온도가 상승되어도 캐리어가 증가하지 않는 금속의 경우와 반도체의 차이점이라 하겠다.

◀예제 3-1▶ 진성 Ge의 도전율 σ를 온도를 변화하여 측정한 다음에 y축에 $\log\sigma$, x축에 절대온도의 역수 $\frac{1}{T}$을 취하였더니 기울기가 -4.35×10^3인 1차함수가 되었다. 이 경우, Ge의 금지대폭은 몇 [eV] 인가?

【풀이】 식 (3·10), $\sigma=\sigma_0\exp^{-(E_g/2kT)}$의 양변에 대수를 취하면

$$\log\sigma=\log\sigma_0-\left(\frac{E_g}{2k}\right)\frac{1}{T}$$

이 된다. 이 식은 $y=ax+b$인 1차함수 형태이므로($\because x=\frac{1}{T}$, $y=\log\sigma$) 기울기는

$$-\frac{E_g}{2k}=-4.35\times10^3 \qquad \therefore E_g=4.35\times10^3\times2k=0.75\,[\text{eV}]$$

■ 반도체의 Fermi 준위[19)]

앞에서 Fermi 준위에 대하여 이미 설명하였다. 여기서는 진성 반도체, n형 반도체, p형 반도체의 Fermi 준위에 대하여 설명하고자 한다.

진성 반도체의 Fermi 준위를 먼저 구해 보자. 진성 반도체에서는 자유전자와 정공이 한 쌍으로 생성하고 소멸하므로 전자밀도 n과 정공밀도 p는 같다. 즉, $n=p=n_i$ 관계이므로 다음의 관계식[20)]을 갖는다.

---

19) 절대온도 $T=0$[°K]에서 전자가 가질 수 있는 최대 에너지 준위, 즉 $T=0$[°K]에서 Fermi 준위 이하는 전자로 충만되어 있는 상태를 의미한다.

20) 식 (3·12)의 유도 : Fermi Dirac 분포함수를 이용해서 전자밀도 n과 정공밀도 p를 구하면

$$n=\int_{E_c}^{\infty}f(E)\cdot s(E)\cdot dE=\int_{E_c}^{\infty}s(E)\cdot\exp^{-(E-E_f)/kT}dE$$

$$=2(2\pi m_n^* ekT/h^2)^{3/2}\exp^{-(E_c-E_f)/kT}=N_c\exp^{-(E_c-E_f)/kT}$$

같은 방법으로

$$p=N_v\exp^{-(E_f-E_v)/kT}$$

$$N_c \exp^{-(E_C-E_f)/kT} = N_v \exp^{-(E_f-E_v)/kT} \tag{3·12}$$

여기서 Fermi 준위 E_f를 구하면

$$E_f = \frac{E_c+E_v}{2} - \frac{kT}{2} \ln \frac{N_c}{N_v} \tag{3·13}$$

식 (3·13)에 N_c, N_v값을 대입하면,

$$E_f = \frac{E_c+E_v}{2} - \frac{kT}{2} \ln \left(\frac{m_n}{m_p}\right)^{3/2}$$

$$= \frac{E_c+E_v}{2} - \frac{3}{4} kT \ln \frac{m_n}{m_p} \tag{3·14}$$

여기서 유효질량(effective mass) $m_n^* = m_p^*$라 하면

$$E_f = \frac{E_c+E_v}{2} \tag{3·15}$$

이 된다. 식 (3·15)는 매우 중요한 결과식으로 진성 반도체의 성질을 나타내는 식이다. 즉, 진성 Fermi 준위는 온도와는 관계없이 금지대의 중앙에 위치한다는 것을 알 수 있다.

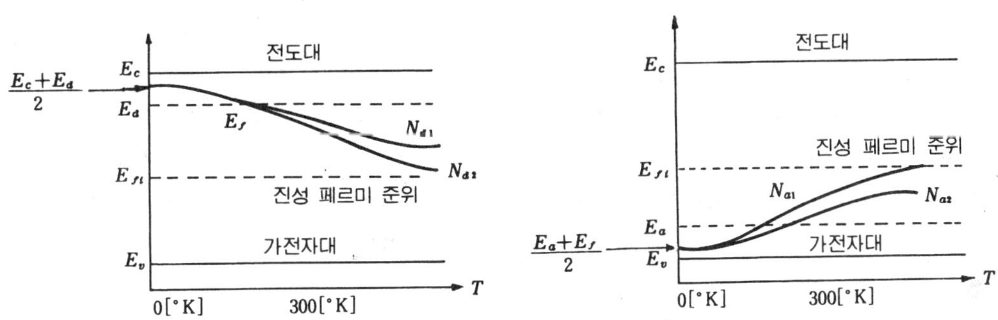

(a) n형 반도체의 페르미 준위　　(b) p형 반도체의 페르미 준위

[그림 3·10] 페르미 준위의 온도 의존성

단, $N_c = 2\left(\frac{2\pi m_n^* ekT}{h^2}\right)^{3/2}$, $N_v = 2\left(\frac{2\pi m_p^* ekT}{h^2}\right)^{3/2}$이고, 가전자대의 상태함수 $s(E)$의 유도는 감마식으로 주어지는데 정도가 높으므로 생략하고, 결과식으로 나타내면

$s(E) = \frac{4\pi}{h^3}(2m_p^* e)^{3/2}(E_v - E)^{1/2}$이나. 내용이 깊은 전문서적을 참조.

[그림 3·10(a)]는 n형 반도체의 Fermi 준위를, 그림 (b)는 p형 반도체의 Fermi 준위를 나타낸 것이다.

[그림 3·10]에서 알 수 있듯이 진성 반도체에 5가의 불순물을 도핑하면 n형 반도체가 된다. 즉, $N_d > N_a$[21]인 관계가 되어 Fermi 준위는 금지대의 중간보다 위가 된다.

반면에 p형 반도체가 되면 $N_d < N_a$가 되어 전자보다 정공이 많아져서 Fermi 준위는 금지대의 중간보다 아래가 된다.

여기서, 다음과 같은 중요한 사항을 기억해 두어야 하겠다.

① 진성 반도체의 Fermi 준위는 온도에 관계없이 일정하고 금지대의 중앙에 위치한다.
② n형 반도체의 Fermi 준위는 온도가 감소하면 전도대로 향한다.
③ p형 반도체의 Fermi 준위는 온도가 감소하면 충만대로 향한다.

3·6 캐리어의 확산운동

앞에서 외부전계에 의하여 캐리어가 이동해서 형성되는 드리프트(drift) 전류에 관해서 설명하였다. 반도체 내에서는 이러한 드리프트 전류 외에도 확산(diffusion)에 의한 전류가 흐르게 된다. 즉, 반도체에 흐르는 전류는 드리프트 전류와 확산전류로 구분된다는 의미이다.

3·6·1 확 산

확산이라는 것은 입자(이온, 전자, 분자, 원자)의 구분이 없이 입자의 밀도가 높은 곳에서 낮은 곳으로 이동하려는 현상으로, 결과적으로는 입자의 밀도가 평형을 이루려는 입자의 성질을 말한다.

반도체 내에서의 캐리어(전자 또는 정공)가 열에너지를 받으면 불규칙한 열운동에 의하여 확산운동을 하게 된다. 1차원적인 개념에서 x방향으로 운동하고 있는 정공 p를 생각해 보자.

정공밀도의 변화에 따른 기울기 $\frac{dp}{dx}$가 생기게 되므로 x의 (+)방향으로 전류가 흐르게 된다. 따라서, 확산에 의한 정공전류밀도 J_p[A/m^2]는 정공밀도의 기울기 $\frac{dp}{dx}$에 비례하므로

---

21) N_d : 도우너 농도[개/cm^3]
N_a : 억셉터 농도[개/cm^3]

$$J_p = -eD_p \frac{dp}{dx} \tag{3·16}$$

가 된다. 여기서, D_p는 확산계수(diffusion cofficient)라 하고, 단위는 [m^2/s]이다. 식 (3·16)에서 (－)의미는 정공밀도의 감소를 뜻한다.

또한, 전자전류밀도[22]는 위와 같은 방법으로 다음과 같이 쓸 수 있다.

$$J_n = eD_n \frac{dn}{dx} \tag{3·17}$$

여기서 D_n, D_p는 전자의 열운동에 의한 평균 자유행정(mean free path)과 평균 자유시간(mean free time)에 의해서 결정되는 상수로 다음의 관계가 있다.

$$D_p = \frac{(l_p)^2}{\tau_p} \tag{3·18}$$

$$D_n = \frac{(l_n)^2}{\tau_n} \tag{3·19}$$

〈표 3·3〉 상온에서의 Ge과 Si의 확산계수 이동도

	확산계수[m^2/s]		이동도[m^2/V·s]	
Si	D_n	3.5×10^{-3}	μ_n	1.5×10^{-1}
	D_p	1.2×10^{-3}	μ_p	0.5×10^{-1}
Ge	D_n	9.3×10^{-3}	μ_n	3.8×10^{-1}
	D_p	4.4×10^{-3}	μ_p	1.8×10^{-1}

〈표 3 · 3〉에 상온 T=300[°K]에서 Si과 Ge의 확산계수 D와 이동도 μ를 비교하였다.

또, 전자와 정공이 동시에 확산할 때의 확산전류밀도는 J_n+J_p가 되므로, 다음과 같다.

$$J = J_p + J_n = e\left(D_n \frac{dn}{dx} - D_p \frac{dp}{dx}\right) \tag{3·20}$$

---

22) 식 (3·17)의 유도 : 단위면적을 1[s] 동안에 이동한 전자의 입자수를 N이라 하면,

$$N = -D\frac{dn}{dx}$$

확산계수 D에 밀도의 기울기를 곱한 것이 확산속도 v_D가 되므로 $N=mv_D$이다. 따라서,

$$v_D = \frac{-D}{n} \cdot \frac{dn}{dx}$$

$J_n = env_D = eD_n \frac{dn}{dx}$ (n이 (－)방향으로 감소하므로 (＋)부호로 대치한다)

3·6·2 반도체의 전체 전류

반도체에 흐르는 전체의 전류는 드리프트 전류와 확산전류의 총합이 되므로, 다음과 같이 두 가지 형태로 구분하여 쓸 수 있다.

① 정공에 의한 확산전류와 드리프트 전류의 합으로 나타나는 전류

$$J_p = ep\mu_p E - eD_p \frac{dp}{dx} \tag{3·21}$$

② 전자에 의한 확산전류와 드리프트 전류의 합으로 나타나는 전류

$$J_n = en\mu_n E + eD_n \frac{dn}{dx} \tag{3·22}$$

따라서, 전자와 정공이 드리프트 운동과 확산운동에 의해서 반도체에 흐르는 전체의 전류는 식 (3·21), (3·22)의 합으로 나타낼 수 있다.

$$J = J_n + J_p = eE(n\mu_n + p\mu_p) + e\left(D_n \frac{dn}{dx} - D_p \frac{dp}{dx}\right) \tag{3·23}$$

3·6·3 Einstein의 관계식

Einstein 관계식은 확산계수 D와 이동도 μ의 관계를 나타내는 식으로 열평형 상태에서는 확산전류와 드리프트 전류가 평형이 되어 전체의 전류는 0이 된다.

따라서, 전자에 의한 확산전류와 드리프트 전류의 합으로 나타나는 경우를 예로 들면, 식 (3·22)는 다음 조건을 만족해야 한다.

$$en\mu_n E + eD_n \frac{dn}{dx} = 0 \tag{3·24}$$

$$-en\mu_n E = eD_n \frac{dn}{dx} \tag{3·25}$$

여기서, $E = -\frac{dV}{dx}$ 이므로,

$$en\mu_n = \frac{dV}{dx} = eD_n \frac{dn}{dx} \tag{3·26}$$

식 (3·26)을 변형하면

$$\frac{dn}{n} = \frac{\mu_n}{D_n} dV \tag{3·27}$$

이 되고, 양변을 적분하면($x=0$, $V=V_0$, $n=n_0$의 조건 고려)

$$n = n_0 \exp \frac{\mu_n (V - V_0)}{D_n} \tag{3·28}$$

또한, Boltzmann의 식은

$$n = n_0 \exp \frac{e(V - V_0)}{kT} \qquad (3 \cdot 29)$$

이므로, 두 식 (3·28), (3·29)의 지수항을 같이 놓으면 다음의 관계식을 얻는다.

$$\frac{D_n}{\mu_n} = \frac{kT}{e} \qquad (3 \cdot 30)$$

따라서,

$$\frac{D_n}{\mu_n} = \frac{D_p}{\mu_p} = \frac{kT}{e} = \frac{T}{11600} = V_T \qquad (3 \cdot 31)$$

의 관계식을 얻을 수 있으며, V_T는 상온에서 26[mV]가 된다.

◀예제 3-2▶ Si 결정에서 전자와 정공의 이동도는 상온 300[°K]에서 0.12[m²/V·s]이다. 캐리어의 확산계수 D를 구하여라.

【풀이】 Einstein 관계식에서

$\frac{D}{\mu} = \frac{kT}{e}$ 이므로

$D = \frac{\mu kT}{e} = 3.1 \times 10^{-3} [m^2/s]$

3·7 반도체의 소수 캐리어의 생성과 재결합

지금까지 반도체에 대한 논의는 열평형상태(thermal equilibrium)에서만 해왔다. 그러나, 반도체는 열평형상태에서만 동작하는 것이 아니므로 열에너지나 광에너지를 받은 경우, 즉 열평형형형이 아닌 상태를 고찰할 필요가 있다.

예를 들면, n형 Si 반도체에 빛을 가하면 열평형상태는 깨어지게 되어 열평형상태의 캐리어 수보다 많은 과잉 캐리어(excess carrier)가 만들어져서 도전율이 증가하게 된다.

3·7·1 전하의 열생성과 재결합

우선, 전자의 수와 정공의 수가 같은 진성 반도체의 경우를 생각한다. 진성 반

도체가 열에너지를 받게 되면, 체적당 매초 G개의 새로운 한 쌍의 캐리어(한 쌍의 전자-정공)를 만들어내면서 동시에 전자와 정공의 재결합에 의해 소멸된다.

이와같이 열에너지에 의해서 한 쌍의 캐리어(전자-정공)가 생기는 것을 열생성(thermal generation)이라 하고, 단위체적당[cm^3] 매초에 생기는 캐리어의 수를 열생성률(熱生成率, thermal generation rate)이라 한다.[23] 열생성률 G의 단위는 [쌍/$cm^3 \cdot s$]이다.

반도체 내의 캐리어를 각각 n, p라고 하면, 열생성률 G는

$$G = \gamma np = \gamma n_i^2 \tag{3·32}$$

이다. 여기서, n_i는 진성 반도체의 캐리어 농도, γ는 비례상수를 나타낸다.

또한, 열생성과 반대의 과정인 재결합의 개념을 알아보자.

열에너지를 받아서 생성된 한 쌍의 전자-정공은 불규칙한 열운동을 하게 되어 전자와 정공이 부딪치게 되므로 전자는 정공을 메워서 공유결합을 채우게 된다.

이와같이 전자와 정공이 부딪치게 되어 한 쌍의 전자-정공이 소멸되는 과정을 재결합(recombination)이라고 한다. 또한, 단위체적당[cm^3] 매초에 발생하는 재결합의 수를 재결합률(recombination rate)이라 한다.

재결합률 R의 단위는 [쌍/$cm^3 \cdot s$]이고, 다음과 같이 나타낸다.

$$R = \gamma np \tag{3·33}$$

식 (3·33)에서, 재결합률 R은 전자밀도 n과 정공밀도 p에 비례함을 알 수 있다. 왜냐하면, 전자의 입장에서는 정공들이 재결합의 대상이 되고, 정공의 입장에서는 전자들이 재결합의 대상이기 때문이다.

재결합은 직접재결합(direct recombination), 내부재결합(volume recombination),

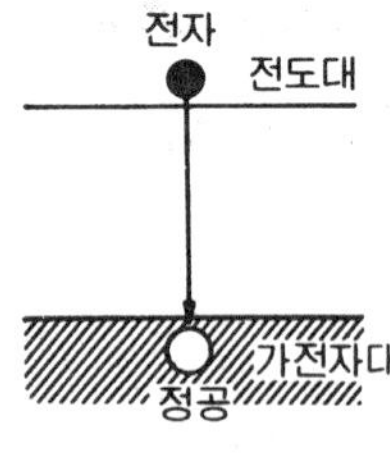

[그림 3·11] 직접재결합

---

23) 이론적인 계산결과에 의하면 Si, Ge의 열생성률 G는 $G = AT^3 \exp^{-E/T}$이다. 여기서, T는 절대온도, A, E는 상수이다.

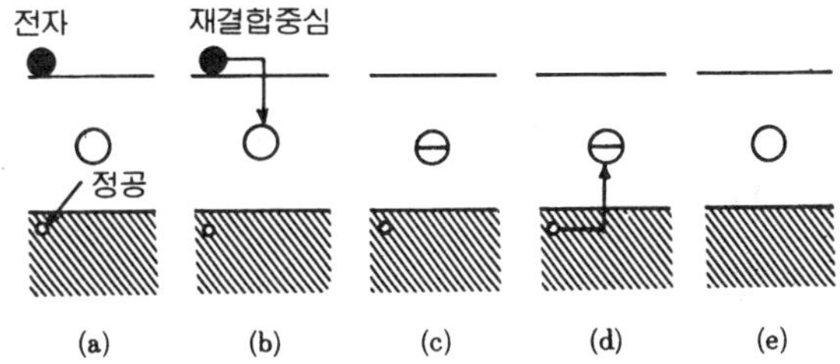

[그림 3·12] 재결합 중심에 의한 재결합

표면재결합(surface recombination)으로 구분된다.[24]

[그림 3·11]에 직접재결합, [그림 3·12]에 재결합 중심에 의한 재결합을 나타내었다.

이제, 열평형상태에서의 캐리어 농도를 각각 n_0, p_0라 하고, G와 R의 관계를 살펴보자. 열평형상태에서는 $G=R$의 관계가 성립한다. 따라서, 식 (3·32), (3·33)에서

$$n_0 p_0 = n_i^2 \qquad (3\cdot34)$$

이 된다. 여기서, 작은 첨자 0은 열평형상태를 의미한다.

식 (3·34)는 평형농도(밀도)의 곱이 진성 캐리어 농도의 제곱 n_i^2과 같다는 것을 나타내고 있다.

3·7·2 불순물 반도체에서의 캐리어 농도

p형 반도체에서 억셉터 농도가 N_a[개/cm^3]이고, 평형상태의 캐리어 농도를 각각 p_{p0}, n_{p0}[개/cm^3]라고 하면, 다음의 관계식이 성립한다.[25]

$$p_{p0}=N_a+g \qquad (3\cdot35)$$

$$n_{p0}=g \qquad (3\cdot36)$$

---

24) ·직접재결합 : 전자가 직접 정공으로 들어가는 과정을 말한다. 통계학적으로 직접재결합은 매우 적으므로 큰 의미는 없다.
·내부재결합 : 반도체 내부의 재결합 중심을 거쳐 재결합하는 것을 말한다.
·표면재결합 : 결정체 표면에 재결합 중심을 두는 경우를 의미한다.
·트랩(trap) : 재결합이 일어나는 확률보다 재여기(再勵起)가 일어나는 확률이 클 때를 트랩 또는 포획중심(捕獲中心, trap center)라고 하며, 그 에너지 준위를 트랩 준위라고 한다.

25) p_{p0} : 평형상태의 p영역의 정공밀도, n_{p0} : 평형상태의 p영역의 전자밀도이다. 보통의 온도범위에서는 억셉터 원자는 전부 이온화되어 있으므로 1개의 정공이 생긴다. 즉, 억셉터 원자에 의해서 생성된 정공의 수는 N_a[개/cm^3]이다.

여기서, g는 열생성된 자유전자 및 정공의 수이다.

식 (3·34)의 관계에서

$$p_{p0} n_{p0} = n_i^2 \tag{3·37}$$

이 된다. 식 (3·37)을 고쳐쓰면 $n_{p0} = p_{p0} - N_a$가 되는데, 이 식을 식 (3·37)에 대입해서 p_{p0}에 관해서 정리하면

$$p_{p0}^2 - N_a p_{p0} - n_i^2 = 0 \tag{3·38}$$

이 되고, p_{p0}에 관한 2차방정식이므로 다음과 같이 된다.

$$p_{p0} = \frac{N_a}{2} + \sqrt{n_i^2 + \left(\frac{N_a}{2}\right)^2} \tag{3·39}$$

식 (3·39)에서 실질적으로는 $N_a \gg n_i$가 되므로 간단하게 고쳐 쓰면,

$$p_{p0} \simeq N_a \tag{3·40}$$

가 된다. 이 식 (3·40)의 개념은 p형 반도체의 정공농도와 억셉터 농도가 거의 같다는 것이다.

또한, 전자농도 n_{p0}를 구하면 다음과 같다.

$$n_{p0} \simeq \frac{n_i^2}{N_a} \tag{3·41}$$

같은 방법으로, n형 반도체에서도 n_{n0}와 p_{n0}을 구하면 다음과 같다.

$$n_{n0} \simeq N_d \tag{3·42}$$

$$p_{n0} \simeq \frac{n_i^2}{N_d} \tag{3·43}$$

◀예제 3-3▶ 실온에서 순수한 Si의 전자농도는 1.45×10^{10}[개/cm^3]이다. 이 Si에 10^{18}[개/cm^3]의 붕소(Boron)를 도핑시켰다. 생성된 캐리어 농도를 구하여라.

【풀이】 $p_{p0}\, n_{p0} = n_i^2$에서 $N_a \simeq p_{p0}$이므로

$N_a = 10^{18}$ [개/cm^3], $n_i = 1.45 \times 10^{10}$ [개/cm^3]

$$\therefore n_{p0} \simeq \frac{n_i^2}{N_a} = \frac{(1.45 \times 10^{10})^2}{10^{18}} = 2.1025 \times 10^2 \text{ [개/cm}^3\text{]}$$

◀예제 3-4▶ 상온에서 진성 반도체 Si의 저항률을 636[Ω·m], 전자 및 정공의 이동도를 각각 0.15[m^2/V·s], 0.05[m^2/V·s]라고 하면 전자밀도는?

【풀이】 $\rho i=\frac{1}{\sigma_i}=\frac{1}{en_i(\mu_n+\mu_p)}$ 에서 진성 반도체의 캐리어 농도 $n_i=n=p$이므로

$$n=\frac{1}{e\rho_i(\mu_n+\mu_p)}=\frac{1}{1.602\times10^{-19}\times636(0.15+0.05)}$$

$=4.9\times10^{15}$[개/m^3]

3·7·3 캐리어의 수명시간

반도체 내에서 캐리어가 재결합되기 전에 생존하는 시간, 즉 캐리어가 존재하고 있는 평균시간을 전자(또는 정공)의 수명시간(life time)이라고 한다.

지금까지는 열평형상태의 캐리어 농도에 관해서 취급하였다. 그러나, 반도체에 광을 조사하게 되면 열평형상태의 캐리어 수보다 많은 과잉 캐리어가 생성된다.

우선 N_d[개/cm^3]으로 도핑한 n형 반도체의 경우를 생각하자.

열평형상태에서의 캐리어 농도는 식 (3·42), (3·43)에서 $n_{n0}=N_d$, $p_{n0}=n_i^2/N_d$가 됨을 알고 있다. 그러나, 반도체가 빛에너지를 받게 되어 열평형상태보다 q[개/cm^3]만큼 증가했다면 다음과 같이 된다.

$$n_n=N_d+q \tag{3·44}$$

$$p_n=\frac{n_i^2}{N_d}+q \tag{3·45}$$

여기서, q는 빛에너지에 의해서 여분으로 증가한 과잉 캐리어 농도이다. 이 과잉 캐리어가 빛이 차단되어 열평형상태로 돌아갈 때 걸리는 시간의 개념이 과잉 캐리어의 소멸시간, 즉 캐리어의 수명시간이 된다. 이론적으로 계산식에 의하면 수명시간 τ는

$$\tau=\frac{n_i^2}{G(n+p)} \tag{3·46}$$

로 나타낸다. 여기서, G는 열생성률이다. 따라서, 반도체별로 수명시간을 구분해서 정리하면 다음과 같다.[26)]

---

26) 식 (3·47)에서 일반적으로는 $\tau_n=\frac{1}{\gamma N_d}$, $\tau_p=\frac{1}{\gamma N_a}$로 나타낸다.

$$\left.\begin{array}{lll} ① \text{ 진성 반도체} : \tau_i = \dfrac{n_i^2}{2G} & & (n_i = n = p) \\ ② \ p\text{형 반도체} : \tau_p = \dfrac{n_i^2}{Gp} & & (n = 0) \\ ③ \ n\text{형 반도체} : \tau_n = \dfrac{n_i^2}{Gn} & & (p = 0) \end{array}\right\} \qquad (3\cdot47)$$

3·8 Hall 효과

전류가 흐르고 있는 반도체에 전류와 직각방향으로 자장(磁場)을 가하면 전류와 자장에 수직인 방향으로 기전력이 생긴다. 이러한 현상을 Hall 효과(Hall effect)라 하고, 1879년 E. H. Hall에 의해서 발견되었다.

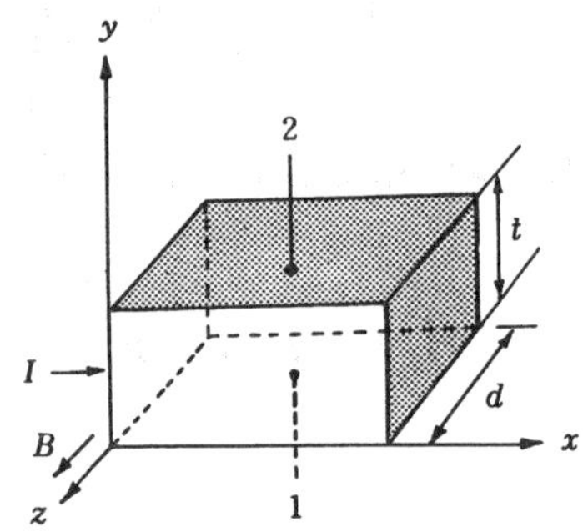

[그림 3·13] Hall 효과

[그림 3·13]에서, z축 방향으로 자장 밀도(磁場密度) B[Wb/m^2]를 가하고, x축 방향으로 전류 I[A]를 가하면 x축, y축에 직각인 y방향으로 전계 E[V/m]가 발생되는데, 이 반도체가 n형 반도체이면 $-y$방향으로 전계가 발생된다.

y축 방향으로 전자에 작용하는 전기력, 즉 힘을 F_{yE}라고 하면,

$$F_{yE} = eE_y \qquad (3\cdot48)$$

가 된다. 그리고, y축 방향의 자장의 힘, 즉 자기력을 F_{yB}라고 하면 Lorentz 힘[27]에 의해서 다음과 같다.

$$F_{yB} = Bev \qquad (3\cdot49)$$

Hall 효과에 의해서 생기는 전기력과 자기력은 평형상태에서는 같아야 하므

27) $F = Bev\sin\theta$, $\theta = 90°$이면 $F = Bev$이다.

로, $F_{yE}=F_{yB}$로 놓으면 다음의 관계식이 얻어진다.

$$E_y=vB=\mu EB \tag{3·50}$$

[그림 3·13]의 예가 n형 반도체라고 하면 도전율 σ_n은 $\sigma_n=en\mu_n$의 관계가 있으므로 식 (3·50)은

$$E_y=\frac{\sigma E_x B}{en} \tag{3·51}$$

이 되고, x축 방향의 전류밀도 J는

$$J=\sigma E_x=env=\frac{I}{td} \tag{3·52}$$

이다. 따라서, 식 (3·51)은 $R_H=\frac{1}{ne}$을 고려해서

$$E_y=\frac{\sigma EB}{en}=\frac{JB}{en}=R_H JB \tag{3·53}$$

가 되고, R_H는 Hall 계수[28]라고 한다. 그리고 [그림 3·13]에서 단자 1~2에 발생하는 Hall 기전력 V_H는 다음과 같이 구해진다.

$$V_H=E_y t=R_H JBt=R_H\frac{IB}{d} \tag{3·54}$$

지금까지 취급한 입자의 운동은 평균 드리프트 속도라는 가정하에 다루었다. 그러나, 실제적으로 전류원이 되는 캐리어의 운동은 불규칙한 열운동이므로 속도 v를 계산함에 있어서 통계적인 방법에 의한 R_H 설정이 필요하다.

이론적 계산결과에 의하면 $R_H=\frac{3\pi}{8\rho}$로 되어야만 유효하다는 것이다. 캐리어가 공존성일 때에는 다음과 같다.

$$R_H=\frac{3\pi}{8}\cdot\frac{n\mu_n^2-p\mu_p^2}{e(n\mu_n+p\mu_p)}\ [\mathrm{cm^2/C}] \tag{3·55}$$

캐리어가 1개만 있을 경우를 생각해 보자. 식 (3·55)에서

① $n=0$이면, p형 반도체가 되어서 $R_H>0$
② $p=0$이면, n형 반도체가 되어서 $R_H<0$

■ Hall 효과의 응용

① 이동도 μ를 구할 수 있다.

---

28) $R_H=\frac{1}{ne}$ 또는 이동도 μ와 관계해서 $R_H\equiv\frac{1}{e}=\frac{\mu}{\sigma}$이다.

② 두 신호의 곱을 나타내는 승적기(乘積器, multiplier)에 이용된다.

③ 자장계(磁場計, magnetic field meter)를 만들 수 있다.

◀예제 3-5▶ 폭 1[mm], 두께 0.1[mm]인 Ge이 있다. 이 Ge의 x축 방향에 1[mA]의 전류를 통하고, 이에 수직인 z방향에 1[Wb/m^2]인 자계를 가할 때, Hall 기전력 −0.1[mV]가 발생하였다. 1[m^3]당 전자의 수를 구하여라.

【풀이】 Hall 기전력은 $V_H=R_H\frac{IB}{d}$, Hall 계수는 $R_H=\frac{1}{en}$인데, 정확한 이론식은 $R_H=\frac{3\pi}{8}\cdot\frac{1}{en}$이다. $R_H<0$이므로 n형 반도체이며 캐리어는 전자라는 것을 알 수 있다.

Hall 계수에서 $n=\frac{3\pi}{8}\cdot\frac{1}{eR_H}$이므로 전자밀도 n은

$$n=\frac{3\pi}{8}\cdot\frac{BI}{V_Hed}=\frac{3\pi}{8}\cdot\frac{10^{-3}\times 1}{10^{-3}\times 10^{-3}\times 1.602\times 10^{-19}}$$

$$\fallingdotseq 7.4\times 10^{21}\,[\text{개}/\text{m}^3]$$

연습문제

3-1 Fermi 준위는 반도체의 종류에 따라서 달라진다. 온도의존성을 포함해서 n형, p형, 진성 반도체로 구분해서 설명하여라.

3-2 상온에서 p형 Ge의 소수 캐리어 수명시간이 200[μs]일 때, 캐리어의 확산길이는 몇 [cm]인가? 단, μ_n=3.6×10^{-1}[m^2/V·s]이다. ($L=\sqrt{D\tau}$)

3-3 공유결합의 특징에 대해서 설명하여라.

3-4 Hall 효과의 응용범위를 들고, Hall 계수에 대해서 설명하여라.

3-5 Ge 결정에서 캐리어 농도는 300[°K]에서 $n=p=5\times10^{18}$[cm^{-3}]이다. μ_n=3900[cm^2/V·s], μ_p=1900[cm^2/V·s]일 때, 도전율과 고유저항을 구하여라. ($\sigma=en\mu$)

3-6 Si의 도전율을 0.5[Ω·cm]$^{-1}$로 하기 위해서는 억셉터 원자의 농도를 몇 [cm^{-3}]으로 해야 하는가? 단, μ_p=0.17[m^2/V·s]이다. ($\sigma_p=ep\mu_p$)

3-7 확산길이 $L_p=6\times10^3$[cm]이고, 정공의 수명시간이 2.5×10^{-9}[s]일 때 확산속도를 구하여라.

3-8 두께가 0.2[mm]인 Si 시료에 0.5[mA]의 전류를 통하고, 이에 수직인 방향으로 0.1[Wb/m^2]의 자장을 가할 경우 Hall 기전력을 구하여라. 단, 전자밀도는 1.2×10^{15}[개/m^2]이다.

3-9 500[°K]에서 열에너지를 받은 전자의 운동 에너지를 구하여라.
1) 3차원운동인 경우의 에너지는?
2) 1차원운동인 경우의 에너지는?

3-10 재결합을 정의하고, 그 종류를 들어보아라.

chapter

4 *PN* 접합

제 4 장

PN 접합

4·1 *PN* 접합

Si나 Ge과 같은 단결정의 한쪽에 억셉터 불순물(p형 불순물)을 도핑하고, 다른쪽에 도우너 불순물(n형 불순물)을 도핑하면 한 결정 내에 p형 반도체와 n형 반도체가 형성된다. 이렇게 형성된 p형 반도체와 n형 반도체의 금속학적 경계를 pn접합이라 한다.

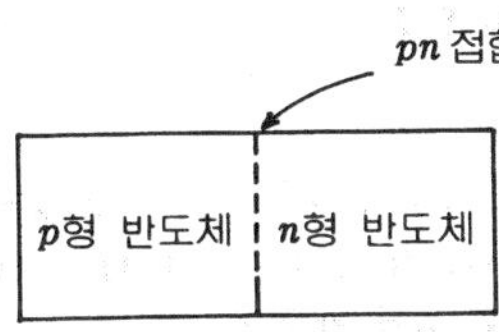

[그림 4·1] pn접합

[그림 4·1]은 pn 접합을 나타낸 것이다. 대부분의 반도체 소자들은 이러한 pn접합을 적어도 1개는 가지고 있다.

pn 접합 이론은 검파, 정류, 증폭, 스위칭 작용 등의 기능을 수행하는 전자회로의 기초분야로써 매우 중요하며, 바이폴라 트랜지스터나 전계효과 트랜지스터의 동작원리와 밀접하게 연관되는 이론이다.

4·1·1 공간전하 영역

불순물 반도체의 개념과 열평형상태 (p형반도체)[1]에서의 캐리어의 현상에 관

1) 빛에너지, 열에너지 또는 외부의 바이어스 전압 등에 의한 산란작용이 없을 때, 이 물질은 열평형

해서는 제3장에서 상세하게 설명하였다.

pn 접합에서 캐리어의 상태를 보면, *p*형 영역에는 다수 캐리어인 높은 정공농도 ($p_{p0} \simeq N_a$)가, *n*형 영역에는 다수 캐리어인 전자농도($n_{n0} \simeq N_d$)가 존재한다.

이와같이 *p*형 영역과 *n*형 영역의 캐리어 농도는 각각 다르기 때문에 *p*형 영역의 정공은 *n*형 영역으로 확산하게 되고, *n*형 영역의 전자는 *p*형 영역으로 확산하게 되어 확산전류가 흐르게 된다.

그리고, *n*형 영역으로 확산되어 들어간 정공과, *p*형 영역으로 확산되어 들어간 전자는 소수 캐리어가 된다. 결과적으로 이 소수 캐리어들은 재결합(recombination)에 의해서 모두다 소멸된다.[2)]

여기서 한 가지 고려할 점은, *p*영역과 *n*영역의 다수 캐리어가 모두 확산운동에 참여하는 것은 아니고, 단지 접합면 부근에 있는 다수 캐리어만 확산운동을 하게 된다는 것이다.

[그림 4·2]에서와 같이, *p*형 영역에서 *n*형 영역으로 정공이, *n*형 영역에서 *p*형 영역으로 전자가 각각 이동하게 되면, 정공을 잃은 *p*형 영역은 고정된 (−) 억셉터 이온으로 대전되고, 전자를 잃은 *n*형 영역은 고정된 (+) 도우너 이온으로 대전된다.

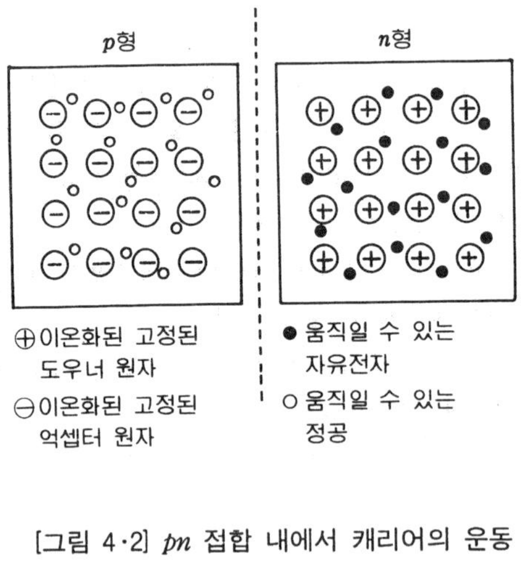

[그림 4·2] *pn* 접합 내에서 캐리어의 운동

상태에 있다고 한다. 식 (3·40), (3·41), (3·42), (3·43)을 참고,

$p_{p0} = N_a,\ n_{p0} \simeq n_i^2/N_a$(*p*형 반도체)

$n_{n0} = N_d,\ p_{n0} \simeq n_i^2/N_d$(*n*형 반도체)

2) 과잉 소수 캐리어인 *n*형의 정공은 *n*형의 다수 캐리어인 전자와, *p*형의 전자는 *p*형의 다수 캐리어인 정공과 재결합해서 소멸된다는 뜻이다.

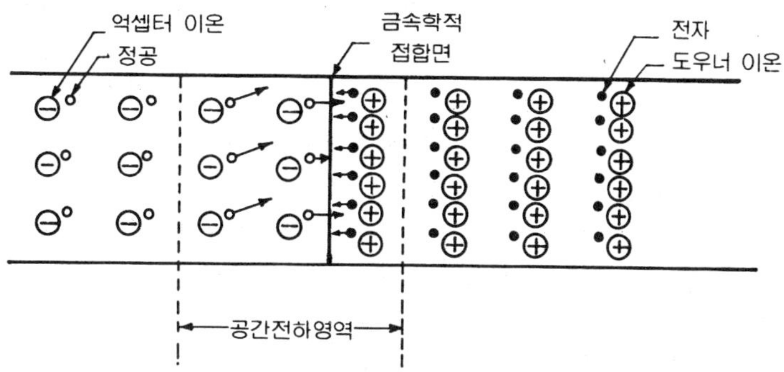

[그림 4·3] 공간전하영역의 형성

이러한 현상으로 인해서 *pn* 접합면 부근에는 전위차가 형성된다. 이 전위차는 캐리어의 확산운동을 저지하게 되는데, 이 전위차를 전위장벽(電位障壁, potential barrier)이라 한다.

또한, *pn* 접합면 부근에는 확산운동에 의해서 캐리어(전자-정공)들이 결합하게 되므로 캐리어가 존재하지 않는 층(layer)이 생긴다. 이 층을 공간전하영역(空間電荷領域, space charge region), 또는 공핍층(空乏層, depletion), 천이영역(遷移領域, transition region)이라고 한다.

4·1·2 접촉전위차

반도체에 흐르는 총전류는 확산전류와 드리프트 전류의 합이라는 것은 앞 장에서 설명하였다.

캐리어의 이동이 인가된 전압에 의해서 생긴 전류를 드리프트 전류라 하고, 캐리어 농도의 기울기(gradient)에 의해서 생긴 전류를 확산전류라 한다.

열평형상태에 있는 *pn* 접합의 해석에도 이 경우는 적용된다. *pn* 접합에서 단면 x에서 전계의 세기를 $E(x)$, 전자농도를 $n(x)$, 정공농도를 $p(x)$라 하고, 접합면의 접촉전위차 V_0를 유도하여 보면 다음과 같다.

정공에 의한 전류밀도를 J_p, 전자에 의한 전류밀도를 J_n이라 하면, 식 (3·21), (3·22)에 의해서 다음과 같이 쓸 수 있다.

$$J_n = e\left[\mu_n n(x)E(x) + D_n \frac{dn}{dx}\right] \tag{4·1}$$

$$J_p = e\left[\mu_p p(x)E(x) - D_p \frac{dp}{dx}\right] \tag{4·2}$$

그런데, 열평형상태에서는 정공, 전자의 전류도 0이 되어야 하므로 $J_n=J_p=0$ 이 된다. 따라서, 식 (4·1)은 다음과 같이 고쳐 쓸 수 있다.

$$\mu_n n(x)E(x)=-D_n\frac{dn}{dx} \tag{4·3}$$

공간전하영역에서 전위분포를 $V(x)$라 하면,

$$E(x)\equiv-\frac{dV(x)}{dx} \tag{4·4}$$

이므로, 식 (4·3)에 대입해서 적분하면,

$$V(x)=\frac{D_n}{\mu_n}\ln\frac{n}{c} \tag{4·5}$$

$\ln c$를 적분상수로 하고 식 (4·5)를 변형하면,

$$\ln\frac{n}{c}=\frac{\mu_n}{D_n}V(x) \tag{4·6}$$

여기서, $V(x)$는 pn 접합에서 경계면을 중심으로 n면에서의 전위 V_n과 c 면에서의 전위 V_c의 전위차를 나타내므로 $V(x)=V_n-V_c$가 된다.

따라서, 식 (4·6)에 Einstein 관계식 $\frac{D}{\mu}=\frac{kT}{e}$를 대입해서 정리하면

$$\ln\frac{n}{c}=\frac{e}{kT}(V_n-V_c) \tag{4·7}$$

여기서 $n=n_{n0}$, $c=n_{p0}$라고 놓으면,

$$\ln\frac{n_{n0}}{n_{p0}}=\frac{e}{kT}(V_n-V_p) \tag{4·8}$$

이 된다. n_{n0}는 n형 영역에서 평형상태의 다수 캐리어 농도, n_{p0}는 p형 영역에서의 소수 캐리어 농도이고, 구하고자 하는 접촉전위차[3] V_0는 다음과 같다.

$$V_0=(V_n-V_p)=\frac{kT}{e}\ln\frac{n_{n0}}{n_{p0}} \tag{4·9}$$

제3장에서 설명한 바와 같이 열평형상태에서는 $n_{n0}=N_d$, $p_{n0}=n_i^2/N_d$, $p_{p0}=N_a$, $n_{p0}=n_i^2/N_a$의 관계를 고려하면 식 (4·9)는 다음과 같이 쓸 수 있다.

$$V_0=\frac{kT}{e}\ln\frac{p_{p_0}}{p_{n_0}}=\frac{kT}{e}\ln\frac{n_{n_0}}{n_{p_0}}=\frac{kT}{e}\ln\frac{N_aN_d}{n_i^2} \tag{4·10}$$

---

3) 열평형상태에서의 접촉전위차(또는 내부전압), 확산전압이라고 한다.

또는

$$V_0 = \frac{kT}{e} \ln \frac{N_a N_d}{n_i^2} = \frac{kT}{e} \ln \frac{p_{p_0} n_{n_0}}{p_{p_0} n_{p_0}} = \frac{kT}{e} \ln \frac{p_{p0} n_{n0}}{p_{n0} n_{n0}} \tag{4·11}$$

로도 나타낼 수 있다.

◀예제 4-1▶ 저항률이 $\rho_p = 10^{-3}[\Omega \cdot \mathrm{cm}]$, $\rho_n = 1[\Omega \cdot \mathrm{cm}]$되는 p형 및 n형 Ge 반도체로 만들어진 계단형 pn 접합이 있다. 상온에서의 접촉전위차를 구하여라. 단, μ_n=3900 [cm^2/V·s], μ_p=1900[cm^2/V·s], n_i=2.4×10^{13}[개/cm^3]이다.

【풀이】 도전율의 관계식에서 $\sigma = en\mu_n \simeq eN_d\mu_n$, $\sigma_p = ep\mu_p \simeq eN_a\mu_p$이다. 따라서, 고유저항률 ρ와 불순물농도 N_a, N_d의 관계는

$$N_d = \frac{1}{e\mu_n p_n} = \frac{1}{1.602 \times 10^{-19} \times 3900 \times 1} = 1.6 \times 10^{15}[\text{개}/\mathrm{cm}^3]$$

$$N_a = \frac{1}{e\mu_p \rho_p} = \frac{1}{1.602 \times 10^{-19} \times 1900 \times 10^{-3}} = 3.3 \times 10^{18}[\text{개}/\mathrm{cm}^3]$$

구하고자 하는 접촉전위차 V_0는 식 (3·10)으로부터

$$V_0 = \frac{kT}{e} \ln \frac{N_a N_d}{n_i^2} = 0.026 \ln \frac{1.6 \times 10^{15} \times 3.3 \times 10^{18}}{(2.4 \times 10^{13})^2} = 0.41[\mathrm{V}]$$

4·1·3 공간전하영역의 폭

[그림 4·4]는 pn 접합에 있어서 공간전하영역의 폭을 나타낸 것이다. p형쪽의 공간전하영역의 폭을 W_p, n형쪽의 공간전하영역의 폭을 W_n이라 하면, 전체의 폭은 다음과 같이 쓸 수 있다.

$$W = W_p + W_n \tag{4·12}$$

이론적인 계산결과에 의하면 W_p와 W_n은 다음과 같다.4)

$$W_p = \left[\frac{2\varepsilon}{eN_a(1 + N_a/N_d)}\right]^{1/2} \sqrt{V_0} \tag{4·13}$$

$$W_n = \left[\frac{2\varepsilon}{eN_d(1 + N_d/N_a)}\right]^{1/2} \sqrt{V_0} \tag{4·14}$$

식 (4·13), (4·14)에서 W_p와 W_n의 비는

---

4) 식 (3·13), (3·14)의 증명은 부록을 참조.

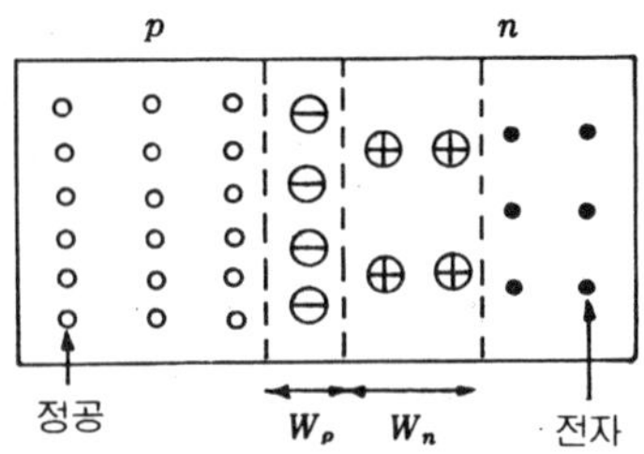

[그림 4·4] 공간전하영역의 폭

$$\frac{W_p}{W_n} = \frac{N_d}{N_a} \tag{4·15}$$

이며, W_p/W_n은 p형쪽 및 n형쪽의 불순물 농도에 반비례한다. 그러므로, p형쪽을 n형쪽보다 훨씬 강하게 도핑하면($N_a \gg N_d$) 전체 공간전하영역의 폭 W는

$$W = W_p + W_n \simeq W_n \tag{4·16}$$

이 되고,

$$W = \sqrt{\frac{2\varepsilon}{eN_d}}\sqrt{V_0} = \sqrt{\frac{2\varepsilon\mu_n}{\sigma_n}}\sqrt{V_0} \tag{4·17}$$

이다. 여기서, 도전율 $\sigma_n = e\mu_n N_d$이다.[5]

위와같은 방법으로, $N_d \gg N_a$인 경우는 다음과 같다.

$$W \simeq W_p = \sqrt{\frac{2\varepsilon}{eN_a}}\sqrt{V_0} = \sqrt{\frac{2\varepsilon\mu_p}{\sigma_p}}\sqrt{V_0} \tag{4·18}$$

4·1·4 공간전하영역의 전하밀도

공간전하영역의 해석은 정전계의 기본식인 Poisson의 방정식[6]으로부터 유도한다. 1차원의 Poisson의 방정식의 형태는,

$$\frac{d^2V}{dx^2} = -\frac{\rho}{\varepsilon} \tag{4·19}$$

---

5) 일반적으로 반도체 특성은 불순물 농도보다 저항률이나, 도전율로 주어진다.

6) Poission 방정식은 전하밀도 ρ를 나타내는 식으로 3차원에서의 관계는 다음과 같다.

$$\nabla^2 V = -\frac{\rho}{\varepsilon}$$

$$\nabla^2 = \mathbf{i}\frac{\partial}{\partial x^2} + \mathbf{j}\frac{\partial}{\partial y^2} + \mathbf{k}\frac{\partial}{\partial z^2}$$

여기서, x : 금속학적 접합면을 원점으로 한 x좌표

V : 임의의 면 x에서의 전위

ρ : 공간전하영역 내의 전하밀도[C/m³]

ε : 반도체의 유전율($\varepsilon = \varepsilon_\gamma \varepsilon_0$)

ε_0 : 진공의 유전율(8.85×10^{-12}[F/m])

ε_γ : 반도체의 비유전율(Si : 12, Ge : 16)

이다. 식 (4·19)에서 나타내고 있는 공간전하영역 내의 전하밀도 ρ는 다음 2가지 성분으로 해석한다.

① 정공농도 $p(x)$와 전자농도 $n(x)$에 의한 전하밀도

② 이온화된 억셉터 원자 N_a와 도우너 원자 N_d에 의한 전하밀도(p형쪽은 $-eN_a$, n형쪽은 $+eN_d$)

그러므로, 식 (4·19)에서 p형쪽에서는 억셉터 이온 N_a로 인하여

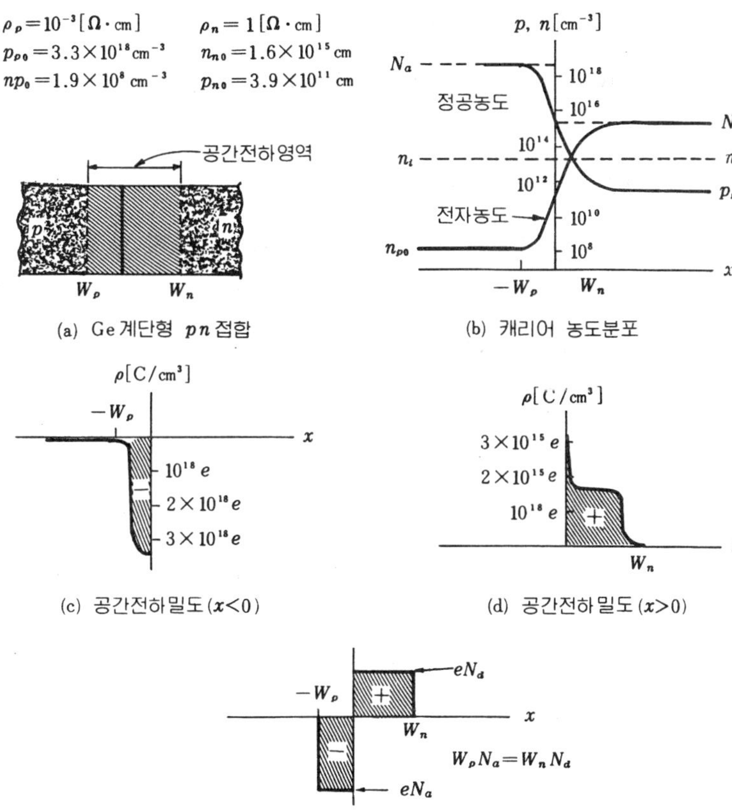

(a) Ge 계단형 pn 접합

(b) 캐리어 농도분포

(c) 공간전하밀도($x<0$)

(d) 공간전하밀도($x>0$)

(e) 이상적인 전하밀도

[그림 4·5] pn 접합의 전하밀도와 분포

$$\frac{d^2V}{dx^2}=-\frac{e[p(x)-n(x)-N_a]}{\varepsilon}=\frac{eN_a}{\varepsilon}\quad(x<0,\ p\text{형쪽}) \tag{4·20}$$

이고, n형쪽에서는 도우너 이온 N_d에 의하여

$$\frac{d^2V}{dx^2}=-\frac{e[p(x)-n(x)-N_d]}{\varepsilon}=-\frac{eN_d}{\varepsilon}\quad(x>0,n\text{형쪽}) \tag{4·21}$$

이다. 실질적으로 공간전하영역 내에서는 캐리어 농도는 무시할만큼 대단히 적다. 따라서, 식 (4·20), (4·21)은 캐리어의 전하를 무시한 값이다.

[그림 4·5]는 pn접합의 공간전하영역 내의 전하밀도와 분포를 나타낸 것이다.

■ 전계의 세기

[그림 4·5(e)]는 근사치로 해석한 이상적인 공간전하영역 내의 전하밀도를 나타낸 것이다. 실제적으로는 사각형 모양의 분포가 아니라 곡선을 이루게 된다.

[그림 4·5(e)]를 보면, 공간전하밀도 ρ는 pn 접합면의 경계에서는 0이 되고, 경계의 오른쪽은 (+), 왼쪽은 (−)임을 알 수 있다. 즉, $x=x_0$에서는 $E(x)=0$이라는 의미이다.

따라서, 전계의 세기 $E(x)$는 Poission의 방정식인 식 (4·19)를 적분해서 구한다.

$$E(x)=-\frac{dV}{dx}=\int_{x_0}^{x}\frac{\rho}{\varepsilon}\cdot dx \tag{4·22}$$

그러므로, 전위분포는 식 (4·22)에서 $E(x)$를 적분해서 구한다.7)

$$V=-\int_{x_0}^{x}E(x)dx \tag{4·23}$$

4·2 *PN* 접합의 정류작용

pn 접합의 전기적 특성은 기본적으로 정류작용(rectification)이라 할 수 있다. 즉, 한 방향으로는 전류가 잘 흐르지만 반대방향으로는 전류가 흐르지 못한다.

여기에서는 이러한 작용의 원인을 설명하고자 한다.

---

7) 부록을 참조, 공간전하영역의 폭 W를 구하는 유도과정에서 전계와 전위분포를 상세하게 설명하였다.

4·2·1 순방향 바이어스

앞에서 설명한 열평형상태의 *pn* 접합에 [그림 4·6(b)]와 같이 *p*형쪽에 (+), *n*형쪽에 (−)전압을 외부에서 인가하였을 때, 이 전압을 순방향 바이어스(forward bias)라 한다.

이와같이 (+)단자는 *p*형쪽에, (−)단자를 *n*형쪽에 연결하면 정공은 *n*형쪽으로, 전자는 *p*형쪽으로 끌려서 접합면을 넘어 들어가서 전자-정공의 재결합에 의해서 소멸된다.

그러나, 외부에서 전압이 계속 공급되는 동안은 (+)전원에서는 +*e*를, (−)전원에서는 −*e*를 계속 공급하므로 계속해서 전류가 흐른다. 그러므로, 순방향

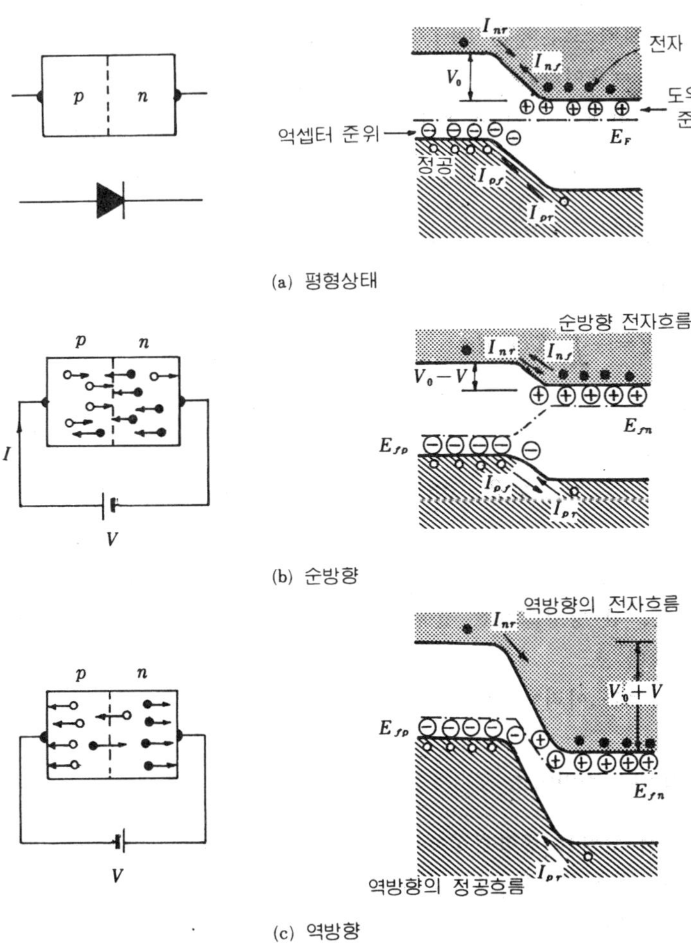

[그림 4·6] *pn* 접합의 정류작용

바이어스가 가해지는 상태에서는 p형쪽의 정공은 접합면을 지나 n형쪽으로 가서 소수 캐리어가 되고, n형쪽에서 p형쪽으로 이동한 전자도 소수 캐리어가 되어 전류를 흐르게 한다. 이 전류를 소수 캐리어에 의한 전류라 한다.

p형쪽에서 n형쪽으로 이동하는 정공에 의한 전류와 n형쪽에서 p형쪽으로 이동하는 전자에 의한 전류의 방향은 동일하므로 다이오드에 흐르는 전류는 소수 캐리어로 작용하는 정공과 전자에 의한 전류의 합으로 표시된다.

4·2·2 역방향 바이어스

[그림 4·6(c)]와 같이 외부에서 전압을 인가했을 경우를 역방향 바이어스(reverse bias)라 한다. (+)단자는 n형쪽에, (−)단자는 p형쪽에 연결하면 n형의 전자는 (+)단자로 끌리게 되며, p형의 정공은 (−)단자로 끌려서 다수 캐리어가 접합면으로부터 멀어지게 된다.

이들 다수 캐리어가 접합면으로부터 멀어지게 되면 p형쪽에는 고정된 도우너 이온이 노출되어 (−)전하밀도의 영역이 커지게 되고, 반대로 n형쪽에는 고정된 억셉터 이온이 노출되어 (+)전하밀도의 영역이 커지게 되므로 공간전하영역을 더욱 넓게 하여 전위장벽의 크기가 아주 높게 된다.

이 결과로 다수 캐리어의 흐름은 중단된다. 실질적으로는 아주 낮은 역바이어스 전압이 인가되어도 다수 캐리어의 이동은 완전히 중단된다.

오직 열생성에 의한 소수 캐리어(p형에서는 전자, n형에서는 정공)만이 존재하게 되는데, 이 소수 캐리어가 역바이어스에 의해서 접합을 통과하게 되어 미소한 전류를 흐르게 한다. 이 미소한 전류를 역포화전류(逆飽和電流, reverse saturation current)라 한다.

소수 캐리어에 의한 역포화전류는 역바이어스 증가에 비해서 아주 미소한 양으로 증가하므로, 인가된 역바이어스 전압이 0.1[V]를 초과하지 않는한 특별히 문제시되지 않는다.8)

이와같이 다수 캐리어에 의해서 전류가 흐르지 않도록 외부에서 전압을 인가하는 방법을 역방향 바이어스라 한다.

4·3 반도체와 금속의 접합

pn 접합의 유용한 성질은 적절한 금속-반도체의 접촉을 형성시킴으로써 얻어진다. 이와같은 방법은 제작이 간단하고 고속정류가 필요한 경우나, pn 접합을

8) 역바이어스를 pn 접합에 인가하면 단지 소수 캐리어에 의한 전류는 역바이어스가 증가해도 실질적으로는 상수로 취급하는 것이 일반적이다.

외부와 연결할 때에 금속전극을 사용하기 때문이다.

4·3·1 접촉전위차

일반적으로 종류가 다른 두 가지 물질을 서로 접촉시키면 접촉면 부근에 접촉전위차(接觸電位差, contact potential difference)가 발생한다.

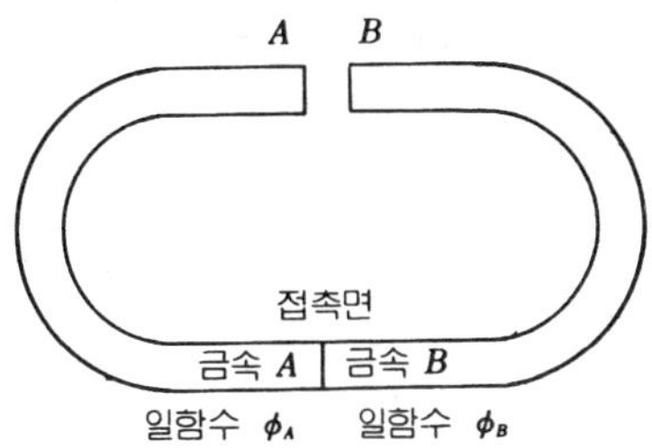

[그림 4·7] 두 금속의 접촉전위차

[그림 4·7]과 같이 두 금속 A, B를 접촉시킨 경우를 생각하자. 이 금속 A, B는 접촉 전에는 서로 독립된 상태로 자유전자의 농도가 다르다. 다시 말해서 에너지 준위가 다르다. 그러나, 두 금속이 접촉된 후에는 두 금속의 접합면에서 위치 에너지 장벽이 없어져서 평형상태를 이루게 된다.

접촉 전의 금속 A와 B는 에너지 준위가 다르기 때문에 에너지 준위가 같아지는, 즉 평형상태가 되려면 금속 A나 B 중에 낮은 에너지 준위에 있는 금속의 에너지 준위가 상승되어야 하므로 접촉전위차가 생긴다.

예를 들어서, 금속 A가 B보다 자유전자농도가 크다고 가정하고, 금속 A, B를 접촉시키면 확산운동에 의하여 금속 A에 있는 자유전자가 금속 B로 이동하게 될 것이다. 이 결과, 자유전자를 상실한 금속 A면은 (+)로 대전되고, 자유전자를 받은 금속 B면은 (−)로 대전하게 되어 전위차가 생기게 된다. 따라서 금속 A와 B 사이의 위치 에너지차(potential energy difference)는

$$E_{AB} = E_{W_2} - E_{W_1} \tag{4·24}$$

와 같고, 구하는 전위차 V_{AB}는 다음과 같다.

$$V_{AB} = \phi_B - \phi_A \tag{4·25}$$

여기서, ϕ_A는 금속 A의 일함수, ϕ_B는 금속 B의 일함수이다.

4·3·2 정류성 접촉과 Ohm 접촉

금속과 반도체를 접촉시키는 경우는 Ohm 접촉과 정류성 접촉 두 가지가 있는데, 일함수 ϕ에 따라서 구분된다. Ohm 접촉인 경우는 전류방향에 관계없이 낮은 저항값을 가지며, 정류성 접촉인 경우는 금속과 반도체 사이에 전위장벽(potential barrier)이 존재한다.

■ 금속과 반도체의 접촉

여기서, 금속의 일함수를 ϕ_m, 반도체의 일함수를 ϕ_s라 하고, [그림 4·8]과 같이 금속과 n형 반도체를 열평형상태에서 접촉시킨 경우를 생각한다.

[그림 4·8(a)]는 접촉 전의 에너지 준위 상태이고, (b)는 접촉 후의 에너지 준위 상태를 나타낸 것이다.

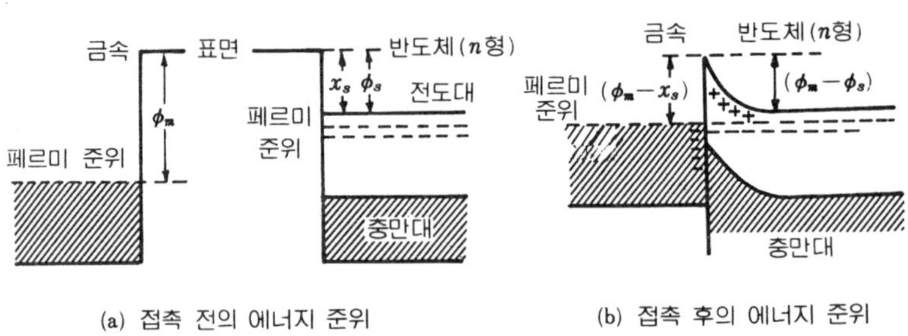

[그림 4·8] 금속-n형 반도체의 접촉

먼저, $\phi_m > \phi_s$인 경우를 예를 든다면, 이 경우는 n형 반도체 속의 전자가 금속보다 높은 에너지 준위에 위치함을 의미한다.

열평형상태에서 금속과 반도체를 접촉시키면 반도체의 에너지 준위가 금속의 에너지 준위에 대해서 상대적으로 내려오게 되므로 반도체의 Fermi 준위와 금속의 Fermi 준위가 일치하게 된다. 따라서, 높은 에너지 상태에 있는 반도체의 전자들이 확산운동에 의하여 금속으로 이동하여 고정된 (+)의 도우너 이온을 남기게 된다.

이 현상은 pn 접합의 경우와 같이 반도체로부터 금속으로 이동하는 전자를 방해하는 방향으로 전계를 일으켜 전위장벽을 만든다. 이 전위장벽, 즉 공간전하영역은 반도체 내에만 존재하고, 금속 내에는 없다. 왜냐하면, 반도체 내에서의 전하밀도가 훨씬 작으므로 공간전하를 유지하는 힘이 반도체가 금속에 비해서 훨씬 크기 때문이다.

■ 접촉한 금속과 반도체에 바이어스를 인가한 경우

금속과 반도체 사이에 전압을 인가한 경우를 생각해 보자.

먼저, 반도체에 금속보다 높은 (+)의 역바이어스 전압 V_R을 인가하면 반도체측의 전위장벽의 높이는 다음과 같이 쓸 수 있다.

$$eV_D = e(V_D + V) \tag{4·26}$$

여기서, $eV_D = \phi_m - \phi_s$이고, $V_R = V$, V_D는 확산전위이다. 이렇게 역바이어스 전압 V_R이 인가되면 금속과 반도체 사이의 전위장벽은 매우 높아져서 금속 내의 전자가 반도체로 이동하기 어렵고, 반도체 내에서 금속으로 이동하는 전자수는 매우 적어져서, 반도체에서 금속으로 흐르는 전류는 열평형상태의 전류보다 적어진다. 이때의 흐르는 전류를 누설전류(漏洩電流, leakage current)라고 한다. [그림 4·9]에 바이어스 상태를 나타내었다.

역바이어스 경우와는 반대로 금속이 반도체보다 높은 (+)의 순바이어스 전압 V_F를 인가하면 전위장벽의 높이는

$$eV_D = e(V_D - V) \tag{4·27}$$

이 된다. 단, $V_F = -V$이다.

이렇게 순바이어스가 인가되면 전위장벽은 줄어들게 되어 반도체의 전도대에 있는 전자들은 금속으로 쉽게 이동하게 된다. [그림 4·10(b)]를 보면 전위장벽을 넘어서 금속으로 이동하는 전자의 에너지는 금속 내의 Fermi 준위보다 높다는 것을 알 수 있다.9)

이번에는 $\phi_m < \phi_s$인 경우를 예로 들면, 금속과 n형 반도체를 접촉하기 전에는 금속의 전자(금속의 Fermi 준위)가 n형 반도체 내의 전자(n형 반도체의 Fermi 준위)보다 높은 에너지 준위에 존재함을 의미한다. 그러나, 접촉한 후에는 양쪽의 Fermi 준위가 일치하게 된다.

따라서, 확산에 의하여 금속 내의 전자들은 반도체로 이동하게 되어 금속에

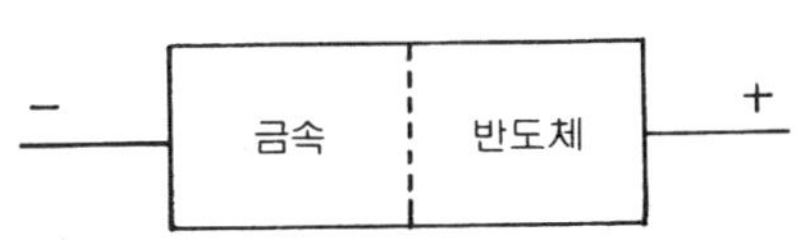

(a) 역바이어스

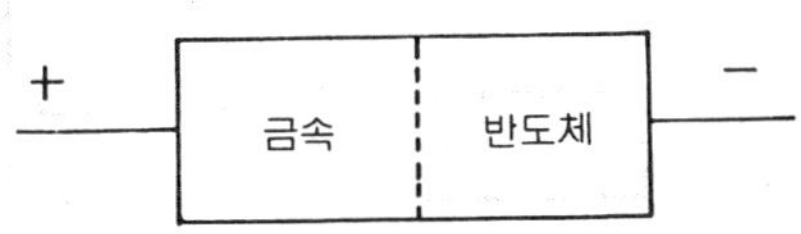

(b) 순바이어스

[그림 4·9] 금속-반도체 접촉에 바이어스 인가

9) pn 접합에서는 순방향의 주된 전류는 소수 캐리어에 의하지만, 금속-반도체 접촉의 경우는 다수 캐리어인 전자가 전류원임을 알아야 하겠다.

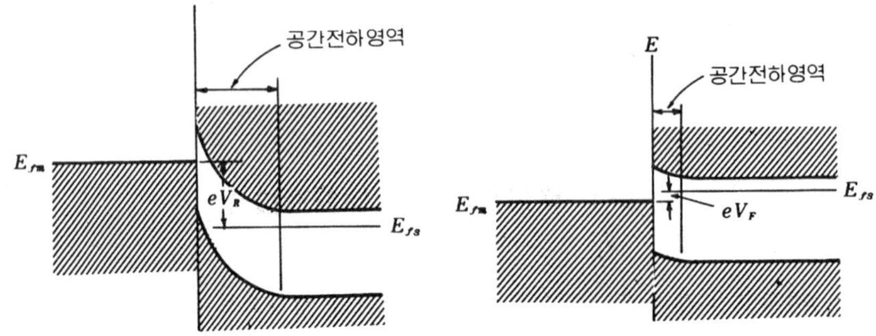

(a) 역바이어스 인가 (b) 순바이어스 인가

[그림 4·10] 바이어스 인가에 따른 에너지 준위의 변화

(+)의 도우너 이온을 남긴다. 여기에 외부에서 바이어스를 인가하면 전자는쉽게 전위장벽을 넘어서 전류를 흐르게 한다. 이와같이 전류의 방향에 관계없이 낮은 저항값으로 나타나는 접촉을 Ohm 접촉이라 한다. 반대로 정류성 접촉은 금속과 반도체 사이에 전위장벽이 존재하는 것을 말한다.

p형 반도체와 n형 반도체를 각각 금속과 접촉시켰을 경우 Ohm 접촉과 정류성 접촉을 구분하면 다음과 같다.

① 금속- n형 반도체 접촉시

$\phi_m < \phi_s$: Ohm 접촉

$\phi_m > \phi_s$: 정류성 접촉

② 금속- p형 반도체 접촉시

$\phi_m < \phi_s$: 정류성 접촉

$\phi_m > \phi_s$: Ohm 접촉

4·4 계단형 접합과 경사형 접합

pn접합의 제조에는 계단형 접합과 경사형 접합으로 구분되는데, 이것은 p형과 n형 사이의 억셉터 이온 N_a와 도우너 이온 N_d의 변화상태인 기울기에 따라서 나누어진다.

일반적으로 pn접합을 제조하는 방법으로서는 합금법(alloy junction), 성장법(grown junction), 확산법(diffused junction) 등 3가지의 방법이 있다.

이 제조법에 대해서는 반도체 분야의 전문서적을 참고하도록 하고, 여기서는

*pn*접합의 제조방법에 따른 구분이 아니라 *pn*접합을 만드는 데 있어서 *p*형과 *n*형 사이의 불순물 농도의 변화상태, 즉 접합의 기울기로 구분되는 계단형 접합(step junction)과 경사형 접합(slope junction)에 대해서 설명한다.

■ 계단형 접합

불순물 농도가 갑자기 변화하는 접합이라 하겠다. [그림 4·11]과 같이 *p*형의 억셉터 이온 N_a가 *n*형쪽으로, *n*형의 도우너 이온 N_d가 *p*형쪽으로 급격하게 변화하는 접합의 상태를 말한다.

이 방법은 주로 합금법[10]에서 이용하는데, Si 경우에는 적당한 합금재료가 없기 때문에 *n*형 Ge과 3가 원소인 In을 재료로 하는 경우가 많다.

*n*형 Ge의 단결정(또는 slab)[11] 위에 *p*형 불순물인 In을 올려놓고, 짧은 시간 동안에 약 500[℃]로 가열하면 In이 녹아서 Ge과의 경계면에서 합금을 이루게 된다. 이것이 냉각되어 굳어질 때 합금부분은 *n*형 결정과 계속해서 결정구조를 이루면서 *p*형 Ge 결정층을 형성하게 된다.[12]

[그림 4·11]에서 *p*형 불순물 농도와 *n*형 불순물 농도의 차를 N_a-N_d이라 하고, $N_a-N_d=0$ 되는 점을 *pn* 접합면이라고 할 때, 적당한 제조과정을 통해서 N_a-N_d는 0.01[μm]~0.02[μm] 정도로 매우 미소하게 조정되므로 실질적으로는 *p*형에서 *n*형으로 갑자기 변화하는 것으로 생각해도 무방하다. 따라서, 이러한 불순물 농도의 분포를 계단형 접합(階段形接合)이라 한다.

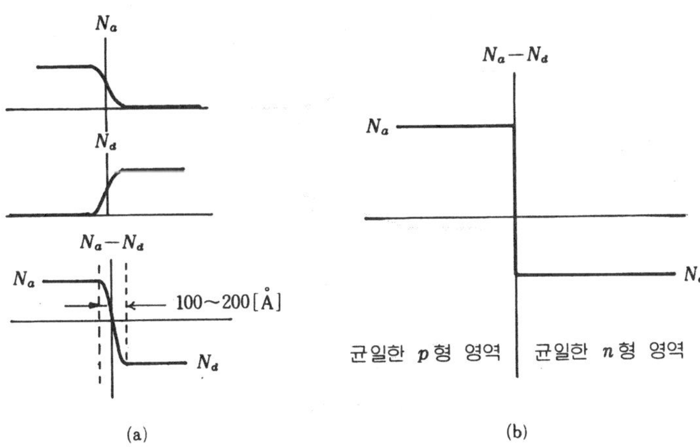

[그림 4·11] 계단형 접합

---

10) 합금법은 In을 재료로 하여 만든 Ge *pn*접합이라고도 하며, 보통 합금형 *pn* 접합이라고 한다.
11) 폭이 넓고 두꺼운 평판을 말한다.
12) 이러한 제조과정을 적당하게 조정해서 N_a-N_d(*p*형에서 *n*형으로 넘어가는 간격)를 0.01~0.02 [μm] 정도의 매우 작은 간격을 만든다.

■ 경사형 접합

성장법에 의한 방법으로 단결정의 성장과정에서 p형 불순물과 n형 불순물을 차례로 넣어주면 [그림 4·12]와 같이 p형에서 n형으로 불순물 농도의 분포가 점차적으로 변화하는 접합을 경사형 접합(傾斜形接合)이라 한다.

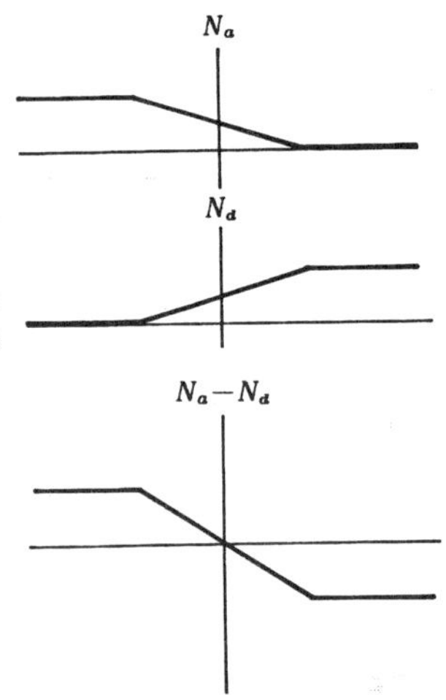

[그림 4·12] 경사형 접합

참고적으로 pn 접합용량 C와 전위 V와의 관계는 계단형 접합인 경우에는

$$C = C_0 |V_0 \pm V|^{-1/2} \tag{4·28}$$

이고, 경사형 접합인 경우에는

$$C = C_0 |V_0 \pm V|^{-1/3} \tag{4·29}$$

로 주어진다. 여기서, V_0는 열평형상태의 접합전위이고, V는 인가된 바이어스 전압이다.

4·5 *PN* 접합 다이오드의 정특성

앞에서 반도체 내에서의 캐리어 운동과 pn 접합의 성질에 대해서 설명하였다. 여기에서는 pn 접합 다이오드의 정특성(靜特性, static characteristics)을 이상적인 정특성과[13] 실제적인 정특성으로 구분하여 설명하고자 한다.

---

13) 이상적 다이오드에서는 중성영역에서의 전장(電場)은 0이라 한다. 따라서, 이 영역에서의 전압강하도 0으로 가정한다. 그러나, 이 가정은 전자의 드리프트 운동과는 절대적으로 모순이 된다. 그 이유는, 전장이 없으면 드리프트 운동은 존재하지 않기 때문이다.

4·5·1 이상적인 정특성

pn접합에 인가하는 바이어스 전압 V와 접합부를 통과하는 전류 I의 관계식은 이론적으로 유도될 수 있으며, 그 결과식은 다음과 같다.

$$I = I_0(e^{eV/kT} - 1) \tag{4·30}$$

여기서, 전류 I가 양수이면 전류는 p형쪽에서 n형으로 흐르게 되며, 전압 V가 양수인 (+)로 되면 순방향 바이어스가 되어 p형쪽의 전위가 n형의 전위보다 높다는 것을 의미한다. 또한, 식 (4·30)의 I_0는 역포화전류[14]이고, 일반적으로는 다음과 같이 표시한다.

$$I_0 = eA\left(\frac{D_p p_{n_0}}{L_p} + \frac{D_n n_{p_0}}{L_n}\right) \tag{4·31}$$

[그림 4·13]에 이상적 pn 다이오드의 정특성을 나타내었다.

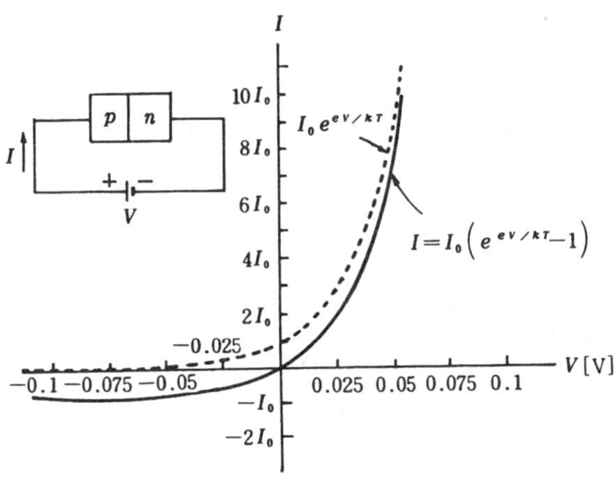

[그림 4·13] 이상적 pn 다이오드의 정특성

■ 순바이어스인 경우

전압 V_T는 온도의 등가전압으로 다음과 같이 나타낸다.

$$V_T = \frac{T}{11600} \tag{4·32}$$

상온($T = 300[°K]$)에서는 $V_T = \frac{kT}{e} = 26[mV]$이다. 여기서 바이어스 전압 V와 V_T 관계를 살펴보면, 바이어스 전압 V가 (+)이고, $V \gg V_T$일 때, 즉 V가

---

14) 역포화전류 I_0의 유도는 부록 참조.

V_T의 4배 이상되면 식 (3·30)에서 괄호 안의 1을 무시할 수 있으므로 식 (3·30)은

$$I \fallingdotseq I_0(e^{eV/kT}) \tag{4·33}$$

이 된다. 따라서, [그림 4·13]의 V-I 특성을 보면, 원점 부근의 작은 영역을 제외한 모든 영역에서 전류 I는 바이어스 전압 V가 올라가면 지수함수적으로 증가한다.

■ **역바이어스인 경우**

바이어스 전압이 $V<0$일 때, 즉 역바이어스 전압일 때(V가 V_T의 4배 이상)는 괄호 안의 지수부분 e^{V/V_T}는 1에 비해 무시할 수 있으므로 식 (4·30)은

$$I \fallingdotseq I_0(e^{eV/kT}-1) \fallingdotseq -I_0 \tag{4·34}$$

이 되어, 역방향으로 흐르는 전류는 역방향 바이어스 전압에 관계없이 일정한 값이 된다는 것이다. 이 전류 I_0를 역포화전류(逆飽和電流, reverse saturation current)라고 한다.

[그림 4·13]에서 순방향전류는 역방향전류에 비해 매우 크므로 역방향전류를 확대해서 나타내었다. 순방향전류의 눈금의 단위는 [mA]이고, 역방향전류의 눈금단위는 [μA]이다.

4·5·2 실제적인 정특성

실제적으로 다이오드 회로를 설계하는 경우에 반도체가 갖고 있는 특성과 여러가지 원인에 의해서 실제의 pn 다이오드는 이상적인 다이오드와 세부적으로 차이가 있다. 이러한 차이가 생기는 중요한 사항을 간략하게 몇 가지로 구분하면 다음과 같다.

① 순바이어스 전류가 클 때에는 pn접합의 중성영역에서의 전압강하를 고려해야 한다. [그림 4·14]에 Si 다이오드의 순바이어스 특성을 보면, 순바이어스에 의한 전류 I가 높은 부분에서 이 영향을 볼 수 있다.

② 이상적 다이오드에서는 공간전하영역에서 캐리어의 열생성과 재결합을 무시할 수 있지만, 실제적 다이오드에서는 무시해서는 안된다.

다시 설명하면, 이상적 다이오드에서는 공간전하영역을 흐르는 전자나 정공에 의한 전류가 항상 일정하지만, 실제적 다이오드 특성에서는 일정하지 않고, [그림 4·14]에서와 같이 전류값이 근사치로 표시된다는 것이다.

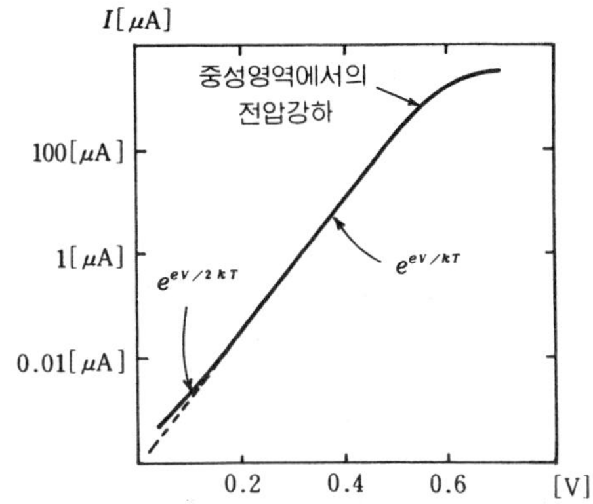

[그림 4·14] Si 다이오드의 순바이어스 특성

식 (4·30)을 참고해서 Si과 Ge 다이오드 전류특성을 구분하면, Si인 경우에는 다음과 같다.

$$I = I_0\left(\frac{eV}{\eta kT} - 1\right) \quad (\eta \simeq 1 \sim 2) \tag{4·35}$$

여기서, η는 정수이고, 순바이어스 전류 I가 적은 영역에서는 $\eta \simeq 2$, 큰 영역에서는 $\eta \simeq 1$이다.

또, Ge의 경우에는

$$I = I_0\left(\frac{eV}{\eta kT} - 1\right) \quad (\eta = 1) \tag{4·36}$$

이 된다. $\eta = 1$이면 Ge 다이오드 특성 뿐만 아니라 이상적 다이오드 특성을 나타낸다.

③ 역바이어스 전류는 이상적 다이오드에서는 역바이어스 전압에 관계없이 일정하지만, 실제적 다이오드에서는 표면상태에 의한 누설전류와 열생성 문제로 일정하지 않다.

④ 역바이어스 전압의 증대로 인한 항복현상을 고려해야 한다.

역바이어스 전압이 어떤 값 V_z에 이르면 갑자기 큰 역방향 전류가 흐르는데, 이때의 역방향 전압을 항복전압(降伏電壓, breakdown voltage)이라 한다.

⑤ 임계전압(臨界電壓, threshold voltage)을 고려해야 한다.

[그림 4·15]에 Si 다이오드, Ge 다이오드의 순방향전압-전류특성을 나타내었다. 그림에서와 같이 순방향전압이 일정한 값 이하이면 전류는 매우 적은 값이고, 그 이상의 값이 되면 순방향전류는 크게 증가함을 알 수 있다. 이와 같은 전압을 한계전압 또는 임계전압이라 한다.

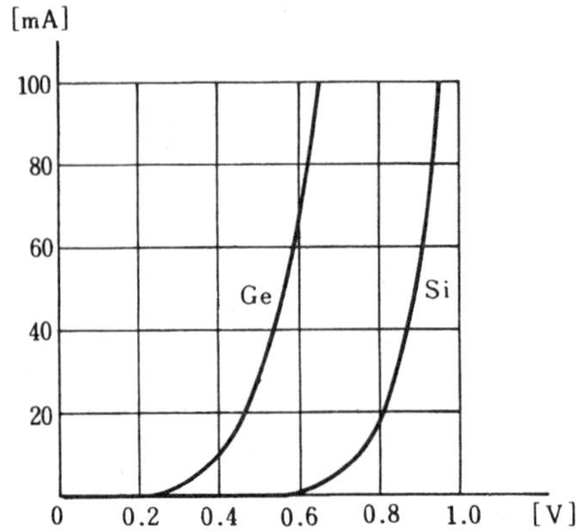

[그림 4·15] Ge, Si 다이오드의 순방향특성
(Ge: 1N270, Si: 1N3605)

이 한계전압은 Ge 다이오드일 때는 0.2[V], Si 다이오드일 때는 0.6[V] 정도이다. Si 다이오드가 Ge 다이오드에 비해 한계전압이 큰 것은 Si 역포화전류 I0의 단위가 [μA]이고, Ge 다이오드의 역포화전류의 단위는 일반적으로 [mA] 정도이므로 임계전압의 차이를 알 수 있다.

◀예제 4-2▶ 2개의 Si 다이오드를 서로 반대방향으로 직렬연결하고, 양쪽의 단자에 7[V]의 DC 전원을 연결하였다. 상온(T=300[°K])에서 각 접합의 전압강하를 구하여라.

【풀이】 2개의 다이오드가 직렬연결이므로 동일한 전류 I가 흐르게 된다. 한쪽의 다이오드에서는 순방향전류 I가 흐르고, 또 다른 한쪽의 다이오드에는 역방향전류 I_0가 흐르므로, $I=I_0$가 된다.

순바이어스된 다이오드의 바이어스 전압을 V_1, 역바이어스된 다이오드의 바이어스 전압을 V_2라고 하면, 식 (4·34)로부터 전류는

$$I=I_0\left(\frac{eV_1}{\eta kT}-1\right)=I_0\left(\frac{V_1}{\eta V_T}-1\right)=I_0$$

Si 다이오드이므로 η=2이고, 온도의 등가전압은 $V_T=\dfrac{kT}{e}=26[\text{mV}]$이다. 따라서, $I=I_0$이므로 위식에서

$$I_0(e^{V_1/\eta V_T}-1)=I_0$$
$$e^{V_1/\eta V_T}=2$$
$$V_1=\eta V_T \ln 2=0.052\times 0.6931=0.036[\text{V}]$$
$$V_2=7-V_1=6.964[\text{V}]$$

여기서, 한 가지 알 수 있는 것은 전원전압이 대부분 역바이어스된 다이오드에 나타난다는 것이다.

4·6 다이오드의 온도특성

다이오드나 트랜지스터를 응용하여 회로를 설계할 때는 다이오드 전류의 온도의존성을 꼭 알아야 한다.

식 (4·30)에서 온도의 등가전압 V_T와 역포화전류 I_0는 온도 T에 따라 변하는 값이다. 따라서, 역포화전류와 순바이어스 전류의 온도특성을 살펴보기로 한다.

4·6·1 역포화전류의 온도특성

다이오드의 역포화전류 I_0는 일반적으로 식 (4·31)과 같이 표시됨을 이미 알고 있다. 그러나, 온도 T가 변화하면 열평형농도 n_i^2이 변하므로 역포화전류 I_0도 변화하게 된다.

이론적 계산결과에 의하면 Ge 다이오드의 온도변화율은 상온에서 약 11[%/℃]이고, Si 다이오드 경우에는 약 8[%/℃]이다.

실질적으로 다이오드의 역포화전류는 표면의 누설전류를 포함하고 있으므로 실제의 실험결과와는 약간의 오차가 있다. 따라서, Ge 및 Si 다이오드의 역포화전류의 온도변화율은 약 7[%/℃]의 증가율을 갖는다고 알려져 있다. 그러므로, 실제로 온도에 따른 역포화전류의 변화율은 $(1.07)^{10} \simeq 2$이므로 온도가 1[℃]증가할 때마다 역포화전류 I_0는 약 2배가 증가한다. 온도가 $T = T_1$에서 역포화전류 I_{0_1}, $T = T_2$에서의 역포화전류 I_0를 구하는 식은 다음과 같다.

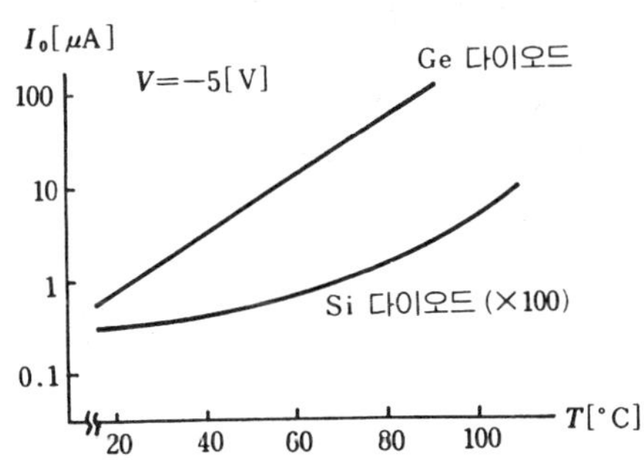

[그림 4·16] 역포화전류의 온도특성

$$I_0(T_2) = I_{0_1} \times 2^{(T_2 - T_1)/10} \qquad (4\cdot37)$$

[그림 4·16]은 Si, Ge 다이오드의 역포화전류의 온도특성을 나타낸 것이다. 단, Si 다이오드에서는 전류눈금이 100배로 되어 있다.

4·6·2 순바이어스 전류의 온도특성

다이오드에 인가된 바이어스 전압이 일정한 경우에도 온도가 상승하면 다이오드의 전류도 증가한다. 그러므로, 온도가 상승한 상태에서 바이어스 전압을 낮추면 다이오드의 전류는 처음의 상태로 유지할 수 있다.

Si나 Ge 다이오드에서 전류를 일정하게 유지할 때(바이어스 전압 V를 일정하게 한다) 온도에 따른 변화율을 구하여 보자.

이상적 다이오드의 전류 관계식 (4·30)으로부터 순바이어스 전류의 온도변화율은 다음과 같이 유도된다.

$$\frac{dI}{dT} = \frac{d}{dT}[I_0 e^{eV/kT}] = I_0 e^{eV/kT}\left(\frac{1}{I_0}\frac{dI_0}{dT} - \frac{eV}{kT^2}\right) \qquad (4\cdot38)^{15)}$$

$$\frac{dI/dT}{I} = \frac{d(\ln I)}{dT} = \frac{3}{T} + \frac{e(V_0 - V)}{kT^2} \qquad (4\cdot39)$$

여기서, $\frac{dI/dT}{I}$는 온도에 따른 순바이어스 전류의 변화율을 나타낸다.

앞에서 설명한 바와같이, 실제적으로 회로를 설계할 때의 문제는 "온도가 상승할 경우 바이어스 전압 V를 얼마만큼 낮추어야 전류 I를 일정하게 유지할 수 있는가?"하는 것이다.

즉, 온도에 따른 바이어스 전압 V의 변화율 $\left.\frac{dV}{dT}\right|_{I=\text{const}}$를 알아야겠다. 식 (4·30), 즉 $I = I_0(e^{eV/kT} - 1)$에서 V에 관해서 정리하여 식 (4·33)으로부터

$$\left.\frac{dV}{dT}\right|_{I=\text{const}} = \frac{V}{T} - \frac{kT}{e}\left(\frac{1}{I_0}\frac{dI_0}{dT}\right) = -\left[\frac{V_0 - V}{T} + \frac{3k}{e}\right] \qquad (4\cdot40)$$

여기서, Si 다이오드라고 하면, 에너지갭 $E_g = 1.2$[eV], 한계전압 $V = 0.6$[V], $T = 300$[°K]를 대입해서 정리하면 다음과 같다.16)

15) 식 (4·38)의 유도는 미분공식 $\frac{d}{dx}e^u = e^u\frac{du}{dy}$와 $\frac{d}{dx}\left[\frac{u}{v}\right] = \frac{v\frac{du}{dx} - u\frac{dv}{dx}}{v^2}$를 이용한다.

16) Ge : $E_g = 0.78$[eV], 한계전압 $V = 0.2$[V], Si : $E_g = 1.2$[eV], 한계전압 $V = 0.6$[V]를 대입해서 계산하면 $\frac{dV}{dT} = \begin{bmatrix} -2.3[\text{mV}/℃]\ (\text{Si}) \\ -2.2[\text{mV}/℃]\ (\text{Ge}) \end{bmatrix}$이 되지만 상용 다이오드에서는 Si과 Ge 구분없이 모두 $\frac{dV}{dT} = -2.5$[mV/℃]로 계산한다.

$$\left.\frac{dV}{dT}\right|_{I=\text{const}} \simeq -2.5\,[\text{mV/℃}] \tag{4·41}$$

식 (4·41)이 갖고 있는 의미는 Si이나 Ge 다이오드에서 전류를 일정하게 유지할 때 온도에 의한 단자전압의 변화율을 나타낸다. 즉, 다이오드의 순방향전류를 일정하게 유지하려면 온도가 1[℃] 증가할 때 순바이어스 전압을 2.5[mV]씩 낮추어야 한다는 것이다.

4·7 다이오드의 저항

4·7·1 정 저 항

다이오드에 흐르는 전류 I에 대한 바이어스 저압 V의 비, $\frac{V}{I}$를 다이오드의 정저항(靜抵抗, static resistance) 또는 직렬저항(直列抵抗)이라고 정의한다. [그림 4·15]에서 V–I 곡선상의 임의의 점에서 정저항 R은 그 점과 원점을 연결하는 직선의 기울기의 역수임을 알 수 있다.

이 정저항 R은 전압과 전류에 따라 크게 변화하기 때문에 회로를 해석할 경우 유용한 상수로 취급되지 않는다. 다만, 순방향전류 I_F를 구할 때 순방향전압 V_F와 역방향전압 V_R에 대한 역방향전류 I_R을 제작회사의 사양서에 나타내는데, 이 경우 동저항이 사용된다.

Si 다이오드 1N4153을 예로 들면 $I_F=10$[mA]에서 $V_F=0.8$[V]이면, $R_F=80$ [Ω]이고, $V_R=50$ [V]에서 $I_R=0.05$ [μA]이면 $R_R=10^3$ [MΩ]이 된다. 그러므로, 정저항 R은 다음과 같이 나타낸나.

$$R=\frac{V}{I} \tag{4·42}$$

4·7·2 동 저 항

실제적으로 다이오드를 응용할 때 소신호동작(small signal operation)[17]을 고려하여야 한다. 소신호동작은 [그림 4·17]에서와 같이 교류신호전압 v_b가 시간의 변화에 따라서 점차적으로 변화할 때 다이오드의 동작점은 V_B에 따라 변하게 된다.

따라서, 교류신호의 진폭이 매우 작을 때 동작점이 이동하는 V–I 특성곡선 부분은

17) 다이오드를 응용할 때 바이어스 전압 V_B와 시간적으로 변화하는 교류신호전압 v_b가 중첩되는 현상이다. 또, 직류성분 I_B와 교류성분 i_b로 나타난다. 즉, 교류성분의 변동이 아주 작을 때의 동작을 소신호동작이라 한다.

직선적이라 볼 수 있으므로, 신호전류 i_b는 신호전압 v_b와 같은 파형으로 된다.

그러므로, 신호전압과 신호전류의 비(V-I 특성곡선의 기울기의 역수)를 동저항(動抵抗, dynamic resistance)[18]이라 하며 r로 나타낸다.

소신호동작에 있어서 중요한 파라미터 동저항 r는 식 (4·30)의 이상적 다이오드 특성식으로부터 구해진다.

$$r=\frac{dV}{dI} \tag{4·43}$$

여기에 $I=I_0(e^{eV/kT})$을 대입해서 r를 구하면

$$r=\frac{1}{dI/dV}=\frac{kT/e}{I_0\,e^{eV/kT}}=\frac{kT/e}{I+I_0}=\frac{\eta V_T}{I+I_0} \tag{4·44}$$

이 된다. 단, 상수 $\eta=1$이라 한다.

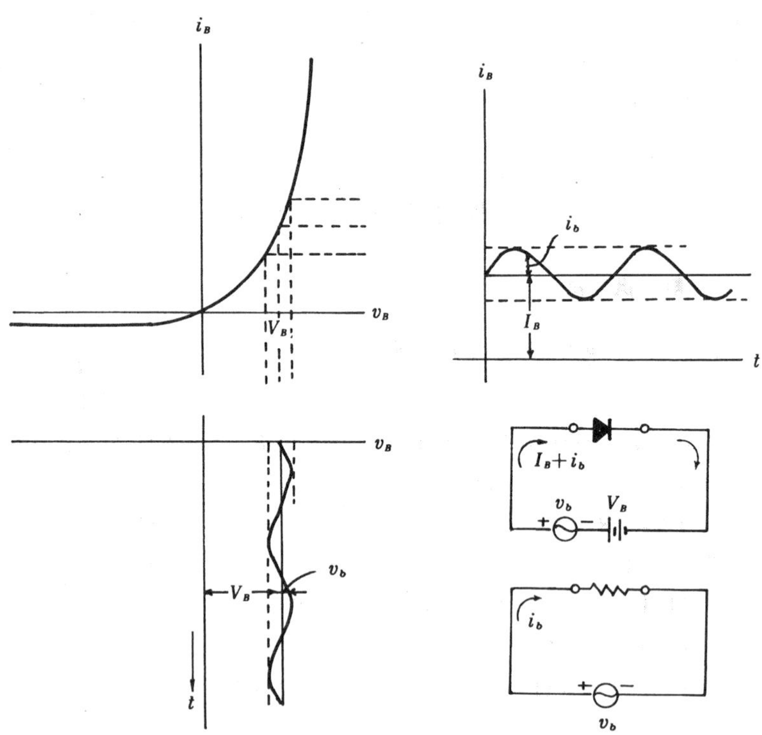

[그림 4·17] 소신호동작

18) 소신호(교류)저항 또는 증분저항(增分抵抗, incremental resistance)이라고도 한다.

식 (4·44)에서 순바이어스 전압이 대략 수십 [V] 이상이 되면 순바이어스 전류는 역포화전류보다 훨씬 커지므로($I \gg I_0$) 동저항 r의 값은 근사식으로 표시될 수 있다.

$$r \simeq \frac{kT/e}{I} = \frac{\eta V_T}{I} \tag{4·45}$$

여기서, r는 일정한 값이 아니고 바이어스 전압에 따라 달라지며 순바이어스 전압에 반비례한다.

■ 동콘덕턴스

소신호저항, 즉 동저항의 역수를 동콘덕턴스(dynamic conductance)라 하고, g로 표시한다.

$$g = \frac{1}{r} = \frac{dI}{dV} \tag{4·46}$$

식 (4·30)으로부터 동콘덕턴스는

$$g = \frac{dI}{dV} = \frac{1}{\eta V_T} I_0 e^{V/\eta V_T} = \frac{I + I_0}{\eta V_T} \tag{4·47}$$

이 되고, 소신호동작시 신호전압과 신호전류의 비가 된다. 또한, 역방향 바이어스 전압이 0.5[V]만 되어도 $\left|\frac{V}{\eta V_T}\right| \gg 1$이고, $I \simeq -I_0$이므로 g는 작아지고 r는 대단히 커진다.

이와 반대로, 순방향 바이어스 전압이 0.5[V] 정도되면 $I \gg I_0$, $\frac{V}{\eta V_T} \gg 1$ 또는 $\left(V \gg \frac{kT}{e}\right)$이 되므로 식 (4·47)을 근사적으로 표시할 수 있다.

$$g \simeq \frac{I}{\eta V_T} \tag{4·48}$$

◀예제 4-3▶ Ge의 pn 접합 다이오드의 교류저항은 상온에서 순방향전류가 26[mV]일 경우 교류저항(동저항)을 구하여라.

【풀이】 $r = \frac{dV}{dI} \simeq \frac{\eta V_T}{I}$ 이고, Ge 다이오드는 $\eta = 1$이다. 또, 300[°K]에서

$$V_T = \frac{kT}{e} = \frac{T}{11600} \simeq 26\,[\text{mV}]$$

$$\therefore\ r = \frac{\eta V_T}{I} = \frac{26\,[\text{mV}]}{26\,[\text{mA}]} = 1[\Omega]$$

4·8 공간전하 용량

공간전하 영역의 폭이 바이어스 전압에 의해서 변화하는 것은 앞에서 설명하였다. *pn* 접합에 역바이어스 전압을 인가하면 다수 캐리어가 *pn* 접합면으로부터 먼 곳으로 이동하게 하여 고정된 도우너 이온과 억셉터 이온을 증가시켜 공간전하영역의 폭19)을 크게 한다.

이러한 결과로 공간전하영역은 일종의 콘덴서의 기능과 같이 용량성을 갖게 되는데, 이것을 공간전하 용량(空間電荷 容量, space charge capacitance) 또는 접합용량(接合容量, junction capacitance)이라고 하며, 일반적으로 C_T로 표시한다.

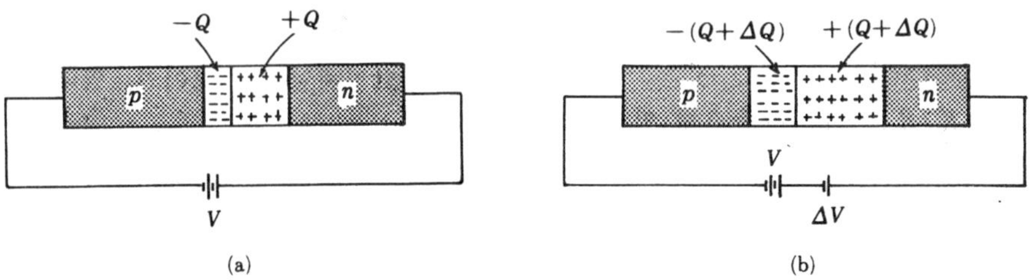

[그림 4·18] *pn*접합의 공간전하용량

[그림 4·18]에 *pn*접합의 공간전하용량 C_T를 나타내었다.

공간전하용량을 계산하는 방법을 생각해 보면 식 (4·13)에서 *p*형쪽을 중심으로 공간전하용량 C_T를 구하도록 한다.

공간전하영역의 폭 W_p는 바이어스 전압을 인가한 경우

$$W_p = \left[\frac{2\varepsilon}{eN_a(1+N_a/N_d)}\right]^{1/2}\sqrt{V_0 - V} \qquad (4\cdot49)$$

가 되고, 접합 다이오드의 단면적을 S라 하고, *p*형 영역에 축적된 전하를 Q_p라고 하면, 식 (4·13)과 (4·15)의 관계에서 다음과 같이 나타낸다.

$$\begin{aligned} Q_p &= -eSN_AW_p \\ &= -S\left[\frac{2e\varepsilon}{1/N_a + 1/N_d}\right]^{1/2}\sqrt{V_0 - V} \qquad (4\cdot50) \end{aligned}$$

일반적으로 *pn* 접합의 공간전하용량 C_T는 다음 식으로 정의된다.

---

19) *p* 영역의 공간진하영역의 폭은 $W_p = \left[\frac{2\varepsilon}{eN_a(1+N_a/N_d)}\right]^{1/2}\sqrt{V_0}$이다.(이 식의 유도는 부록을 참조)

$$C_T = \left| \frac{dQ}{dV} \right| \tag{4·51}$$

따라서, 식 (4·50)과 관련하여 p형 영역의 공간전하용량은 다음과 같다.

$$C_T = \frac{dQ_p}{dV} = \frac{S}{2}\left[\frac{2e\varepsilon}{1/N_a + 1/N_d}\right]^{1/2} \frac{1}{\sqrt{V_0 - V}} \tag{4·52}$$

여기서, 알아두어야 할 점은 공간전하용량 C_T가 pn 접합면의 전위차, 즉 전위장벽 $\sqrt{V_0 - V}$에 반비례한다는 것이며, 역바이어스 전압을 인가하면 $V_0 - V \simeq |V|$가 된다.[20)]

식 (4·52)에서 p형 영역을 중심으로 C_T를 해석하였으므로, $\frac{1}{N_d} \gg \frac{1}{N_a}$가 되어 $\frac{1}{N_a}$항을 무시하면,

$$C_T = \frac{S\sqrt{2e\varepsilon N_d}}{2} \cdot \frac{1}{\sqrt{V_0 - V}} \tag{4·53}$$

이 되고, $\frac{S\sqrt{2e\varepsilon N_d}}{2} = K$ (K: 상수)로 놓으면 역바이어스 상태에서의 C_T는 다음과 같이 쓸 수 있다.

$$C_T = K \cdot \frac{1}{\sqrt{|V|}} \tag{4·54}$$

◀예제 4-4▶ pn 접합의 단면적이 0.7[μm]이고, 공간전하영역의 폭이 5×10^{-5}[cm]일 때 공간전하용량을 구하여라. 단, 공간전하영역의 비유전율은 12이다.

【풀이】 $C = \frac{\varepsilon S}{d} = \frac{\varepsilon_0 \varepsilon_r S}{d} = \frac{8.85\times10^{-12}\times12\times0.7\times10^{-6}}{5\times10^{-5}\times10^{-2}}$

$= 1.487\times10^{-10}$[F]

◀예제 4-5▶ [그림 4·19]와 같이 Si 다이오드를 이용한 회로에서 V=9[V], $v=3\sin\omega t$ [mV], R_L=2[kΩ]일 때, 상온에서의 교류신호 전류를 구하여라. 단, 다이오드의 임계전압 V_D=0.6[V]이다.

【풀이】 $I = \frac{V - V_D}{R_L} \quad \frac{9-0.6}{2\times10^3} = 4.2$[mA]

---

20) 공간전하용량 C_T는 역바이어스 제곱근에 비례한다는 뜻이다. 계단형 접합 다이오드에서는 $C_T = C_0(V_0 \pm V)^{-1/2}$이 되어 순바이어스이면 $+V$, 역바이어스이면 $-V$가 된다.

$$r = \frac{V_T}{I} = 6[\Omega]$$

$$\therefore i = \frac{v}{R_L \times r} = \frac{3\sin\omega t \times 10^{-3}}{(2+0.006)\times 10^3} \fallingdotseq 1.5\sin\omega t[\mu A]$$

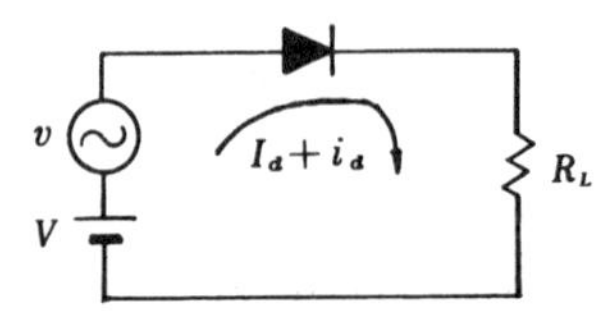

[그림 4·19]

4·9 역바이어스된 *pn* 접합의 절연파괴현상

이상적인 다이오드와 실제적인 다이오드의 확실한 차이점은 다이오드의 역방향 바이어스 상태에서 생긴다.

식 (4·30)인 $I = I_0(e^{eV/kT} - 1)$에서 바이어스 전압 V가 (−)인 경우는 $I = -I_0$가 됨을 알 수 있다.[21] 이러한 조건($I = -I_0$)은 역방향전압의 임계전압 V_z까지는 성립하지만, 이 전압 V_z 이상이 되면 전류가 급격히 증가해서 포화상태에 이르게 되는데, 이러한 현상을 항복현상(降伏現像, breakdown phenomena)이라 한다.

이 항복현상에는 애벌란치 항복(avalanche breakdown)과 제너 항복(Zener breakdown)이 있다.

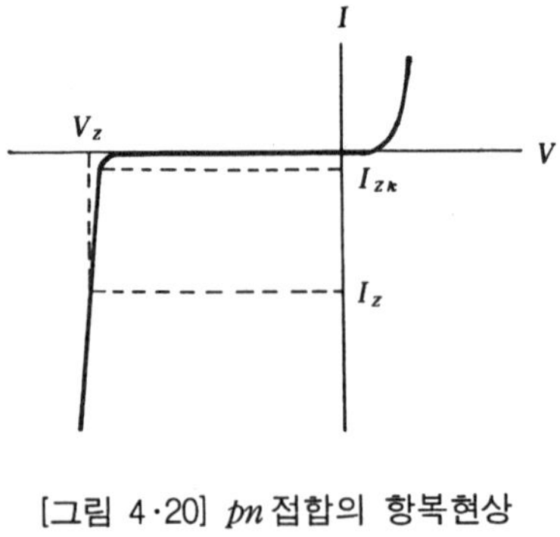

[그림 4·20] *pn* 접합의 항복현상

---

21) 이상적인 다이오드의 역포화전류 I_0는 접합면에서의 중성영역에서 열생성된 소수 캐리어가 공간전하영역의 전계 E[V/m]에 끌려서 다른 쪽의 중성영역으로 흘러 들어가는 전류로써 형성된다.

4·9·1 애벌란치 항복

다이오드의 역바이어스 전압이 역방향의 임계전압, 즉 항복전압에 도달하게 되면 공간전하영역 내에는 강한 전계 E가 발생한다. 이 전계는 $v=\mu E$의 관계에 의해서 역포화전류 I_0를 형성하는 열생성된 소수 캐리어를 가속시킨다.

이렇게 전계에 의하여 가속된 소수 캐리어는 운동 에너지가 증가하여 공간전하영역 내에 존재하는 원자 내의 가전자와 충돌하여 자유전자를 생성한다(소수 캐리어와 반도체 원자와의 충돌에 의해 전자-정공쌍이 발생한다는 뜻).

이와같이 새로 생성된 자유전자도 공간전하영역의 강한 전계에 의해서 또다시 가속되어, 또다른 원자의 가전자대에 있는 전자를 이탈시키는 운동이 계속되어 처음에 p영역에 주입된 전자수, 또는 n영역의 정공수보다 훨씬 그 수가 증가하게 된다.

자유전자의 이러한 연쇄적인 현상으로 다이오드의 역방향전류가 증대되는 현상을 애벌란치 항복, 또는 전자사태 현상이라고 한다. 이 애벌란치 현상은 역바이어스 전압이 6[V] 이상인 경우에 발생한다.

■ **전자증배율**

앞에서 설명한 애벌란치 현상과정을 다시 생각하기로 한다. 강한 전계에 의해서 가속된 소수 캐리어가 운동 에너지를 얻어서 자유전자를 생성하는 연쇄현상이 반복되어 역방향 전류를 증대시킨다. 처음에 p형의 중성영역에 주입된 전자수를 n_{in}이라 하고, 소수 캐리어의 운동 에너지에 의하여 생성된 자유전자가 n형의 중성영역에 도달하는 수를 n_{out}라 한다. 전자증배율(電子增倍率) M은 다음의 이론식으로 나타낸다.

$$M=\frac{1}{1-\left(\frac{V_r}{V_z}\right)^n} \tag{4·55}$$

여기서, V_r은 역바이어스 전압이고, V_z는 항복전압을 나타낸다. 그리고, n은 실험에 의해서 구해지는 값으로 반도체의 종류 및 기하학적 형태에 관계되는 정수이다. n값은 대략 3~6 정도가 된다.

또한, 전자증배율 M이 무한대가 될 가능성은 공간전하영역의 폭이 클수록 증대될 것이므로, 도핑 농도가 낮은 반도체로 구성된 pn접합의 항복은 주로 전자사태 현상에 의한 것이라 하겠다.

식 (4·55)에서 보면 전자증배율 M은 역바이어스 전압의 함수로 생각할 수 있다. 왜냐하면, 역바이어스 전압에 따라 공간전하영역의 폭이 변하기 때문이다.

다음의 트랜지스터의 특성(CE항복전압)에서 다루겠지만, 식 (4·55)는 다음과 같이 바꾸어 쓸 수 있음을 미리 밝혀둔다.

$$M = \frac{1}{1 - \left(\dfrac{V_{CB}}{BV_{CB0}}\right)^n} \tag{4·56}$$

여기서, VB_{BC0}는 CB항복전압이라 한다.

4·9·2 제너 항복

불순물 농도가 매우 큰 다이오드는 공간전하영역이 대단히 좁기 때문에 작은 역바이어스 전압에서도 공간전하영역 내에는 강한 전계가 형성된다. 이 전계의 세기가 대략 10^6[V/cm] 정도에 이르게 되면 반도체 원자의 가전자가 자유전자화되어 전자-정공쌍을 생성하게 된다.

이렇게 생성된 자유전자가 전계에 의해서 힘에 증배현상이 반복되는데, 이러한 현상을 제너 항복이라고 한다. 또는 전계에 의해서 전자-정공쌍이 생성되므로 전계방출효과(電界放出效果)라고도 한다.

[그림 4·21]에 제너 효과의 에너지 준위를 평형상태와 역바이어스를 인가한 상태로 나타내었다.

제너 항복은 주로 불순물 농도가 큰 pn접합에서 일어나는데, 그 이유는 제너 항복이 근본적으로 터널 효과에 의해 일어나기 때문이다.

역방향전압으로 제너 항복과 애벌란치 항복을 설명하면, 제너 항복은 역바이어스 전압이 4[V] 미만에서 발생하고, 애벌란치 항복은 역바이어스 전압이

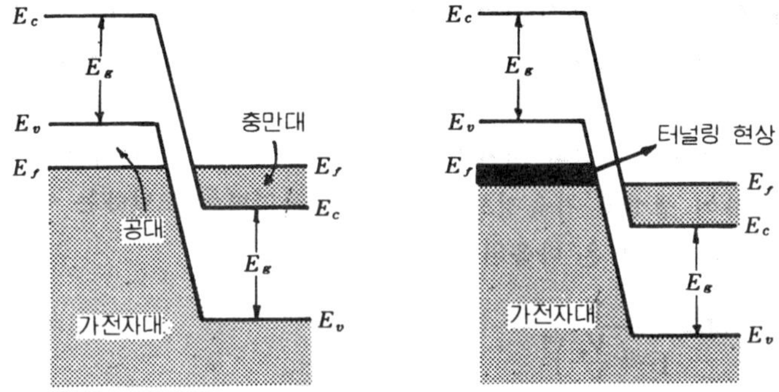

(a) 평형상태에서 고농도 불순물을 첨가한 접합상태

(b) tunneling 현상을 갖고 있는 역방향 바이어스 상태

[그림 4·21] 제너 효과

6[V] 이상인 경우에 발생된다.

그러나, 4[V]~6[V] 사이에는 제너 항복과 애벌란치 항복 현상이 동시에 발생된다. 따라서, 이 항복영역 내에서 동작하는 다이오드를 제너 다이오드(Zener diode)라 한다.

4·9·3 터널 효과

pn 접합의 폭은 불순물 농도의 제곱근에 반비례한다 $\left(d=\sqrt{\dfrac{2\varepsilon V_T}{eN}}\right)$. 그러므로, 불순물 농도를 크게 하면 접합면의 폭은 대단히 얇아져서 100[Å] 이하로 되며, 그 두께는 가시광선파장의 1/50 정도가 된다.

이렇게 얇아진 접합면의 폭은 매우 강한 전계가 형성된다. 따라서, 전위장벽이 낮아져서 캐리어가 장벽을 쉽게 관통하는 확률이 커진다.[22] 이 전위장벽을 관통하고 나온 캐리어의 에너지 준위는 변화하지 않는다. 이 현상을 터널 효과(tunnel effect)라 한다.

■ 터널 다이오드의 특성

[그림 4·22]에 순방향전압에 의한 터널 다이오드의 전압전류 특성을, [그림 4·23]에 터널 다이오드의 에너지대가 변화하는 모양을 나타내었다.

[그림 4·22]에서 보면, 첨두전압 V_p에서 계곡전압 V_v 사이에서 전류가 감소하는 부성저항 특성이 있음을 알 수 있다(동콘덕턴스 $g=\dfrac{dI}{dV}<0$이 되는 부

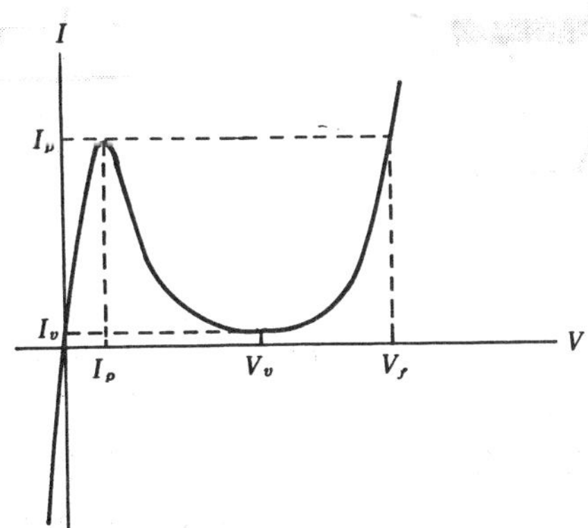

[그림 4·22] 터널 다이오드의 전압전류 특성

---

22) 터널링 효과는 양자역학의 이론에 관계된다(Shrödinger 파동방정식, 입자의 파동성).
·양자역학 : 입자(전자)의 파동성으로 입자가 전위장벽을 관통하는 확률이 크다는 의미이다.
·고전역학 : 입자(전자)의 최소 에너지가 전위장벽에 에너지보다 커야 한다는 의미이다.

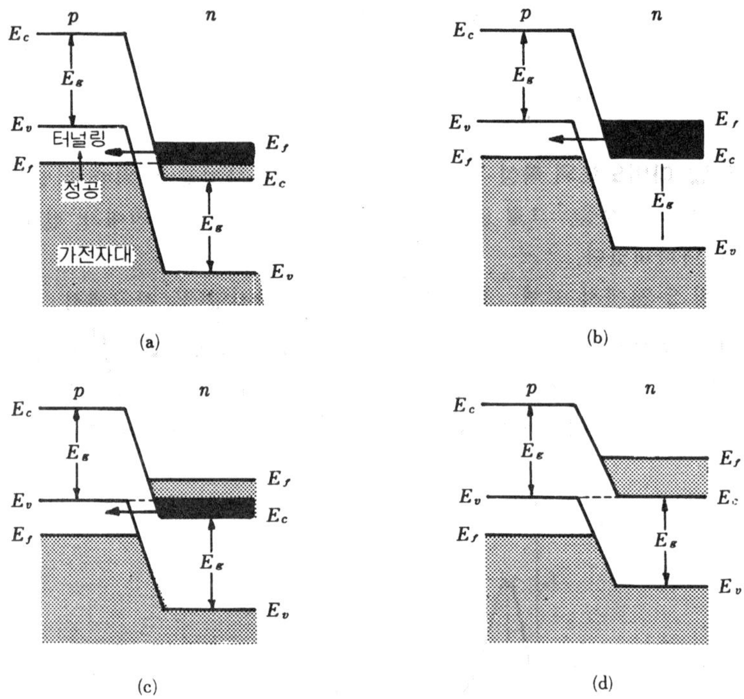

[그림 4·23] 순바이어스 변화에 의한 에너지대의 변화

분). 그리고, 전압을 증가하면 다시 전류가 크게 증가한다. 이러한 특성은 펄스, 디지털 회로, 고속 스위칭 소자 등으로 쓰인다.[23]

앞에서 설명한 접합 다이오드는 보통 불순물 농도가 $1/10^8$의 비율로 도핑되지만, 터널 다이오드는 불순물 농도가 $1/10^3$ 정도(농도 10^{19}[개/cm^3])가 된다. 즉, 다른 *pn* 접합 다이오드에 비해서 불순물 농도가 큰 것이 특징이라 하겠다.

또한, 이 터널 다이오드는 순방향 특성을 중심으로 해석되지만 역방향 특성에도 양호한 도전성을 갖는데, 이 역방향 특성이 제너 다이오드의 특성 이론이 됨을 알아두어야 하겠다.

---

23) 터널 다이오드는 부성저항 특성을 가지며, 고속 스위칭 소자, 초고주파 발진기, 증폭기의 능동소자로 쓰인다. 스위칭 시간은 [ns] 정도이다. 터널 다이오드는 일명 Esaki 다이오드라고도 한다.

연습문제

4-1 pn 접합면에 공간전하영역이 생기는 이유를 설명하여라.

4-2 pn 접합의 정류작용을 설명하여라.

4-3 터널 효과에 대해서 설명하여라.

4-4 다이오드의 항복현상을 애벌란치 항복과 제너 항복으로 구분하여 설명하여라.

4-5 이상적인 다이오드와 실제적인 다이오드의 차이점을 비교하여라.

4-6 계단접합을 갖고 있는 Si pn 접합 다이오드에서 p영역과 n 영역의 불순물 농도가 각각 10^{15}[cm^{-3}], 10^{17}[cm^{-3}]일 때, 상온(T=300[°K])에서의 접촉전위차를 구하여라. 단, 상온에서 진성 캐리어 농도 $n_i=1.5\times10^{10}$[cm^{-3}]이다.

$$\left(V_0=\frac{kT}{e}\ln\frac{p_{p_0}n_{n_0}}{n_i^2}\right)$$

4-7 동저항과 정저항의 차이점을 간략히 설명하여라.

4-8 Ge pn 접합 다이오드가 상온에서 순방향전류가 26[mA]일 때, 교류저항과 동콘덕턴스를 구하여라.

$$\left(r=\frac{\eta V_T}{I}\right)$$

4-9 pn접합면 접촉전위차에 대해서 설명하여라.

chapter

5 접합 트랜지스터

제 5 장

접합 트랜지스터

5·1 접합 트랜지스터의 원리

트랜지스터의 역사는 1947년 미국의 Walter Brattain과 John Barden의 공동 연구에 의해서 발명된 점접촉형 트랜지스터1)부터 시작된다. 그러나, 이 점접촉형 트랜지스터는 동작특성이 불안정하고, 대량생산이 어려운 이유 때문에 근래에는 1951년 Schockley에 의해서 만들어진 접합형 트랜지스터가 주로 쓰이고 있다.

이 장에서는 접합형 트랜지스터에 대하여 설명하기로 한다.

5·1·1 구 조

*n*형 반도체층을 2개의 *p*형 반도체 사이에 끼워넣은, 즉 *pn* 접합에서 *n*형 영역의 오른쪽에 또다른 *p*형 영역을 배열한 것을 접합 트랜지스터(junction transistor)라고 한다.

한편, 이러한 배열로 된 것을 *pnp* 트랜지스터라 하고, 또한 2개의 *n*형 반도체 사이에 *p*형 반도체를 끼워넣은 것을 *npn* 트랜지스터라 한다.

두 가지 형태의 트랜지스터를 [그림 5·1]에 나타내었다.

이러한 구조에서 가운데 끼운 반도체층의 두께는 다른 2개의 층에 비해서 매우 얇으며, 이 세 조각의 반도체는 습기와 같은 외부의 환경으로부터 완전히

1) Ge 결정의 표면에 2개의 금속도선 probe를 매우 좁은 간격으로 압력을 가하여 접촉시키면, collector probe의 출력전압이 emitter probe의 입력전압보다 커진다는 사실에서 발견된 트랜지스터를 말한다. 이것은 3극진공관과 마찬가지로 검파, 발진, 증폭이 가능하다는 점에서 그 특성이 중요하다.

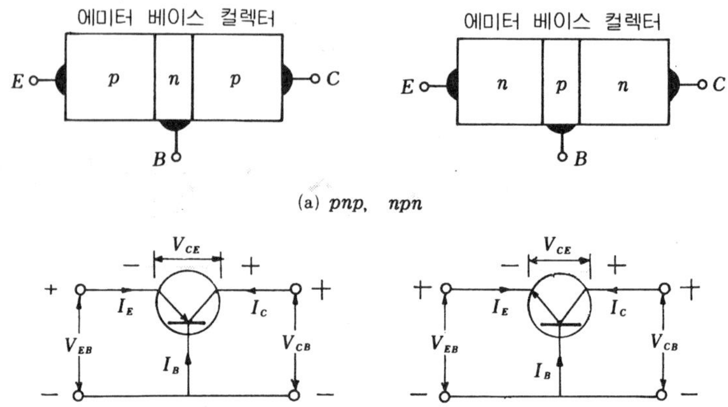

(a) *pnp*, *npn*

(b) 회로표시

[그림 5·1] 트랜지스터의 구조와 회로표시

차단시키기 위해서 금속이나, 플라스틱으로 밀봉한다. 이 세 부분의 반도체는 배열순서에 따라 에미터(emitter), 베이스(base), 컬렉터(collector)라 한다.

[그림 5·1(a)]는 *n*형과 *p*형 반도체가 트랜지스터를 구성하는 형태를 나타내었고, (b)는 이들을 회로에 사용할 때의 표시법이다. 그림에서 에미터에 붙인 화살표는 에미터와 베이스 사이 접합면의 바이어스가 순방향일 때 흐르는 전류의 방향을 나타낸다.

그리고, 전류의 표시방법은 *pnp* 또는 *npn* 트랜지스터, 어느 경우에나 에미터, 베이스, 컬렉터에 흐르는 전류 I_E, I_B, I_C는 트랜지스터로 흘러 들어가는 방향을 (+)로 가정한다.

또, 단자 사이의 전압표시는 에미터-베이스 전압 V_{EB}, 컬렉터-베이스 전압 V_{CB}, 컬렉터-에미터 전압 V_{CE}로 나타낸다. 좀더 자세하게 설명하면 V_{EB}는 에미터에서 베이스로 향하는 전압강하를 뜻한다.

5·1·2 동작원리

앞에서 설명한 *pn* 접합의 원리를 이용하여 *pnp*, *npn* 트랜지스터의 동작원리를 생각해 보자.

[그림 5·2]는 *pnp* 트랜지스터의 1차원 모델(model)을 나타내었다. 이 *pnp* 트랜지스터의 접합면을 흐르는 주된 전류는 정공(hole)의 흐름에 의하여 형성된다. 그림에서 에미터와 베이스 사이의 접합을 에미터 접합(또는 *EB*접합)이라 하고, 베이스와 컬렉터 사이의 접합을 컬렉터 접합(또는 *CB*접합)이라 한다.

정공이 에미터 접합을 통해서 확산되면 소수 캐리어로서, *n*영역(베이스)을

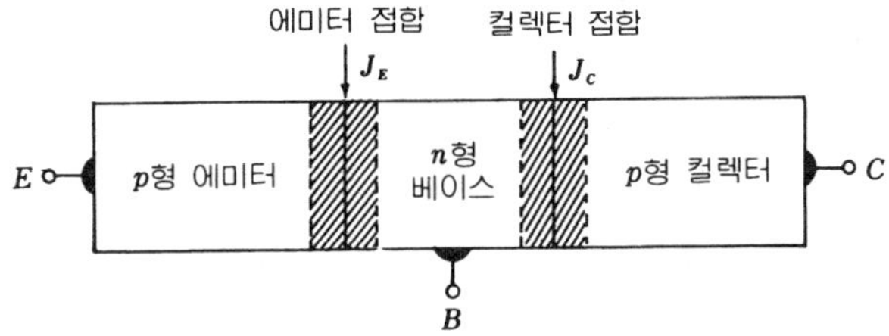

[그림 5·2] *pnp* 트랜지스터의 구조

통과하여 확산될 때, *n*영역인 베이스의 길이가 매우 짧으므로 정공 중에 일부의 극소수인 정공이 베이스 영역의 다수 캐리어인 전자와 재결합에 의해서 소멸되고, 대부분의 정공은 컬렉터 접합면(일종의 *pn* 접합의 공간전하영역)에 도달한다.

만일, 컬렉터측에 역바이어스 전압이 걸려 있다고 하면, 컬렉터 접합면의 정공들은 오른쪽의 컬렉터에 끌려 들어가서 전계의 영향으로 드리프트 운동을 하게 되고, 정공전류를 형성하게 된다.

이와같이 트랜지스터의 동작에서는 미소한 전압이 트랜지스터 양단에 인가되어도 (+)의 바이어스가 인가되어 있는 왼쪽 에미터 접합에는 충분한 전류가 흘러서 역바이어스의 높은 저항을 갖고 있는 컬렉터 접합을 횡단하여 트랜지스터에 전류가 형성됨을 알 수 있다.

따라서, [그림 5·2]에서 왼쪽 *p*형 단자(에미터)를 입력(input)으로, 오른쪽 *p*형 단자(컬렉터)를 출력(output)으로 할 경우 높은 출력의 증폭을 얻을 수 있다.

5·2 전위장벽 및 소수 캐리어의 농도 분포

5·2·1 바이어스 전압이 없는 경우

외부에서 바이어스 전압을 인가하지 않으면 트랜지스터의 모든 전류는 0이 된다. 즉, 개방된 상태(open-circuited)가 된다. 따라서, 트랜지스터의 2개의 접합부인 에미터 접합과 컬렉터 접합의 접촉전위차 V_0은 존재하지만, 이 접합면들을 통과하는 캐리어는 존재하지 않는다.

트랜지스터의 두 접합부가 완전 대칭이고, 불순물 농도(도핑 농도)가 동일하다고 가정하면, 에미터 접합 J_E와 컬렉터 접합 J_C에서의 전위장벽의 높이는 각 접합면의 공간전하영역을 무시할 때, [그림 5·3(a)]와 같이 된다. 즉, 이상태는 트랜지스터가 완전히 개방된 상태로 볼 수 있다.

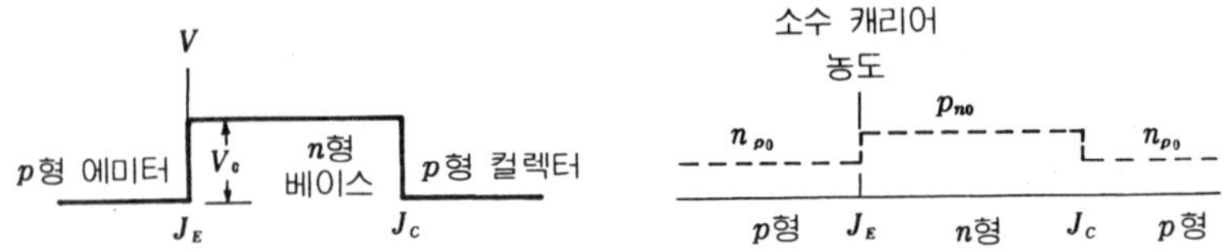

(a) 개방상태의 전위분포 (b) 각 영역의 소수 캐리어 농도

[그림 5·3]

이러한 개방상태에서는 소수 캐리어 농도는 일정하며, 열평형상태의 *pn*접합 다이오드 이론을 그대로 적용하여 해석할 수 있다.

[그림 5·3(b)]에 에미터, 베이스, 컬렉터 각 영역에서의 소수 캐리어 농도를 나타내었다.

5·2·2 활성영역의 트랜지스터

트랜지스터의 동작상태는 바이어스 접속방법에 따라서 포화영역, 차단영역, 활성영역(능동영역이라고도 한다), 역활성영역 등 4가지로 분류되며, 각 접합에 따른 구분과 용도를 〈표 5·1〉에 나타내었다.

〈표 5·1〉

영 역	*EB*접합	*CB*접합	용 도
포화영역	순바이어스	순바이어스	펄스, 스위칭, 디지털 회로
차단영역	역바이어스	역바이어스	펄스, 스위칭, 디지털 회로
활성영역	순바이어스	역바이어스	증폭작용
역활성영역	역바이어스	순바이어스	실제로 사용않음

[그림 5·4(a)]는 능동소자로서의 트랜지스터 작용을 이해하기 위한 것으로 에미터 접합(*EB*접합)에 순바이어스, 컬렉터 접합(*CB*접합)에 역바이어스가 인가된 활성영역에서의 동작상태임을 알 수 있다.

또한, [그림 5·4(c)]는 바이어스가 인가된 상태에서의 전위분포를 나타낸 것이다. 그림에서 에미터 접합에 가해지는 순바이어스 전압은 *EB*접합의 전위장벽을 $|V_{EB}|$만큼 낮추게 되고, 이와 반면에 컬렉터 접합에 가해지는 역바이어스 전압은 *CB*접합의 전위장벽을 $|V_{CB}|$만큼 증대시킨다.

따라서, *EB*접합의 전위장벽이 낮아지게 됨에 따라 소수 캐리어가 접합면을 쉽게 통과하게 된다. *pnp*트랜지스터를 예로 들면, 에미터의 정공은 베이스로, 베이스의 전자는 에미터 영역으로 쉽게 이동한다는 뜻이다.

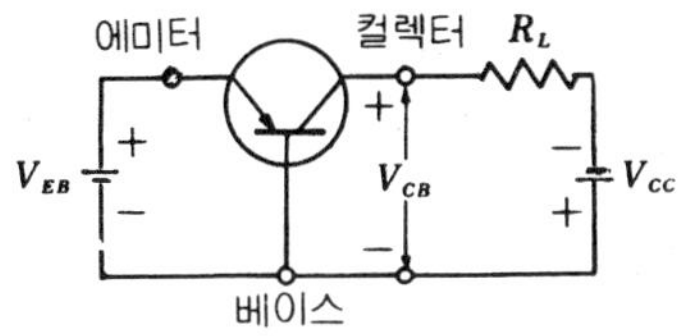

(a) 활성상태의 *pnp* 트랜지스터

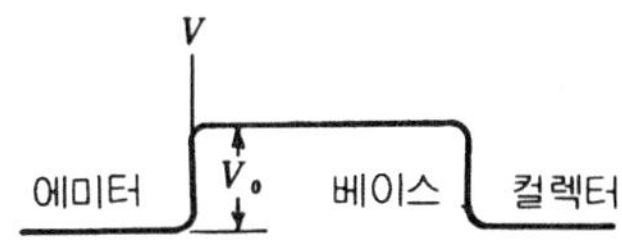

(b) 바이어스가 없는 상태에서의 전위분포

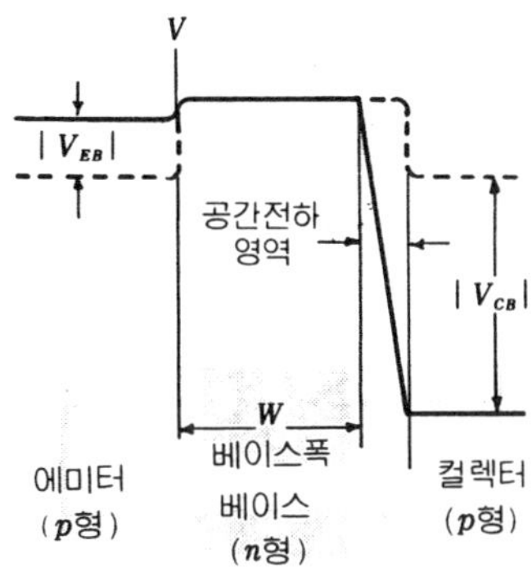

(c) 바이어스가 인가된 상태의 전위분포

[그림 5·4] 활성영역의 트랜지스터

에미터에서 출발한 정공은 베이스 영역을 지나서 컬렉터 접합면쪽으로 확산하게 된다. 여기에다 *CB* 접합에 가해진 역바이어스 전압에 의하여 베이스 영역 내의 정공들은 가속되어 *CB* 접합면을 통과함으로써 전류를 형성하게 된다.

5·3 트랜지스터의 전류특성

트랜지스터의 *EB* 접합면에 순방향 바이어스, *CB* 접합면에 역방향 바이어스를 인가했을 때, 전자 및 정공의 이동에 의해 형성되는 전류성분(電流成分)에 대해서 검토해 보기로 한다.

5·3·1 에미터 전류

[그림 5·5]와 같이 활성영역에서 동작하고 있는 *pnp* 트랜지스터의 경우에서 *EB* 접합면의 순방향 바이어스에 의하여 *p* 형인 에미터에서 *n* 형인 베이스쪽으로는 다수 캐리어인 정공이 이동하고, 베이스에서 에미터쪽으로는 베이스의 다수 캐리어인 전자가 이동하게 된다.

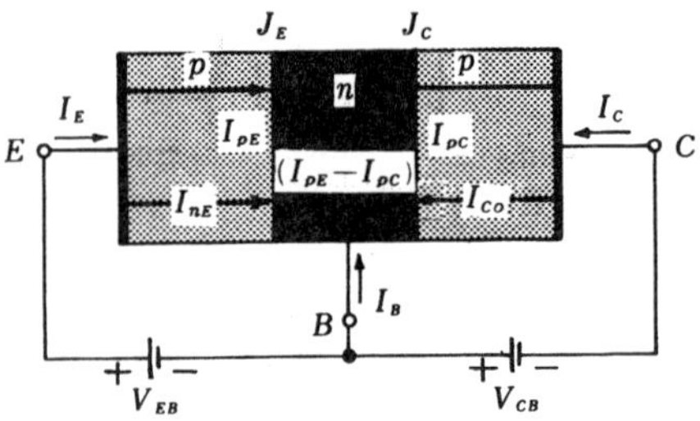

[그림 5·5] 트랜지스터의 전류성분

즉, 에미터에서 베이스쪽으로는 정공전류 I_{pE}, 베이스에서 에미터쪽으로는 전자전류 I_{nE}가 흘러 들어가게 되어 결과적으로 에미터 전류 I_E는 $I_{pE}+I_{nE}$로 구성된다.

그러나, 실용적인 트랜지스터에서는 에미터의 도핑 농도가 베이스의 도핑 농도보다 훨씬 크게 제조되어 있어서 전자전류 I_{nE}는 무시할 수 있으므로 식 (5·1)과 같이 에미터 전류 I_E는 정공전류 I_{pE}와 같다.[2] 그리고, 정공과 전자전류의 비 I_{pE}/I_{nE}는 p형 물질의 도전율과 n형 물질의 도전율의 비에 비례한다.

$$I_E \simeq I_{pE}+I_{nE} \simeq I_{pE} \tag{5·1}$$

5·3·2 베이스 전류

p형의 에미터에서 n형의 베이스로 흘러 들어간 정공들은 베이스의 다수 캐리어인 전자와 재결합하여 일부분의 정공들이 소멸되지만, 대부분의 정공들은 베이스 영역 내에서는 소수 캐리어이므로 컬렉터 접합면의 높은 역방향 바이어스에 끌려서 매우 빠른 속도로 CB접합면을 넘어서 컬렉터로 집속하게 된다.

이러한 현상이 생기는 이유는 베이스의 두께가 에미터나 컬렉터에 비해서 매우 얇고, 베이스 내에서의 전자-정공쌍의 재결합으로 인한 정공의 손실이 매우 적기 때문에 에미터로부터 나온 다수 캐리어, 즉 정공들은 대부분이 컬렉터에 집속되기 때문이다.

편의상 에미터에서 베이스쪽으로 흘러 들어가는 각 단자의 전류방향을 (+)로 하여 베이스 전류 I_B와 컬렉터 전류 I_C의 관계를 살펴보기로 한다.

베이스 전류 I_B는 베이스 내에서 재결합에 의한 정공의 손실을 고려하여 유입되는 전자들의 흐름에 의한 양이 되므로 다음과 같이 나타낸다.

---

2) npn 트랜지스터에서는 pnp 트랜지스터와는 반대로 에미터 단자가 전자의 방출체가 된다. 여기서는, pnp 트랜지스터를 설명했으나, npn인 경우에는 반대로 생각하면 된다.

$$I_B = -(I_{pE} - I_{pC}) \qquad (5\cdot2)$$

여기서, I_{pC}는 EB접합면을 통과할 때 재결합에 의해서 손실되지 않고, CB 접합면을 통과한 다수 캐리어인 전류, 즉 정공전류이다.

5·3·3 컬렉터 전류

컬렉터 전류 I_C는 에미터에서 유입된 정공과는 무관한 베이스와 컬렉터간의 역방향 바이어스에 의한 역방향전류를 필히 고려해야 한다. 간단하게 생각하면 $I_C = -I_{pC}$로 생각하기가 쉬우나, 여기는 역방향전류(또는 역포화전류) I_{C0}를 가산해야 한다.

명확한 개념을 갖기 위하여, 컬렉터 접합은 역바이어스된 상태로 두고, 에미터 회로가 개방된 상태를 생각하기로 한다. 이 경우 컬렉터 전류 I_C는 CB접합, J_C에서 역바이어스된 다이오드의 역포화전류 I_{C0}와 같아야 한다. 이 역포화전류 I_{C0}는 컬렉터 접합 J_C에서 p영역으로부터 n영역으로 유입되는 전자들의 흐름에 기인하는 I_{nC0}와 그 반대인 I_{pC0}, 즉 두 종류의 전류성분으로 표시된다.

그러므로, 역포화전류 I_{C0}는

$$-I_{C0} = I_{nC0} + I_{pC0} \qquad (5\cdot3)$$

이 된다. 여기서 (−)부호는 I_C와 I_{C0}가 동일방향이 되므로 각 단자를 향하여 흐르는 전류방향을 양(+)으로 하면 이것은 음(−)이 되어야 한다.

또한, 에미터 회로가 개방되어 있으면 $I_E=0$이 되므로, 에미터 접합 J_E를 통해서 주입되는 캐리어는 없으며, 전류 I_{pC0}는 베이스 내에서 열생성된 소수의 정공에 기인한다.

따라서, 컬렉터 전류 I_C는 다음과 같이 쓸 수 있다.

$$I_C = I_{C0} - I_{pC} \qquad (5\cdot4)$$

실제로는 pnp 트랜지스터에서는 I_{C0}의 방향은 [그림 5·5]의 화살표와는 반대가 되므로 I_{C0}의 값은 음(−)의 값이 되고, npn형인 경우에는 (+)의 값이 된다. 그런데, I_{pC}는 대체로 $I_{pE}(\simeq I_E)$에 비례하므로,

$$I_{pC} = \alpha I_E \qquad (5\cdot5)$$

이 되고, 식 (5·4)는

$$I_C = -\alpha I_E + I_{C0} \qquad (5\cdot6)$$

이 된다. 여기서 α는 에미터 전류 I_E에 기인하는 컬렉터 전류성분과 I_E와의 비로써 정의되는 트랜지스터의 중요한 파라미터로서, 식 (5·6)으로부터

$$\alpha = \frac{I_C - I_{C0}}{I_E} = \frac{\Delta I_C}{\Delta I_E} \tag{5·7}$$

로 정의되며, 공동 베이스(*CB* : common base) 트랜지스터 회로의 대신호 전류이득(large signal current gain)이라고 하며, 식 (5·5)에서 알 수 있듯이 1보다 약간 적은 값이 된다.

지금까지 정량적으로 해석한 I_E와 I_C는 모두다 근사적으로 해석하였으며, 온도나 역바이어스 전압 V_{CB}에 의한 영향은 고려하지 않았다. 그리고, I_E와 I_C는 서로 반대방향이므로 항상 $\alpha > 0$이 된다.3)

5·3·4 일반적인 트랜지스터의 전류식

지금까지 설명한 트랜지스터의 전류특성은 활성영역(active region)에서만이 성립되는 이론으로 조금더 상세하게 설명할 필요가 있다.

활성영역에서의 컬렉터 전류 I_C를 해석할 때 근본적으로 컬렉터 전압 V_{CB}와는 무관하고, 에미터 전류 I_E의 크기만 고려하여 해석하는 경우가 있기 때문에 *CB*접합에 역바이어스나 임의의 전압이 가해져도 적용될 수 있는 일반적인 트랜지스터의 전류식을 구하도록 한다.

이러한 일반적인 트랜지스터의 전류식은 앞장에서 이미 설명한 이상적인 다이오드의 전류식, $I = I_0(e^{eV/kT} - 1)$와 관계지어 풀이한다.

[그림 5·5]에서 p형의 컬렉터에서 n형의 베이스쪽의 접합 J_C의 양단의 전압강하 V_C와 에미터 전류 I_E에 관한 관계식은

$$I_C = -\alpha I_E + I_{C0}(1 - e^{V_C/V_T}) \tag{5·8}$$

와 같다. 여기서 I_0 대신 $-I_{C0}$를, V 대신 V_C를 대입하였고, 만일 $V_C < 0$, $|V_C| \gg V_T$이면 식 (5·8)은 (5·6)과 같다는 것을 알 수 있다.

식 (5·8)의 첫번째항은 에미터 전류 I_E보다 약간 적은 전류가 에미터에서 베이스를 통과해서 컬렉터로 주입되는 것을 의미하고, 두번째항은 컬렉터 접합의 전압에 의해서 결정되는 베이스-컬렉터 사이(*BC*로 되어 있는 일종의 다이오드라고 생각해도 좋다)의 전류를 나타낸다.

트랜지스터의 전류에 관한 상세한 해석은 Ebers-Moll의 트랜지스터 방정식

---

3) 일반적으로 $\alpha \simeq 0.95 \sim 0.99$ 정도의 양(+)의 값으로 항상 1보다 약간 적다. 이러한 트랜지스터의 전류성분에 대한 상세한 해석은 Ebers-Moll 방정식으로 유도된다. 전문서적을 참고해 주기 바란다.

으로 설명될 수 있으나, 자세한 내용은 생략하기로 한다.

5·4 트랜지스터의 종류와 제조법

트랜지스터는 크게 나누어서 유니폴라 트랜지스터(unipolar transistor)와 바이폴라 트랜지스터(bipolar transistor)로 구분된다.

유니폴라 트랜지스터는 다수 캐리어의 동작과 전계에 의하여 제어되는 트랜지스터로서 전계효과 트랜지스터(field effect transistor)가 대표적인 예가 된다.

또한, 바이폴라 트랜지스터는 소수 캐리어의 동작을 이용하는, 즉 접합 트랜지스터와 같이 베이스 영역에 주입되어 있는 소수 캐리어를 이용한 트랜지스터를 말한다.

유니폴라 트랜지스터인 전계효과 트랜지스터는 다음에 설명하기로 하고, 바이폴라 트랜지스터의 종류와 제조법에 대해서 검토하기로 하고, 그 구조와 동작원리를 〈표 5·2〉에 나타내었다.

〈표 5·2〉 바이폴라 트랜지스터의 분류

구조		캐리어의 운동	실예	특성
금속-반도체 접촉	점접촉	확산	점접촉 TR	고주파 특성 좋음, 불안정하고 잡음이 크다.
	면접촉	확산	표면장력 TR	고주파 특성 좋음, 대량생산이 어렵다.
접합형	성장형	확산	성장접합 TR	소전력, 대량생산이 어렵다.
		드리프트	성장확산 TR	고주파 특성 좋음, 소전력, f_T[4]=수십[MHz]
	합금형	확산	합금접합 TR	저주파용, 대량생산가능, 전력용 f_T=20[MHz]
		드리프트	합금접합 TR, micro alloy, 드리프트 TR, 합금확산 TR	고주파 특성 좋음 f_T ≒100[MHz], 소전력
	확산형	드리프트	mesa TR, epitaxial, mesa TR	고주파 특성 좋음, 소전력, 대전력 모두 사용 대량생산 가능, f_T=수백[MHz]
			planer TR epitaxial planer TR	고주파 특성 좋음, 소전력, 대전력 모두 사용. 특성이 매우 안정, 왜율이 적고, 잡음이 적다. f_T=1[GHz] 이상

4) 이득이 1이 되는 주파수이다. $f_T = h_{fe} f_B = \dfrac{h_{fe}}{2\pi r'_{be} C_e}$

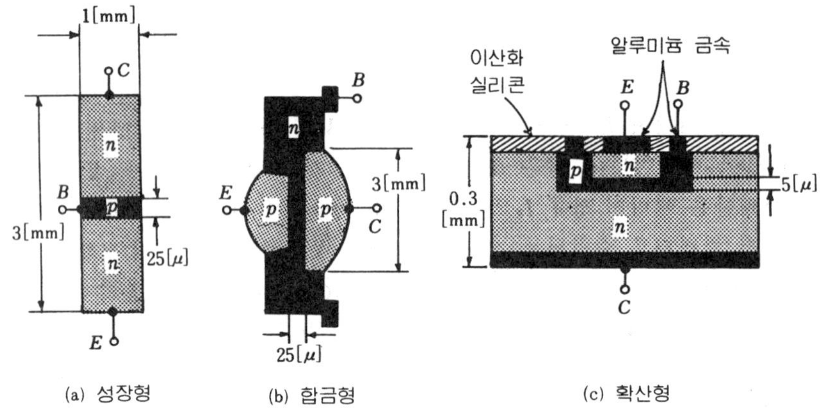

[그림 5·6] 접합형 트랜지스터의 구조

트랜지스터를 제조방법과 용도에 따라 구분하면 〈표 5·1〉에 나타낸 바와같이 최초의 트랜지스터인 점접촉형 트랜지스터와 접합형 트랜지스터로 대별된다.

또한, 접합형 트랜지스터는 크게 나누어서 [그림 5·6]과 같은 구조를 가진 성장형, 합금형, 확산형으로 구분된다. 이외에도 접합형 트랜지스터에는 특수 트랜지스터로써 포토 트랜지스터(photo transistor)와 출력 트랜지스터(power transistor)가 있다.

5·4·1 점접촉형 트랜지스터

[그림 5·7]과 같이 1개의 베이스 전극과 2개의 점접촉 전극을 갖는 트랜지스터를 점접촉형 트랜지스터(point contact type transistor)라 한다. 이 점접촉형 트랜지스터는 현재의 접합형 트랜지스터의 모체라고 할 수 있는 최초의 트랜지스터이다.

점접촉형 트랜지스터의 구조를 보면, n형 Ge결정의 작은 조각 표면에 2개의 인청동 침을 0.5[mm] 정도의 매우 얇은 간격으로 세워서 포밍(forming)[5]시

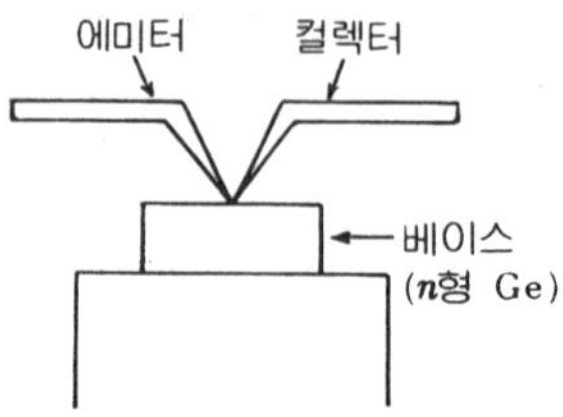

[그림 5·7] 점접촉형 트랜지스터의 구조

5) 베이스로부터 침쪽으로 100[mA] 정도의 전류를 순간적으로 흘리는 조작을 말한다.

킨 것이다. 이 점접촉형 트랜지스터는 고주파 특성은 좋으나 동작이 불안정하여 잡음이 많은 것이 결점이다.

5·4·2 접합형 트랜지스터

접합형 트랜지스터(junction type transistor)는 [그림 5·6]과 같이 성장형, 합금형, 확산형으로 구분되며, 두 개의 *pn* 접합이 아주 가까운 간격으로 배치된 것과 같은 물리적 구조를 갖고 있다.

■ 합금형 트랜지스터

[그림 5·8]은 *pnp* 합금형 트랜지스터(alloy type transistor)의 구조로서, [그림 5·8(b)]를 보면 *n* 형으로 도핑된 두께가 0.2[mm] 정도의 Ge의 얇은 판(薄板) 양쪽에 소량의 In 알맹이를 녹여서 부착시키고, Ge의 융점보다는 높고 In의 융점보다는 낮은 온도로 가열하면 경계면 부근에는 녹아버린 In이 Ge 속으로 스며 들어가게 된다.

다시 온도를 낮추면 재결정되어 *p*형 반도체가 되고, 이 *p*형 반도체가 에미터와 컬렉터 부분으로 되어 *pnp* 형 접합합금 트랜지스터가 만들어진다.

이렇게 만들어진 합금형은 Ge의 얇은 판의 두께와 열처리의 온도, 시간의 제어가 가능하기 때문에 대량생산에는 적합하다. 그러나, 베이스폭의 접합면적을 제어하기가 곤란하다는 단점이 있다.

구체적으로 설명하면, 베이스폭을 얇게 하면 할수록 *n* 형 Ge 속에 In이 스며 들어가면 갈수록 제품의 차질이 많이 생기는 경향이 있으므로, 어느 정도 이상

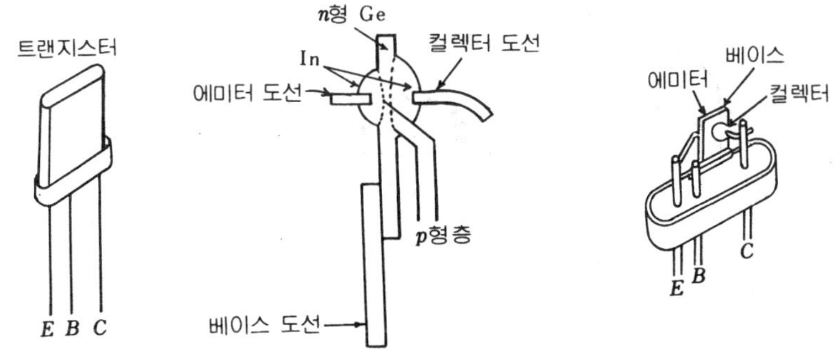

(a) 외관 (b) 내부구조(*pnp*) (c) 커버를 벗겼을 때의 구조

[그림 5·8] 합금형 트랜지스터의 구조

의 In을 스며 들어가게 해서 베이스폭을 얇게 하는 것은 곤란하다.

따라서, 정공의 주행시간을 과대하게 단축시킬 수가 없게 되어 고주파용에는 적합하지 않다.

그러므로, 이 합금형 트랜지스터는 저주파용으로 널리 사용되고, 비교적 대전력용이 만들어지기 때문에 현재의 저주파용 트랜지스터는 대부분 이 합금형6) 이다.

■ 성장형 트랜지스터

[그림 5·9]는 성장형 트랜지스터(grown type transistor)의 구조를 나타낸 것이다. 성장형 트랜지스터의 제조과정은 적당한 단결정체를 녹아 있는 상태의 Si이나 Ge 용액을 표면에 묻혀서 끌어올리는 동안, p형 또는 n형 불순물을 교대로 첨가하면서 결정을 성장시켜서 만든 것으로, 베이스층을 매우 얇게 할 수 있는 것이 특징이라 하겠다.

이 성장형 트랜지스터에는 비교적 저전압으로 동작하는 잇점을 갖고 있는 레이트 그로운형(rate grown type) 트랜지스터와, 주파수 특성이 양호하여 고주파증폭, 발진, 혼합회로에 이용되는 4극 트랜지스터가 있다.

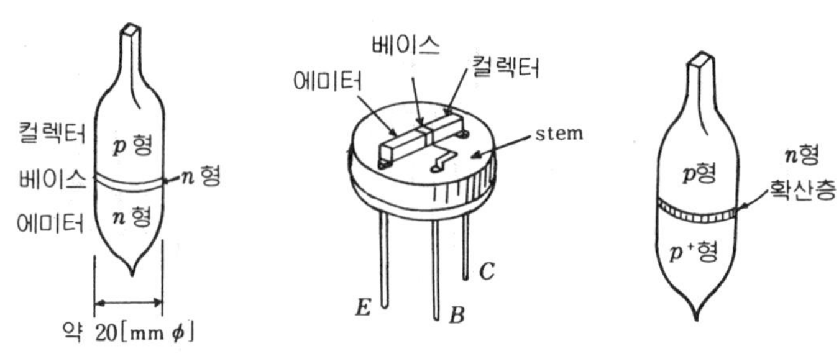

(a) 성장법 (b) 조립도 (c) 성장확산법

[그림 5·9] 성장형 트랜지스터의 구조

■ 확산형 트랜지스터

지금까지 설명한 트랜지스터는 베이스폭을 가능한 한 얇게 하기 위하여 화학적, 기계적인 방법이 여러가지로 생각되어 왔는데, 확산형 트랜지스터(diffused type transistor)는 고체의 확산현상을 이용하여 극히 얇은 베이스폭의 트랜지

6) 합금형 트랜지스터의 개량형으로, 1952년 Philco사 제품인 고주파용의 표면장벽형(surface barrier type), 1954년 Krömer이 고안한 드리프트형(drift type), PNIP형 등이 있다.

스터라는 점에 그 특징이 있다. 따라서 초고주파에 이용되는 트랜지스터는 이 확산형 트랜지스터가 매우 적합하다.

확산형 트랜지스터는 [그림 5·10]에 나타낸 바와같이 기판 위에 두께를 극히 얇은 약 5~6[μ] 정도로 베이스 영역을 확산법에 의하여 제조한 것이다. 즉, 이 방법은 n형이나 p형 불순물의 기체확산을 이용하여 밀도가 높은 부분에 에미터 접합을, 낮은 부분에 컬렉터 접합을 형성시킨다.

그리고, 베이스층에 불순물 확산이 일어나기 전에 광학적으로 에칭(etching)된 확산 마스크(mask)에 의하여 베이스-컬렉터 접합이 형성된다. 그후, 에미터가 베이스에 확산되어 산화물층이 전 표면에 열적으로 성장된다.

따라서, 이 제조법에 의하여 만들어진 트랜지스터는 베이스층 내의 에미터쪽의 저항률이 낮아서 베이스 저항 r_b가 작고, 또한 컬렉터측의 저항률은 높으므로 컬렉터의 용량은 적고 내압은 높다. 또한, 누설전류도 매우 작다.

이 확산형 트랜지스터는 메사[7]형 트랜지스터라고도 하며, VHF 수신기, FM 수신기, TV 등에 많이 이용되고 있다. 그런데, 이 메사형은 온도가 상승하여 가열되면 전극을 인출한 부분을 통해서 표면이 손상되거나 누설전류가 흐른다.

따라서, 전극을 인출할 부분을 제외한 나머지 표면에 SiO_2의 산화물층을 형성시켜서, 표면의 손상과 누설전류를 방지하도록 만든 것이 평판 트랜지스터, 즉 플래너 트랜지스터(planer transistor)이다.

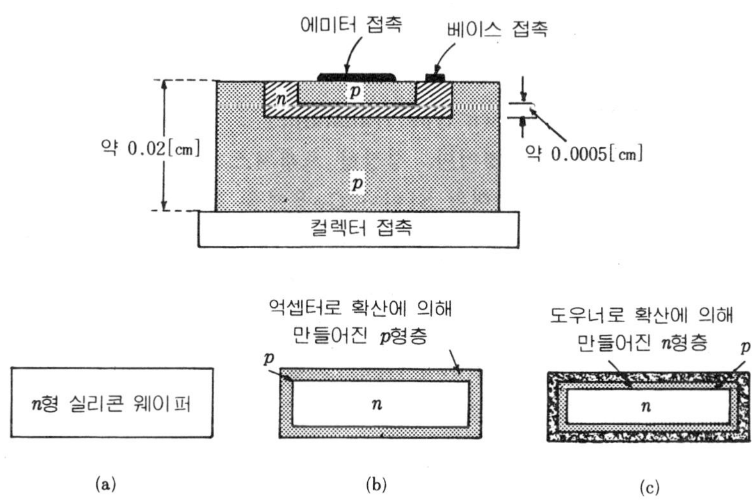

[그림 5·10] 확산형 트랜지스터의 구조

7) mesa : 영어로 작은 봉우리단을 의미하며, 대지(臺地)를 닮았다고 하여 붙여진 이름이다.

이와같이 산화물층을 입히면 접합용량이 커져서 고주파용으로는 부적당하므로 에피텍셜층을 형성시켜서 접합용량을 감소시켜 고주파 동작을 용이하게 만든 것을 에피텍셜 트랜지스터(epitaxial transistor)라 한다.

■ 메사형 트랜지스터

메사형 트랜지스터(mesa type transistor)도 확산형 트랜지스터의 한 종류이지만, 그 용도의 중요성을 생각하면 제조법에 대해서 검토해 볼 필요가 있다.

p형 Ge 웨이퍼(wafer)에 Sb, Au 같은 불순물을 확산하여 깊이 1~2[μ] 정도의 pn 접합을 만든다. 이 Ge 웨이퍼 위에 [그림 5·11(a)]와 같이 다수의 슬롯(slot)을 만든 금속제 마스크를 놓고 경사지도록 위로부터 Al, Au(Sb) 등의 금속을 진공증착한다. 이것을 합금하면 베이스 전극과 에미터 접합이 된다.

다음은 컬렉터의 접합용량을 적게 하기 위하여 트랜지스터의 작용에 관계없는 확산층을 메사 에칭을 취하여 제거한다. 이와같이 하여 수백 개의 트랜지스터가 한 장의 웨이퍼 위에 있게 된다. 이것을 각각의 트랜지스터로 잘라내어 [그림 5·12]와 같이 stem header에 용접한다. 이것이 컬렉터 전극이 되며, 에미터, 베이스에 금 리드선을 붙인다.

메사형 트랜지스터의 베이스층은 확산법으로 만들어졌으므로, 그 중에 드리프트 전계가 형성되어 수백[MHz] 정도의 높은 차단주파수를 갖게 된다. 그리고, stem header에 컬렉터가 직접 붙어 있으므로 대전력용으로 우수한 성질을 갖게 된다. 그러나, 컬렉터 영역은 저항률이 높고 제작상의 제약조건으로 두껍기 때문에 컬렉터의 직렬저항이 높다.

이러한 이유로 전압은 높고, 스위치 특성, 대전류 특성, 주파수 특성 등이 나쁘다. 이러한 점을 개선한 것이 에피텍셜 메사 트랜지스터(epitaxial mesa transistor)이다.

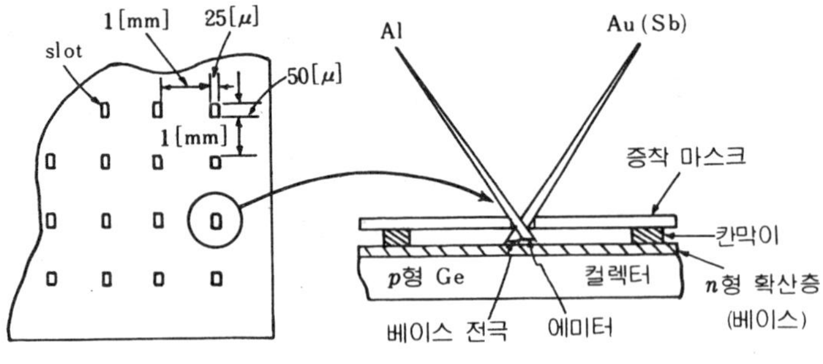

(a) 증착 마스크 (b) 증착

[그림 5·11] 메사형 트랜지스터의 제조

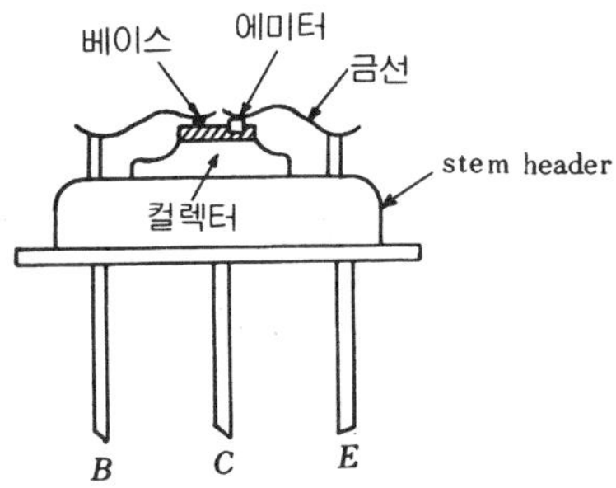

[그림 5·12] 메사형 트랜지스터

저저항 반도체 기판 위에 에피텍셜 성장법으로 고저항층을 성장시키고, 앞에서 설명한 방법과 동일하게 메사형 트랜지스터를 만든다.

5·4·3 고출력 트랜지스터

일반적으로 상온에서 1[W] 이상의 손실에 견디는 트랜지스터를 고출력 트랜지스터(power transistor)라 한다.

고주파용으로는 차단주파수가 커야 하고, C_c, r_b가 적어야 하며, 고출력용으로는 컬렉터 소비전력에 의한 발열을 유효하게 방열시켜 접합면의 온도상승을 가능한 한 떨어지게 해야 한다.

이러한 방열대책으로 컬렉터를 직접 stem header에 붙여서 열방산을 잘하면 좋으나, 이에 따라 컬렉터의 포유용량이 증가되어 고주파 특성이 저하된다. 이것을 방지하기 위하여 절연성이 있으며, 열전도가 잘되는 자기판을 stem header에 부착시킨다.

일반석으로 고출력 트랜지스터는 소비전력의 저하와 에미디 전류의 증가에 따른 전류전송률 α의 저하를 방지하기 위하여 합금형이 성장형보다 더 많이 쓰인다.

합금형에서는 In을 사용할 때, In의 융점이 156[℃]이므로 접합면의 온도는 156[℃] 이하로 한다. 이러한 이유로 Ge 보다도 Si이 고온에 견디므로 확산형 실리콘 트랜지스터가 발달되어 왔다.[8)]

[그림 5·13]은 고주파, 고출력용의 트랜지스터인 overlay 트랜지스터[9)]와 inter-digitated 트랜지스터를 나타낸 것이다.

고주파, 고출력용 트랜지스터에서는 에미터의 면적을 지나치게 증가시키지 않고 에미터 주변의 길이를 길게 한다. [그림 5·13(a)]와 같이 에미터를 다수

8) Ge에서는 150[W] 정도, Si에서는 600[W] 정도까지 가능하다.

9) 1963년 RCA사가 발표한 것으로 보통의 작은 고주파용 트랜지스터를 수 10~100개 병렬로 접속한 구조로 되어 있다.

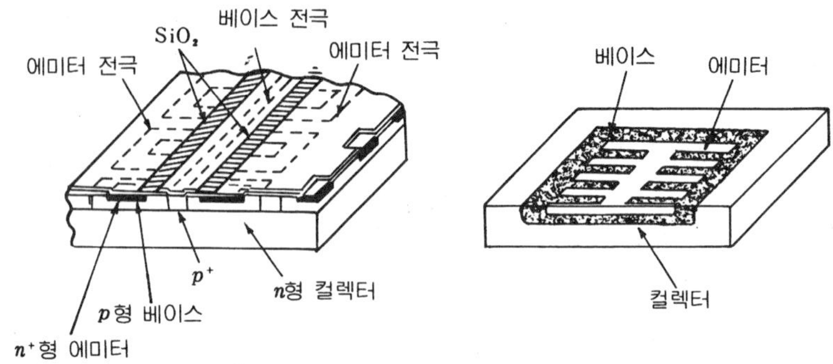

(a) overlay 트랜지스터　　(b) inter-digitated 트랜지스터

[그림 5·13] 고주파, 고출력 트랜지스터

의 적은 부분으로 나누어 Al을 증착한 에미터 전극으로 나눈 에미터 병렬로 접속하고 있다. 또한 [그림 5·13(b)]와 같이 에미터 및 베이스를 가늘고 길게 나누어서 에미터 주변의 길이를 길게 한다.

고주파 트랜지스터를 에미터 접지로 해서 사용할 경우, 에미터 리드선의 임피던스를 아주 적게 하지 않으면 부궤환작용 때문에 이득이 저하된다. 이렇게 리드선에도 세심한 주의가 필요하다.

이와같은 방법으로 제조된 고주파, 고출력용 트랜지스터는 출력과 차단주파수가 각각 20[W] 400[MHz], 5[W] 1[GHz], 1[W] 2[GHz] 정도가 된다.

5·5 실제의 트랜지스터 특성

지금까지 설명하여 온 트랜지스터의 해석방법은 다음에 열거한 8가지의 이상적인 트랜지스터의 전기적 특성을 갖는다는 가정하에서 취급하여 왔다.

① 에미터, 베이스, 컬렉터의 외인성 반도체 영역은 균일하다.
② 각 접합부는 계단형 접합이다.
③ 접합면에 평행한 평면에서의 캐리어 농도는 균일하다.
④ 베이스폭은 항상 일정하다.
⑤ 캐리어들의 운동방향은 접합면과 직각방향이다.
⑥ 각 접합의 중성영역에서의 전압강하는 무시한다.
⑦ 중성영역 안에는 전계가 없으며, 캐리어의 운동은 확산에만 의존한다.
⑧ 공간전하영역 내에서의 캐리어들의 재결합 및 열생성은 무시한다.

그러나, 이러한 가정은 글자 그대로 이상적인 트랜지스터일 뿐이고, 트랜지스터를 실제로 해석할 때는 상당한 차이가 생긴다. 따라서, 실제의 트랜지스터의 특성을 검토할 필요가 있다.

5·5·1 베이스폭 변조(Early 효과)

앞에서 설명한 것과 같이 이상적인 트랜지스터에서는 베이스폭은 일정하다고 가정하였다. 그러나, 실제적으로 트랜지스터를 해석할 때는 베이스폭이 컬렉터 전압에 의해서 매우 큰 영향을 받게 되므로, 베이스폭이 일정하다고 볼 수는 없는 것이다. 그리고, 트랜지스터의 각 접합부의 공간전하영역도 이상적인 트랜지스터에서는 무시하였으나, 실제의 트랜지스터에서는 좀더 상세한 검토가 필요하다.

그러므로, 실제의 트랜지스터에서 공간전하영역을 설명하기로 한다.

[그림 5·14]와 같이 트랜지스터의 공간전하영역의 폭을 W라 할 때 폭 W는 pn접합이론에서 해석한 접촉전위차 관계식10) $V_0=\frac{e}{2\varepsilon}(N_a W_p{}^2+N_d W_n{}^2)$에 의해서 역전압의 크기에 따라 증가함을 알 수 있다.

트랜지스터가 정상상태에서 동작하는 활성영역에서는 EB접합은 순바이어스로, CB접합은 역바이어스로 동작한다. 그런데, 역바이어스가 인가되면, 공간전하영역의 폭은 증가되기 때문에 EB접합의 공간전하영역의 폭은 역바이어스가 인가된 CB접합의 공간전하영역의 폭에 비해서 무시할 수 있다는 이론이 성립한다.11)

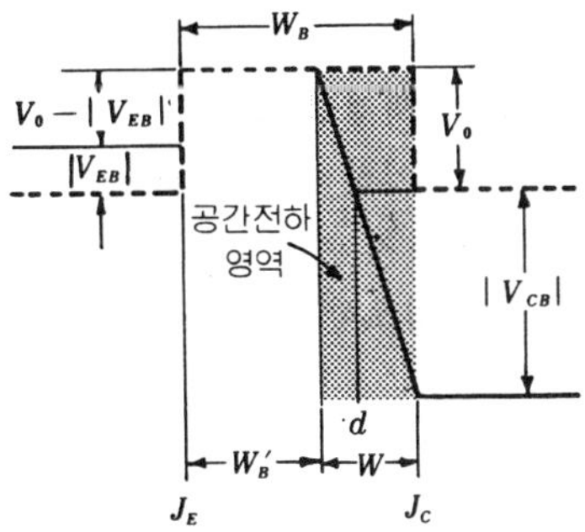

(a) 베이스폭 변조

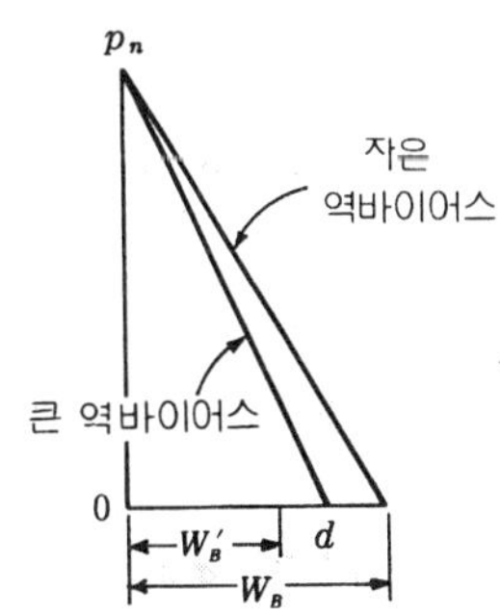

(b) 소수 캐리어 분포

[그림 5·14] Early 효과

---

10) 부록에서 공간전하영역을 구하는 유도식을 참조.

11) 활성영역에서 동작하는 실제의 트랜지스터의 에미터 전압의 변화는 0.1[V] 정도로 매우 작으므로 EB접합의 공간전하영역은 무시할 수 있다.

따라서, EB 접합에서의 공간전하영역은 무시하고, [그림 5·14(a)]와 같이 CB 접합의 공간전하영역에서만 생각한다.

CB 접합에 인가된 역바이어스 전압의 증가하면 CB 접합에 공간전하영역이 형성되고, 전기적 중성영역의 특성에 따라 양쪽의 전하량은 동등하게 된다. 그러나, 트랜지스터 제조시에 컬렉터의 도핑 농도에 비해서 베이스의 도핑 농도는 적기 때문에 베이스 영역폭의 공간전하영역이 더 크게 된다.[12)]

그러므로, [그림 5·14(a)]에서는 컬렉터 영역에서의 공간전하영역은 무시하고 베이스 영역 내에서만 공간전하영역을 나타내었다. 따라서, 베이스 영역에서만 이온이 존재한다.

또한, 합금에 의한 전체의 베이스폭이 W_B일 때, 실제의 베이스폭은 [그림 5·14(a)]에 나타낸 바와같이 공간전하층 W를 제외한 W_B'영역이 됨을 확실하게 알 수 있다. 이와같이 컬렉터 전압에 의해서 베이스폭이 변화되는 현상을 베이스폭 변조(base-width modulation), 또는 Early 효과라고 한다.

이러한 베이스폭 변조가 이루어지면, 즉 컬렉터 접합의 역바이어스 전압에 의한 베이스폭의 감소는 다음과 같은 두 가지 현상을 나타낸다.

① 베이스폭의 감소는 전류증폭률 α를 증가시키고, 컬렉터 전압 $|V_{CB}|$의 증가에 따라 I_C도 증가한다.

왜냐하면, 베이스 영역에서 컬렉터쪽으로 확산되는 전자, 정공들이 재결합하는 기회가 적어져서 에미터 효율 γ와 베이스 전송계수(도달률) β[13)]가 증대되기 때문이다.

② [그림 5·14(b)]와 같이 베이스 영역에서의 소수 캐리어 농도의 기울기를 증대시킨다.

따라서 컬렉터 역바이어스 전압의 증가에 따라 I_E와 I_C가 증가된다.

---

12) 계단형 접합 다이오드의 공간전하영역의 폭 W 관계를 생각하면 쉽게 이해가 될 것이다.

$$W=\left[\frac{2\varepsilon[V_0\pm V][N_a+N_d]}{eN_aN_d}\right]^{1/2},\quad \frac{W_p}{W_n}=\frac{N_d}{N_a}$$

의 관계식에서 p^+n인 경우, 즉 $N_a \gg N_d$ 이면 공간전하영역의 폭 W는

$$W=W_p+W_n \fallingdotseq \left[\frac{2\varepsilon V_0}{eN_d}\right]^{1/2}$$

이 된다. 즉, 불순물 농도가 큰 쪽이 공간전하영역이 작아진다.

13) pnp 트랜지스터에서 베이스 전송계수의 정의는

$$\beta=\frac{\text{컬렉터 접합까지 확산해 간 주입정공성분}}{\text{베이스에 주입된 정공전류}}\fallingdotseq 1-\frac{1}{2}\left(\frac{W}{L_{pb}}\right)^2$$

여기서, $L_{pb}=\sqrt{D_{pb}\tau_{pb}}$ 이고, L_{pb}, D_{pb}, τ_{pb}는 각각 베이스 영역의 확산거리, 확산정수, 캐리어의 수명시간이다. 그리고, β를 1에 가까이 하려면 $W \ll L_{pb}$이어야 한다.

■ punch through 현상

컬렉터 역바이어스 전압을 계속해서 증대시키면 CB접합의 공간전하층이 베이스 영역 안으로 깊숙히 퍼져 들어가서 끝내는 EB접합의 공간전하층과 닿게 된다.

이 결과 베이스 중성영역, 즉 베이스 영역은 없어지고 에미터, 베이스, 컬렉터가 모두 단락(short)된 상태로 되므로 트랜지스터의 작용을 할 수 없게 된다. 따라서, 큰 전류가 흘러서 트랜지스터가 파손될 수도 있다. 이러한 현상을 punch through 현상이라 한다.

앞에서 설명한 바와같이 실제의 트랜지스터에서는 베이스는 컬렉터보다 훨씬 약하게 도핑되어 있으므로 공간전하층은 거의 베이스쪽에 형성된다. pnp트랜지스터를 예로 들면,[14)]

$$W_n \simeq \sqrt{\frac{2\varepsilon}{eN_b}}\ \sqrt{V_{CB}} \tag{5·9}$$

이 된다.

여기서, N_b는 베이스의 불순물 농도를 나타낸다. 또한, punch through 전압 V_{pt}는 $W_n = W_b$일 때의 컬렉터 전압이 되므로, 즉 $V_{CB} = V_{pt}$일 때 $W_n = W_b$가 된다는 뜻이다.

그러므로, punch through 전압 V_{pt}는 식 (5·9)로부터

$$V_{pt} = \frac{eN_b {W_b}^2}{2\varepsilon} \tag{5·10}$$

과 같이 얻어진다.[15)]

◀예제 5-2▶ 베이스폭이 3×10^{-4}[cm]이고, punch through 전압 V_{pt}가 9[V]인 실리콘 pnp 트랜지스터에서 베이스폭을 5×10^{-4}[cm]로 늘릴 수 있다면 V_{pt}는 몇 [V]인가?

【풀이】 식 (5·10)에서

$$V_{pt} = \frac{eN_b {W_b}^2}{2\varepsilon}$$

이고, V_{pt}는 베이스폭 W_b에 비례하므로,

---

14) punch through 상태에서는 V_0 (0.1[V]의 몇 배 정도)는 V_{CB}에 비해서 무시할 만큼 적다. 그리고, $-V \to V_{CB}$이다.

15) punch through 현상이 생겼다고 해서 트랜지스터가 완전히 파손된 것은 아니다. 트랜지스터가 영구적으로 파손되는 근본 원인은 온도상승에 있다. 그러므로, punch through에 의해서 트랜지스터의 각 단자가 단락상태로 되었다고 하더라도(외부회로의 저항에 의해서 전류가 제한된다) 온도상승이 최고 허용온도를 넘지 않는한 컬렉터 역바이어스 전압을 다시 낮추면 다시 트랜지스터의 기능을 회복하게 된다.

$$\therefore\ V_{pt}=\left(\frac{5}{3}\right)^2\times 9=25\,[\mathrm{V}]$$

5·5·2 접합의 항복현상

앞에서 설명을 한 바와같이 pn 접합에 역바이어스 전압이 크게 인가되면 공간전하영역을 통과하는 캐리어들이 결정격자(Si 또는 Ge)와 충돌하여 새로운 한 쌍의 캐리어를 발생한다.

이러한 애벌란치(avalanche) 항복(降伏)이 나타나는 현상은 전자증배율(또는 증배계수) 식

$$M=1/1-\left(\frac{V_r}{V_z}\right)^n \quad \left(\text{또는 } M=1/1-\left(\frac{V_{CB}}{BV_{CB0}}\right)^n\right)$$

에 의해서

$$M=\frac{1}{1-\left(\dfrac{V_{CB}}{V_z}\right)^2} \tag{5·11}$$

로 나타낸다. 여기서, n은 비교적 큰 값(3~7)을 갖는 정수이므로 실제로는 항복전압[16] V_Z(또는 BV_{CB0})에 가까운 전압의 범위에서만 애벌란치 항복효과가 현저하게 나타남을 알 수 있다.

이 현상은 앞의 4·9절에서 역바이어스된 pn 접합의 절연파괴 현상에서 이미 설명하였으며, 확실한 개념을 갖기 위하여 [그림 5·15]와 〈표 5·3〉에 애벌란

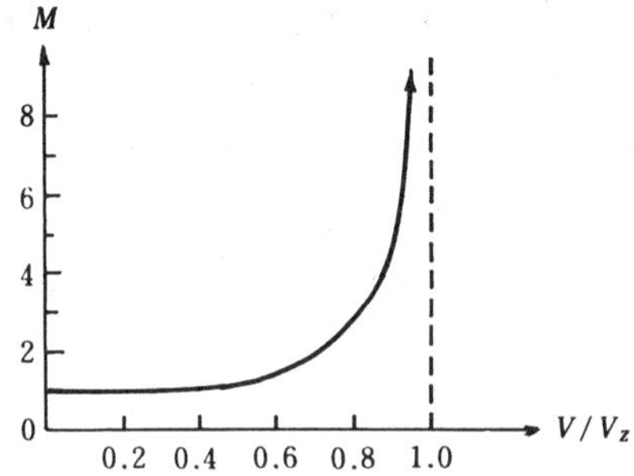

[그림 5·15] 애벌란치 항복의 증배계수

16) BV_{CB0} : 에미터 단자를 개방했을 때($I_E=0$) 베이스 접지인 경우 컬렉터의 항복전압.
BV_{CE0} : 베이스 단자를 개방했을 때($I_B=0$) 에미터 접지인 경우 컬렉터의 항복전압.
V_{BE} : 상온에서 Ge은 0.2[V], Si은 0.6[V] 정도이지만, 온도의 증가에 따라 2.5[mV/℃]의 비율로 감소된다.

〈표 5·3〉 n의 대표적인 값

반도체	접 합	n
Ge	pn^+	6
	p^+n	3
Si	pn^+	2.5
	p^+n	2.5

치 증배계수와 정수 n의 값을 나타내었다.

따라서, 애벌란치 항복현상을 고려하면 식 (5·6)의 컬렉터 전류($I_C = -\alpha I_E + I_{C0}$)는

$$I_C = M(-\alpha I_E + I_{C0}) = -M\alpha I_E + MI_{C0} \tag{5·12}$$

로 고쳐서 나타내어야 한다.

따라서, 식 (5·12)가 갖는 의미는 애벌란치 항복현상이 이상적인 트랜지스터의 전류증폭률 α와 역포화전류 I_{C0}를 각각 M배로 증대시키는 것으로 해석할 수 있다는 것이다.

5·5·3 에미터 효율

이상적인 트랜지스터에서는 캐리어들이 에미터 접합을 통과할 때, 서로 반대방향으로 이동하는 전자와 정공이 공간전하영역에서 재결합하는 것을 무시하는 것으로 가정했다. 그러나, 실제의 트랜지스터에서는 이러한 EB 접합의 공간전하영역에서 재결합을 무시할 수가 없는 것이므로, 에미터 효율 γ를 감소시키는 결과를 초래한다.

[그림 5·16]는 EB 접합의 공간전하영역에서 캐리어가 재결합하는 모양을 나타낸 것이다. 이러한 재결합현상은 공간전하영역에 존재하는 재결합 중심에 의해서 결정되는 것으로, 에미터 전류 I_E의 크기에는 관계없다. 그러므로 I_E가 작을수록 재결합의 효과가 차지하는 비중이 증대되므로 에미터 효율 γ는 I_E가 작아지면 같이 작아진다.

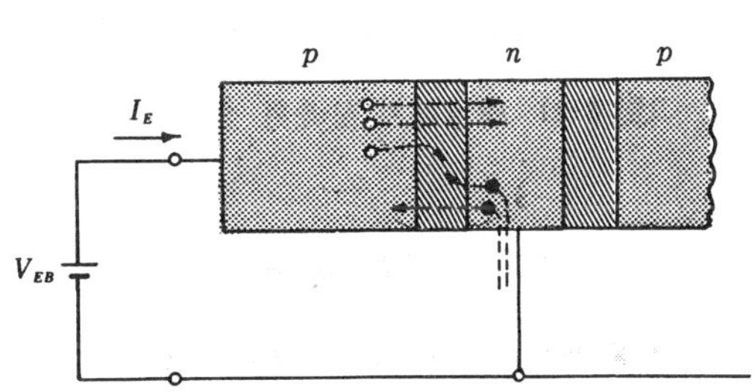

[그림 5·16] EB 접합의 공간전하영역에서의 재결합

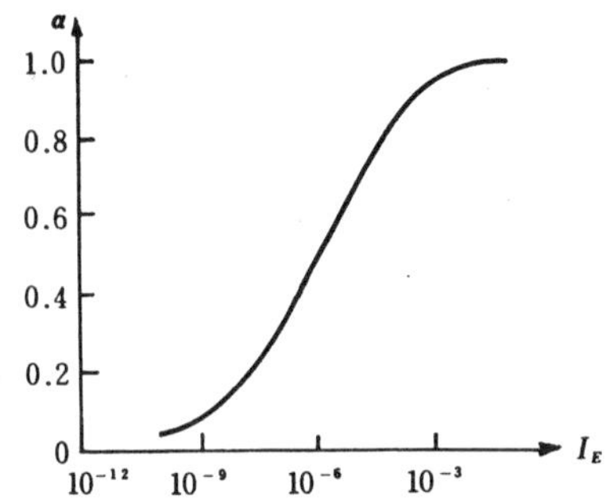

[그림 5·17] Si 트랜지스터의 α와 I_E의 관계

■ 에미터 효율의 정의

*pnp*트랜지스터인 경우 에미터 효율 γ는 다음과 같이 정의한다.

$$\gamma \equiv \frac{\text{에미터 전류의 정공전류성분}}{\text{에미터 전류}}$$

$$= \frac{I_{pE}}{I_E} = \frac{I_{pE}}{I_{pn} + I_{nE}} \qquad (5\cdot13)$$

여기서, I_{pE}는 에미터에서 베이스로 흘러 들어가는 순방향 주입(forward injection)에 의한 정공전류이고, I_{nE}는 베이스에서 에미터로 흘러 들어가는 역방향 주입(reverse injection)에 의한 전자전류이다.

상용의 실제 트랜지스터에서는 에미터의 도핑 농도(불순물 밀도)는 베이스의 도핑 농도보다 훨씬 더 높다. 이러한 이유로 *pnp*트랜지스터에서의 I_E는 주로 정공에 의해서 형성되며, 위에서 설명한 이론의 타당성을 알 수 있다.

이와같은 현상은 공간전하영역에 재결합 중심을 많이 갖고 있는 Si트랜지스터에서 현저하게 나타나며, 에미터 전류 $I_E=0$이면 에미터 효율 $\gamma=0$(또는 $\alpha=0$)이 된다. 그러나, Ge트랜지스터는 재결합 중심이 적어서, 즉 적게 만들 수 있으므로 재결합의 효과가 매우 작기 때문에 $I_E=0$에서도 전류증폭률 $\alpha\simeq 0.9$ 정도가 된다.[17]

온도특성을 고려한 [그림 5·18]에서 에미터 전류 I_E가 어느 값(약 6[mA] 정도) 이상 증가하면 전류증폭률 α가 급격히 감소함을 알 수 있다. 이러한 현상은 *EB*접합에 주입된 과잉 캐리어들로 인하여 베이스 영역의 도전율이 증가하기 때문이다.

---

17) I_E가 증대되면 전류증폭률 α는 감소한다. 왜냐하면, 에미터 효율 γ를 1에 가까운 값으로 하려면 베이스 영역의 저항률이 에미터 영역의 저항률에 비하여 매우 작아야 하므로, 베이스폭은 가능하면 작게 해야만 한다. 따라서, I_E가 증가하면 베이스의 도전율은 높아지고, 정류증폭률 α는 감소하게 된다.

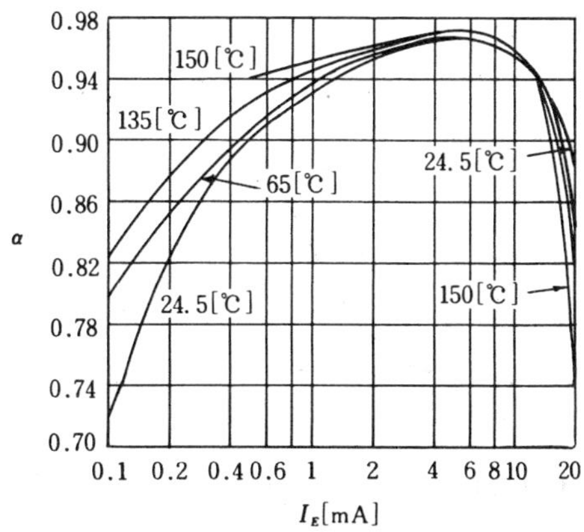

[그림 5·18] Si 트랜지스터(*npn*형)의 α-I_E

따라서, 식 (5·13)의 에미터 효율을 정의한 관계식을 보면 알 수 있는데, 도전율의 증가에 따라서 α는 감소하게 된다. 이것을 도전율 변조(導電率變調, conductivity modulation)라고 한다.

5·5·4 베이스 분포저항

베이스 영역을 2개의 영역으로 구분해서 생각하면, 하나는 활성영역이고, 또 하나는 불활성영역이다. 활성영역은 [그림 5·19(a)]에서 알 수 있는 바와같이 에미터 단자 바로 밑의 부분으로서, 트랜지스터의 작용에 실제로 관여하는 부분이다. 불활성영역은 활성영역과 베이스 단자 사이의 부분으로, 일반적으로 베이스 전류의 통로가 된다.18)

불활성영역이 베이스 전류의 통로이기 때문에 간단하게 생각하면 근사적으로는 하나의 고정저항으로 볼 수 있다. 그러므로, 실제의 트랜지스터에서는 [그림 5·19(d)]에서와 같이 활성영역인 실효 베이스 영역(effective base region) B'와 베이스 단자 B사이에 저항 $r_{bb'}$가 접속되어 있는 것처럼 등가적으로 표시할 수 있다. 이 저항 $r_{bb'}$를 베이스 분포저항(base spreading resistance)이라 한다.

따라서, 에미터-베이스 사이의 순바이어스 전압의 감소와 에미터-베이스 사이의 전압강하는 이 베이스 분포저항 $r_{bb'}$ 때문에 생기게 된다. 또한, [그림 5·19(d)]에 나타낸 $r_{ee'}$와 $r_{cc'}$는 에미터 및 컬렉터의 중성영역으로, 실제로 취급할 때는 무시할 수 있다.

---

18) [그림 5·19]를 참조하여 생각하면 베이스 영역에 있어서 다수 캐리어 전류는 드리프트 전류이며, 소수 캐리어 전류와는 직각방향으로 흐른다.

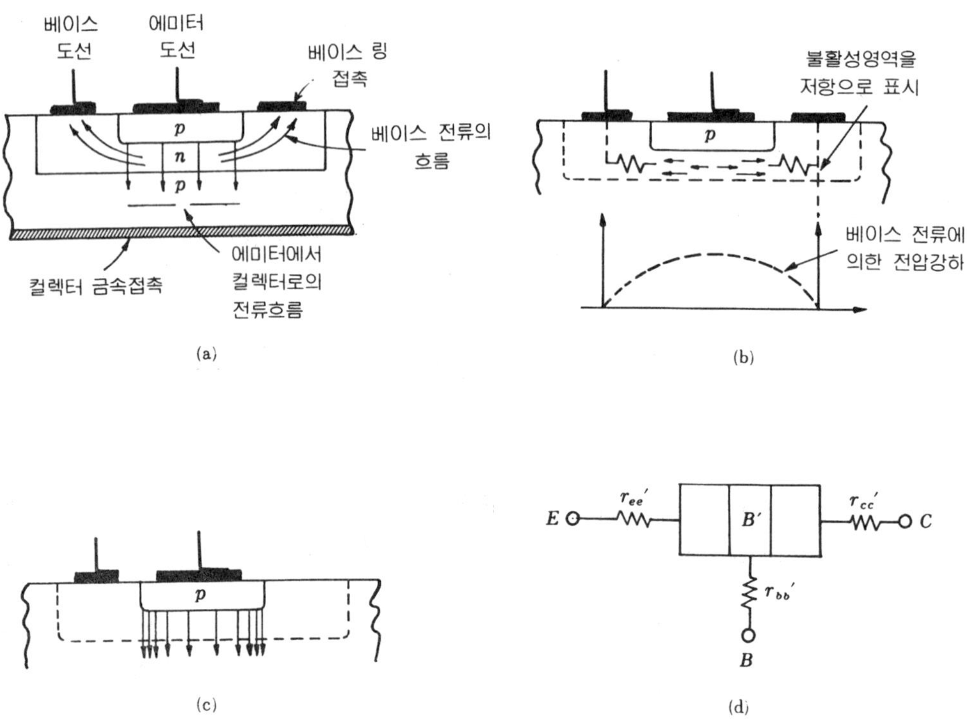

[그림 5·19] 베이스 분포저항

그러나, 베이스 영역은 에미터나 컬렉터에 비해서 도핑 농도가 적으므로 저항률은 에미터나 베이스에 비해서 크고, 단면적(영역폭)은 얇기 때문에 큰 문제가 되지 않는다.[19]

따라서, 베이스의 단면적이 얇은 까닭에 전류는 에미터에서 컬렉터로 흐르게 된다.

■ 집중현상

위에서 설명한 바와같이 에미터와 베이스 사이의 전압강하 때문에 실제의 EB접합에 인가된 순바이어스 전압은 중앙부분에 가까워질수록 감소된다.[20]

이러한 이유로 [그림 5·19(c)]와 같이 에미터 전류밀도의 불균일이 생겨서 중앙부분을 흐르는 전류 I_E는 대단히 적어지고, 주변부분(끝의 부분)에 흐르는 I_E는 증가된다. 이러한 현상을 에미터 전류의 집중현상(emission crowding)이라 한다.

---

19) 베이스의 분포저항 $r_{bb'}$는 에미터나 컬렉터 저항보다는 크고, 100[Ω] 이하이다.

20) 에미터와 컬렉터의 영역폭(단면적)보다 얇은 베이스 영역을 흐르는 I_B에 의한 전압강하 때문이다. 즉, $r_{ee'}$ 및 $r_{cc'}$는 $r_{bb'}$에 비해서 작으며, 에미터와 컬렉터의 단면적은 수[μ] 정도의 베이스 단면적보다 넓다.

이렇게 주변부분의 에미터 전류가 커지게 되면 전류밀도의 증가 때문에 이 부분의 온도상승이 생겨서, 트랜지스터를 파괴할 수도 있다. 에미터 전류가 큰 전력용 트랜지스터(power transistor)를 취급할 때는 이러한 문제를 더욱 고려할 필요가 있다.

5·6 트랜지스터의 최대 정격

트랜지스터를 사용할 때 파괴하지 않고 과열로 인한 손상을 방지하려면 물리적 구조와 전기적 특성에서 제한되는 범위 안에서 동작시켜야 한다. 이러한 동작범위에 대한 것을 최대 정격(最大定格, maximum rating)이라 한다.[21)]

일반적으로 정격은 다음과 같이 구분된다.

■ 최대 컬렉터 전압 BV_{CBO} 또는 $V_{CB\max}$

CB 접속, 에미터 개방상태에서 *CB* 접합의 역방향으로 트랜지스터가 파괴됨이 없이 인가할 수 있는 전압의 최대값이다.

■ 최대 에미터 전압 BV_{EBO} 또는 $V_{EB\max}$

트랜지스터를 파괴하지 않는 범위에서 *EB* 접합의 역방향으로 인가할 수 있는 전압의 최대값이다.

■ 최대 컬렉터 전류 $I_{C\max}$

활성영역에서 컬렉터 전류의 최대 허용전류로 $I_{C\max}=I_{E\max}$로 나타낸다. 전압, 전력의 정격이 초과되지 않아도 컬렉터에 흘릴 수 있는 전류의 최대값은 접합부의 면적과 트랜지스터의 단자를 외부의 인입선에 접속시키는 도선(lead)에 의해서 제한을 받는다.[22)]

즉, $I_{C\max}$, $I_{E\max}$는 다음 사항을 고려해야 한다.

① 내부전력손실에 의한 접합부의 온도상승을 고려해야 한다.

② 내부의 도선은 용기 밖에 나와 있는 도선보다 훨씬 가늘기 때문에 큰 전류가 흐르면 타서 끊어질 염려가 있다.

③ I_E가 과대하게 증대하면 h_{fe}가 감소하고, 증폭기로 사용할 때 파형의 일그러짐이 생긴다.

---

21) 이러한 정격을 나타낸 기술자료를 규격표(specification sheets)라 한다.

22) 2N2222A인 경우 포화전류의 최대값을 결정해 주는 정격은 약 800[mA] 정도이다. $I_{E\max}=I_{C\max}$로 나타내는 경우가 많다. $I_{E\max}$를 최대 에미터 전류라 하고, 에미터 순바이어스 전류의 최대 허용치라 한다.

일반적으로 증폭용 트랜지스터는 I_E의 1/3로 떨어지는 전류를 I_{Emax}로 정한다.

■ **보존온도 T_{stg}**

트랜지스터 특성을 열화(劣化)하지 않고 보존할 수 있는 온도를 말하며, 보통 하한과 상한이 주어진다. 하한은 각 부분의 열팽창계수의 차이로 인해서 기계적 일그러짐이 생기는 것을 고려하였다.

■ **최대 접합부 온도 T_{jmax}**

트랜지스터로 만족스럽게 동작할 수 있는 접합부 온도의 최대값이다. T_{jmax}는 주위온도, 트랜지스터에서 발생하는 Joule열, 트랜지스터의 방열조건에 따라 달라진다.

일반적으로 T_{jmax}는 T_{stg}의 상한과 같으며, Ge 트랜지스터인 경우에는 75~100[℃] 정도, Si 트랜지스터의 경우에는 175~200[℃] 정도가 된다.

■ **최대 컬렉터 손실 P_{Cmax}**

컬렉터 접합에서 소비되는 전력이 과대하면 트랜지스터는 파괴된다. 즉, $P_C = I_C V_{CB}$는 Joule열로 되어 트랜지스터의 온도를 상승시킨다. 이 전력손실의 최대 허용치를 P_{Cmax}라 한다.[23)]

5·7 트랜지스터의 전력손실

트랜지스터의 안전한 동작을 위해서는 EB접합, CB접합 부분의 온도를 정격에 표시한대로 최대 허용온도 이하로 제한해야 한다.

트랜지스터의 각 접합부분의 전력손실은 $V_{CB}I_C$ 및 $V_{BE}I_E$인데, 트랜지스터 내에서 열로 소비되는 손실은 일반적으로 다음 식으로 나타낸다.

$$V_{CB}I_C + V_{BE}I_E \simeq (V_{CB} + V_{BE})\,I_C = V_{CE}I_C \tag{5·14}$$

여기서, $V_{CE}I_C$는 컬렉터 회로의 전원으로부터 공급되는 전력으로, 컬렉터 손실(collector dissipation) P_C로 나타낸다.

$$P_C = V_{CE}I_C \tag{5·15}$$

---

23) 온도 25[℃]에서 2N5671의 P_{Cmax}는 140[W], 2N2222A는 0.5[W] 정도이다. 보통, EB접합에서의 손실 $I_E V_{EB}$는 V_{EB}가 작아서 무시된다.

■ 열저항 θ_T

트랜지스터의 온도는 주위온도와 트랜지스터 내에서의 컬렉터 손실 P_C로 인하여 발생된 열에 관계된다. 실험결과에 의하면 전력손실에 의한 온도상승은 접합부 온도 T_j와 주위온도 T_a와의 차에 비례한다고 한다. 즉,

$$T_j = T_a + \theta_T P_C \tag{5·16}$$

여기서, θ_T[℃/W]는 비례정수로 내부에서 발생된 열이 얼마나 효과적으로 외부로 발산될 수 있는가를 나타내는 파라미터로 열저항(熱抵抗, thermal resistance)이라 한다.[24)]

[그림 5·20]에 Ge 전력용 트랜지스터의 $P_{C\max}$와 주위온도와의 관계를 나타내었다.

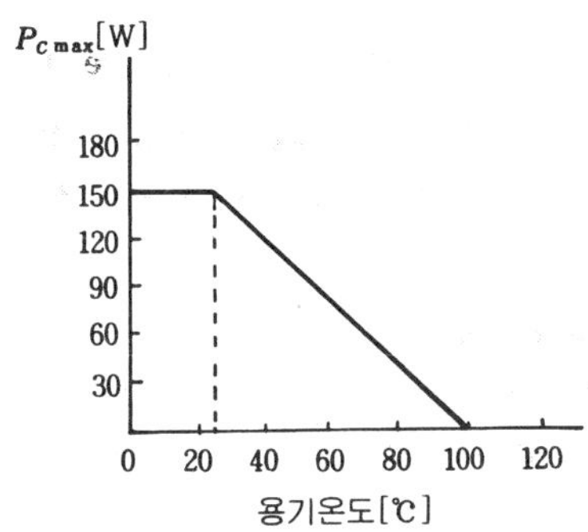

[그림 5·20] $P_{C\max}$와 주위온도의 관계

■ 최대 컬렉터 손실

안전하게 동작가능한 접합부의 최대 허용온도 및 최대 컬렉터 손실을 각각 $T_{j\max}$, $P_{C\max}$라 할 때, 식 (5·16)으로부터 다음의 관계식이 성립한다.

$$T_{j\max} = T_a + \theta_T P_{C\max} \tag{5·17}$$

또한, 이 식으로부터

$$P_{C\max} = \frac{T_{j\max} - T_a}{\theta_T} \tag{5·18}$$

이 되고, $T_{j\max}$와 θ_T는 트랜지스터의 종류와 방열판에 의해서 결정되는 정수

24) 열저항 θ_T를 작게 하려면, Cu, Al으로 만든 방열판(heat sink)을 트랜지스터에 붙이고, 선풍기로 냉각시키면 더욱 효과적이다.

이며, [그림 5·20]에서 직선의 기울기의 역수가 θ_T임을 알 수 있다.

■ 열폭주 현상

컬렉터 손실에 의한 온도상승은 컬렉터 전류 I_C를 증가시키고, 또 I_C의 증가는 컬렉터 손실의 증대를 가져다 주며, 온도상승에 의한 I_{C0} 및 h_{FE}의 증가를 초래하는 악순환을 거듭하여 결과적으로 접합부 온도가 계속 상승하게 되어 트랜지스터는 열에 의해서 파괴하게 된다. 이러한 현상을 열폭주(熱暴走, thermal run away) 현상이라고 한다.

트랜지스터가 열적으로 안정되려면 컬렉터 손실의 증가율이 열방산의 증가율보다 작아야 하므로 다음 조건이 성립되어야 한다.

$$\frac{dP_C}{dT_j} < \frac{1}{\theta_T} \tag{5·19}$$

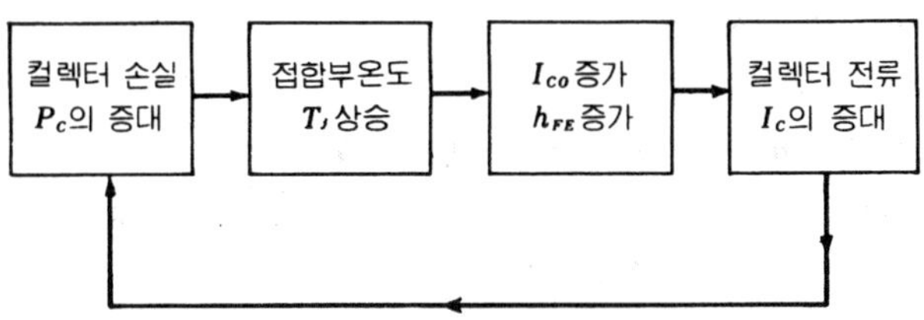

[그림 5·21] 열폭주 현상

◀예제 5-3▶ 어떤 트랜지스터의 열저항이 0.5[°C/W]이고, 25[°C]에서 최대 컬렉터 손실이 200[mW]이었다. 이 트랜지스터를 50[°C]에서 사용할 경우 P_C는 얼마로 해야 되는가?

【풀이】 트랜지스터의 각 접합부분이 소자의 케이스보다 온도가 증가한 경우에는 다음과 같은 식으로 나타낸다.

$$T_j - T_C = \theta_{jC} P_j$$

여기서, $T_j - T_C$는 케이스와 접합의 온도차, θ_{jC}는 접합과 케이스 사이의 열저항이다. 등가회로로써 설명하면, 열손실 P_j[W]는 정전류원으로 대응되고, 케이스와 주위온도 사이에는 다음 식이 성립한다.

$$T_C - T_a = \theta_{ca} P_j$$

앞의 두 식에서 T_C를 소거하면

$$T_j = P_j\theta_{jc} + P_j\theta_{ca} + T_a = P_j\theta_{ja} + T_a$$

여기서, θ_{ca}는 케이스와 주위 사이의 열저항, θ_{ja}는 접합과 주위 사이의 열저항이다. 이 식에서 θ_{ca}를 구하면,

$$\theta_{ca} = \frac{T_{j\max} - T_c}{P_j} = \theta_{jc}$$

그런데,

$T_j = 200 \times 0.5 + 25 = 125[°C]$

이므로, 50[°C]일 때는

$125 = P_j \times 0.5 + 50$

이므로 다음과 같다.

$P_j = 150[mW]$

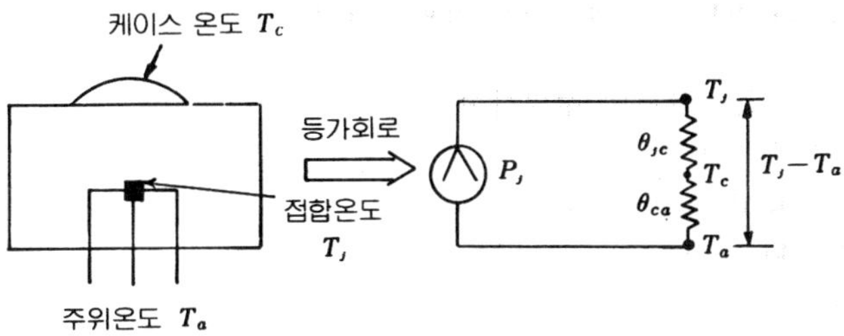

[그림 5·22]

연습문제

5-1 트랜지스터의 작용을 활성영역, 차단영역, 포화영역으로 구분하여 설명하여라.

5-2 α와 β의 관계식에서 $\alpha=\dfrac{\beta}{1+\beta}$, $\beta=\dfrac{\alpha}{1-\alpha}$가 됨을 증명하여라.

5-3 다음 용어를 간단히 설명하여라.
1) 베이스폭 변조
2) punch through 현상
3) 컬렉터 차단전류
4) cut-in 전압
5) 열폭주현상
6) 트랜지스터의 정격

5-4 베이스폭이 3×10^{-5}[cm]일 때, punch through 전압 V_{pt}가 9[V]인 Si *pnp* 트랜지스터에서 베이스폭을 6×10^{-5}[cm]로 늘릴 수 있다면, V_{pt}는 몇 [V]가 되는가?

5-5 애벌란치 증배계수 M에 대하여 설명하여라.

5-6 접합의 항복현상에 대하여 설명하여라.

5-7 트랜지스터의 특성을 구조에 따라 구분하여 설명하여라.

5-8 트랜지스터의 Bias 방법을 접지방법에 따라 구분하여 설명하여라.

5-9 트랜지스터의 최대정격에 대하여 설명하여라.

chapter

6 전계효과 트랜지스터

제 6 장

전계효과 트랜지스터

전계효과 트랜지스터(FET : field-effect transistor)는 구조나 동작 원리가 쌍극소자인 접합 트랜지스터(BJT : bipolar junction transistor)와는 확연하게 다르다.

FET 동작은 전계에 의한 전류제어로 이루어지는 반도체로서 그 구조에 따라 두 가지로 구분된다.

① 접합형 전계효과 트랜지스터(JFET : junction field-effect transistor)
② 절연 게이트 전계효과 트랜지스터(insulated gate field-effect transistor, 또는 metal-oxide semiconductor field-effect transistor : MOSFET)

FET가 접합 트랜지스터와의 중요한 차이점은 다음과 같다.

① 동작은 다수 캐리어만의 이동에 의존하므로 단극성소자(單極性素子, unipolar device)이다.
② 접합 트랜지스터에 비해서 큰 입력 임피던스($10^8 \sim 10^{10}[\Omega]$)를 가지고 있으므로 전압증폭소자에 적합하다.
③ 잡음특성이 양호하여 소신호를 취급하기 좋다.
④ 소신호회로에 대해서는 5극진공관과 유사하다.
⑤ 제조과정이 간단하고 집적회로에서 차지하는 공간이 적어서 집적도(集積度, packing density)를 아주 높게 할 수 있다.[1)]
⑥ 열안전성이 양호하고 단극성소자이므로 radiation이 일어나지 않는다.
⑦ 전압제어형 소자이다.
⑧ 부하저항으로 사용할 수 있으므로 MOS 소자만으로도 디지털 시스템을

1) 전계효과소자(field effect device)가 한 변이 약 1cm 정도인 chip 속에 내장되어 있다.

구성할 수 있다.

⑨ 대칭형 쌍방향 스위치(symmetrical bilateral switch)로 사용가능하고, 내부의 작은 캐패시턴스에 전하를 축적하므로 기억소자로 작용한다.

⑩ offset 전압, 전류가 적어서 우수한 쵸퍼 회로(signal chopper)로써 사용된다.

또한 FET의 단점을 들면 접합 트랜지스터에 비해서 동작속도가 느리고, 이득, 대역폭 곱(gain-bandwidth product)이 적어서 고주파 특성이 나쁘다.

그리고 응용부분을 간단하게 열거하면, 컴퓨터를 비롯하여 통신 시스템, 반도체기억소자, 마이크로프로세서, 시프트 레지스터, LSI array 등에 광범위하게 쓰이고 있다.

6·1 접합전계효과 트랜지스터

6·1·1 구조 및 동작원리

[그림 6·1]에 n 채널 접합 FET의 구조를 나타내었다. 약하게 도핑된 n형 반도체 막대의 양 옆에 p형 불순물을 강하게 도핑하여 p^+n 접합을 형성한 것이다.

이 그림에서 빗금친 부분은 p^+n 접합에 형성된 공간전하층을 표시하고, n형 반도체 막대에서 공간전하층이 덮여 있지 않는 부분을 전도 채널(conduction channel)이라고 한다. 또한, n형 반도체 막대의 양 끝면은 전극이 저항성 접촉으로 만들어져 있고, 이들 사이에 전압을 인가하면 채널 사이에 전류가 흐르게 된다.

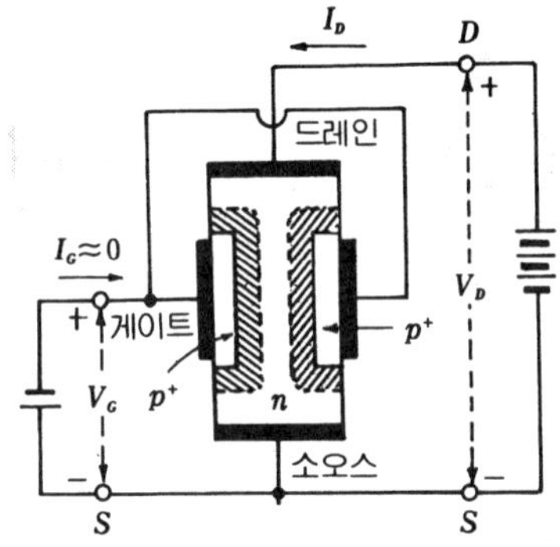

[그림 6·1] n 채널 JFET의 구조

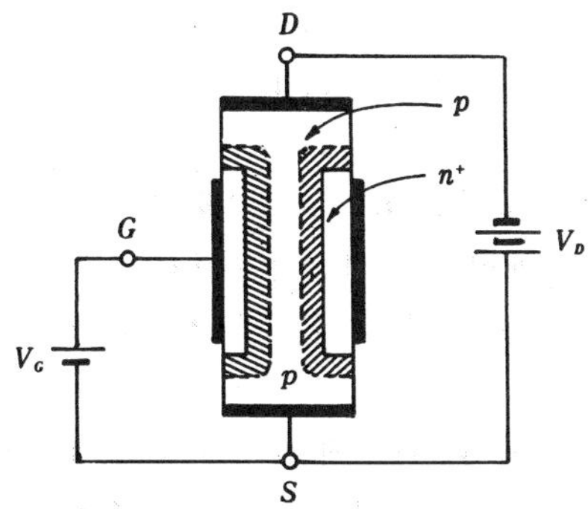

[그림 6·2] p채널 JFET의 구조

이때에 흐르는 전류는 다수 캐리어(n형 반도체이므로 전자)에 의해서 운반된다.[2] 다수 캐리어가 반도체 막대로 흘러 들어가는 쪽의 전극을 소오스(S : source), 다수 캐리어가 반도체 막대로부터 흘러나오는 쪽의 전극을 드레인(D : drain)이라 한다. 그리고 n형 채널의 양 옆면에 p^+형 반도체층에 붙어 있는 전극을 게이트(G : gate)라 한다.[3]

■ 동작특성

[그림 6·3]은 JFET의 회로표시를 n채널과 p채널로 구분하여 나타내었다. n채널 JFET는 드레인과 소오스 사이에 흐르는 전류가 다수 캐리어인 전자의 드리프트(drift)에 의한 것으로 소수 캐리어인 정공의 흐름은 무시된다. 즉, n채널 JFET는 드레인은 (+)전압이, 소오스는 (−)전압으로 동작된다.[4]

JFET의 실제적인 동작은 $D \sim S$ 사이를 흐르는 드레인 전류 I_D가 게이트 전압 V_{GS}에 의해서 제어되는 성질에 의존하고 있다. [그림 6·1]의 회로를 보면

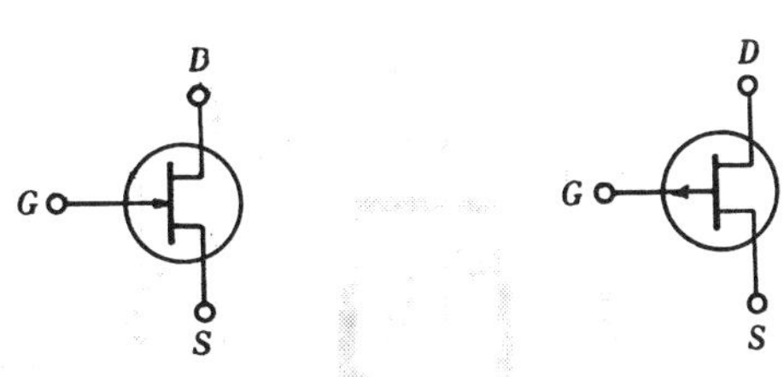

(a) n채널 (b) p채널

[그림 6·3] JFET의 회로표시

---

2) p채널인 경우에는 pn^+접합이 형성되고 전류의 흐름은 p형 반도체의 다수 캐리어인 정공에 의한다.
3) 소오스는 나수 캐리어의 공급원, 드레인은 다수 캐리어의 배출구, 게이드는 제어하는 문(門)이라는 뜻으로 생각한다.
4) p채널은 드레인쪽이 (−), 소오스쪽이 (+)전압이 인가된다. 이 동작특성은 npn, pnp 트랜지스터의 경우와 유사하다.

게이트 접합이 역바이어스가 되도록 게이트 전압($V_{GS} < 0$)을 인가한 것을 알 수 있다.[5)]

이렇게 역바이어스된 V_{GS} 때문에 $p^{+}n$ 사이의 공간전하층은 약하게 도핑된 n 채널쪽으로 크게 퍼지게 되고, 역바이어스된 V_{GS}가 증가하면 공간 전하층은 더욱 넓어져서, 도전통로인 채널폭은 더욱 좁아진다.

그러므로, 게이트 전압 V_{GS}를 변화시키면 공간전하층의 폭이 변화하고, 따라서 채널폭이 변화되어 $D \sim S$ 사이의 전기전도도(電氣傳導度, conductivity)가 변화한다. 또한, 게이트 접합이 역바이어스되어 있으므로 $|I_G|$는 지극히 적다는 것을 알 수 있다.[6)]

■ pinch–off 전압

[그림 6·1]에서 드레인 전압을 걸지 않은 상태에서 게이트 역바이어스 전압 $|V_{GS}|$를 증대시키면 공간전하층의 폭이 넓어져서 결국은 채널이 완전히 막히게 된다. 이 경우를 채널이 pinch-off되었다고 한다. 이때의 게이트-소오스 전압 V_{GS}를 pinch-off 전압 V_P라고 한다.($V_{GS} = V_P$)

따라서, V_{DS}를 일정하게 고정한 경우 I_D는 게이트 접합에 인가되는 역바이어스 전압 V_{GS}의 함수가 된다.[7)]

$p^{+}n$ 접합이 계단형 접합이라고 하면 앞에서 설명한 pn 접합의 공간전하영역의 폭 W의 개념으로부터 n형 반도체 내의 공간전하층의 폭 W_n은 다음 식으로 나타낼 수 있다.

$$W_n \simeq \sqrt{\frac{2\varepsilon}{eN_d}(V_0 - V_{GS})} \tag{6·1}$$

여기서 N_d는 약하게 도핑된 n형 반도체 막대의 불순물 농도, ε은 유전율, V_0는 접촉전위차이다.

그리고 n형 반도체 막대의 폭을 $2a$라고 하면 pinch-off 전압 V_P는 $W_n = a$가 되는 게이트 전압의 값으로 다음과 같이 주어진다.

$$V_P = -\frac{eN_d a^2}{2\varepsilon} \tag{6·2}$$

---

5) 게이트 전극에 역바이어스를 인가하는 것은 게이트 전류 I_G를 무시할 정도로 작게 하기 위해서이다. 즉, I_D의 제어를 게이트 전압 V_{GS}에 의하는 것이 JFET의 동작원리라 하겠다.

6) Si JFET의 경우에는 수 [nA] 정도이다.

7) 전계효과(field-effect)란 뜻은 전류제어라는 메커니즘에서 볼 때 역바이어스를 증대함에 따라 공간전하층에 의한 전계를 확장하는 효과를 의미한다.

이 식은 n채널의 경우이고, $|V_0| \leq |V_P|$로 가정했다.8)

◀예제 6-1▶ 채널폭이 0.006[mm], 불순물 농도가 10^{12}[cm^{-3}]되는 n채널 Si JFET가 있다. pinch-off 전압을 구하여라.

【풀이】 Si의 유전율은 12이므로

$$\varepsilon = \varepsilon_r \varepsilon_s = 12 \times 8.854 \times 10^{-12}\,[\mathrm{F/m}]$$

$$\therefore\ V_P = -\frac{eN_d a^2}{2\varepsilon} = -\frac{(1.6\times10^{-19})(10^{21})(6\times10^{-6}/2)^2}{2(12\times8.854\times10^{-12})}$$

$$= -6.8\,[\mathrm{V}]$$

6·1·2 JFET의 전압-전류특성

접합 트랜지스터의 특성은 입력특성과 출력특성으로 나타낸다고 앞에서 설명하였다. 그러나 JFET 경우에는 게이트 전류 I_G를 무시하므로 출력특성($V_{DS}-I_D$)만으로 나타낸다.

[그림 6·4]는 n채널 JFET의 소오스 접지회로의 동작을 나타낸 것이다. 이 회로에서 V_{GS}를 일정하게 놓고 $V_{DS}-I_D$ 관계를 측정한 정특성의 대표적인 예를 [그림 6·4]에 나타내었다.

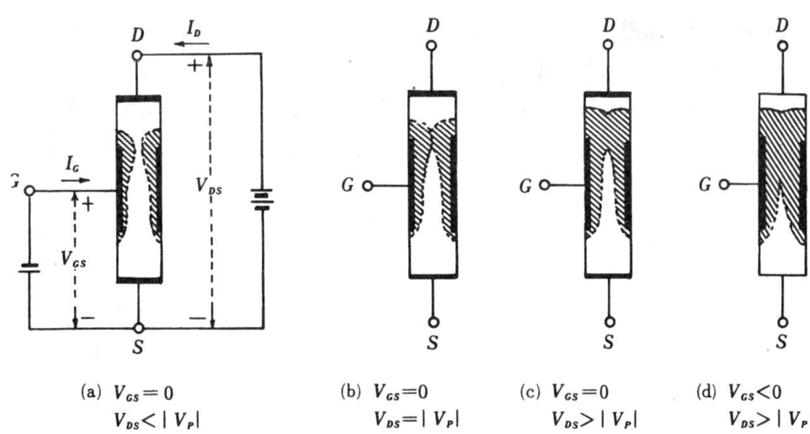

[그림 6·4] 소오스 접지회로의 동작

8) 식 (6·2)에서 p채널이면 $V_P > 0$, n채널이면 $V_P < 0$임에 주의할 것

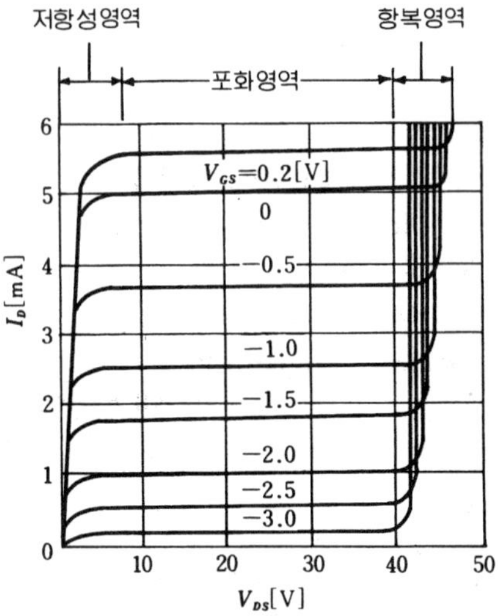

[그림 6·5] 2N4689 *n*채널 JFET의 출력특성

이 그림에서 $V_{GS}=+0.2$[V]인 경우까지만 특성곡선을 나타내었는데, 이것은 순방향 바이어스 전압으로 Si의 임계전압 $V_r=0.5$ [V]이므로 +0.5[V]까지는 실질적으로 차단상태로 되어 있고, 게이트 전류 i_G는 거의 0이 된다. 따라서 V_{GS}를 0.5[V] 이상으로 하면 안된다. 그 이유는 게이트 전류 i_G가 흐르기 때문이다.

[그림 6·4]의 *n*채널 JFET 측정회로와 [그림 6·5]의 특성곡선을 요약해서 설명하기로 한다.

■ **저항성 영역**(抵抗性領域)

V_{DS}가 작은 범위에서는 [그림 6·4(a)]와 같이 공간전하층이 매우 좁으므로 채널 저항은 거의 일정하다. 따라서, I_D는 V_{DS}에 비례해서 직선적으로 증대하게 된다.

■ **포화영역**(飽和領域)

V_{DS}가 어느 정도 이상 증대되면 채널 저항이 급격하게 증대되어 I_D는 V_{DS}와 직선적인 관계를 유지하지 못하고 포화상태를 나타내며 V_{DS}에 관계없이 일정해진다. 이때에 갑자기 I_D가 증가하는 부분에서 pinch-off 전압 V_P가 나타난다(공간전하층은 서서히 겹친다).

■ **항복영역**(降伏領域)

어떤 한계점까지는 V_{DS}가 서서히 증가하여 I_D는 포화상태를 유지하다가 [그

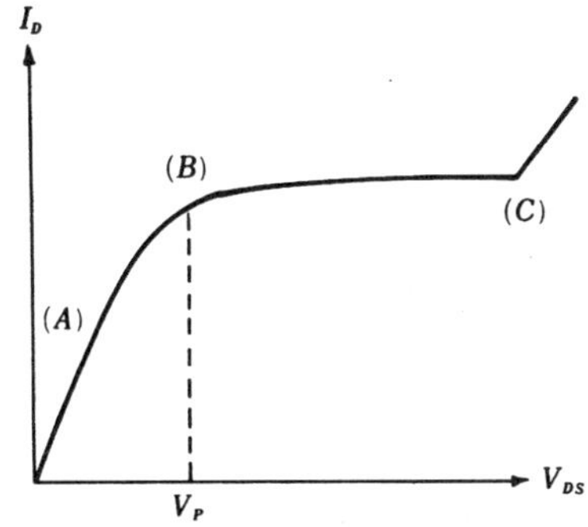

[그림 6·6] $V_{GS}=0$일 때의 $V_{DS}-I_D$ 관계

림 6·4(d)]와 같이 공간전하층이 겹치게 되어 채널은 완전히 막히게 된다. 그러나, V_{DS}가 아주 크게 증대되면 게이트와 채널의 접합에서 항복현상이 일어나서 I_D가 급격하게 무한히 증대된다.

[그림 6·6]에 V_{GS}를 파라미터(parameter)하여 측정한 V_{DS}-I_D 관계를 근사적으로 나타내었다.9) 이 그림에서 A영역을 저항성 영역(ohmic or nonsaturation region), B영역을 포화영역(constant current or saturation region), C영역을 항복영역(breakdown region)이라 한다.

6·1·3 전달특성

이미 설명한 바와같이 [그림 6·5]와 [6·6]에서 pinch-off 전압 V_P 이후의 평

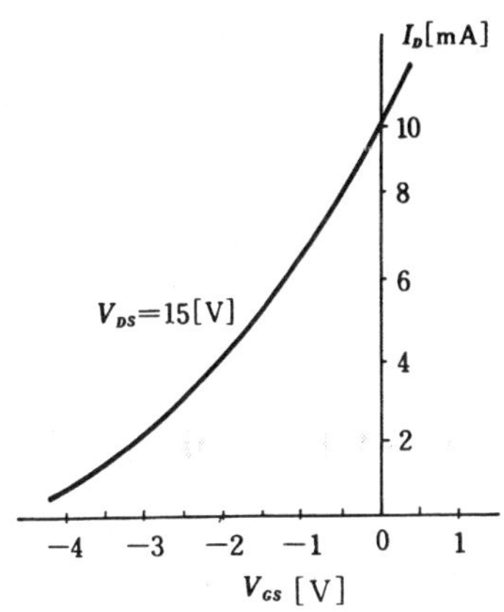

[그림 6·7] n채널 JFET의 전달특성

9) V_{GS}가 (−)값으로 증가될수록 적은 값의 V_{DS}에서 항복현상이 일어나고, 또 V_{GS}가 (−)값이 될 수록 전도 채널의 폭은 좁아져서 그레인 전류 I_D가 적게 흐른다. 또한, [그림 6·6]의 B부분인 포화영역이 FET를 증폭기로 이용하는 부분이라는 것도 알아두자.

탄한 특성을 갖는 영역을 포화영역이라 하였다. JFET를 증폭기로 이용할 때 이 포화영역을 이용한다. 이 영역에서 I_D는 드레인 전압 V_{DS}에 관계없이 V_{GS}에 의해서 결정된다.

[그림 6·7]과 같이 I_D-V_{GS} 특성을 직접적으로 나타낸 것을 전달특성(傳達特性, transfer characteristic)이라 한다.

$V_{GS}=0$일 때 드레인 전류 I_{DSS}는 이론식에 의하면 포화영역에서의 I_D는 근사적으로 다음과 같이 표시된다.

$$I_D = I_{DSS}\left(1-\frac{V_{GS}}{V_P}\right)^2 \tag{6·3}$$

한 예로서 [그림 6·5]의 특성에서 $V_{DS}=15$[V] 일 때의 I_D-V_{DS} 경우를 [그림 6·7]에 나타내었다. 여기서, n채널 JFET는 $V_{GS}<0$, $V_P<0$ 임을 유의해야 한다.[10)]

또한, [그림 6·7]에서는 특성이 거의 V_{GS}만으로 결정되고 매우 직선적으로 나타남에 주목해야 한다. 따라서 이 직선적인 부분에서 V_{GS}를 변화하면 I_D의 파형은 V_{GS}와 비슷한 모양으로 나타난다. 이 직선적인 특성이 FET를 선형 증폭기로서 이용하는 이유가 되고, 이러한 이유 때문에 pinch-off 영역을 능동영역(能動領域, active region)이라고도 한다.

■ 차단전류(遮斷電流)

게이트 전압 $|V_{GS}|$를 증가시키면 pinch-off 전압 V_P 이상으로 소오스쪽에서도 공간전하영역(또는 공간전하층)이 서로 맞닿아 전도 채널이 완전히 막히게 되어 소오스쪽에서 드레인으로 흐르는 다수 캐리어의 흐름이 없게 된다. 이러한 상태를 차단상태(cut-off)라고 하며, 이때에 흐르는 드레인 전류 I_D를 차단전류라 한다.[11)]

이 차단전류는 앞장에서 설명한 바 있는 pn접합의 역방향 현상과 유사하다. 즉 역바이어스 증가에 의해서 pn 접합에 흐르는 역포화전류와 같은 개념이다. 따라서 차단전류는 매우 적어서 Si JFET인 경우에는 수[nA] 정도이다.

◀예제 6-2▶ pinch-off 전압이 -4[V]이고, I_{DSS}가 8[mA]인 JFET에서 $V_{GS}=-1.8$[V]일 때 드레인 전류를 구하여라.

【풀이】 식 (6·3)에서

$$I_D = I_{DSS}\left(1-\frac{V_{GS}}{V_P}\right)^2 = 8\times10^{-3}\left(1-\frac{1.8}{4}\right)^2 = 2.42[\text{mA}]$$

---

10) p채널에서는 $V_{GS}>0$, $V_P>0$이다.

11) FET에서의 차단전류를 $I_{D(off)}$로도 표시한다.

6·2 FET의 소신호 모델

드레인 전류 I_D는 게이트 전압 V_{GS}와 드레인 전압 V_{DS}의 함수로 다음과 같이 표시된다.

$$I_D = f(V_{GS},\ V_{DS}) \tag{6·4}$$

6·2·1 FET의 3정수

증폭정수(增幅定數)를 μ, 드레인 저항을 r_D, 상호 콘덕턴스를 g_m이라 할 때에 FET의 3정수는 다음과 같이 정의한다.

$$\mu \equiv -\frac{\partial V_{DS}}{\partial V_{GS}} = -\left.\frac{\Delta V_{DS}}{\Delta V_{GS}}\right|_{I_D} \tag{6·5}$$

$$r_D \equiv \frac{\partial V_{DS}}{\partial I_D} = \left.\frac{\Delta V_{DS}}{\Delta I_D}\right|_{V_{GS}} \tag{6·6}$$

$$g_m \equiv \frac{\partial I_D}{\partial V_{GS}} = \left.\frac{\Delta I_D}{\Delta V_{GS}}\right|_{V_{DS}} \tag{6·7}$$

위의 정의로부터 3정수 사이에는 다음의 관계식이 성립된다.

$$\mu = g_m \cdot r_D \tag{6·8}$$

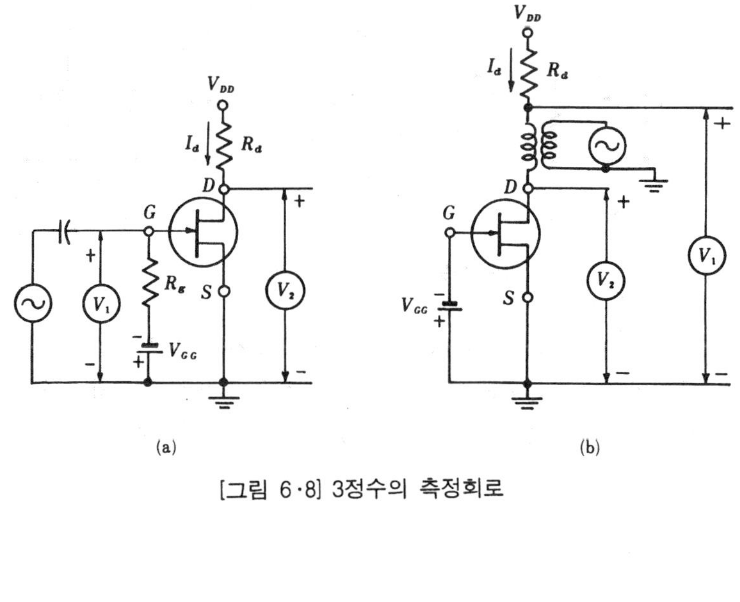

[그림 6·8] 3정수의 측정회로

식 (6·3)을 이용해서 g_m에 대한 근사식을 구하면[12)]

$$g_m = g_{m0}\left(1 - \frac{V_{GS}}{V_P}\right) \tag{6·9}$$

이 되고, 여기서 g_{m0}는 $V_{GS}=0$일 때의 g_m의 값으로서

$$g_{m0} = \frac{-2I_{DSS}}{V_P} \tag{6·10}$$

이다. p채널에서는 $I_{DSS}<0$, $V_P>0$, n채널에서는 $I_{DSS}>0$, $V_P<0$ 이므로 g_{m0}은 언제나 양수이고, 전달특성에서 $V_{GS}=0$일 때의 기울기를 표시한다. [그림 6·8]은 3정수의 측정회로를 나타낸 것이다.

6·2·2 소신호 모델

식 (6·5)에서 V_{GS}, V_{DS}가 각각 ΔV_{GS}, ΔV_{DS}만큼 적은 변화를 했을 때 I_D의 변화는 다음 식으로 주어진다.

$$\begin{aligned}\Delta I_D &= \frac{\partial I_D}{\partial V_{GS}}\Delta V_{GS} + \frac{\partial I_D}{\partial V_{DS}}\Delta V_{DS} \\ &= g_m \Delta V_{GS} + \frac{1}{r_D}\Delta V_{DS}\end{aligned} \tag{6·11}$$

소신호동작에서 ΔI_D, ΔV_{GS}, ΔV_{DS}는 각각 교류성분을 표시하므로 기호를 바꾸어서 i_D, v_{gs}, v_{ds}로 표시하면 식 (6·11)은

$$i_d = g_m v_{gs} + \frac{1}{r_d} v_{ds}$$

이 된다. 식 (6·11)로부터 FET의 소신호 모델로서 [그림 6·9]을 얻는다. 고주파 범위에서도 FET의 정상적인 동작을 위해서는 [그림 6·9]에 나타낸 바와 같이 $G\sim S$ 사이의 접합용량 C_{gs}, $G\sim D$ 사이의 접합용량 C_{gd} 및 $D\sim S$ 사이의 접합용량 C_{ds}를 포함시켜야 한다.

〈표 6·1〉은 FET의 실제적인 파라미터의 값을 나타낸 것이다.

여기서 r_{gs}는 $G\sim S$ 사이의 교류저항, r_{gd}는 $G\sim D$ 사이의 교류저항을 나타낸다. 이 교류저항 r_{gs}, r_{gd}는 게이트 접합이 역바이어스되어 있으므로 대단히 큰 값을 갖는다.[13)]

---

12) 접합 트랜지스터에서는 h_{FE}를 사용하지만 FET는 전압제어소자이므로 상호 콘덕턴스 g_m을 사용한다.

13) JFET에서는 접합이 역바이어스된 경우이고, MOSFET에서는 SiO_2의 절연저항을 나타낸다.

〈표 6·1〉 FET의 파라미터

parameter	JFET	MOSFET
g_m	0.1~10[m℧]	0.1~20[m℧] 또는 그 이상
r_D	0.1~1[MΩ]	1~50[kΩ]
C_{ds}	0.1~1[pF]	0.1~1[pF]
C_{gs}, C_{gd}	1~10[pF]	1~10[pF]
r_{gs}	$>10^8$[Ω]	$>10^{10}$[Ω]
r_{gd}	$>10^8$[Ω]	$>10^{14}$[Ω]

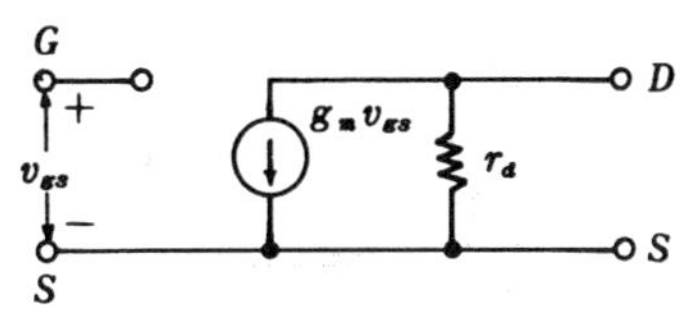

(a) 저주파 모델

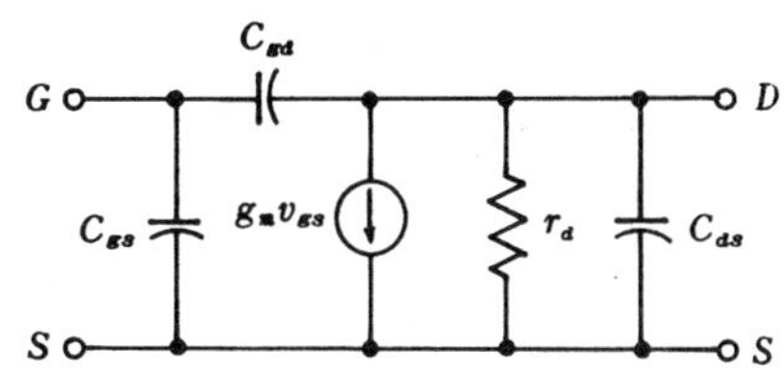

(b) 고주파 모델

[그림 6·9] FET 소신호 모델

■ FET의 잡음특성

FET는 잡음특성이 우수한 것이 그 특징이라서 저잡음 트랜지스터라고도 한다. FET에서 잡음발생의 주된 원인은 열잡음, 게이트의 누설전류(leakage current)에 의한 shot 잡음 및 표면효과에 의한 $1/f$ 잡음을 들 수 있다.

6·3 절연 게이트형 FET

지금까지 설명한 JFET와 절연게이트형 FET(MOSFET)의 기본적인 차이점은 MOSFET는 게이트와 채널 사이에 1[μm] 정도의 얇은 층의 SiO_2로 된 전열층이 있다는 것이다.

또한, 금속으로 된 게이트 전극과 채널 사이의 저항률이 매우 작기 때문에 전계는 대부분이 산화물로 된 SiO_2층에만 강하게 형성된다. 따라서 게이트 전압의 극성에 관계없이 게이트 전류는 거의 흐르지 않게 되는데,[14] 이것은 게이트 전극과 반도체 표면 사이에 SiO_2층을 사이에 둔 일종의 평판 콘덴서와 같이 생각할 수 있다.

14) i_G가 거의 흐르지 않는 것은 입력 임피던스가 대단히 크다는 것이다. (10^{10}[Ω] 정도)

MOSFET에는 두 가지 형태가 있는데 증가형(增加形, enhancement type) MOSFET와 공핍형(空乏形, depletion type) MOSFET가 있다. 먼저 증가형 MOSFET부터 살펴보자.

6·3·1 증가형 *n* 채널 MOSFET

[그림 6·10(a)]는 증가형 *n* 채널 MOSFET의 구조이다.

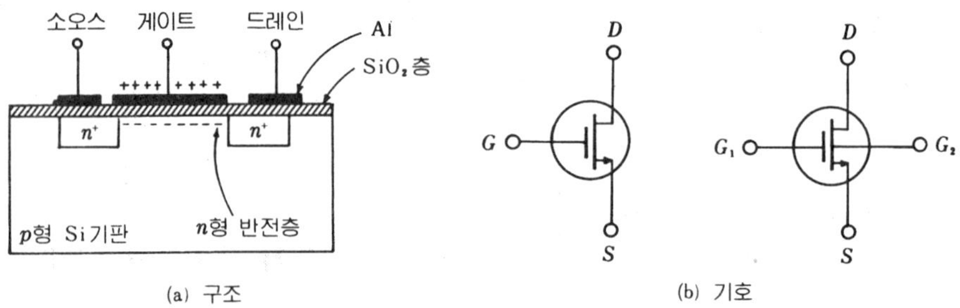

[그림 6·10] *n*채널 MOSFET의 구조 및 기호

불순물 농도가 낮은 *p*형 Si 기판(substrate) 위에 약 1[mm] 정도의 간격을 두고 불순물 농도가 높은 2개의 *n*형 영역이 확산에 의해서 만들어져 있다. 이 것이 소오스와 드레인이 된다.

보통 기판의 저항률은 10[Ω·cm] 정도이고, 기판의 표면은 약 2000[Å] 정도의 얇은 산화물(SiO_2) 절연층으로 덮여 있으며, $D \sim S$ 사이의 SiO_2층 위에 게이트 전극이 접촉되어 있다.

■ 동작원리

MOSFET(IGFET)의 동작은 JFET의 동작과 비슷하다. 그러나 근본적인 차이점은 MOSFET는 JFET에 비해서 더 작은 캐패시턴스와 큰 입력 임피던스를 갖고 있다는 것이다.

[그림 6·10]에 2개의 n^+영역이 확산된 *p*형 시료(기판)로 구성되어 소오스와 드레인을 형성한다. *p*형 시료를 접지시키고 게이트에 (+)전압을 가하면 기판 표면 부근에 [그림 6·11]과 같은 전하분포가 형성된다.

SiO_2 절연층의 저항률은 반도체의 저항률보다 크기 때문에 인가된 게이트 전압은 이 SiO_2층에 대부분 걸리게 되므로 전계는 SiO_2층에만 존재한다고 생각해도 좋다. 이때의 전계의 세기는 SiO_2층이 매우 크다고 하겠다.

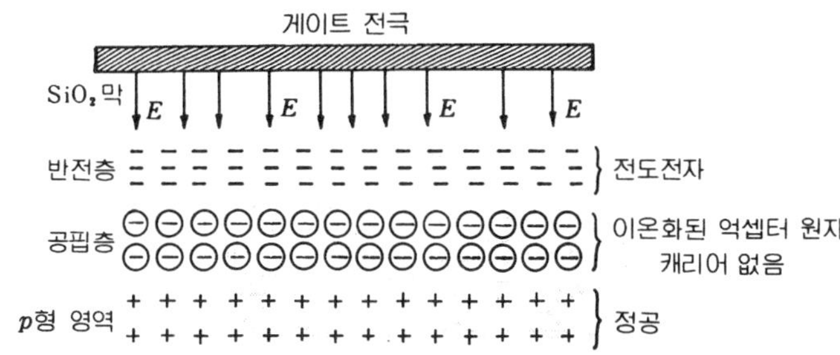

[그림 6·11] *p*형 기판 표면의 전하분포

만일, 전계가 SiO_2층에만 존재한다면 SiO_2층과 반도체 사이의 경계면에서 전계 E가 불연속적으로 되며 표면전하가 존재해야 한다. 그러므로 게이트에 (+)전압을 인가하면 SiO_2층에 존재하는 전계 E는 전자를 표면에 끌어당기며 전계는 전자에 의한 음전하층에서 그치는 셈이 된다.

또한 표면의 전자농도는 게이트 전압에 의해서 제어된다. 이와같이 표면에 유기(誘起, induced)된 전도전자층을 반전층(反轉層, inversion layer)이라 한다. 이것은 원래 p형이었던 표면이 n형으로 변화되었음을 의미한다.

[그림 6·11]에서 보면 반전층 바로 아래 공핍층이 형성된다. 이것은 표면에 끌려온 전자가 정공과 재결합하여 이온화한 억셉터 원자만을 남기기 때문이다. 즉, 공핍층 안에는 움직일 수 있는 전하가 없으므로 전기전도에 기여할 수 없기 때문이다. 또한, 공핍층의 아랫부분은 정상적으로 p형 영역으로 되어 있다.

■ 전압-전류 특성

MOSFET의 전압-전류 특성에 대해서 생각해 보자. 증가형 MOSFET는 게이트 전압 $V_{GS}=0$인 경우에는 전류가 흐르지 않고 게이트 전압 V_{GS}의 증가에 따라서 출력전류 I_D는 증가한다.

MOSFET는 $S \sim G$ 사이의 (+)전위에서 동작을 하는데 이것을 증가형태(增加形態, enhancement mode)라 한다. 즉, 게이트가 (+)일 때 n형 채널이 $S \sim D$ 사이에 형성된다는 뜻이다.

구체적으로 설명하면, 우선 소오스와 p형 기판을 접지시켰다고 생각하면 다음과 같다.

① $V_{GS}=0$일 때는 반전층이 형성되지 않는다. 따라서 (+)의 V_{DS}를 인가해도 전류는 거의 흐르지 않고 자극이 적다. 이때에 흐르는 전류는 역직렬(逆直列)로 접속된 2개의 pn 접합(드레인-기판, 기판-소오스)을 흐르는 역포화전류(또는 차단전류)로서 수[nA] 정도로 적은 전류이다.

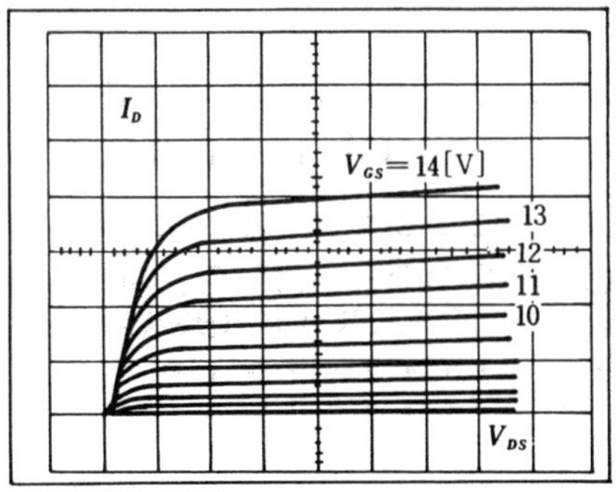

[그림 6·12] n채널 증가형 MOSFET의 특성
(I_D : 5[mA/div], V_{DS} : 5[V/div]

② 이제 (+)의 V_{GS}를 인가하면 앞의 설명과 같이 반전층이 형성되어 $S \sim D$ 사이에 n형 채널이 형성된다. n채널 안의 다수 캐리어인 전자농도는 V_{GS}의 증가에 따라 증대하게 되는데 V_{GS}를 더욱 증가시키면(V_{GS}=const) 드레인 전류 I_D가 증가한다.

그러나 [그림 6·12]에서와 같이 V_{GS}가 수[V] 이상 될 때까지는 $I_D \simeq 0$의 상태가 된다.[15] [그림 6·12]에서 드레인 전압 V_{DS}가 작은 영역에서(V_{GS}= const) I_D가 V_{DS}에 비례하여 증대되는 것은 JFET의 경우와 같이 채널의 상태가 대략적으로 일정하고, 따라서 전도도가 일정하다고 할 수 있다.

■ pinch-off 상태

[그림 6·13, 6·14, 6·15]는 MOSFET의 pinch-off 상태를 과정으로써 나타낸 것이다. pinch-off 상태에서는 V_{DS}가 보다 높은 영역에서 I_D가 포화상태에 이르는 것을 이미 설명했다. 즉, V_{DS}가 $V_{DS}=V_{GS}-V_P$에 도달했을 때 드레인의 근처에서 채널이 막히게 되는 pinch-off 상태가 된다.

그림에서도 알 수 있듯이 소오스에 가까운 부분일수록 표면의 전자농도가 크다. 이것은 채널에서 전압강하로 인하여 SiO_2층에 걸리는 전계가 소오스에 가까울수록 세기 때문이다.

15) 이것은 반도체 표면에 있는 표면준위로 설명되는데, 표면에 끌려온 전자들 중에 표면준위에 잡힌 전자는 움직일 수 없는 상태이므로 표면준위가 전부 채워질 정도로 V_{GS}를 높여야 한다. 즉, V_{GS}를 높이기 전에는 움직일 수 있는 전도전자가 표면에 생기지 않는다. 이와같이 이동 캐리어(mobile carrier)의 전도 채널이 형성될 수 있는 최소의 게이트 전압(V_{GS})을 pinch-off 전압 V_P라고 한다.

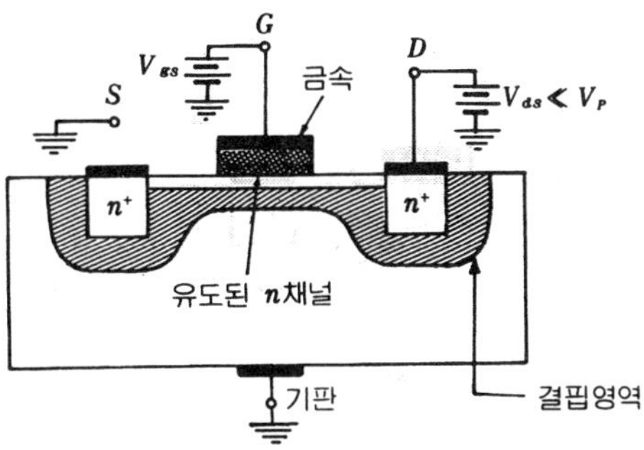

[그림 6·13] pinch-off 이전의 상태

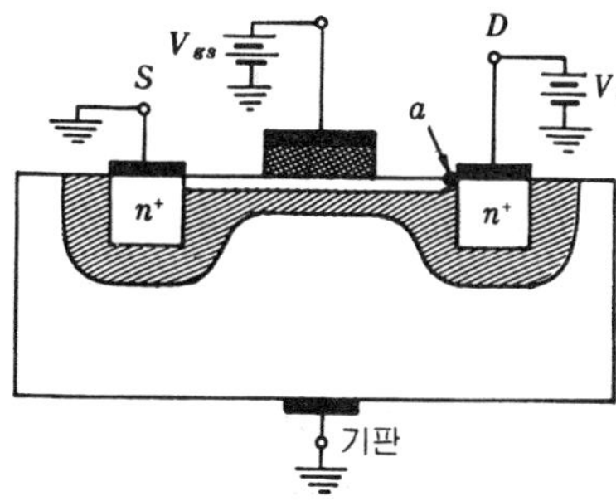

[그림 6·14] pinch-off 상태

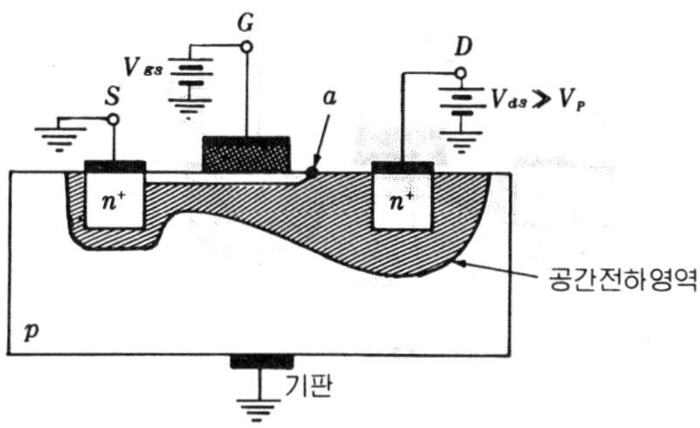

[그림 6·15] pinch-off 이후의 상태

pinch-off 상태에서의 전압-전류특성을 요약해서 설명하고자 한다.

① [그림 6·14]와 같이 pinch-off된 상태에서 드레인쪽에 형성되는 공간전하영역의 길이는 전도 채널의 길이보다 훨씬 작다. 그 이유는 V_{DS}를 V_P 이상으로 높이면 나머지 전압은 대부분이 공간전하영역에 걸리므로 공간전하영역이 소오스쪽으로 퍼지기는 하지만 채널 길이의 변화에 비하면 매우 적다.[16)]

② [그림 6·15]와 같이 V_P 이상으로 V_{DS}를 증가시키면 공간전하영역의 전계 E만 강해지고 채널에서 주입된 전자가 (n 채널이므로) 전계에 의해서 가속되어 소오스에서 드레인쪽으로 흐르는 데 아무런 변화가 없다.[17)]

③ ②의 이유 때문에 포화영역에서의 I_D의 증가는 모두 누설전류(역포화전류)에 의한 것으로 특성의 기울기는 누설저항의 역수와 같다.

---

16) 실제적으로 채널 길이는 변화가 없이 일정하다고 볼 수 있다. 따라서 이 부분의 저항도, 채널에 걸리는 전압($V_{DS} \simeq V_{GS} - V_P$)도 일정하므로 전류 I_D도 V_{DS}에 관계없이 일정하다.

17) 공간전하영역에서는 불순물원자가 모두 이온화되어 있으므로 캐리어의 이동이 없다. 따라서 재결합이 일어나지 않으므로 공간전하영역을 통과하는 다수 캐리어(여기서는 n 채널이므로 전자)의 흐름에 아무런 변화가 없다.

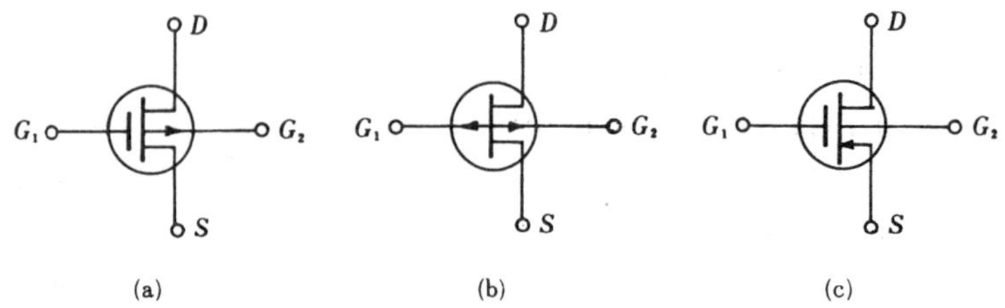

[그림 6·16] p채널 MOSFET의 회로표시

④ 포화영역을 지나서 V_{DS}를 더욱 크게 증가시키면 강한 전계에 의한 항복현상이 드레인-기판 사이에서 생긴다. 이것은 역바이어스 증대에 따른 pn접합의 항복현상과 같다.[18]

[그림 6·16]는 p채널 MOSFET의 회로표시를 나타낸 것이다. p채널 MOSFET는 n채널 MOSFET와 구조가 대칭적이므로 전류, 전압의 부호를 반대로 하면 p채널의 특성을 나타내는 것이 된다.

6·3·2 공핍형 n채널 MOSFET

[그림 6·17]은 공핍형 n채널 MOSFET의 기본적인 구조를 나타낸 것이다. 공핍형 MOSFET는 증가형 MOSFET와는 동작에 있어서 별차이가 없다. n채널의 경우 $V_{GS}>0$일 때의 동작을 증가형 형태(enhancement mode), $V_{GS}<0$일 때의 동작을 공핍형 형태(depletion mode)로 구분한다. 이것은 [그림 6·18]에서 알 수 있다.

결론적으로 말하면 공핍형 MOSFET는 확산법에 의해서 $S \sim D$ 사이에 미리 채널을 형성해 놓은 것이다.

즉, 반도체의 표면에 이미 반전층을 형성해 놓았기 때문에 이러한 표면상태를 가진 p형의 기판을 이용한다면 게이트 전압을 걸지 않은 상태($V_{GS}=0$)에서도 n채널이 $D \sim S$ 사이에 형성되어 있으므로 $V_{GS}<0$으로 하여도 I_D는 흐르게 된다. 이것이 공핍형 MOSFET의 중요한 특성이라 하겠다.

[그림 6·17]에 나타낸 구조를 보면서 생각하기로 한다.

18) 지금까지의 설명은 기판을 소오스에 접지한 경우이고, 만일 S-기판 사이에 전압을 인가하면 특성은 변화하게 된다. 이 경우에는 기판을 단 하나의 게이트로서 사용하여 I_D를 제어한다.

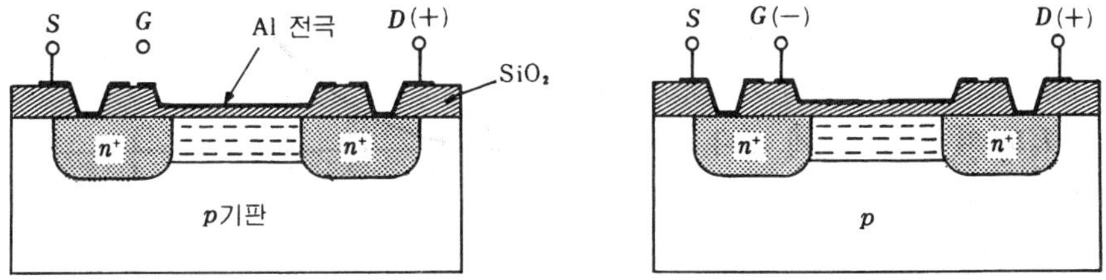

(a) $V_{GS}=0$[V] (b) $V_{GS}<0$

[그림 6·17] 공핍형 n채널 MOSFET의 구조

■ 동작원리

[그림 6·17]에서 (−)부호는 표면 근처의 채널 속에 있는 전자농도를 나타낸다. 이 전자농도는 게이트에 (−)전압을 인가하면 채널의 전자농도는 감소하게 되어 I_D도 역시 감소하게 된다.

V_{DS}가 양(+)의 값을 가지면 $V_{GS}=0$일 때에도 약간의 드레인 전류 I_{DSS}는 흐른다. 만일, $V_{GS}<0$이 되면 (+)의 전하는 게이트의 절연층인 SiO_2를 통하여 채널에 유기될 것이다. 그러므로 유기된 (+)전하는 채널의 전자농도를 감소시켜서 도전율을 감소시키게 되어 드레인 전류 I_D를 감소시킨다.

이와같이 채널에서 전하들의 재결합(recombination)에 의해서 다수 캐리어에 의한 실효공핍층이 형성된다. 결론적으로 공핍형 MOSFET의 특성을 요약하면 다음과 같다.

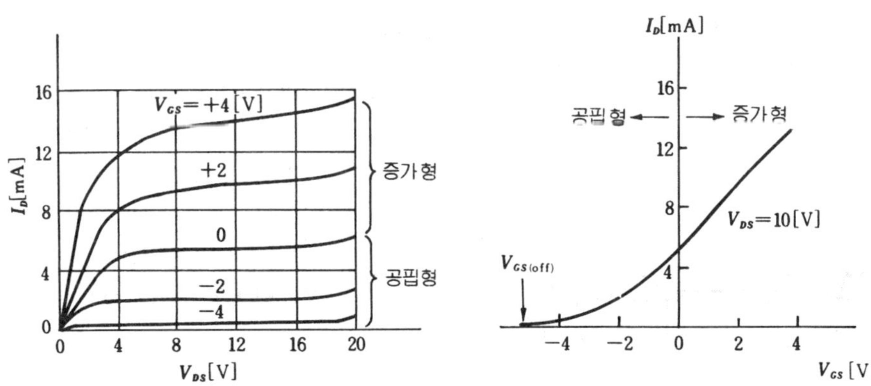

(a) (b)

[그림 6·18] 2N3631 n채널 MOSFET[19]

19) 2N3631 n채널 MOSFET는 증가형으로도 사용할 수 있고 공핍형으로도 사용할 수 있다. 또, 한 가지 알아두어야 할 것은 공핍형 n채널 MOSFET는 $V_{GS}>0$일 때도 정상적으로 동작한다는 점이다.

① 공핍형 MOSFET는 JFET의 전압-전류특성과 비슷하다.
② n채널 경우, $V_{GS}<0$이면 채널의 저항은 증가하고, $V_{GS}>0$이면 채널의 저항은 감소한다.
③ ②의 이유로 인해서 게이트 전압 V_{GS}에 의해서 채널의 유동전하밀도를 변화시켜서 드레인 전류 I_D를 제어할 수 있다.

6·4 JFET의 정특성 측정방법

FET를 회로에 응용하기 위해서는 소자의 정특성 측정방법을 알아둘 필요가 있다. [그림 6·19]는 FET의 정특성 측정회로이다. 측정방법을 간단히 정리하면 다음과 같다.

① 게이트 전압 V_G를 일정한 값으로 고정하고 드레인 전압 V_D를 변화시켜서 V_D-I_D 특성을 구한다. 즉, $V_G=0$[V]로 한 후에 $V_D=0\sim-12$[V] 정도까지 일정한 구간으로 변경시키면서 각각의 V_D값에서 I_D를 측정하면 $V_G=0$[V]에서의 V_D-I_D 특성을 구할 수 있다.
② $V_G=0$[V]가 아닌 $V_G=0.2$, 0.4, 0.5, 0.7[V] 등으로 변화시키면서 V_D의 변화에 따른 I_D의 값을 구한다. 이것은 V_G의 값에 따른 출력특성 V_D-I_D의 특성곡선을 알 수 있게 된다. 여기서 주의할 것은 만일 n채널인 경우 FET의 시료가 Si이므로 V_G의 값이 +0.5[V] 정도가 최대의 변화치가 된다는 것이다. 앞에서 설명한 바와같이 +0.5[V]까지는 pn접합이 실질적으로 차단상태에 있기 때문에 이 경우 게이트 전류 $I_G\simeq0$이 된다.[20]
③ 또한 V_D=const하게 하고(예 : $V_D=-5$[V]) V_G를 변화시키면서 I_D의 값을 측정하면 전달특성에서 [그림 6·7]과 같은 $V_{GS}-I_D$ 특성곡선을 구할 수 있다.

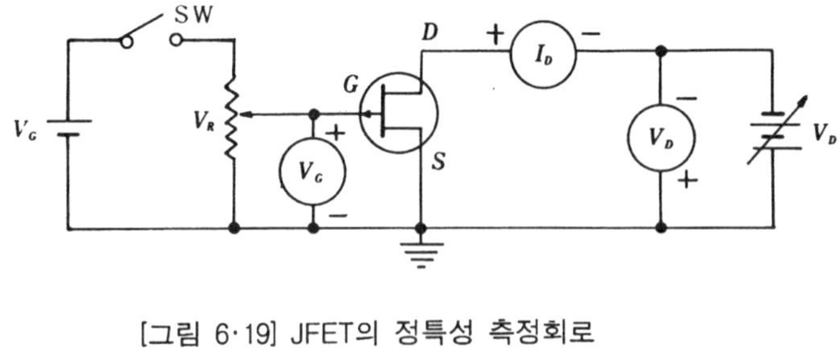

[그림 6·19] JFET의 정특성 측정회로

20) [그림 6·5]의 $V_{DS}-I_D$ 특성 그래프 참조.
V_G를 +0.5[V] 이상으로 하면 게이트 전류가 흐르기 때문이다.

④ ①, ②, ③의 측정과정에서 V_G를 일정하게 유지하였을 때 V_D-I_D 특성의 경사정도를 알 수 있다. 이것을 FET의 on 드레인 저항이라 하며, FET를 스위칭 소자로 응용할 때에 매우 중요한 값이 된다. 수식으로 나타내면 다음과 같다.21)

$$r_{D(on)}=\left.\frac{\Delta V_D}{\Delta I_D}\right|_{V_G=\text{const}} \tag{6·12}$$

JFET의 정특성을 간단히 정리하기로 한다.

① V_D가 작은 범위에서는 I_D는 대체로 V_D에 비례하여 선형적으로 증가한다.

② V_D의 값이 어느 정도 이상 증가하면 I_D는 V_D에 관계없이 포화상태를 나타내며 일정하다.

③ V_D가 어떠한 한계값에 이르게 되면 I_D는 한없이 증가한다.

---

21) 보통 on 드레인 저항 $r_{D(on)}$은 다음 식으로도 주어진다. (n채널인 경우)

$$r_{D(on)}=\rho_n\frac{l}{A}=\frac{l}{e\mu_n N_d A}\left(\because \rho_n=\frac{1}{\sigma_n}=\frac{1}{e\mu_n N_d}\right)\cdots\cdots\cdots\cdots\cdots ①$$

여기서 ρ_n : n형 반도체의 저항률, A : 단면적, l : 채널의 길이, σ_n : n형 반도체 도전율, $V_{GS}=0$일 때 공간전하영역의 폭은 매우 작으므로 $A=(2a)\times d$($\because$ d : 두께, $2a$: 채널폭)가 된다. 따라서 ①식은

$$r_{D(on)}=\frac{l}{e\mu_n N_d(2a\cdot d)}\cdots\cdots\cdots\cdots\cdots\cdots\cdots\cdots ②$$

가 된다.

연습문제

6-1 Bipolar 트랜지스터와 전계효과 트랜지스터의 특성을 비교하고 차이점을 설명하여라.

6-2 JFET와 MOSFET의 동작특성과 차이점을 설명하여라.

6-3 FET의 3정수 관계에서 $\mu = g_m \cdot r_D$가 되는 것을 증명하여라.

6-4 증가형 MOSFET와 공핍형 MOSFET의 특성을 비교 검토하여라.

6-5 FET의 동작에 있어서 차단상태의 정의를 써 보아라.

6-6 $V_{GS}=V_{DS}=0$에서 채널의 길이 $l=10[\mu\text{m}]$, 채널의 두께가 $d=1[\mu\text{m}]$이고 채널폭 $a=25[\mu\text{m}]$ 되는 n채널 FET가 있다. 이때의 채널저항 $r_{D(on)}$을 구하여라. 단, 이동도 $\mu_n=450[\text{cm}^2/\text{V}\cdot\text{s}]$로 한다. (6·4절 참조)

6-7 FET의 응용분야에 대해서 설명하여라.

6-8 채널폭이 3×10^{-4}[㎝], pinch-off 전압 $V_P=9$[V]인 n채널 JFET가 있다. 채널폭이 4×10^{-4}[㎝]인 경우 V_P는 얼마가 되는가? $\left(|V_P|=\dfrac{eN_d a^2}{2\varepsilon}\right)$

6-9 JFET에서 드레인 전압이 30[V]에서 게이트 전압을 0.5[V] 변화시켰더니 드레인 전류가 2[mA] 변화했다. 이 FET의 상호 콘덕턴스 g_m을 구하여라. $(\mu = g_m \cdot r_D)$

6-10 FET의 게이트 차단전류에 대해서 설명하여라.

6-11 포화영역에서 동작하고 있는 MOSFET의 드레인 전압 V_{DS}가 14[V]로 변했을 때 I_D가 0.6[mA]로 변했다면 상호 콘덕턴스 g_m을 구하여라. 단, 증폭정수는 12라고 한다.

chapter

7 반도체 소자

제 7 장

반도체 소자

7·1 반도체 저항소자

7·1·1 더미스터

일반적으로 반도체의 저항률은 온도에 따라 변화한다. 이러한 성질을 응용한 소자를 더미스터(thermistor, thermally sensitive resistor)라고 한다. 더미스터는 온도증가에 따라 저항값이 감소하는 부(負)온도특성(NTC)을 갖고 있으며, 또한 정(正)의 온도특성을 갖는 정특성 더미스터(positive thermistor)도 있다. 더미스터의 종류는 다음과 같이 3종류로 구분된다.

■ 직렬형 더미스터

더미스터 자체에 흐르는 전류에 따라서 자기가열을 일으켜서 그것에 따라 저항값이 변화하는 비직선적 전압-전류특성을 이용한 것이다. 온도측정에는 자기가열이 일어나지 않는 정도의 작은 전류로 사용된다.

■ 방렬형 더미스터

주위에 감겨진 전열기(heater)에 가열된 감온부의 저항변화를 이용하고 있다. 즉, 전열기의 가열전류를 가지고 저항값을 변화시켜 회로를 제어하는 것이다.

■ 지연형 더미스터

자체의 자기가열에 의해서 저항값이 변화하는 것은 직렬형과 같으나, 전류가 시간적으로 변화하는 과도현상을 이용한 것이다.

■ 더미스터의 구조

더미스터는 Mn, Fe, Co, Ni, Cu 등의 산화물 가루를 혼합하여 소결(燒結)한 것이다. [그림 7·1]에 더미스터의 구조를 나타내었다. 또한, 더미스터를 형상에 따라서 구분하면 [그림 7·2]와 같고, 로드(막대)형, 디스크(원형)형, 와셔(둥근고리)형, 비이드형, 박편형 등이 있다. 디스크형은 현재 트랜지스터 라디오에 온도보상용으로, 박편형은 복사열(輻射熱) 측정에 쓰인다.

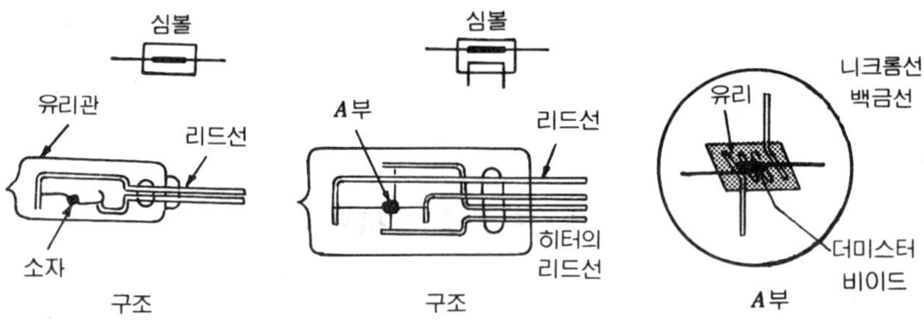

(a) 직렬형 더미스터　　(b) 방열형 더미스터

[그림 7·1] 더미스터의 구조와 심볼

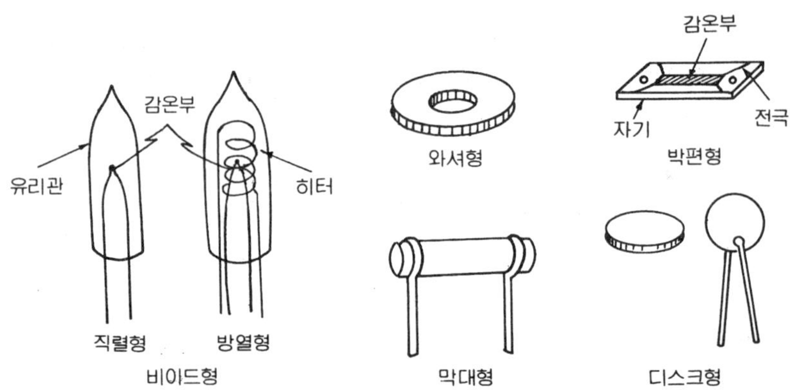

[그림 7·2] 더미스터의 형상에 따른 분류

■ 온도특성

더미스터의 온도특성은 [그림 7·3]과 같고, 저항-온도특성은 근사적으로 다음과 같다.

$$R \simeq R_a e^{(B/T - B/T_a)} = R_\infty e^{B/T} = R_\infty e^{E_g/2kT} \tag{7·1}$$

또는

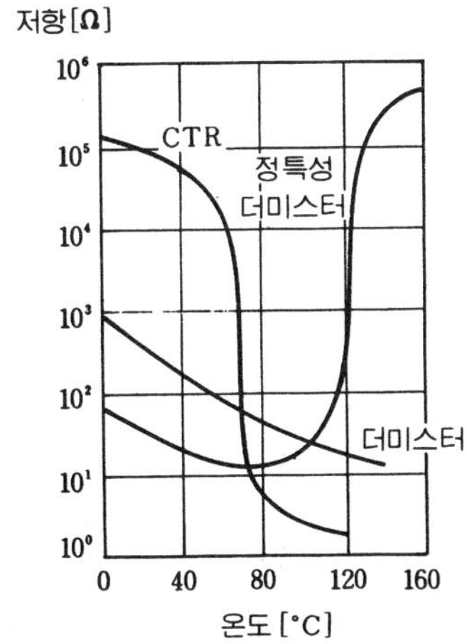

[그림 7·3] 온도특성

$$T=\frac{1}{\frac{1}{T_a}+\frac{1}{B}\ln\frac{R_T}{R_a}} \tag{7·2}$$

여기서 R, R_a, R_∞는 절대온도, T, T_a, $T=\infty$에서의 더미스터의 저항값이며, $B=\frac{E_g}{2kT}$는 더미스터의 재료, 소성온도에 따라 결정되는 상수로 활성화 에너지를 Boltzmann의 정수로 나눈 값에 해당하고, 더미스터의 온도의존성을 나타낸 것이다. 식 (7·1)은 $\ln(R-1)/T$의 관계가 직선적임을 나타낸 것이지만 더 정확한 일반식은 다음과 같다.

$$R=AT^{-C}e^{(D/T)} \tag{7·3}$$

여기서 A, C, D는 재료에 따른 상수이고, C의 값이 0에 가까워져서 0이 되면 식 (7·1)과 일치한다. 또한, 온도계수 $\alpha\equiv(dR/dT)/R$로 정의하면 식 (7·1)은

$$\alpha=\frac{-B}{T^2} \tag{7·4}$$

와 같이 된다. 더미스터의 V-I 특성은 [그림 7·4]와 같이 전류가 작은 부분에서는 거의 Ohm의 법칙에 따르지만 어떤 한계값을 지나면 부성저항 특성을 갖고 있다.

또한, 전류가 커지면 더미스터 자신의 전력손실 때문에 온도가 상승하고 따라서 저항이 감소한다.

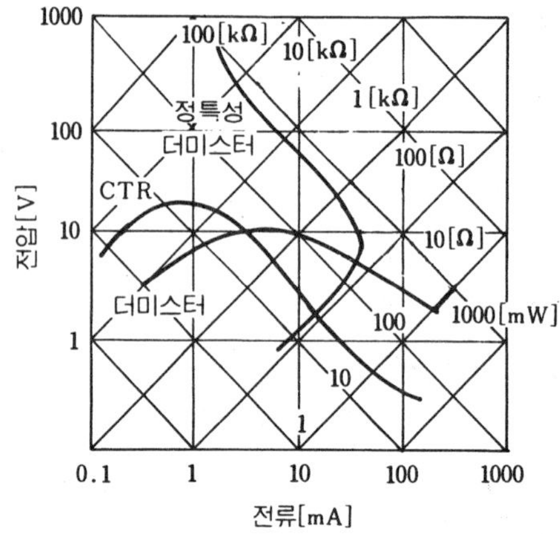

[그림 7·4] V-I 특성

■ 응용분야

① 더미스터는 저항-온도특성을 이용하여 온도의 검출조절, 트랜지스터 회로의 온도보상 등에 이용된다.

② 전압-전류특성을 이용하여 RC 발진기의 자동진폭조정, 통신기기의 자동이득조정, 마이크로파의 전력측정 등에 사용된다.

7·1·2 CTR와 정특성 더미스터

■ CTR

CTR(critical temperature resistor)은 어떤 온도에서 저항값이 급격하게 내려가는 반도체 소자로서 산화바나듐계와 황화은계(黃化銀系)가 있다.

산화바나듐계 CTR는 60~70[℃], 황화은계는 100[℃] 부근에서 갑자기 저항값의 변화를 나타낸다. 이러한 현상은 저항값이 급격하게 변하는 온도에서 결정구조가 변화하여 전도의 메커니즘이 반도체에서 금속으로 변화하는 성질이 있기 때문이다.

[그림 7·3, 7·4]를 보면 급격한 특성의 변화로부터 CTR가 더미스터보다 감도가 좋다는 것을 알 수 있다. 용도는 더미스터와 같으나, 어떤 특정한 온도에서 저항값이 급격하게 변하기 때문에, 특히 온도 스위치로서 사용된다.

■ 정특성 더미스터

정특성 더미스터(positive thermistor)는 CTR와는 반대적인 성질이 있다. 즉, 어떤 온도 이상에서는 갑자기 저항값이 증가하는 반도체 소자이다. 이것은 티탄산바륨($BaTiO_3$)에 도전성을 높여주기 위한 활성제로서 1가의 은, Ka, 3

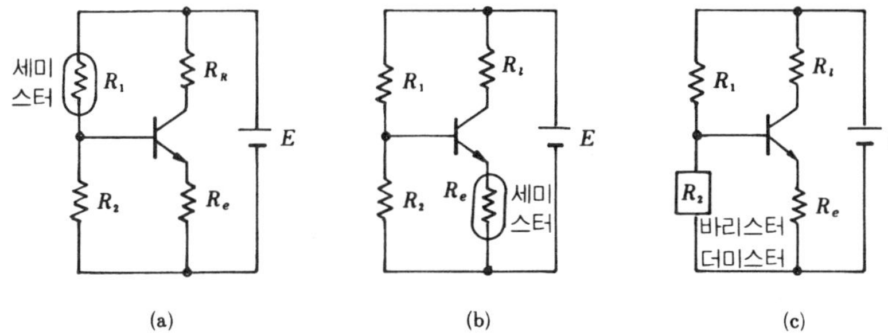

[그림 7·5] 온도보상소자의 기본회로

가의 희토류(稀土類) 금속 등을 약간 첨가하여 소결한 것이다. (+)의 온도계수를 갖고 있는 정특성 더미스터는 새로운 더미스터로 실용화되고 있으며, 과열보호장치, 과전류 보호장치, 화재경보기, 냉장고의 자동제어 등 여러 분야에 이용되고 있다.

[그림 7·5]에 온도보상소자를 사용하는 회로를 나타내었다. 그림 (a)는 베이스 바이어스 저항 R_1 대신에, 그림 (b)는 에미터 저항 R_e 대신에, 그림 (c)는 베이스 바이어스 저항 R_2 대신에 더미스터를 사용한 경우이다.

■ 더미스터의 정특성 측정방법

[그림 7·6]은 더미스터의 정특성을 측정하기 위한 회로이다. 측정방법을 간단하게 설명하면

① 가변저항 V_R 및 습동 가변저항기를 가변하여 전압-전류의 변화를 측정하고 V-I 특성표를 만든다.

② 전압 V가 10~14[V] 될 때까지 잠시 둔다.

③ 전압과 전류는 부성저항 특성을 갖고 변화하기 때문에 순간마다 전압-전류를 측정해야 하고, 측정결과를 Ohm의 법칙에 적용해서 $\left(R=\frac{E}{I}\right)$ 저항값을 구하면 저항-전류의 특성과 더미스터의 소비전력도 구할 수 있다.

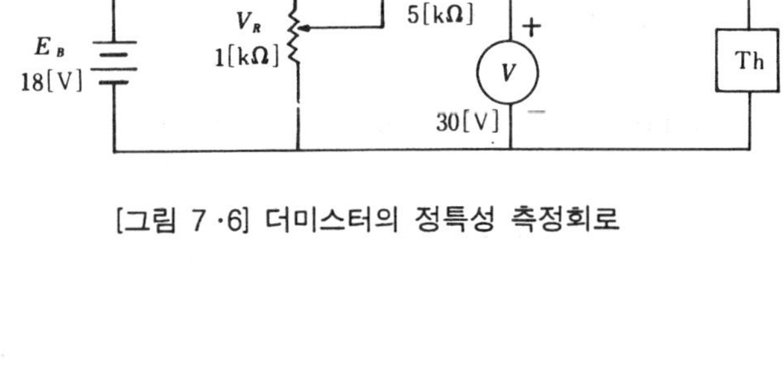

[그림 7·6] 더미스터의 정특성 측정회로

7·1·3 바리스터

전압에 따라 저항값이 비직선적으로 변화하는 2단자 반도체 소자를 바리스터(varistor : variable resistor)라 한다.[1] 바리스터에는 탄화규소(SiC) 바리스터, *pn*접합 다이오드와 금속과 반도체의 접촉(금속정류소자) 바리스터가 있다. 다음 그림들은 바리스터의 종류를 나타낸 것이다.

참고적으로 바리스터의 전압-전류특성을 나타내는 관계식은 다음과 같다.

$$I=I_S(e^{eV/kT}-1) \tag{7·5}$$

[그림 7·7(a)]의 대칭형 바리스터인 SiC 바리스터는 carborundum의 분말에 점토같은 세라믹 결합제 및 탄소나 금속산화물 등을 혼합해서 조성하여 약 1200~1300[℃]의 고온으로 소결한 것이다.

또한 대칭 바리스터의 특성은 [그림 7·9]에 나타낸 바와같이 비대칭 바리스터(*pn* 다이오드) 2개를 직렬 또는 병렬로 접속시켜서 만든 것이다. 이 특성에서 병렬이면 순방향 특성, 직렬이면 역방향 특성을 합성한 특성이 나타난다.

순방향 특성을 갖는 병렬접속인 경우는 낮은 전압용으로, 역방향 특성을 갖는 직렬접속의 경우에는 고전압용의 바리스터 소자로 쓰인다.[2] 또한 작은 용량에는 Se이나 Cu_2O 정류기, Ge, Si 다이오드를 사용하고, 대용량에는 [그림 7·7(b)]에 나타낸 Si판 양쪽에 *pn*접합을 생성한 것이 사용된다.

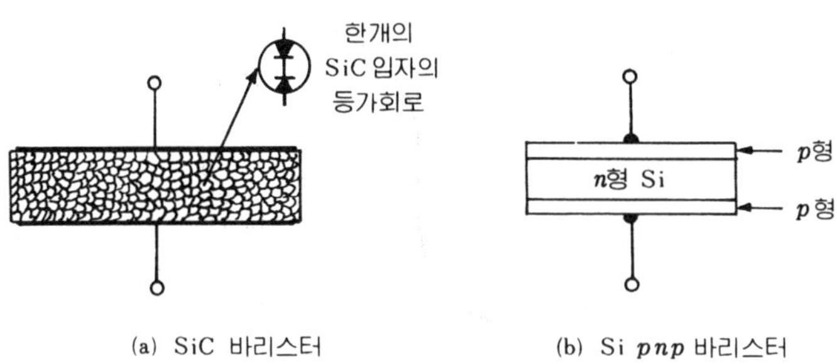

[그림 7·7] 바리스터의 종류

1) 전압-전류특성이 비직선적이라는 뜻이고, *pn* 다이오드를 저항소자로 이용하는 경우가 대표적인 예이다. 더미스터도 전압-전류특성이 비직선적이지만, 본질적으로는 온도변화에 의한 것이므로 바리스터라고 하지는 않는다.

2) 이러한 특성을 갖는 이유는 각각의 SiC 입자의 표면이 정류성을 갖고 있고, [그림 7·7]과 같이 2개의 다이오드가 서로 반대방향으로 접속된 것과 같기 때문이다.

■ 응용분야

바리스터는 낮은 전압에서는 저항값이 커지므로 이 상태에서 회로에 병렬로 접속하더라도 회로동작에는 거의 영향이 없다. 또한, 고전압이 걸리게 되면 저항값이 작아져서 전류를 흡수하는 성질이 있다.

이러한 성질을 이용해서 송전선 및 통신선로의 피뢰침 대신 전자기기의 충격전압의 흡수기, 정류소자, 다이리스터의 과전압 보호, 계전기의 접점을 개폐할 때 불꽃소거용, 크로스바 교환기, 네온 등의 보호장치, 전화기의 click absorber 등에 쓰인다.

■ 바리스터의 비직선성

바리스터의 온도변화는 앞에서 설명한 더미스터의 온도특성과도 같으며, 과부하에도 잘 견딘다. 일반적인 저항체는 전압-전류특성이 직선적이지만, 바리스터의 경우는 [그림 7·8]의 SiC 바리스터의 특성에서와 같이 전압이 2배 정도 변할 때 전류는 4~10배 정도로 변한다.[3)]

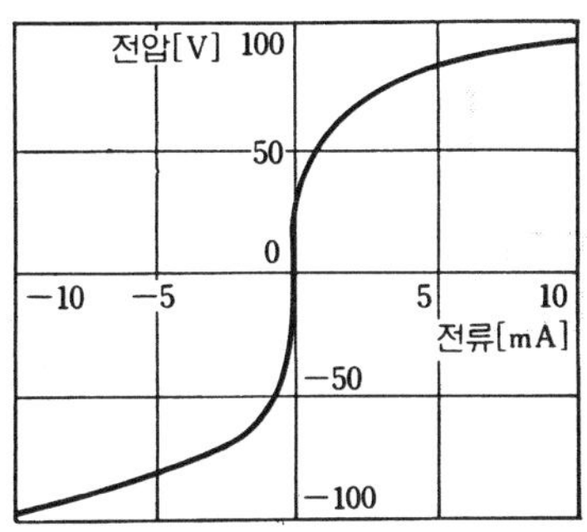

[그림 7·8] SiC 바리스터의 $V-I$ 특성

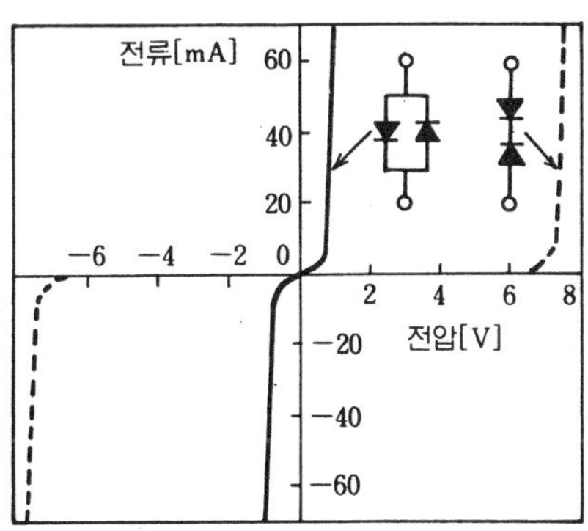

[그림 7·9] 비대칭 바리스터를 직렬 또는 병렬로 접속한 대칭 바리스터의 $V-I$ 특성

3) 일반 저항체는 전압이 2배이면 전류도 2배가 된다.

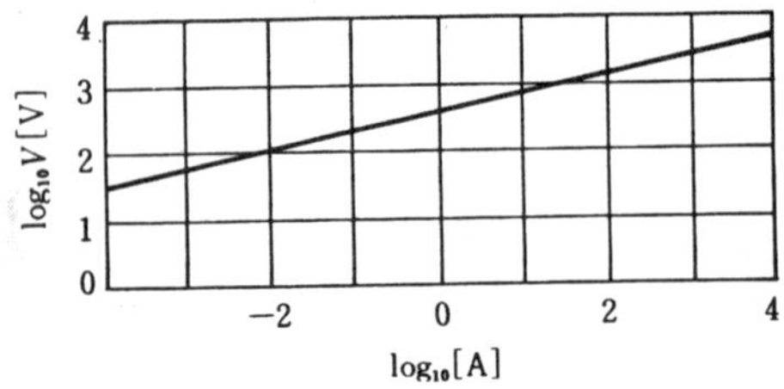

[그림 7·10] 바리스터의 $V-I$ 특성

이 특성을 수식으로 나타내면 다음과 같다.

$$I=kV^n \tag{7·6}$$

여기서 n은 2~5 정도의 값으로 n이 커지면 비직선성이 현저하다. 또, k는 SiC의 종류가 결정되면 소자의 형태, 입자의 크기, 압력에 따른 상수이며, 실험식은 다음과 같다.

$$k=\frac{\eta AP^{n/m}R^{n-2}}{t^n} \tag{7·7}$$

여기서 η는 SiC 종류에 따른 정수, A는 전극의 단면적, P는 압력, R는 입자의 지름, t는 그 두께이다.

[그림 7·10]에 R=6[inch], d=3/4[inch]인 디스크(disc)형 바리스터의 대표적인 V-I 특성을 나타내었다.

또한, SiC 바리스터나 Si 바리스터는 전극이나 입자 때문에 고유의 정전용량 C를 가지고 있으므로 교류로 동작시킬 때의 V-I 특성은 다음 식으로 주어진다.

$$I=V(kV^{n-1}+j2\pi fC) \tag{7·8}$$

〈표 7·1〉 바리스터의 종류와 정수

바리스터의 종류	m	n
1	3.6	5.5
2	3.6	5.6
3	4.0	5.6
4	3.6	6.8
5	3.6	6.8

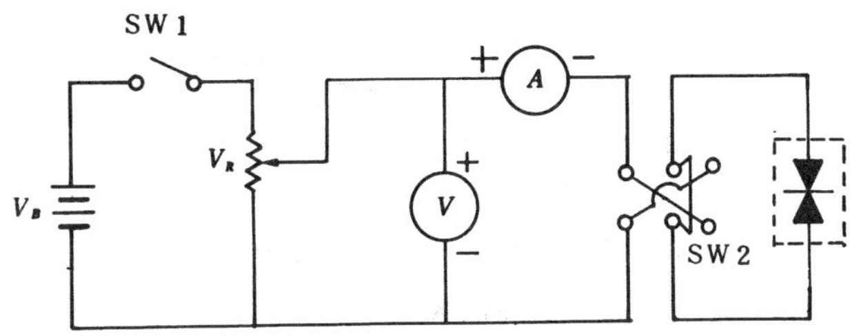

[그림 7·11] 바리스터의 정특성 측정회로

낮은 주파수에서는 정전용량 C의 영향을 무시해도 좋지만 주파수가 높아지면 무시할 수 없다.[4)]

[그림 7·11]은 바리스터의 정특성을 측정하는 회로이다.

7·1·4 Piezo 저항소자

압력이나 응력[5)]을 가하면 전기분극이 발생하거나 반대로 전계에 의해 기계적 응력이 발생하는 현상을 압전기 효과(壓電氣效果, piezo electric phenomena)라고 한다.

이와같이 압전기 효과는 기계적인 현상과 전기적인 현상과의 상호작용으로 이루어지고, 이 압력이나 응력에 의해서 저항값이 변하는 현상을 piezo 저항효과라고 한다.

압력 P에 대한 도전율 σ의 변화는 정공의 이동도를 무시하고 결과식만 쓰면 다음과 같다.[6)]

$$\frac{d(\ln \sigma)}{dP} = \frac{d(\ln n)}{dP} = -\frac{1}{2kT} \cdot \frac{dE_g}{dP} \tag{7·9}$$

---

4) 바리스터는 전압-전류특성이 비직선적인 소자이므로 정현파를 가하면 고조파를 발생하므로 C의 영향을 유의해야 한다.

5) 응력을 삐뚤어짐이라 한다.

6) 식 (7·9) 유도 : 반도체가 진성영역에 있다면 $n = p = (N_c N_v)^{1/2} e^{(-E_g/2kT)}$ …①
또 전자, 정공을 포함한 반도체의 도전율은 $\sigma = en\mu_n + ep\mu_p$ …②
진성 캐리어 밀도는 $n_i^2 = np = N_c N_v e^{(E_g/kT)}$ …③
따라서 $n = p = n_i = \sqrt{N_c V_v} e^{(-E_g/kT)}$ …④
식 ②, ③, ④에서 진성 반도체의 도전율 $\sigma_i = (N_c N_v)^{1/2} e(\mu_n + \mu_p) \exp^{(-E_g/2kT)}$ …⑤
따라서 $\ln \sigma = \frac{1}{2} \ln(N_c N_v) - \frac{E_g}{2kT} + \ln(\mu_n + \mu_p) e$ …⑥
이 되고, $\ln \sigma$와 $1/T$의 관계는 직선이 된다.

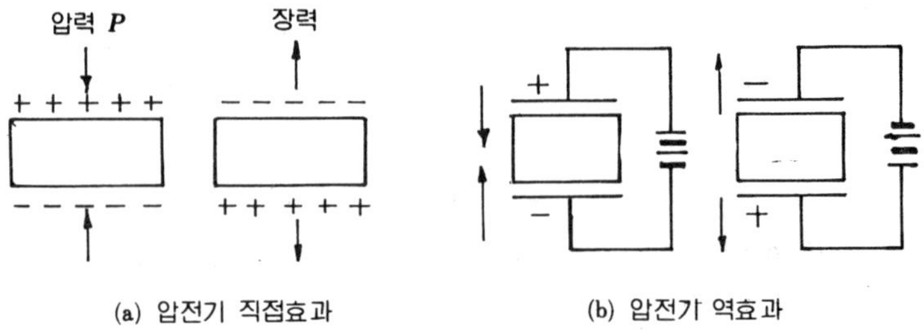

[그림 7·12] 압전기 효과

[그림 7·12]에 압전기 효과를 나타내었다.

대부분의 반도체는 압력을 받으면 E_g가 늘어나므로 저항값이 증가한다. 〈표 7·2〉에 E_g의 압력 의존성을 나타내었다. 응력이나 압력을 가했을 때의 저항변화를 ΔR라 하면

$$\Delta R=(1+2\sigma+M)R\chi \tag{7·10}$$

이 된다.

여기서 R는 응력과 같은 방향으로 재고, σ는 Poisson의 비7)이며, χ는 기계의 응력, M은 탄성비저항이다.

〈표 7·2〉 E_g의 압력 의존성(dE_g/dP)

	$[\mathrm{eV/kg \cdot m^{-2}}]$	측정법
Te	-1.6×10^{-10}	전기전도
Ge(111)	5×10^{-10}	전기전도
Ge(100)	-1×10^{-10}	광학적
Si	-2×10^{-10}	전도·광학
InSb	1.5×10^{-10}	전도
TiO_2	1.12×10^{-10}	광학

〈표 7·3〉은 각종 반도체의 탄성비저항을 나타낸 것이다. 여기서, M이 (−)인 것은 압력에 의하여 저항 R가 감소함을 의미한다. piezo 반도체 저항소자로서는 Sb, Si와 응력계로 쓰이는 Pt 등이 있다.

여기서 Pt의 $\Delta R/R\chi$는 1~2, $M=0$, 또한 Ge은 $M=120$이므로 Ge이 Pt의 $\Delta R/Rx$보다 훨씬 크다는 것을 알 수 있다. $\Delta R/Rx$는 온도에 의존하고 낮은 온도에서 더 크다.

7) 탄성체가 축인장하중에 의하여 그 방향으로 길어지면 횡방향으로 주름이 생긴다. 탄성한도 내에서 세로방향의 응력을 ε, 가로방향의 응력을 ε_1이라 하면 $\varepsilon_1/\varepsilon$을 Poisson의 비라 한다.

〈표 7·3〉 각종 반도체의 탄성비저항

물 질	형	고유저항 [Ω·m]	고유저항 측정온도[°K]	M(300[°K])	결정방향
Si	p	7.8×10^{-2}	300	175	[111]
Si	n	11.7×10^{-2}	300	−133	[100]
Ge	p	15.0×10^{-2}	300	102	[111]
Ge	n	16.6×10^{-2}	300	−157	[111]
InSb	p	0.54×10^{-2}	77	−45	[100]
InSb	p	0.010×10^{-2}	77	30	[111]
InSb	n	0.013×10^{-2}	77	−74.5	[100]
TiO_2		0.25×10^{-2}	300	15	[100]
TiO_2		50×10^{-2}	300	28	[100]

7·2 전력 스위칭용 반도체 소자

전자관의 thyratron에 상당하는 대전력의 스위칭 소자의 발전은 1957년 미국의 GE사에서 발표된 SCR과 각종 대전력 스위칭용의 반도체 소자의 실용화에 의해서 이루어졌다. 1963년 IEC(international electrotechnical commission)에서 대전력 스위칭 소자를 총칭해서 thyristor로 하기로 결정되어 thyristor라는 명칭이 일반화되어 왔다.

■ **다이리스터**(thyristor)

차단상태와 도전상태인 2가지의 안정된 상태를 가지며, 한 상태에서 다른 상태로 스위칭(switching)될 수 있는 3개, 또는 그 이상의 pn 접합으로 구성된 쌍안정 반도체 소자를 일반적으로 다이리스터라고 한다.

여기에서는 역저지(逆沮止) 다이리스터의 대표적인 제품인 SCR과 쌍방향성 다이리스터의 대표적인 제품인 SSS, TRIAC에 대하여 설명하고, 다시 이것들의 트리거(trigger) 회로를 구성하는 소자인 트리거 소자에 대해서 설명한다.

7·2·1 *pnpn* 스위칭 다이오드

pnpn 스위칭 다이오드는 실리콘의 2단자 소자인데, 구조는 [그림 7·13]과 같으며, 이 *pnpn* 다이오드를 *pnpn* 스위칭 다이오드 또는 4층 다이오드(four layer diode : FLD)라고 한다.8)

8) IEC의 공식명칭은 역저지 2단자 다이리스터(reverse blocking diode thyristor)이고 FLD라고도 한다.

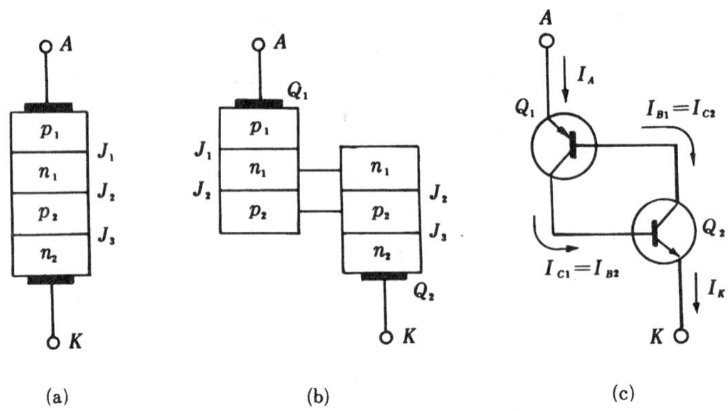

[그림 7·13] *pnpn* 스위칭 다이오드 구조와 동작원리

4층 다이오드는 [그림 7·14]와 같이 역방향 특성이 일반적인 정류기와 같으며, 순방향 특성에서도 off 상태인 고저항영역 Ⅰ이 존재하고, 어떤 전압 Ⅱ를 초과하면9) 급격하게 전류가 흘러서 고도통영역 Ⅳ에 이동한다. 이 결과로 부성저항특성 영역인 Ⅲ이 생긴다. 그리고 순방향전류를 유지전류(holding current) I_H 이하로 내리면 다시 고저항상태의 영역인 Ⅰ로 되돌아간다.

■ 동작원리

4층 다이오드는 [그림 7·13]과 같이 *pnpn* 구조를 *pnp* 와 *npn*의 2개의 트랜지스터가 복합된 것으로 생각하면 이해가 쉽다. 즉, J_2 접합을 공통의 컬렉터 접합으로 한 $p_1n_1p_2$ 트랜지스터 Q_1과 $n_1p_2n_2$ 트랜지스터 Q_2가 복합된 등가구조임을 알 수 있다.

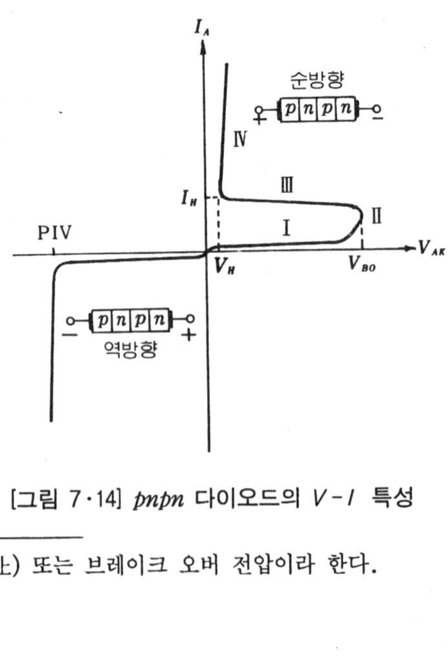

[그림 7·14] *pnpn* 다이오드의 $V-I$ 특성

9) V_{BO} 라 하며 순저지(順沮止) 또는 브레이크 오버 전압이라 한다.

4층 다이오드에 역방향 전압을 가하면, 즉 양극에는 (−)전압을, 음극에는 (+)전압을 가하면 접합 J_1과 접합 J_3가 역방향 바이어스로 동작되므로 일반적인 정류기의 역방향 특성과 동일한 역저지 특성을 나타낸다. 반대로 순방향 전압을 인가하면 J_3 접합이 역바이어스 상태가 되어 순저지 상태가 된다.

그리고 접합 J_2에는 수[μA] 정도의 누설전류만 흐르므로 접합 J_1과 J_3에는 흐르는 전류가 매우 적다. 따라서 2개의 트랜지스터에 흐르는 베이스 전류는 서로가 트랜지스터를 구동하지 못한다. 이것이 [그림 7·14]의 고저항영역 I에 해당된다.

또한, 순방향 전압을 점점 증가시키면 어느 전압에서 접합 J_2의 항복전압 PIV[10)]에 이르게 되어 avalanche 현상에 의한 항복전류가 흐르게 된다. 이 전류가 트랜지스터 Q_1, Q_2의 베이스 전류가 되어 구동하고, 정궤환작용에 의해 양쪽의 트랜지스터가 낮은 저항의 on 상태로 된다. 즉, $pnpn$ 다이오드는 부성저항영역 Ⅲ을 경유해서 on 상태인 고도통영역 Ⅳ로 이동하게 되는데, 이 작용을 turn-on이라고 한다.

■ 증폭률과 전류의 관계

off 상태에서 양극으로부터 p_1영역으로 주입된 전류 I는 접합 J_1을 건너가는 정공전류로 되어 n_1영역으로 주입된다. 이 정공의 일부는 n_1 영역에서 전자와 재결합해서 소멸되나, 나머지 정공은 접합 J_2에 이르고 p_2영역 안에서 n_2영역으로 주입된 전자와 재결합한다. J_2에 흐르는 비율을 α_1이라 하면 J_2를 지나가는 정공전류는 $\alpha_1 I$이다.

한편, 음극으로부터 흘러나가는 전류 I에 대해서 생각하자. 이것은 접합 J_3에서 p_2영역으로 주입되는 전류 I로 된다. 이 전자전류의 일부는 접합 J_2에 이르고 n_1영역으로 들어가게 된다. 이 비율을 α_2라고 하면 접합 J_2를 지나가는 전자전류는 $\alpha_2 I$가 된다.

지금까지의 설명을 요약하면, [그림 7·13(c)]를 참고해서 Q_1인 $p_1n_1p_2$ 트랜지스터의 전류증폭률이 α_1, Q_2인 $n_2p_2n_1$ 트랜지스터의 전류증폭률이 α_2라는 것이다.

따라서, 접합 J_2를 흐르는 전류, 즉 이 $pnpn$ 다이오드를 흐르는 전체 전류는 정공전류 $\alpha_1 I$, 전자전류 $\alpha_2 I$ 및 역포화전류 I_{C0}로서 구성되고 다음의 관계식이 성립된다.

$$I = \alpha_1 I + \alpha_2 I + I_{C0} \tag{7·11}$$

이것을 I에 관해서 정리하면 다음과 같다.

10) avalanche 항복을 일으키는 역전압이 피크 역전압(PIV : peak inverse voltage)을 결정한다.

$$I = \frac{I_{C0}}{1-(\alpha_1+\alpha_2)} \tag{7·12}$$

여기서는 $\alpha_1+\alpha_2<1$인 경우이고, 만일 $\alpha_1+\alpha_2$가 1에 가까워지면 전류 I는 무한히 증대함을 알 수 있다. 식 (7·12)를 3가지 경우로 설명하면 다음과 같다.

1) $\alpha_1+\alpha_2<1$

이 경우는 인가전압의 대부분이 접합 J_2에 가해진다. Si 트랜지스터의 경우 α는 전류 I가 작을 때 매우 작아지고, I가 증대되면 같이 증대된다. 따라서, 인가전압이 작을 때는 $\alpha_1+\alpha_2<1$이고 I는 매우 작다.

[그림 7·14]에서 보는 바와같이 이 *pnpn* 다이오드는 off 상태에 있게 되고, 인가전압을 증대시키면 접합 J_2의 역바이어스가 증대되어 avalanche 현상으로 인해서 I_{C0}가 증가되고, 따라서 I도 증가된다.

2) $\alpha_1+\alpha_2=1$

이 상태에서는 차단상태(off 상태)에서 도통상태(on 상태)로 옮겨지는, 즉 breakover가 일어난다. 이때의 전압을 V_{B0}라 하고, 여기서부터 전류는 급격하게 증가되어 부성저항영역으로 들어간다.

3) $\alpha_1+\alpha_2>1$

이 상태에서는 $(\alpha_1+\alpha_2)I>I$가 된다. 즉, J_2를 흐르는 전류가 I보다 크게 되어 전류의 연속성이 성립되지 않는다.

[그림 7·15]을 보면 p_2영역으로 들어간 정공의 일부분이 p_2영역에 축적된다는 것이다. 같은 이유에서 n_1영역 안에도 전자가 축적된다. 이와같이 축적된

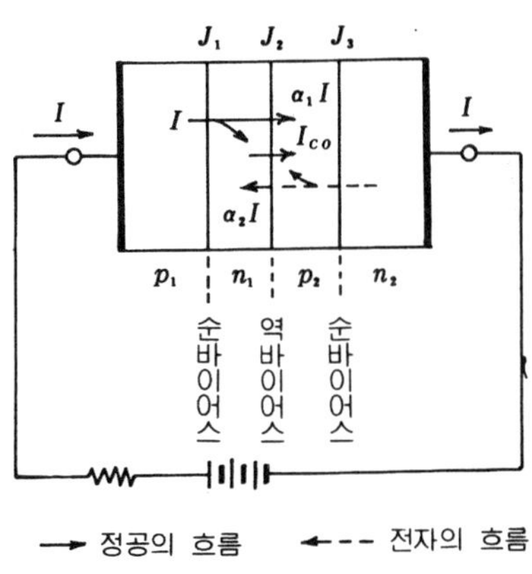

[그림 7·15] 순방향 차단상태

정공, 전자는 접합 J_2의 양쪽에 형성되어 있는 공간전하영역을 중화하여 접합 J_2를 순바이어스 상태에 있게 하며, Q_1, Q_2인 2개의 트랜지스터를 포화상태에서 동작하게 한다.

따라서 α_1, α_2가 감소하여 다시 $\alpha_1+\alpha_2=1$을 만족하는 V_{B0}인 점이 새로운 안정상태에 도달한다. 이때에 전압의 방향은 J_2가 순방향이 되어, *pnpn* 다이오드는 전부가 순방향 동작을 하게 된다.

이 결과 순방향 전압강하는 0.5~1[V] 정도가 되며, on 상태에 들어가면 순방향 특성이 된다.[11] *pnpn* 다이오드는 표면확산법으로 제조되며, 비교적 소전력용 스위치로 이용되고, 트리거를 V_{B0}에 필요로 하는 것과 같이 빛을 이용하면 광제어 스위치(light-activated switch : LAS)로도 사용된다.

7·2·2 SCR

[그림 7·16]과 같이 Si을 재료로 한 *pnpn* 다이오드의 p_2영역에 게이트(gate) 전극을 붙여서 게이트 전류 I_G로서 breakover 전압 V_{B0}를 제어할 수 있도록 한 것을 SCR(silicon controlled rectifier : 실리콘 제어 정류기)라고 한다.[12]

[그림 7·16]과 같이 SCR은 *p*층에 게이트 전극이 있는 *pnpn* 다이오드 구조를 갖는다.[13] 또한 게이트 전류 I_G에 의해 breakover 전압이 제어되는 이유는

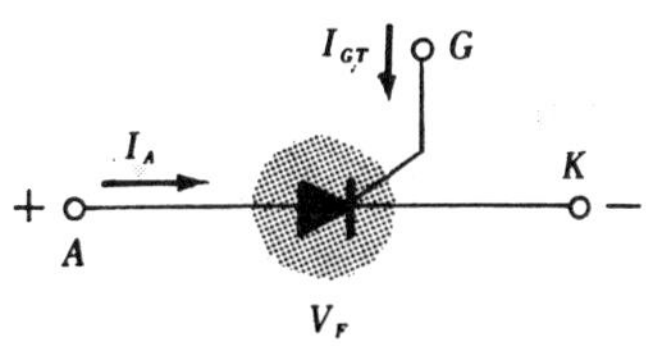

(a) 기호

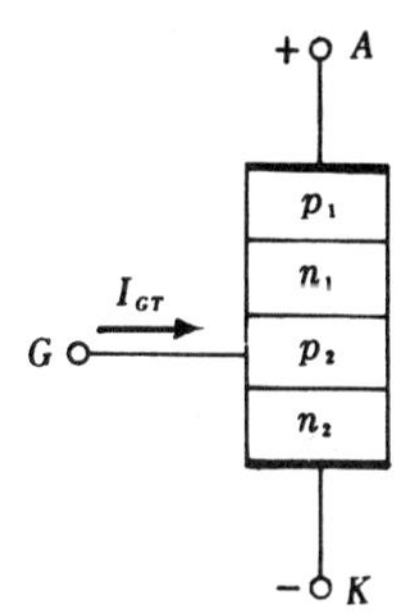

(b) 구조

[그림 7·16] SCR의 기본구조

11) *pnpn* 다이오드의 동작은 α_1, α_2가 전류에 따라 변화한다는 것에 의존하고 있다. Ge 트랜지스터에서는 전류가 극히 작은 경우에도 $\alpha \simeq 0.9$이며, $\alpha_1+\alpha_2<1$의 상태를 얻을 수 없다. 따라서 Ge으로 만들어진 *pnpn* 구조는 순바이어스를 걸어줄 때 바로 on상태로 들어가며, 안정된 off 상태(차단상태)를 갖지 못한다. *pnpn* 다이오드는 Si만을 재료로 쓰는 이유가 바로 이것이다.

12) IEC의 공식명칭은 역저지 3단자 다이리스터이다.

13) *pnpn* 다이오드는 SCR와는 달리 게이트 전극이 없다. W. Schokley에 의해 발명되었다고 해서 일명 쇼클리 다이오드(Schokley diode)라고도 한다.

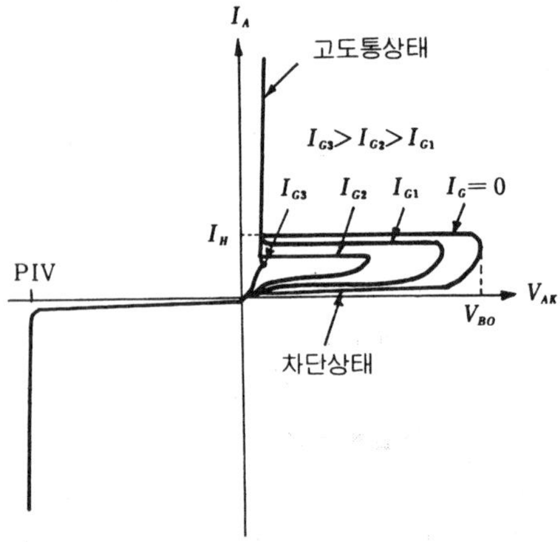

(c) 특성

[그림 7·17] SCR의 특성

앞에서 설명한 *pnpn* 다이오드의 동작설명으로부터 이해할 수 있다. 즉, 게이트는 미소한 전류로 대전류를 제어한다.

그 이유는 접합 J_3에서 흘러 들어가는 전자류(電子流)가 게이트 전류 I_G에 따라 변화하므로, α_2가 변화하여 $\alpha_1+\alpha_2=1$이 되는 전압이 변화해서, 즉 $A\sim K$ 사이가 순바이어스가 되어 차단상태(off)에 있는 SCR을 turn-on시킬 수가 있기 때문이다.

■ gate turn-on

SCR의 동작은 *pnpn* 구조의 4층 다이오드의 경우와 같이 2개의 트랜지스터의 직렬회로로 하여 해설될 수 있다.[14)]

기본동작은 게이트 전극이 정류기가 개방상태에서 단락상태로 바꾸어지는 시기를 결정한다는 점에서 *pnpn* 다이오드와 다르다.

먼저 turn-on 상태를 생각한다. 이 동작은 양극(anode)과 음극(cathode) 간을 단지 순바이어스로 이루어지는 것이 아니고 게이트 신호에 따른 SCR의 도통시간을 고려해야 한다는 것이다. 즉, SCR이 완전히 도통(turn-on)되도록 충분히 큰 펄스(pulse)를 게이트에 인가해서 충분한 크기의 게이트 전류 I_{GT}를 흐르도록 해야 한다.

[그림 7·18]에서 $0\rightarrow t_1$에서는 $V_G=0$[V]로써 게이트 전극을 접지시킨 것과 같으며, 또한 $V_{BE2}=V_G=0$[V]이므로 $I_{B2}=0$이 되고 $I_{C2}\simeq I_{C0}$가 될 것이다. 그

14) 일반적으로 다이리스터는 2개의 트랜지스터 Q_1, Q_2(그림 7·13) 내부의 정궤환에 의해 latching 동작을 일으키는 4층 구조(*pnpn* 구조)의 반도체 소자이다. latching 동작을 하는 소자는(트랜지스터의 포화상태, 차단상태의 동작과 같음) 개방(open) 상태와 단락(short) 상태 중 하나의 상태를 갖는다.

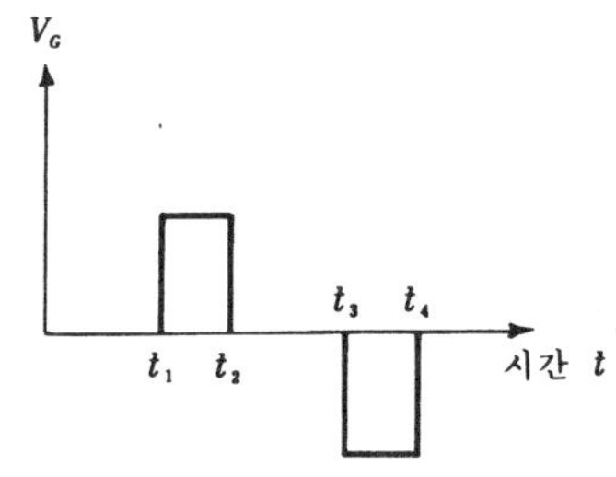

(a)

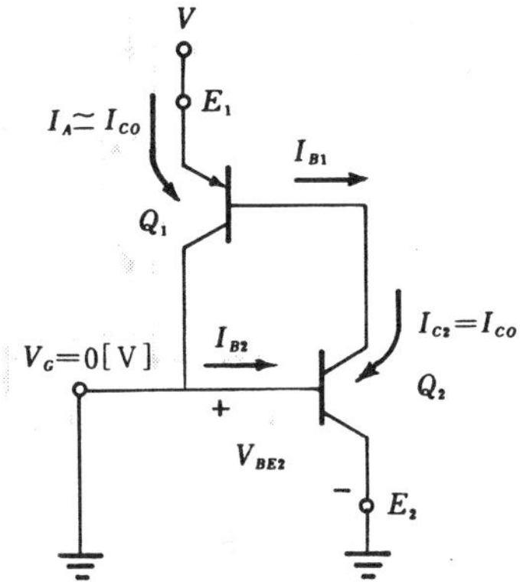

(b)

[그림 7·18] SCR의 동작(개방상태)

리고 트랜지스터 Q_1에서 베이스 전류는 $I_{B1}=I_{C2}=I_{C0}$가 되어 매우 작으므로 Q_1을 도통상태에 있게 할 수 없다.

이러한 이유 때문에 2개의 트랜지스터로 된 SCR은 차단상태가 되어서 각 트랜지스터의 $E \sim C$ 사이에 매우 큰 임피던스를 갖게 되고 일종의 개방회로로써 표현된다. 또한 시간 $t=t_1$에서 게이트에 V_G가 인가되면 이때 회로의 상태는 [그림 7·18(b)]와 같다.

이때에 게이트 전압 V_G는 트랜지스터 Q_2가 도통상태에서 동작하도록 충분히 커야 한다($V_G=V_{BE2}$). 따라서 Q_2의 컬렉터 전류 I_{C2}는 Q_1을 도통시킬 수 있는 충분한 전류($I_{C2}=I_{B1}$)를 갖게 된다. 즉, Q_1이 도통상태가 되면 I_{C1}이 증가하고 결국은 I_{B2}도 증가하게 된다. Q_2의 베이스 전류 I_{B2}가 증가하면 I_{C2}는 더욱더 증가하게 된다.

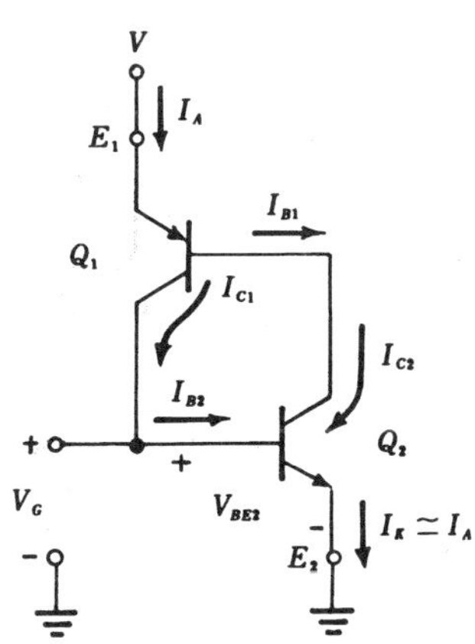

[그림 7·19] SCR의 동작(단락상태)

결과적으로 이러한 상호동작, 즉 재생궤환에 의해서 컬렉터 전류는 재발생적(regenerative)으로 $A \sim K$ 사이에는 매우 작은 저항값을 갖게 되어 단락회로상태가 된다. 이러한 재발생적인 동작으로 인해서 SCR의 turn-on 시간은 보통 0.1~1[μs] 정도이다.

그러나, 100~400[A]의 대전력소자는 10~25[μs] 정도의 turn-on 시간을 갖는다. 이와같이 게이트를 triggering시키는 방법 외에도 소자의 온도를 상승시키거나 breakover 전압 V_{B0}까지 $A \sim K$ 사이의 전위를 높여주어서 SCR를 turn-on시킬 수 있다.

■ **전압상승률에 의한 turn-on**

앞에서 설명한 바와같이 pn 접합은 정전용량을 갖고 있으므로 SCR의 양극에 인가한 순방향전압이 V_{B0} 보다 낮고, 그 전압의 rising이 빠르고, dV/dt가 클 경우에는 [그림 7·20]과 같이 각 접합용량을 통해서 흐르는 전류가 α_1, α_2를 증대시켜서 turn-on한다.

따라서 이 현상은 게이트에 트리거 신호를 가하지 않아도 turn-on 하게 되며, 오동작의 원인이 될 수 있는 것이다. 이 때문에 breakover 전압을 저하시키지 않는다. 그리고 dV/dt의 최대값을 임계순방향전압(臨界順方向電壓)의 상승률 dV/dt로서 규정한다.

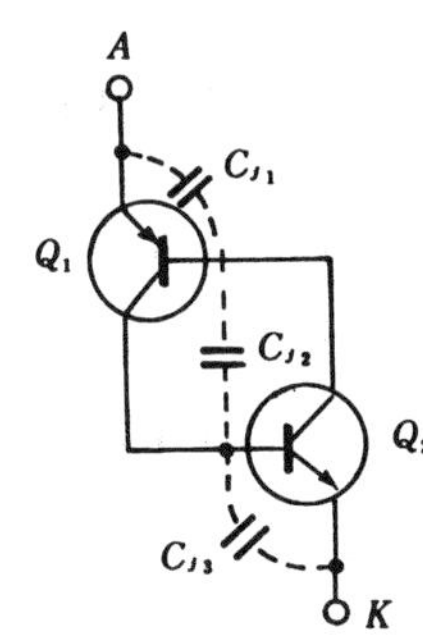

[그림 7·20] 접합용량을 통해서 흐르는 전류모양

■ **빛에 의한 turn-on**

순바이어스로 접합에 빛을 조사하면 빛에너지에 의해서 접합 J_2에 흐르는 전류가 증가하여 turn-on된다. 이 원리를 이용해서 빛을 접합부에 조사할 수 있는 패키지로 하고 빛을 게이트 전류 대신에 사용할 수 있도록 한 SCR도 있다. 이것을 photo SCR 또는 광제어 스위치 SCR(light activated switch SCR: LASCR)라 한다.

■ **gate turn-off**

SCR이 on 상태에 있을 때 그 양극전류는 외부회로의 조건에 따라 결정되고 있는데 큰 양극전류가 흐르고 있는 상태에서는 게이트의 제어능력은 없고, 게이트 전류 I_G를 차단시켜도 turn-off시킬 수 없다. 그러나 게이트에 역전류를 흐르게 하면 게이트에 의한 turn-off가 가능하다.

즉, on 상태에서 *npn* 트랜지스터 Q_2의 정공전류를 게이트에 끌어서 Q_2의 베이스 전류 I_{B2}를 적게 하는 방법이다. 이와같이 SCR을 turn-off 시키기 위한 역전류와 양극전류와의 비를 turn-off gain이라 한다.

일반적으로 SCR에서 이 값은 매우 작다. turn-off gain을 크세 설계하고 게이트에 가하는 신호에 의해서 turn-off시키도록 만든 SCR을 GTO 또는 GTO-SCR라 한다. SCR의 turn-off 시간은 전형적으로 5~30[μs]이다.

SCR을 turn-off시키는 방법을 요약하면 다음과 같다.

① [그림 7·18(a)]에서 t_3 순간에 게이트에 부(−)의 트리거 펄스를 가한다.
② 양극(anode) 전류 I_A를 차단시킨다.
③ 강제-정류(forced-commutation)를 한다([그림 7·21] 참조).

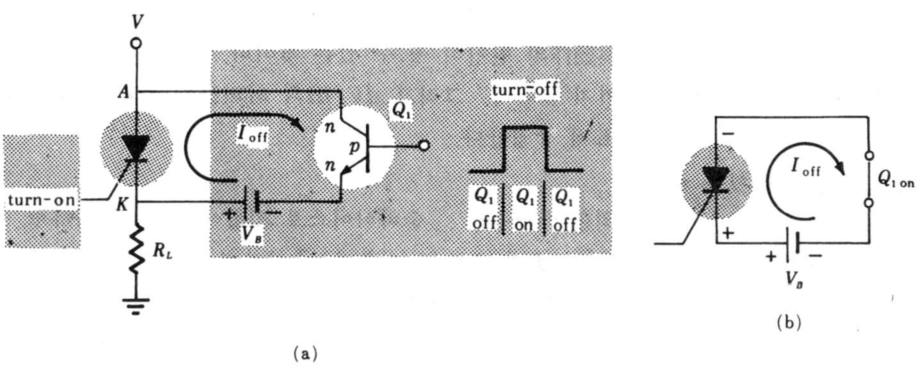

[그림 7·21] forced-commutation

■ **SCR의 응용**

SCR은 계전기제어, 시간지연회로, 전동기속도제어, chopper 회로, inverter, cyclo-converters, 축전기, 위상제어, 전열기제어, 조명, 조광장치 등에 광범위하게 이용된다.[15)]

여기에서는 [그림 7·22]와 같이 SCR을 응용한 정류회로를 예로 들었다. 여

15) SCR의 장점은 전력소모가 적고, 1000[V] 이상의 고전압에 작동하는 수 100[A]의 전력제어가 가능하다.

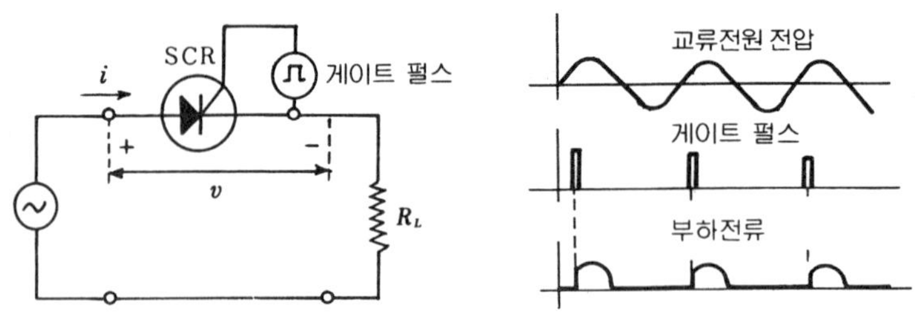

(a) 회로 (b) 파형

[그림 7·22] 정류회로

기서 게이트 펄스 신호는 SCR을 breakover시키는 기능을 한다.

앞에서 설명한 대로 breakover되는 점의 게이트 전류를 I_{GT}라 하고, 이때의 turn-on되는 위상각을 전도각(傳導角, conduction angle)이라 한다. SCR이 일단 on 상태에 들어가면 전류가 유지전류(維持電流, holding current) I_H 이상으로 되어 있으면 게이트 전류 I_G의 크기나, 유무에 관계없이 단락상태인 on 상태를 유지한다.

즉, SCR은 한번 도통이 되면 게이트 신호와는 관계없이 계속 on 상태로 동작한다. 그리고 부하전류는 게이트 펄스 신호가 가해지는 위상에 의해서 제어된다.

또한 전원전압이 (−)전압으로 인가되어 SCR이 off 상태가 되면 게이트 신호의 제어기능이 다시 회복된다.

■ SCR의 실용화

SCR은 thyratron이나 수은증기 제어 정류기에 대신하는 고체소자로서 널리 실용화된다. 전류의 사용범위는 수 100[mA]~수 100[A]까지로 여러 종류의 시리즈가 있으며, 역방향 내압 및 breakover 전압으로 수 100[V]~수 1000[V]의 것을 몇 가지의 품종으로 분류하는 것이 일반적이다.

칩의 구조는 플레너형이나 메사형 외에도 내압을 높이기 위해서 노출된 접합부를 beveling etch하는 방법이나 dV/dt 특성과 온도특성 개선을 위하여 cathode의 n_2영역을 분할하여 게이트의 p_2영역에서 단락하는 구조로 되어 있는 게이트 단락형도 있다.

또한, SCR은 대전력을 다루므로 방열판 또는 방열기에 부착시켜서 사용하는 것이 일반적이다. SCR는 JIS 형명에 의하며 3극 역저지형 다이리스터로서 2SF○○의 형명을 쓰고 있는데, 그러나 이러한 형명에 의하지 않고 각 회사에서 독자적으로 붙인 형명의 제품도 많이 있다.

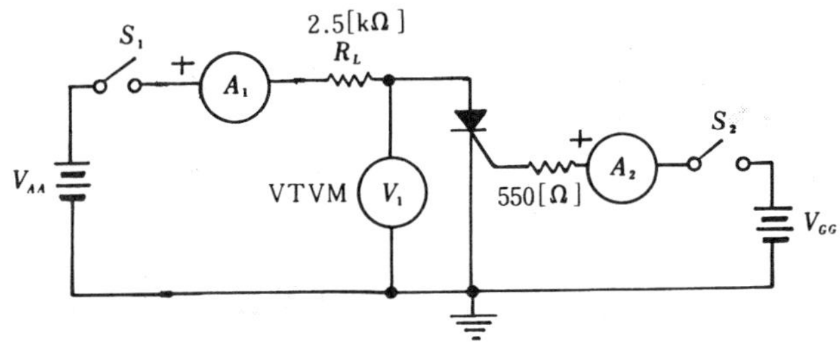

[그림 7·23] SCR의 정특성 측정회로

■ SCR의 정특성 측정방법

SCR의 정특성 측정방법에 대해서 간략하게 설명하도록 한다.

① [그림 7·23]과 같이 회로를 구성해서 S_1, S_2을 모두 개방시킨 상태에서 V_{AA}는 0~400[V], V_{GG}는 0~40[V]까지 가변할 수 있도록 하고, S_1을 개방시킨 상태에서 V_{AA}=100[V], V_{GG}=0[V]로 고정시킨다.

② S_2를 닫고 M_2에 1[mA]의 I_G가 흐를 때까지 V_{GG}를 조정한 다음에 S_1을 닫는다. 이때에 SCR이 도전상태(turn-on)가 되었다면 $A \sim K$ 사이의 전압 V_1은 약 2[V] 정도로 매우 낮을 것이고, 양극전류는

$$I_A \simeq \frac{V_{AA}}{R_L} \tag{7·13}$$

로 된다. 만일, SCR이 turn-on되지 않으면 S_1을 다시 열고 I_G=2[mA]까지 증가시키면서 위의 과정을 반복한다.

③ SCR이 turn-on된 후 S_1을 열고 I_G=1/4[mA]로 감소시킨 후 S_1을 닫으면 SCR은 차단상태(turn-off)로 될 것이다. 만일, SCR이 더 이상 도전상태가 되지 않으면 S_1을 열고 I_G=1/4[mA]로 증가시키고 다시 SCR을 닫아서 다시 도전상태가 이루어지도록 하면 이때의 게이트 전류가 SCR을 turn-on시키는 게이트 전류가 된다.

④ 다음에는 SCR이 차단상태로 될 때까지 V_{AA}를 감소시켜서 A_1으로 측정되는 유지전류 I_H를 결정하면 I_H는 SCR이 차단상태로 되는 바로 직전의 식 (7·13)에 의해서 결정되는 값이 된다.

7·2·3 Shockley 다이오드

쇼클리 다이오드는 [그림 7·24]에 나타낸 바와 같이 2개의 외부단자만을 갖는 4층의 *pnpn* 다이오드이다. 그림에서와 같이 소자의 특성은 게이트 단자가 없으므로 I_G=0인 SCR의 동작특성과 동일하다. 그리고 break-over 전압에 도

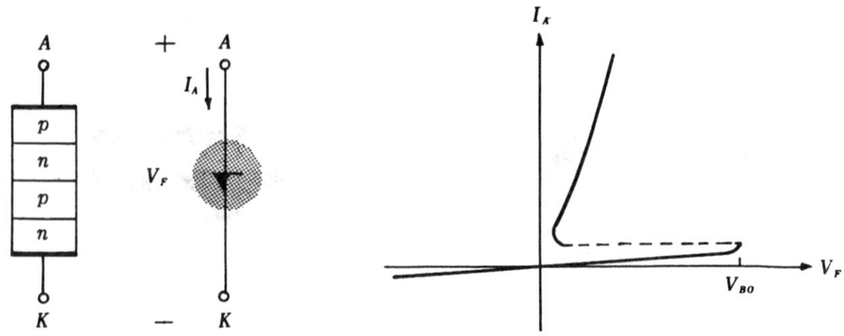

(a) 구조 및 기호 (b) V-I 특성

[그림 7·24] Shockley 다이오드

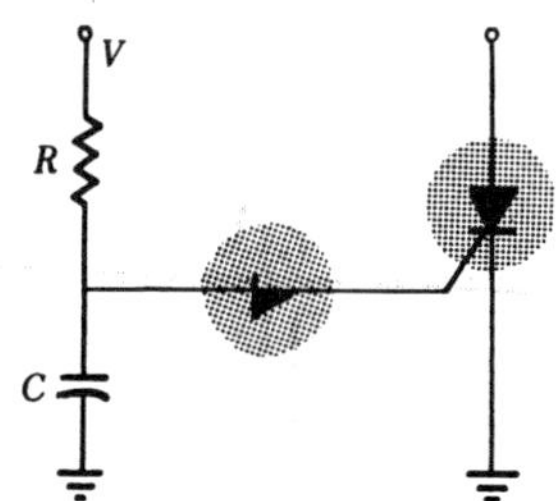

[그림 7·25] Shockley 다이오드의 응용

달할 때까지는 개방회로와 같이 off 상태에 있으며, 이 순간에 avalanche 현상이 생겨서 단락회로와 같이 turn-on된다.

[그림 7·25]는 쇼클리 다이오드가 SCR의 off 트리거 스위칭 소자로 이용되는 예를 나타낸 것이다. 회로에 전원이 공급되면 캐패시터에 걸리는 전압은 공급전압과 같아지는 쪽으로 변화한다.

결과적으로 캐패시터의 전압이 충분히 높아지면 먼저 쇼클리 다이오드를 turn-on 상태로 하고 다음에 SCR을 turn-on시킨다.

7·2·4 TRIAC

트라이액은 G.E사의 상품명으로 triode ac switch의 약자이며, AC 제어가 가능한 3극소자라는 뜻이다.

또한, 쌍방향 3단자 다이리스터이고 게이트에 의한 turn-on 기능을 갖고 있다.[16] 또한, 역병렬로 된 SCR와 등가구조이며, 게이트에 (+), (−) 중 어느

16) SSS에서 게이트를 설치한 2방향 3단자 다이리스터 TRIAC은 1964년 발표되었다. 이 트라이액을 FLS(Five Layer Switch)라고도 한다.

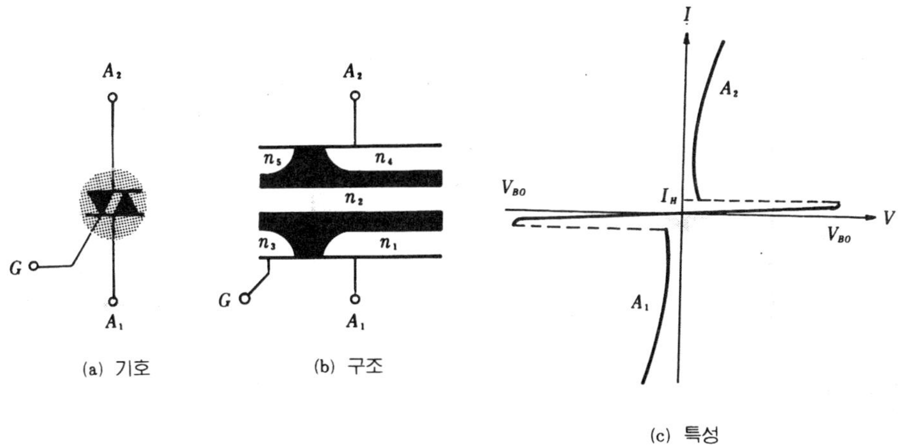

[그림 7·26] TRIAC

신호를 트리거해도 turn-on시킬 수 있다.

[그림 7·26]은 트라이액의 구조와 기호를 나타낸 것이며, SSS와 같이 *npnpn*의 5층 구조를 갖고 있다.

■ 동작원리

동작상태는 [그림 7·27]를 참고해서 다음의 4가지 경우로 구분이 되어 설명된다.

① T_1 전극을 (−)로, T_2 전극을 (+)로 바이어스하고 게이트가 T_1에 대해서 (+)의 신호를 가하면 SCR의 동작원리와 마찬가지로 게이트에서 접합 J_1을 통과해서 T_1 전극에 I_G가 흐르게 되어 n_1층으로부터 p_1층으로 전자류가 주입되며, p_2층으로부터는 정공류의 주입이 이루어져서 도통상태(turn-on)가 이루어진다.

② T_2를 (−), T_1을 (+)로 바이어스하고 게이트가 T_1에 대하여 (+)의 신호를 가하면 n_1층에서 p_1층으로 주입된 전자류가 n_2층에 축적되어 n_2영역의 전위를 낮추기 때문에 p_1층에서 n_2층에 정공류가 주입된다. 이것이 p_2층의 전위를 높여주므로 n_3층에서 p_2층으로 전자류가 주입되어 도통상태가 이루어진다.

③ T_2를 (+), T_1을 (−)로 바이어스하고 게이트가 T_1에 대해 (−)가 되는 제어신호를 줄 때에는 ①의 경우와 같은 원리로 turn-on한다. 이때 최초 $T_1 \sim G$ 사이가 주된 전극이 되어 T_1이 게이트와 같이 작용해서 최초 $T_2 \sim G$ 사이가 도통되고, 다시 게이트 전류 I_G를 증대시키면 $T_2 \sim T_1$ 사이가 도통한다.

④ T_2에 (−), T_1에 (+)의 바이어스를 가하고 게이트가 T_1에 대해서 (−)가 되는 제어신호를 가하면 ②와 같은 상태로 도통된다. 단, 최초에 $G - T_2$ 사이가 도통되고 다시 게이트 전류 I_G를 증대시키면 $T_1 \sim T_2$가 도통된다.

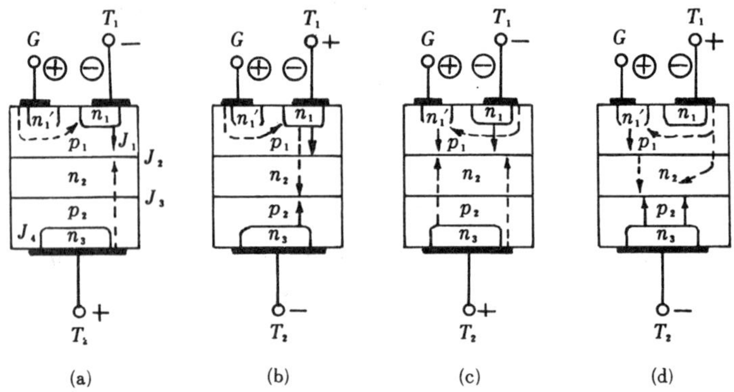

(실선 : 전자류, 점선 : 정공류)

[그림 7·27] TRIAC이 turn-on 하는 4가지 모드

보통 TRIAC의 turn-off는 SCR와 같이 주전극 간의 바이어스 극성을 바꾸어 주므로써 된다. TRIAC이나 SSS와 같은 쌍방향성의 소자에서는 이것을 전류(轉流)라고 한다.

그러나 이 바이어스 극성의 바뀜은 저지상태에 있던 쪽의 SCR에 있어서는 역방향에서 순방향으로 이행되기 때문에 그 조건에 따라서는 게이트의 입력없이 on 상태로 되는 경우가 있다.

■ TRIAC의 응용

트라이액은 2개의 SCR를 역병렬로 한 것을 1개의 소자로 했으며, 게이트 회로가 간략화될 수 있으므로 3단자의 교류제어용 소자로써 교류회로의 전력제어에 사용할 경우 트랜지스터, SCR, SSS에 비해서 특성이 매우 좋다.

또한, 트라이액은 앞에서 설명한 4가지의 모드(mode)를 이용해서 무접점 스위치나 위상제어회로, 가정용의 조광장치, 전기회로의 온도조절, 전동기의 속도제어 등에 광범위하게 응용된다.

7·2·5 SSS

SSS(Silicon Symmetric Switch)와 TRIAC은 모두 쌍방향성 다이리스터로서 SCR가 교류제어시에는 2개의 SCR를 역병렬로 접속해서 사용해야 하는 데 비해서 이 두 소자는 1개의 소자로서 교류제어를 한다.[17)]

[그림 7·28]은 SSS의 구조와 특성을 나타낸 것이며, T_1~T_2 사이에 $npnpn$으로 5층 구조로 되어 있고, 두 끝부분 2층은 각각 전극으로 단락되어 있다

17) 1959년 쌍방향 2단자 다이리스터(bi-directional diode thyristor)로 개발되어 SSS라는 상품명이 붙여졌다. 트라이액은 1964년에 SSS에 게이트 전극을 붙인 쌍방향 3단자 다이리스터의 상품명이다. IEC에서는 다이오드 다이리스터라 한다.

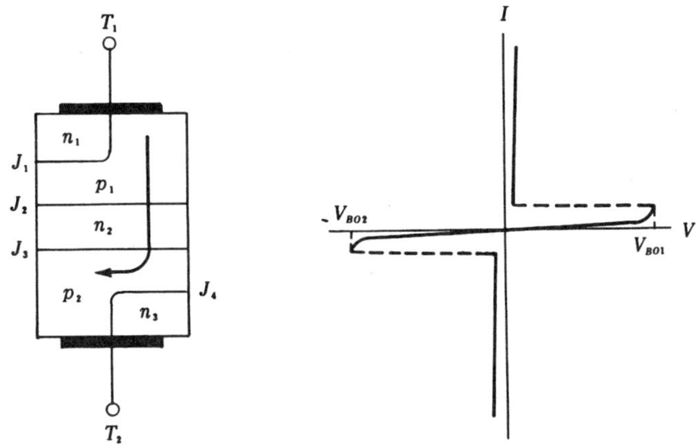

(a) 구조 (b) 전류전압특성

[그림 7·28] SSS의 구조와 특성

■ 동작원리

n_1이 (+)로 바이어스되면 정공전류는 화살표와 같이 p_2를 지나 흐르게 된다. 이 정공전류와 p_2층의 횡방향 저항 때문에 전압강하가 일어난다. 이것이 접합 J_4의 순방향 전압 이상이 되면 n_3층에서 전자가 주입되어 소자 전체가 turn-on한다.[18]

[그림 7·28]의 구조를 역병렬로 접속한 4층 다이오드와 등가구조로 나타낸 것이 [그림 7·29]이다. 이 구조는 5층의 *pnpnp*를 2개의 *pnpn*으로 나누어 생각한다.

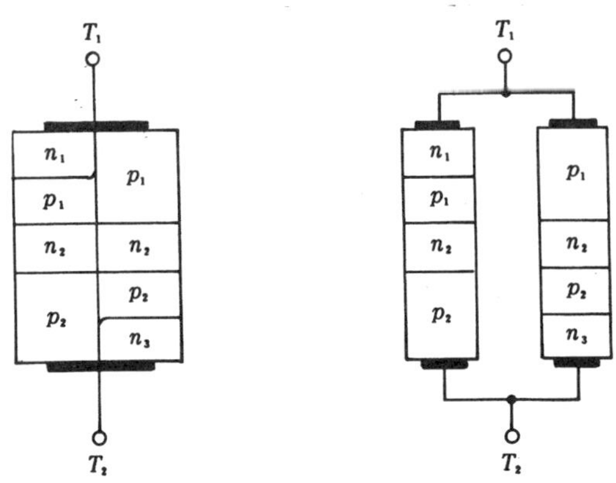

(a) SSS의 구조 (b) 등가구조

[그림 7·29] 역병렬로 접속된 4층 다이오드와 등가구조

18) 이 동작은 p_2층이 (+)의 전압으로 바이어스되어도 마찬가지이다.

또한 2개의 4층 다이오드가 역병렬 접속되어 (+), (−)의 바이어스에 대해서 교대로 동작한다고 생각해도 좋다. 이 때문에 SSS는 쌍방향이 모두 breakover 전압을 초과하면 turn-on하므로 교류회로의 전력제어에 이용된다.

그리고, SCR에 비해서 게이트가 없으므로 트리거 방법으로 breakover 전압 이상의 펄스를 가해서 dV/dt에 의한 turn-on 방법을 쓴다.

구체적으로 설명하면 SCR은 순방향으로는 on 상태와 off 상태가 있지만 역방향으로는 off 상태만이 있다. 따라서, 교류신호를 제어하려면 2개의 SCR을 역병렬로 접속해서 사용해야 하는데, SSS나 TRIAC은 1개의 소자로서 교류제어를 한다는 뜻이다.

SSS는 주로 조광장치(백열전등)에 이용되나, 소형 모터의 속도제어와 무접점 스위치 등에도 많이 이용될 것으로 보인다.

7·2·6 SUS와 SBS

SUS(Silicon Unirateral Switch)는 [그림 7·30]과 같이 소형 SCR과 정전압 다이오드를 접속한 구조로 되어 있고, 제조는 집적회로 방식으로 만든다. 동작 특성은 양극과 음극 사이에 정전압 다이오드의 제너 전압 V_Z와 SCR의 V_{GT}를 합한 전압보다 큰 전압(스위칭 전압 V_S)을 인가하면 제너 전류 I_Z가 SCR의 게이트에 흘러 들어간다.

I_Z가 게이트 TRIAC 전류 이상이 되면 SCR은 turn-on되고, 또한 양극-음극 사이 전압이 스위칭 전압 V_S 이하이면 보통의 SCR과 같이 게이트에 의해서 제어된다.

따라서 SUS는 트라이액으로 변환하여 2단자 소자로서 사용할 수도 있고, 또 외부저항 R_1, R_2에 의해서 스탠드-오프 비(stand-off ratio) η를 설정할 수 있

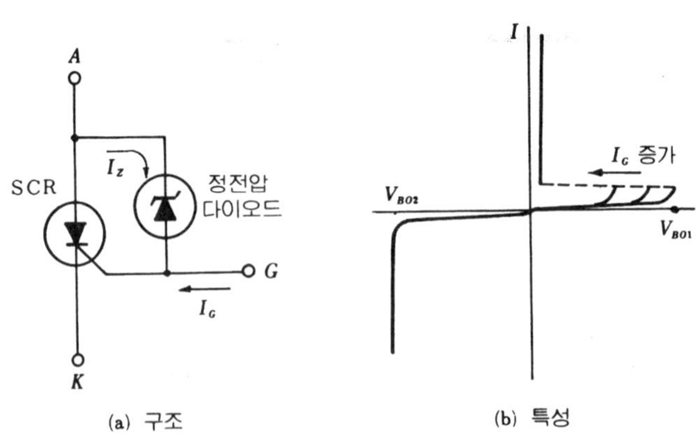

(a) 구조 (b) 특성

[그림 7·30] SUS의 구조와 특성

는 PUT로써 사용할 수도 있다. 또한 SUS를 2개의 역병렬접속한 것을 SBS(Silicon Bidirectional Switch)라 한다.

7·2·7 SCS

SCS(Silicon Controlled Switch)는 역저지 4단자 다이리스터로서 4층의 *pnpn* 다이오드에 2개의 게이트 전극을 갖고 있다.

[그림 7·31]은 SCS의 구조를 나타낸 것이다. 일반적으로 캐소드측의 게이트를 캐소드 게이트(cathode gate)라 하고, 애노드측의 게이트를 애노드 게이트(anode gate)라고 한다.

SCS를 turn-on시키려면 SCR와 마찬가지로 충분한 순방향 전압을 인가해야 하고, 캐소드 게이트가 도통이 되도록 바이어스 전압을 인가해야 한다. 또한, SCS를 off시키려면 적절한 극성, 진폭 및 펄스폭을 가진 펄스를 가해야 한다.

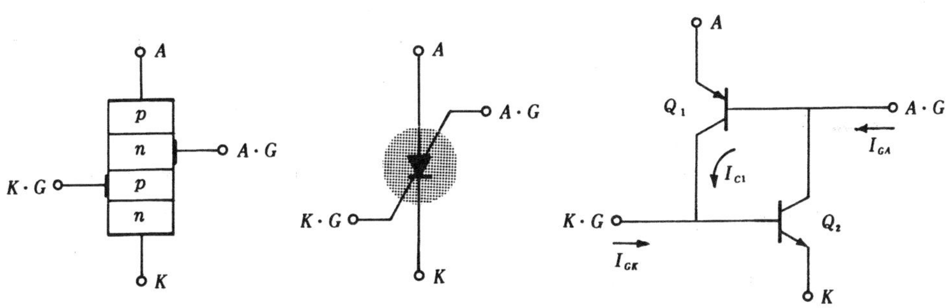

(a) 구조 (b) 기호 (c) 등가구조

[그림 7·31] SCS

7·2·8 GTO

GTO(Gate Turn-off Switch)는 [그림 7·32]와 같이 3단자 소자이다. 기호는 SCR나 SCS와는 다르지만 트랜지스터의 등가회로와 같은 특성을 갖고 있다.

GTO는 SCR나 SCS에 비해서 cathode gate에 적당한 펄스를 인가하여 turn-on, 또는 turn-off시킬 수 있는 장점이 있다.[19] 이러한 turn-off 기능으로 인해서 트리거를 위한 게이트 전류가 SCR에 비해서 매우 크다.

즉, SCR의 경우에는 일단 도통상태가 되는 동시에 게이트가 제어기능을 상실하는 데 비해서 GTO는 게이트에 (−)의 전류를 흘려줌으로써 on 상태에서

---

19) SCR니 SCS는 turn-on, turn-off시키려면 보조회로가 필요하다. 그러나 GTO는 보조회로가 필요없다. SCR는 게이트 신호로서 turn-on시킬 수 있으나, turn-off시킬 수는 없다. 게이트에 역바이어스를 가하여 접합 근처에 축적된 캐리어를 빼냄으로써 $\alpha_1 + \alpha_2 < 1$로 하여 on 상태로써 off 상태로 스위칭할 수 있는 SCR를 GTO라고 한다. 때로는 GCS(gate control switch)라고도 한다.

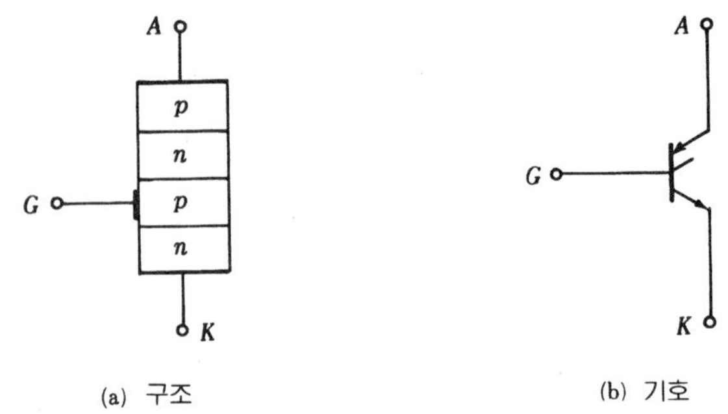

[그림 7·32] GTO

off 상태로 되는 다이리스터이다.

SCR와 GTO가 비슷한 크기의 최대 rms 정격전류를 갖는 경우 특정한 SCR의 게이트 트리거 전류가 30[μA] 정도이나, GTO는 20[mA] 정도나 된다. 그리고, GTO의 turn-off 전류는 트리거에 필요한 전류보다 약간 큰 편이며, 일반적인 GTO의 최대 rms 정격전류와 정격소비전력은 약 3[A]와 20[W]이다.

GTO의 또 한 가지 중요한 특성은 개선된 스위칭 특성이라 하겠다. turn-on 시간이 SCR의 1[μs]와 비슷하지만 turn-off 시간은 1[μs]로서 SCR의 turn-off 시간 5~30[μs] 보다 훨씬 작다는 것이다. 즉, GTO의 turn-off 시간이 SCR의 turn-on 시간 1[μs]와 비슷하기 때문에 이 소자를 고속 스위칭 소자로서 응용할 수 있다는 것이다.

■ 응용부분

GTO의 응용으로는 카운터, 펄스 발생기, 멀티바이브레이터, 전압조정기 등을 들 수 있다. [그림 7·33]은 제너 다이오드와 GTO를 이용한 간단한 톱니파 발생기이다.

전압이 공급되면 GTO는 turn-on되어 $A \sim K$ 간은 단락회로로 동작되고, 캐패시터 C_1은 가해진 전원전압까지 충전하며, 이 충전에 의하여 C_1에 걸리는 전압이 제너 전압보다 더 커지게 되어 $G \sim K$ 사이의 전압은 역방향 전압이 되고 게이트 전류도 역방향이 된다.

결과적으로 (−)의 게이트 전류는 GTO를 turn-off 시키기에 충분한 크기를 갖게 되고, 일단 GTO가 turn-off되면 개방회로와 같고 캐패시터 C_1은 R_3를 통해서 방전하게 된다.

방전시간은 시정수 $T = R_3 C_1$에 의해서 결정되며, R_3와 C_1을 적절한 값으로 조절하면 톱나파를 발생시킬 수 있다. 그리고 일단 출력전압 V_0가 V_Z보다 작아지면 GTO는 turn-on되고 이러한 동작과정은 계속될 것이다.

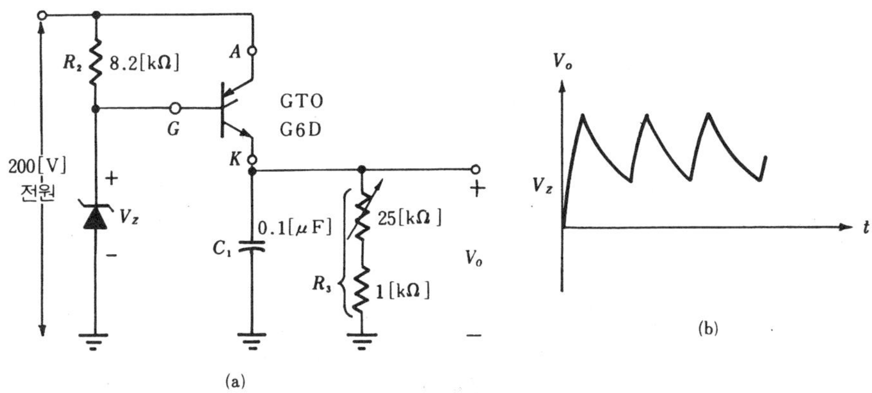

[그림 7·33] 제너 다이오드와 GTO를 이용한 톱니파 발생기

7·2·9 UJT

UJT(Uni-Junction Transistor : 단일접합 트랜지스터)는 1948년에 처음 소개되어 1952년에 상품화된 부성저항 특성을 갖는 트리거 소자이다.

■ 구 조

[그림 7·34]와 같은 기본구조를 갖는 3단자 소자로 그림과 같이 불순물 농도가 낮은 0.5[mm] 정도의 막대모양의 *n*형 Si 슬랩(slab) 양끝에 2개의 베이스를 저항접촉시키고 반대쪽에는 합금된 Al 막대를 접촉시킨다.

또, *n*형 양쪽 끝에 B_1, B_2인 2개의 베이스 단자가 있기 때문에 이중 베이스 다이오드(double base diode)라고도 하며, 단일 *pn*접합을 이루고 있으므로 단일접합 트랜지스터(UJT)라고 한다.

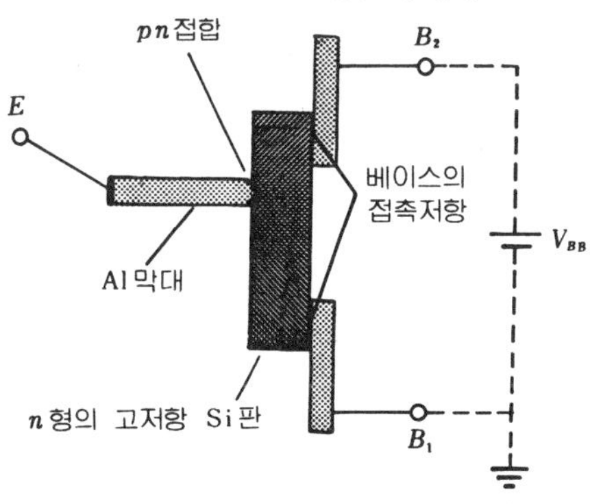

(a) 구조

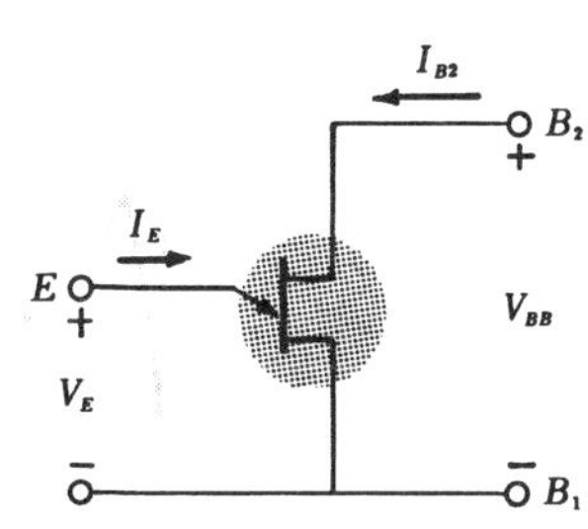

(b) 기호와 바이어스

[그림 7·34] UJT의 기본구조

■ 동작원리

[그림 7·34]에 Al 막대는 B_1 접촉부분보다 B_2 접촉부분이 가깝게 접합되어 V_{BB}에 의해서 두 베이스 단자에 거리는 전압은 B_2가 B_1보다 높다.

여기서 2개의 베이스 B_1, B_2 사이에 전압을 인가하지 않았을 때에는 에미터 E와 B_1 사이의 특성은 pn 다이오드의 순방향 상태와 같고, B_1, B_2 사이에 V_{BB}가 되는 전압을 가하면 E와 B_1 사이의 순방향 특성에 부성저항 특성이 생긴다.

[그림 7·35]은 UJT의 등가회로와 특성곡선을 나타낸 것이다. 이 등가회로는 pn접합의 원리를 그대로 적용한 것이며, 저항 R_{B1}은 I_E에 의해서 변화하므로 가변저항으로 표시되었다.[20]

베이스 저항 R_{BB}는 $I_E=0$일 때 B_1과 B_2 사이의 저항인 수식으로 나타내면 다음과 같다.

$$R_{BB}=(R_{B1}+R_{B2})|_{I_E=0} \tag{7·14}$$

여기서 R_{BB}는 보통 4~10[kΩ] 정도의 범위를 갖는다. [그림 7·35]에서 $I_E=0$일 때 R_{B1}과 R_{B2}의 값은 Al의 위치에 따라 달라진다. $I_E=0$일 때 V_{B1}은 전압분배법칙에 의해서

$$V_{B1}=\frac{R_{B1}}{R_{B1}+R_{B2}}V_{BB}=\eta V_{BB}\Big|_{I_E=0} \tag{7·15}$$

이 된다.

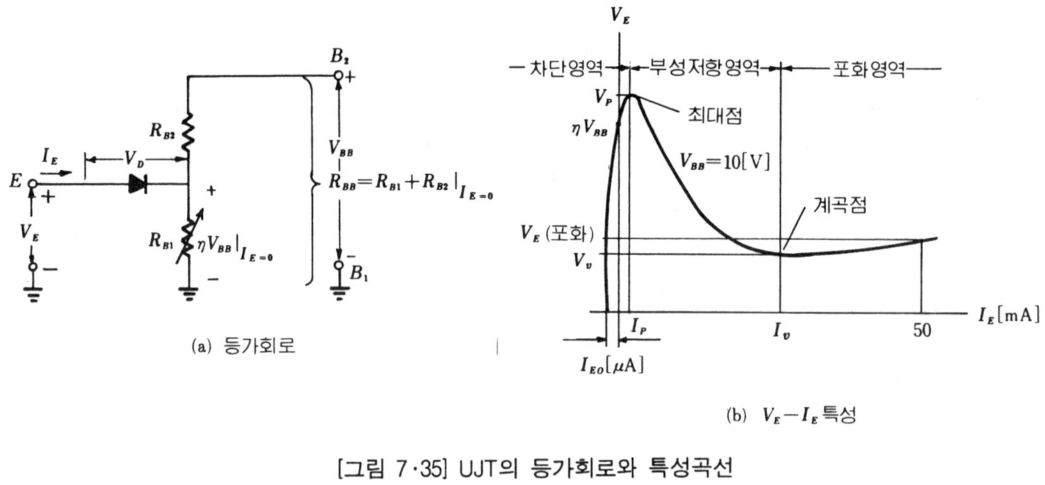

[그림 7·35] UJT의 등가회로와 특성곡선

20) 보통 $I_E=0$~50[μA]로 변화하면 R_{B1}은 5[kΩ]~50[Ω]까지 변화한다. 2개의 베이스 중 하나는 개방상태로 동작된다.

여기서 η는 R_{B1}, R_{B2}에 가해진 전압이 에미터 전압 V_E에 의해서 분할되는 분할비를 개방전압비 또는 스탠드-오프 비(stand-off ratio)라 하고 다음과 같이 정의된다.[21]

$$\eta = \left. \frac{R_{B1}}{R_{B1} + R_{B2}} \right|_{I_E=0} \tag{7·16}$$

$V_{B1} = \eta V_{BB}$일 때에는 에미터 전류는 0이 된다. 즉, 에미터와 베이스 사이의 pn접합이 순방향 전류가 흘러서 도통상태가 되기 위해서는 다이오드의 순방향 임계전압(V_D=0.35~0.7[V])이 필요하다. 에미터의 도통전위, 즉 [그림 7·35]의 특성곡선의 피크 전압 V_P는

$$V_P = \eta V_{BB} + V_D \tag{7·17}$$

와 같다. [그림 7·35(b)]는 V_{BB}=10[V]일 때의 대표적인 UJT의 특성곡선이다. 피크점(V_P, I_P)의 왼쪽에 있는 V_E에 대하여 I_E의 크기가 I_E=0보다 결코 크지 않다는 것을 유의해야 한다. 또 I_{E0}는 접합 트랜지스터의 역방향 포화전류 I_{C0}와 유사하며, V_P보다 적은 왼쪽부분을 차단영역이라 한다.

$V_P = V_E$인 점에서 전도가 일어나면 V_E는 I_E의 증가와 함께 감소하게 된다. 이것은 앞서 설명한 바와같이 I_E가 증가하면 저항 R_{B1}이 감소한다는 이론과 일치하며, 더 많은 정공이 주입되므로 저항값이 감소하게 된다.

그러므로 UJT는 $R=dV/dI<0$이 되는 안정된 부성저항영역을 갖게 되는데 많은 응용부분에 이 특성을 이용한다. 그리고 계곡점 (V_v, I_v)에 도달하면 I_E가 증가해도 포화상태에서 동작하게 되는데, 이 특성은 pn 접합 다이오드와 유사한 특성을 갖게 한다. UJT의 중요한 parameter는 I_P, V_v, I_v이다.

▪ 응용부분

UJT는 부성저항 특성을 이용하여 SCR의 게이트의 트리거 펄스 발생, 톱니파 발진기, 저주파 및 중간주파수대의 스위칭 소자, 쌍안정회로, 타이밍 회로 등에 널리 이용된다.

◀예제 7-1▶ SCR의 양극전류 I_A=30[A]일 때에 게이트 전류 I_G를 1/3으로 줄이면 양극전류의 크기는 얼마인가?

【풀이】 SCR은 일단 turn-on 상태가 되면 게이트 전류는 제어기능을 할 수가 없으므로 양극전류는 그대로 30[A]이다.

---

21) η는 0.47~0.75 정도로서 에미터 전압이 ηV_{BB}일 때 $I_E = 0$이다.

7·2·10 PUT

PUT(Programable Uni-junction Transistor)는 [그림 7·36]과 같이 2개의 트랜지스터를 집적회로적인 제법으로 고감도의 n게이트 SCR의 기능을 갖도록 한 것이다.22)

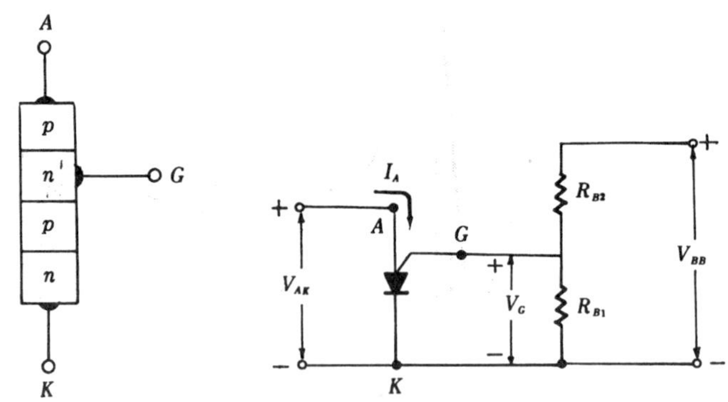

(a) 구조 (b) 바이어스 회로

[그림 7·36] PUT

그림과 같이 PUT는 n형층에 게이트가 직접 연결된 4층 구조의 $pnpn$소자로서 기본적으로는 SCR와 같은 제어기능을 갖는 소자이다. programable이 붙은 것은 UJT에서 정의되는 R_{BB}, V_P, η가 여기에서는 R_{B1}, R_{B2} 및 V_{BB}에 의해서 조정되기 때문이다.

[그림 7·37]에서 $I_G=0$인 경우에 전압분배법칙을 적용하면 다음과 같다.

$$V_G=\frac{R_{B1}}{R_{B1}+R_{B2}}V_{BB}=\eta V_{BB} \tag{7·18}$$

여기서 $\eta=\dfrac{R_{B1}}{R_{B1}+R_{B2}}$이다.

[그림 7·38]은 PUT의 전류-전압특성을 나타낸 것이다. 그림에서 개방상태, 즉 전류 I는 낮고, V는 $0\sim V_P$ 사이인 off 영역과 on 상태($I\geq I_v$, $V\geq V_v$), 그리고 UJT와 같이 불안정영역이 존재한다. 이 불안정한 영역은 off나 on상태로 바뀌어서 안정된 상태로 될 것이다.

PUT를 동작시키는 도통전위 V_P는 UJT에 정의된 피크 전압과 같이 주어진다.

$$V_P=\eta V_{BB}+V_D \tag{7·19}$$

22) 실제적인 구조와 특성은 UJT와는 다르다. 단, V-I 특성과 응용이 UJT와 유사하다.

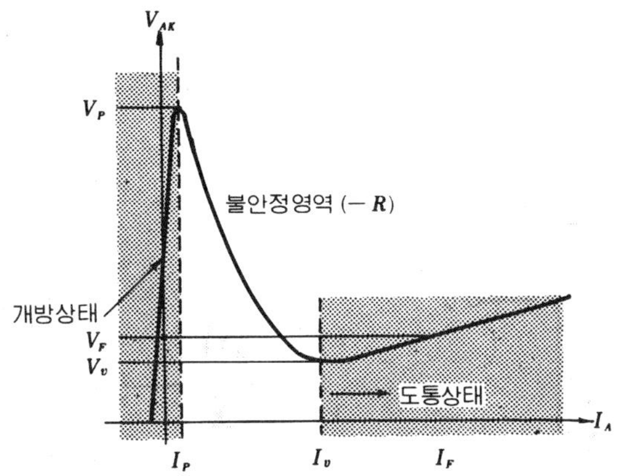

[그림 7·37] PUT의 전류-전압 특성

여기서 V_D는 임계전압으로서 Si인 경우 0.7[V] 정도이다.

■ **UJT와의 비교**

UJT에서는 R_{B1}, R_{B2}가 체적저항과 베이스 접촉저항을 나타내기 때문에 η를 조정할 수 없었다. 그러나 PUT는 R_{B1}, R_{B2}는 소자의 외부에서 η가 조정되므로 turn-on시키는 데 필요한 V_P의 값을 조정할 수 있도록 되어 있다.

또한, UJT와 PUT의 특성곡선은 비슷하지만 PUT의 I_P와 I_v가 UJT의 I_P와 I_v보다 적으며, 또한 최소동작전압도 PUT가 더 작다. 즉, UJT가 발진주기의 온도특성이나 정특성(静特性), 안정성이 양호하지 못한 반면에 PUT는 펄스의 상승시간이 빠르고, 감도가 좋으며, 유지전류 I_H가 적고, 누설전류가 적다는 것이 특징이라 하겠다.[23)]

PUT는 η값을 프로그램할 수 있다는 점과 고감도이고, 누설전류가 적기 때문에 장시간 타이머 회로나, 고정밀의 전압변별회로, SCR의 트리거 소자, 100[kHz] 이하의 발진회로 위상제어, 메모리, 카운터, 컨버터 등에 응용된다.

◀예제 7-2▶ $\eta=0.8$, $V_P=10.3$[V], $R_{B2}=5$[kΩ]일 때 Si PUT에 대한 R_{B1}과 V_{BB}를 결정하여라.

---

23) UJT의 개량소자로서 NEC에서 개발한 EUJT가 있다. EUJT는 스위칭 속도가 빠르고, 소비전력이 적고, 발진주기의 온도특성, 안정성이 좋다. UJT는 소자 내부에 자체의 고유저항 r_1, r_2 등의 parameter와 소자 자체가 갖고 있는 I_P, I_v 등을 외부에서 임의로 조정을 하지 못하는 단점이 있다.

【풀이】 식 (7·18)에서

$$\eta = \frac{R_{B1}}{R_{B1} + R_{B2}} = 0.8$$

$R_{B1} = 0.8(R_{B1} + R_{B2})$이고, $0.2R_{B1} = 0.8R_{B2}$이므로

$$\therefore R_{B1} = 20[\mathrm{k\Omega}]$$

식 (7·19)에서

$$V_{BB} = \frac{V_P - V_D}{\eta} = \frac{10.3 - 0.7}{0.8} = 12[\mathrm{V}]$$

연습문제

7-1 *pnpn* 다이오드에서 Ge을 사용하지 않는 이유를 설명하여라.

7-2 SCR의 등가구조를 회로적으로 설명하고 양극전류가

$$I=\frac{I_{C01}+I_{C02}}{1-(\alpha_1+\alpha_2)}$$

가 됨을 증명하여라.

7-3 다이리스터를 차단상태에서 도통상태로 triggering시키는 방법을 예를들어서 설명하여라.

7-4 더미스터의 재료로서 Si, Ge을 사용하지 못하는 이유는 무엇인가?

7-5 V_{BB}=20[V], $R_{B1}=3R_{B2}$인 Si을 재료로 한 PUT의 η값과 $V_G=\eta V_{BB}$를 구하여라. 이때의 피크 전압 V_P는 얼마인가?

7-6 SiC 바리스터와 Si *pnp* 바리스터를 비교 설명하여라.

7-7 UJT의 등가회로를 설명하고, 부성저항영역에 대해서 설명하여라.

7-8 SCR의 온도가 상승했을 때 생기는 현상에 대해서 설명하여라.

7-9 *pnpn* 다이오드의 구조와 동작원리를 latch 동작이론을 적용하여 설명하여라.

7-10 UJT의 parameter가 갖는 특성을 설명하여라.

7-11 비직선 저항소자로 사용할 수 있는 반도체 소자를 3가지만 들어보고 설명하여라.

7-12 UJT와 PUT의 차이점은 무엇인가? 비교 설명하여라.

chapter

8 열전 및 광전소자

제 8 장

열전 및 광전소자

8·1 반도체의 열전효과

전기가 열로, 열이 전기로 변화되는 것과 같이 전기와 열 사이의 현상을 열전효과(熱電效果, thermoelectric effect)라 한다. 저항체에 전류를 흘러주어 주울(joule)열이 발생하는 것이나, 온도의 변화에 의해서 저항률이 변화하는 것이 열과 전기간의 현상이라 하겠다. 일반적으로 열전효과의 종류에는 제벡 효과(Seebeck effect), 톰슨 효과(Thomson effect), 펠티어 효과(Peltier effect) 등 3가지가 있다.

8·1·1 Seebeck 효과

[그림 8·1]과 같이 다른 종류인 2개의 반도체 또는 도체를 접속하여 양접점의 접합부에 다른 온도로 온도차를 주면 기전력이 발생하는 현상을 제벡 효과

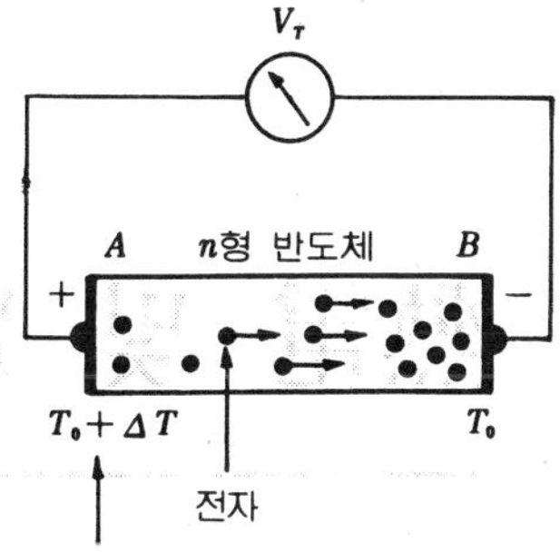

[그림 8·1] Seebeck 효과

라 한다.

제벡 효과는 1821년 T. J. Seebeck에 의해서 발견되었다. 여기서 발생되는 기전력을 열기전력(熱起電力, thermoelectromotive force)이라 하고, 온도차가 1[℃]일 때의 열기전력을 열전능(熱電能, thermoelective power) 또는 제벡 계수(Seebeck coefficient)라 하고, α[V/deg]로 표시한다. 제벡 효과는 온도측정용 열전대(熱電帶, thermocouple)로 실용화되고 있다.

■ **동작특성**

[그림 8·1]은 제벡 효과의 원리를 나타낸 것이다. n형 반도체의 양쪽 끝부분을 동일한 금속선으로 접속하고 가운데에 전위차계 V_T를 놓았다.

여기서, 반도체의 양끝부분 $A \sim B$에 온도차가 없으면 전위차는 생기지 않는다. B부분을 온도 T_0이라 하고, 다른쪽 A부분을 가열하여 $T_0 + \Delta T$로 하면 만들어진 온도차는 $\Delta T(\Delta T > 0)$가 된다.

반도체의 양단에서는 T_0, $T_0 + \Delta T$의 온도에 의해서 가열되어 열에너지를 받게 된다. 이 열에너지 때문에 자유전자가 발생되지만 실험소자가 반도체이므로 B보다 높은 온도로 가열된 A는 자유전자의 농도가 B보다 커지게 된다.

따라서, 전자농도가 높은, 즉 온도가 높은 A에서 B쪽으로 확산운동이 일어나고, A보다 낮은 온도인 B부분에는 자유전자가 과잉으로 축적되어 (−)전하를 띄고, 높은 온도인 A에는 (+)전하, 즉 정공이 남게 된다. 이 때문에 A와 B 사이에는 전위차가 발생하게 된다.[1)]

8·1·2 Thomson 효과

일부에 온도차가 있는 동일한 도체에 전류를 흘려주면 그 부분에 주울열 이외의 열이 발생하거나 흡수되는 현상을 톰슨 효과라고 한다. 톰슨 효과는 1845년 W. Thomson이 이론적으로 예언하고 그 후에 실증된 것이다.

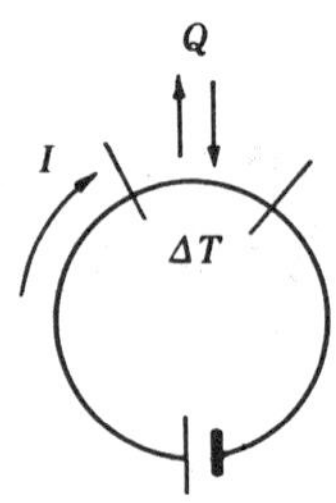

[그림 8·2] 톰슨 효과

1) 이 Seebeck 효과를 이용해서 열에너지를 전기 에너지로 변환할 수 있다.

[그림 8·2]는 톰슨 효과를 나타낸 것이다. 이 그림과 같이 부분적으로 온도의 구배가 있는 하나의 도체의 전류 I를 흘려주면 주울열 이외의 열이 이 도체에서 흡수되거나 발생된다.

이 경우 발생되는 열량 Q는

$$Q = \gamma I \varDelta T \tag{8·1}$$

로 되고 γ를 톰슨 계수라고 한다.

8·1·3 Peltier 효과

[그림 8·3]과 같이 서로 다른 두 종류의 금속이나 반도체를 접속하여 전류를 흘려주면 주울열 이외의 열이 그 접합부에서 발생하거나 열의 흡수가 일어나는 현상을 펠티어 효과라 하고, 이 효과는 제벡 효과와는 역관계의 현상이라 하겠다.

펠티어 효과는 1834년 J. C. A. Peltier에 의하여 발견되었다. [그림 8·3]에서 전류의 방향을 반대로 하면 열의 발생과 흡수가 반대로 되기 때문에 이 효과는 가역성이 있다고 하겠다.

■ 동작원리

[그림 8·3]에서 n형 반도체와 금속을 접속하고 외부에서 전압 V를 인가하면 점선의 화살표와 같은 방향으로 전류가 흐른다.

다수 캐리어인 전자가 금속으로부터 접촉면 A를 통하여 n형 반도체로 흘러 들어가면 에너지를 흡수하게 된다. 이 때문에 접촉면 A의 부근에는 온도가 내려가고 주위에서 열을 흡수하게 된다.

반대로 전자가 n형 반도체에서 접촉면 B를 통하여 금속으로 흘러 들어가면 에너지는 방출되고 접촉면 B의 부근에서는 열이 발생한다.

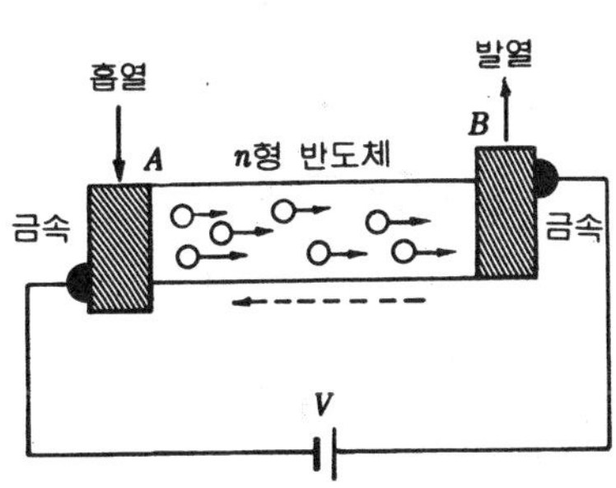

[그림 8·3] Peltier 효과

p형 반도체인 경우에는 위의 현상과는 반대로 열의 흡수 또는 발생이 생긴다.[2] 접촉면의 온도차가 ΔT일 때의 기전력을 ΔV라 하면

$$Q = \frac{\Delta V}{\Delta T} \tag{8·2}$$

가 되고 Q를 열전능(熱電能)[3]이라 한다. Q는 실험적으로 온도 T에 관하여 1차식으로 표시할 수 있다.

$$Q = a + bT \tag{8·3}$$

여기서, a와 b는 금속의 종류에 따라 결정되는 열전상수이다.

8·1·4 전자냉각

앞에서 설명한 바와같이 펠티어 효과는 전류의 방향을 반대로 하면 열이 발생했던 부분은 에너지를, 즉 열을 흡수하고, 반대로 열을 흡수했던 부분은 열을 발생하게 된다.

이와같이 발생 또는 흡수되는 열량은 전류에 비례한다. 전자냉각(또는 전자냉동)은 펠티어 효과를 이용한 것으로 펠티어 상수가 큰 재료일수록 전자냉각기의 요소로써 적합하며, 재료 하나하나의 열전능이 크고 열전능의 부호가 다른 재료일수록 좋다.

두 종류의 도체가 금속인 경우에는 흡수하는 열량은 적고 1~2[℃]의 온도차를 겨우 만들 수 있다. 그러나 반도체인 경우, 즉 적당한 재료의 n형 및 p형 반도체를 조합한 것은 확실하게 큰 펠티어 효과가 생기므로 충분하게 큰 냉각소자로서 사용할 수 있다. 이러한 소자를 열전소자(熱電素子)라 하며, 이와같은 방식의 냉각수단을 전자냉각(電子冷却)이라고도 한다.

[그림 8·4]는 전자냉각의 원리를 표시한 것으로 p형 반도체와 n형 반도체를 금속판 A로 접촉하여 직류를 가한 것이다. 펠티어 효과의 동작 원리를 적용해서 생각하면,

① n형 반도체의 열전능 < 0

---

2) 접촉면에서 발생되는 열량을 H[cal], 전기량을 Q[C]라 하면

$$H = PQ\,[\text{cal}]$$

의 관계식이 성립된다. 이 식에서 P는 펠티어 상수이다. 참고적으로 안티몬-비스머스의 펠티어 상수는 10.7×10^{-3}[cal/C]이다.

3) Seebeck 효과에서 각종 금속의 종류 및 접촉점의 온도차에 따라 발생되는 열기전력은 다르다. 따라서 각종 금속의 열전기적 성질을 비교하기 위하여 2개의 접촉점의 온도차가 1[℃]일 때의 열기전력을 기준으로 하여 열전능 또는 열전력이라 한다. 이 열전능은 모든 온도에 있어서 일정한 값이 아니고, 두 점의 온도차가 똑같이 1[℃]라 해도 두 점의 온도의 높고, 낮음에 따라 다르다. 대부분의 금속에서 열전능은 $10^{-5} \sim 10^{-6}$ [V/deg] 정도이다.

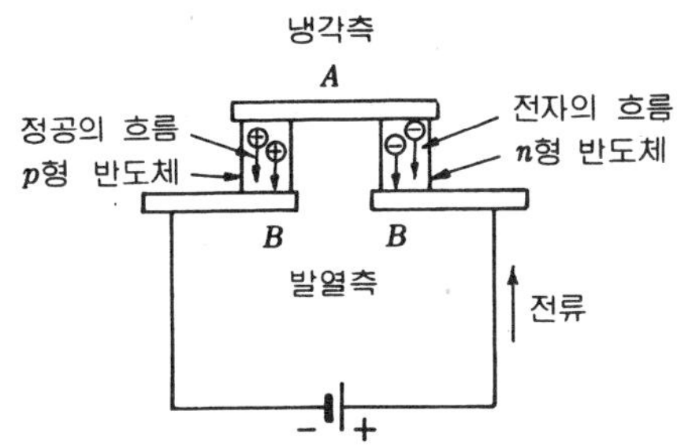

[그림 8·4] 전자냉각의 원리

② p형 반도체의 열전능 > 0

③ 금속의 열전능 ≃ 0

이므로 n형 반도체와 p형 반도체를 금속 중심으로 하여 접촉해서 전류를 흘려주면 금속과 n형 반도체의 접촉면과 p형 반도체의 접촉면에서는 모두 열을 흡수하게 된다.

따라서 금속판과 접촉된 부분에서 냉각작용이 생기게 된다. 즉, A에서는 흡열작용이, B에서는 발열작용이 생긴다.

만일, 발열측에 방열판을 붙여서 냉각시키면 흡열층은 점점 더 냉각되어 큰 온도차를 얻을 수 있다. 또한, 전류의 방향을 바꾸게 되면 열의 흡수, 발생이 반대로 되므로 가열과 냉각작용을 모두 이용할 수 있다. 전자냉각에 사용되는 반도체 재료는 펠티어 효과가 큰 것이 선택되어지며, 〈표 8·1〉에 나타낸 바와 같이 보통 $Bi_2(TeSb)_3$ (n형), $(BiSb)_2Te_3$(p형) 등의 금속화합물 반도체가 쓰인다.[4]

현재 쓰이는 전자냉각용 소자는 대용량일 때에는 가스 냉각에 비하여 효율이 낮아서 사용이 곤란하지만, 소규모 용량인 경우에는 가격이나 효율적인 면에서 가스 냉각보다 유리하다.

또한 전자냉각의 성능지수 Z는 다음과 같이 표시된다.

$$Z = \frac{\alpha^2}{\eta \rho} \tag{8·4}$$

여기서 η는 열전도도, ρ는 저항률, α는 열기전력계수를 뜻한다. 성능지수 Z가 클수록 냉각재료로써 적당하며, 최근에는 최대 효율이 25[%], 최대 온도차가 70[℃] 정도까지 된다.

---

4) 1개의 열전소자의 흡열량은 1~1.5[cal/h]인데, 필요한 갯수를 cascade 접속방법을 써서 냉각능력을 올린다.

〈표 8·1〉 전자냉각재료

	$\alpha[\mu V/deg]18[℃]$	$\eta[W/m \cdot deg]$	$\rho[\Omega \cdot m]\times 10^{-6}$	$Z[deg]\times 10^{-3}$	융 점	측정 온도
Pb_2Te_3	236	2	12	2.3	573	18
$n\,Bi_2Te_3$	−173	2.8	5.8	1.9	573	18
$(BiSb)_2Te_3$	+171	1.4	7.3	2.9	~550	18
$Bi_2(TeSb)_3$	−192	1.5	8.6	2.9	~550	18

■ **응용부분**

전자냉각은 가동부분이 없으며 음향, 진동, 마모가 없고 수명은 반영구적이다. 전류의 방향에 따라서 냉각과 가열이 가능하고 정밀한 온도제어에 편리할 때가 많다.

그러나, 효율이 나쁘고 특히 냉각능력이 비례하고 있는 것도 저전압 대전류(전압으로서는 1개의 소자당 약 0.08[V])의 직류전원이 필요하기 때문에 불편하다. 그러므로 냉각장치 본체에 비해서 대규모인 전원장치가 필요하게 되는데 50[W] 정도까지의 소형 냉동기에는 실용성이 있다.

특히, 국부적 냉각이 잘되며, 전자부품인 트랜지스터나, 광전자증배관의 냉각, 이화학기계용, 사진현상 기구용 저온장치, 공업용 계측기기의 항온 또는 냉각장치용으로 적합하다.

8·2 광전효과

빛을 물질에 조사할 때 전기적 성질이 변화하고, 또는 물질에 가해지는 전기에너지가 빛으로 변환되는 현상을 광전효과(光電效果, photoelectric effect)라 한다. 빛을 조명용 광원으로서가 아니라 정보의 검출, 전송, 축적, 기록 등의 처리를 하는 매체로써 사용하는 것도 전자분야에서는 매우 중요하다. 빛과 전기의 두 부문에 걸친 현상을 다루는 분야를 총괄해서 opto-electronics라는 용어가 사용되며 전자부품에도 이 개념이 도입되고 있다.

여기에서는 빛에서 전기로, 전기에서 빛으로 변환하는 소자들과 그 원리에 대해서 설명한다.

8·2·1 광기전력 효과

빛이 조사되면 기전력이 생기는 현상을 광기전력 효과(光起電力效果)라 한다. 반도체의 pn 접합을 이용한 태양전지 또는 포토 트랜지스터(photo transistor)도 이 효과를 이용한 것이다.

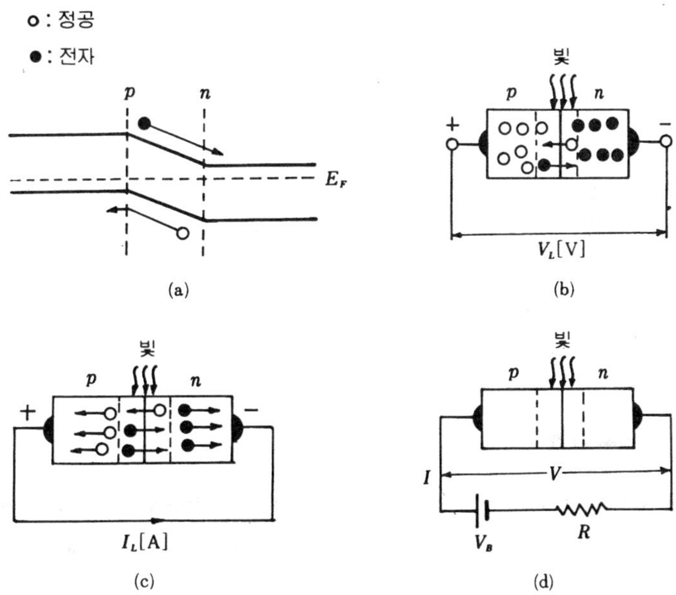

[그림 8·5] 광기전력 효과

[그림 8·5]는 광기전력 효과의 원리를 나타낸 것이다.

■ 동작특성

[그림 8·5]와 같이 *pn* 접합에 외부의 바이어스가 없으면 개방회로의 전위차, 즉 광기전력을 얻을 수 있다. 이러한 원리를 이용한 광기전력전지가 태양전지의 기본요소가 된다. 이 기전력은 공간전하영역 내에서의 전계를 고려함으로써 이해할 수 있다.

즉, *pn* 접합면의 공간전하영역에 빛을 조사하면 캐리어의 결합층에는 전자-정공쌍(EHP)이 발생하여 에너지 장벽의 경사에 의해 정공을 *p* 형쪽으로, 전자는 *n* 형쪽으로 향하는 경향이 있다.

개방회로 상태에서 정공은 *n* 형 단자 근처에, 전자는 *p* 형 단자 근처에 축적되어 전지와 같은 광기전력을 일으키게 되며, 또한 단락상태의 접합면에서는 *n* 형으로부터 *p* 형쪽으로 향하는 전류가 흐르게 된다. 요약하면 다음과 같다.

① 개방회로 상태에서는 *p* 형쪽이 (+), *n* 형쪽이 (−)로 대전되어 기전력 V_L[V]이 발생한다.[5)]

② 단락상태에서는 [그림 8·5(c)]와 같이 접합면에 *n* 형으로부터 *p* 형으로 향하는 전류가 흐르므로 외부회로에는 화살표 방향으로 전류 I_L[A]가 흐른다.

5) 이때의 에너지는 입사광자로부터 얻어지고, 실제로 태양 에너지의 14[%] 정도 전기 에너지로 변화시키는 태양전지가 있다.

■ 광기전력 효과의 전압-전류특성

[그림 8·5(d)]의 회로는 pn접합에 외부회로인 전압 V를 인가한 상태를 나타낸 것이다. 이 회로에서는 다음의 두 가지 특성을 생각할 수 있다.

(1) pn 접합에 빛을 조사하지 않은 경우

이 pn접합, 즉 pn 다이오드에 흐르는 전체전류는 이상적인 다이오드의 전류식으로부터 다음과 같다.

$$I_T = I_0\,(e^{V/V_T} - 1) \tag{8·5}$$

(2) pn 접합에 빛을 조사한 경우

이때에는 빛에 의한 광전류 I_L이 빛을 조사하지 않았을 때의 전류식 (8·5)와는 반대방향으로 흐르게 되는데, 수식으로 나타내면 다음과 같다.

$$I = I_T - I_L = I_0(e^{V/V_T} - 1) - I_L \tag{8·6}$$

따라서, 개방된 단자전압을 V_0라고 하면 $I=0$이 되므로

$$V_0 = V_T \ln\left(1 + \frac{I_L}{I_0}\right) \simeq V_T \ln \frac{I_L}{I_0} \tag{8·7}$$

이 된다. 이와같이 pn 접합면에 빛을 조사하면 내부에 광기전력이 발생하고 하나의 폐회로(loop circuit)로 하면 n형쪽에서 p형쪽으로 전류가 흐르게 된다.

[그림 8·6(b)]에서 ①은 빛을 조사하지 않았을 때 흐르는 전류인데 단순히 pn 다이오드의 정류작용에 의한 V-I 특성이라 한다. 이때에 흐르는 전류를 암전류(暗電流, dark current) I_D라고 한다. ②는 광기전력 효과에 의한 V-I 특성인데 I-IV 상한에 나타나는 V-I 특성은 순방향전압이 인가되고 빛을 조사한 경우이다.

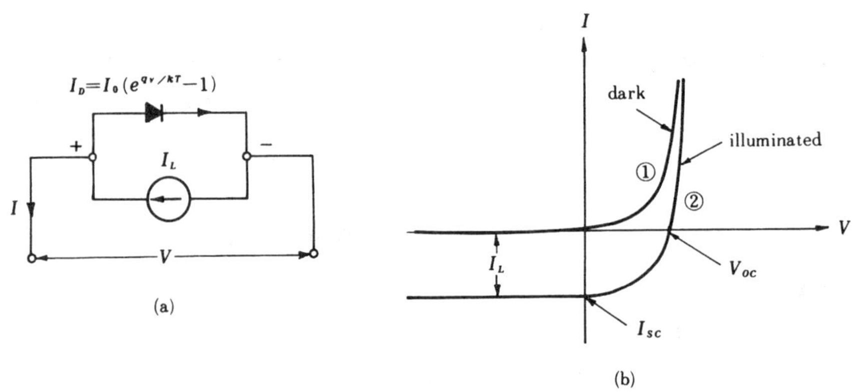

[그림 8·6] 광기전력 효과의 V-I 특성

그리고 (−)를 나타내는 전류값은 광전류가 인가된 전류가 크기 때문에 나타난 현상이다. 또, Ⅲ상한의 V-I 특성은 역방향전압이 인가되고 빛이 조사되었기 때문에 광전류 I_L만 증가하는 것으로 되어 있다.

8·2·2 광도전 효과

어떤 물질(반도체 등)에 빛을 조사하면 이 물질은 빛에너지를 흡수하여 캐리어의 수가 증가하고 도전율이 변화하는 현상을 광도전 효과(光導電效果, photo conductive effect)라 하며, 내부광전효과라고도 한다.

이 효과는 1873년 W. Smith가 Se에다 빛을 조사해서 전기저항이 감소한다는 사실을 발견하였고, 1950년에 TV 촬상관의 광전면에 이용함으로써 처음으로 실용화되었다.

■ **동작특성**

[그림 8·7]은 진성 반도체의 광도전 현상을 나타낸 것이다. 여기서 진성 반도체를 광도전체(光導電體, photo conductive cell 또는 photo-cell)라고 한다.

[그림 8·7]과 같이 광도전체에 전압 V[V]를 인가하여 전류를 흘려주고 여기에 빛을 조사하면 빛에너지 $E=hf$[J]이 광도전체인 반도체에 흡수되어 캐리어가 증가되고 이에 따라 자유전자수가 증가해서 전류는 증가된다. 이 전류를 광전류(光電流)라 한다.6)

[그림 8·7]에서 전원으로부터 광도전체에 흐르는 전류는 두 가지로 해석된다. 하나는 빛에너지 $E=hf$에 의한 광전류 I_L과 또 하나는 열에너지에 의한 전류 I로 나타낼 수 있다. 전체전류는 $I+I_L$의 형태가 된다.

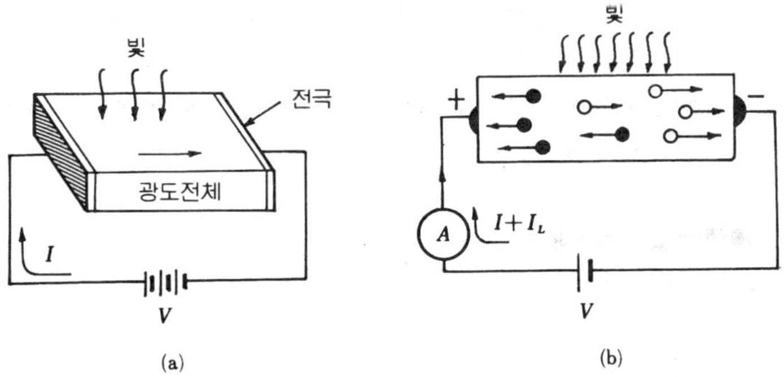

[그림 8·7] 진성 반도체의 광도전 현상

6) 빛을 조사하지 않을 때의 전류를 암전류, 빛의 조사에 의한 전류의 증가분을 광전류라 한다.

$$\text{광감도(photo-sensitivity)} = \frac{\text{광전류}}{\text{암전류}} = \frac{I_L}{I_D}$$

광감도가 큰 것이 이상적인 광도전체라 할 수 있고, 우수한 광도전체는 CdS라 할 수 있다.

■ 에너지대 해석

[그림 8·7(b)]와 같이 빛에너지가 광도전체의 금지대륙보다 큰 에너지가 가해지면 전자는 전도대로 올라가고 캐리어의 수가 증가한다. 광도전체가 불순물 반도체라 하면 빛에너지는 불순물에 흡수되어 불순물에 잡혀있던 전자를 떼어 내어서 캐리어를 형성한다.

다시 설명하면 p형 반도체의 캐리어는 정공, n형 반도체에서의 캐리어는 전자인 한 종류의 캐리어가 된다는 뜻이다. 전계를 가했을 때 불순물 반도체의 광전류의 전자는 전계와 반대방향으로 정공은 전계와 같은 방향으로 흐르게 된다.

■ 광도전성을 나타내는 물질

광도전성을 나타내는 물질에서 잘 알려진 것을 나타내면 다음과 같다.

① 단체 : Si, Ge, Se
② 산화물 : ZnO, PbO
③ 카드뮴 화합물 : CdS, CdSe, CdTe
④ 연합화합물 : PbS, PbSe, PbTe
⑤ 금속과의 산화물 : InSb, ZnS, Sb_2S_3, InAs

〈표 8·2〉 대표적인 광도전 물질의 장파장 한계

물 질	장파장 한계 300[°K], μ	물 질	장파장 한계 300[°K], μ
진 성		GaSd	1.85
ZnS	0.34	PbS	2.1
ZnO	0.38	InAs	3.5
ZnSe	0.48	PbTe	4.0
CdS	0.51	InSb	7.7
CaP	0.52	불순물을 포함한 경우	
ZnTe	0.59	ZnS : Cu	0.38
Se	0.60	CdS : Cu	0.69
Sd_2S_3	0.63	Si : Au	3.8
CdSe	0.72	Ge : Fe	4.1, 4.6
AlSb	0.78	Si : In	9.0
CdTe	0.86	Ge : Au	5.5, 9.0<15
GaAs	0.92	Si : B	30
InP	1.0	Ge : Cu	29
Si	1.1	Ge : Zn	>38
Ge	1.8		

이것을 재료로 해서 만든 광도전소자는 촬상관의 광전면, 필름의 사운드트랙의 재생, 적외선 검출, 광통신, 온도측정, TV 수상기의 자동휘도 조정, 카메라의 자동노출기 등에 널리 응용된다.

광도전소자는 광전지에 비해서 출력전류가 크고 증폭기나, 특히 고감도의 계전기(relay) 같은 것이 필요하지 않으므로 매우 유리하다. 광도전소자를 실제로 응용할 때는 요구되는 파장감도 특성에 따라 소자의 재료를 선택한다.

예를 들면 X선, γ 선 영역에는 CdS, CdSe계가, 적외선 영역에는 PbS 및 PbSe계가 사용된다. 그리고 광도전소자의 응답특성은 그렇게 빠른 편은 아니다. 100[lux] 정도의 조도에서는 CdS는 수100[ms], CdSe는 수[ms] 정도이다.

8·2·3 광전자 방출[7)]

금속 등의 물질에 빛을 조사하면 전자가 빛에너지를 흡수하여 전자의 운동에너지가 증가하고, 이 금속의 표면으로부터 전자가 방출되는 현상을 광전자 방출(光電子放出, photo electric effect) 또는 외부 광전효과라 한다.

이 현상은 1888년에 W. Hallwaches가 금속면으로부터 광전자방출을 발견한 것이 처음이고 A. Einstein의 광양자설에 의하여 빛의 입자성을 증명하는 근거가 되었다. 이 현상은 광전관, 광전자증배관 등에 널리 이용되고 있다.

광전자방출 재료에는 다음의 것이 주로 사용된다.

■ **은-세슘**(Ag-O-Cs)

Ag를 증착 산화하여 Cs를 반응시켜서 제조하며, 가장 긴 파장까지 감도를 나타낼 수 있다.

■ **안티몬-세슘**(Sb−Cs)

Sb를 증착하여 Cs를 반응시킨다. 광전관, 광전자 증배관에 이용된다.

■ **은-비스머스-세슘**(Bi-Ag-O-Cs)

Ag 및 Bi를 동시에 증착 산화하여 Cs를 반응시킨다. 가시광선에 대하여 감도를 나타내며 촬상관, 광전자증배관 등에 이용된다.

◀예제 8-1▶ 어떤 금속표면에 6500[Å] 미만의 파장을 갖는 빛을 조사했을 경우에 광전자가 방출되었다면 이 금속의 일함수(work function)은 얼마인가?

---

7) 제1장 양자론에서 상세한 설명이 있으므로 개요 및 응용만 설명했다.

【풀이】 $E=hf-W=\frac{ch}{\lambda}-W$에서 파장 $\lambda=6500[\text{Å}]$일 때 $E=0$이므로

$$W=\frac{ch}{\lambda}=\frac{6.624\times10^{-34}\times3\times10^{8}}{6500\times10^{-10}}[\text{J}]\fallingdotseq3.06\times10^{-19}\times\frac{1}{1.6\times10^{-19}}[\text{eV}]$$
$$\fallingdotseq1.9[\text{eV}]$$

8·3 광전소자

8·3·1 광 전 지

pn접합에 빛을 조사했을 때 외부회로가 개방되어 있으면 기전력이 생긴다. 이 광기전력을 이용하는 것을 광전지(光電池)라 한다.

광전지에는 Ge이나 Si의 pn접합을 사용하는 이외에 금속과 반도체의 정류성 접촉인 Se이나 아산화동 광전지가 널리 사용된다. 아산화동 광전지는 동의 기판에 아산화동 피막을 만든 다음 도전층으로서 Au를 증착시킨 것이다.

Se 광전지는 시감도(視感度)에 가까운 파장감도 특성을 갖고 있으며, 조도계

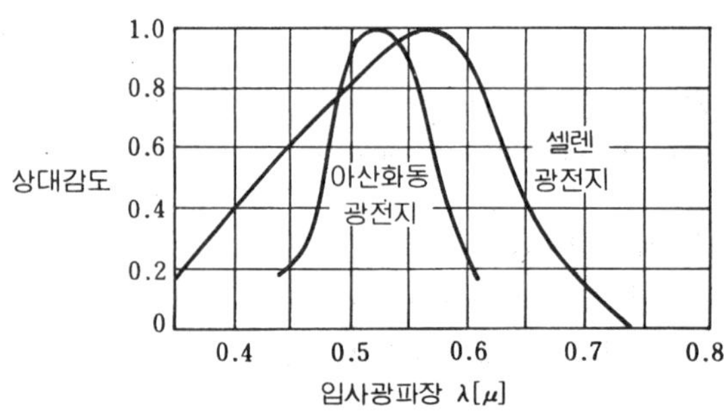

[그림 8·8] 광전지의 파장감도 특성

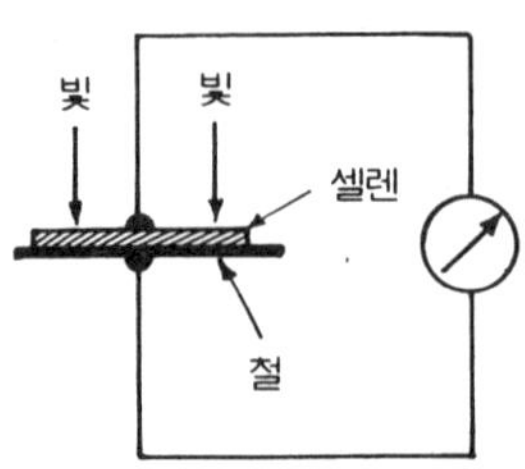

[그림 8·9] Se 광전지의 구조

나 카메라의 노출계 등에 쓰인다. 더구나 광기전력은 아산화동 광전지의 2~3배 정도나 된다.

그러나, Se 광전지도 광전변환 효율은 나쁘기 때문에 취할 수 있는 에너지가 적으며, 전원으로 사용하기에는 적당하지 못한다.8)

8·3·2 태양전지

Se 대신에 Si의 p형, n형 반도체를 이용하면 광전변환 효율이 양호하고 전기 에너지가 큰 전원으로 이용할 수 있다. 이 태양전지는 광전지의 일종으로 태양의 빛이나 강도가 높은 빛에 의하여 광기전력을 전원으로 이용하는 전지이다.

[그림 8·10]과 같이 n형 Si판(지름 20~30[mmϕ]의 표면에 불순물로써 붕소를 확산해서 만든 Si의 pn접합이 사용된다.9) 따라서, 두께가 아주 얇은 p형 확산층에 빛이 조사되면 대전된 (+), (−)전극 사이에서 기전력이 생긴다.

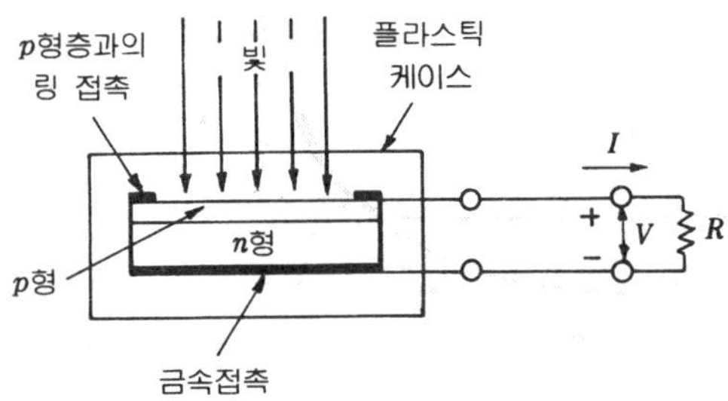

[그림 8·10] Si 태양전지의 구조

■ 동작특성

[그림 8·11]에 Si 광전지의 특성을 나타내었다. 보통 소자 1개의 출력전압(개방전압)은 0.4~0.5[V] 정도이며, 단락전류는 10[cm^2]당 25[mA] 정도이고, 취할 수 있는 전력은 10[mW] 정도이다. 따라서, 실제 응용시에는 소자 여러 개를 직병렬로 접속해서 적당한 전압, 전류를 얻는다.

[그림 8·10]에서 부하저항 R를 접속하고 세기가 500[fe]인 빛을 조사할 때 R에 흐르는 전류, 전압을 측정하면 다음과 같은 특성이 얻어진다.

① R=800[Ω]일 때 V=0.12[V], I=0.14[mA]이므로 부하에 공급된 전력

$$P_{800} = VI = 0.12 \times 0.14 = 0.0168[\mathrm{mW}]$$

가 된다. R=0일 때의 출력전류 I_{sh}를 단락출력전류, R=∞일 때의 출력

8) Se 광전지는 1931년부터 실용되어 왔으며, 광전변환효율이 0.18[%] 정도로 낮기 때문에 근래에는 Si 태양전지가 널리 사용되고 있다.

9) Si판의 두께는 약 0.5[mm] 정도이고, 붕소(B)가 침투된 확산층은 p형층이 된다.

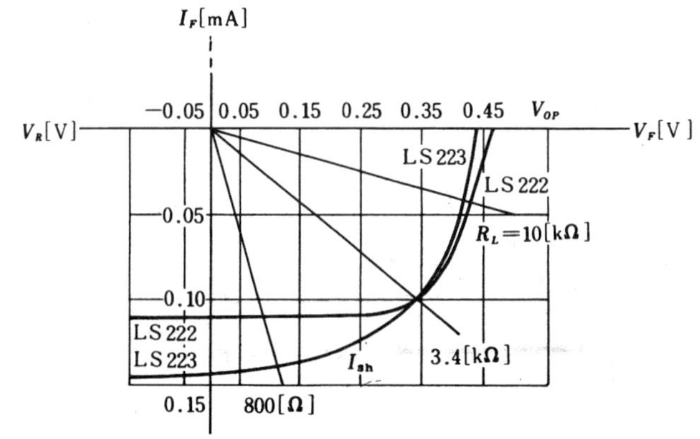

(Texas instruments Inc.)의 특성

[그림 8·11] Si 태양전지 LS222, LS223

전압 V_{OP}를 개방출력전압이라 한다. 여기서 I_{sh}와 V_{OP}는 광전지의 기본적인 성능을 나타내는 기본적인 파라미터이다.

② 공급전력을 최대로 하기 위해서 $R=3.4$[kΩ]으로 선택해서 전력을 구하면

$$P_{3.4K}=0.35\times 0.1=35[\mu W]$$

가 된다.

태양전지는 일광이 조사되고 있을 때만 전원으로 작동하므로 반드시 적당한 2차 전지와 여러 개 조합하여 큰 출력을 얻어서 사용해야 한다. 예를 들면 무인등대용의 전원으로 200[W] 이상의 출력이 실용화되고 있다.

이밖에도 태양전지는 무인중계소, 인공위성에 싣는 무선기기의 전원으로 이용되고 있다.

참고적으로 Si 태양전지의 이론적인 V-I 특성식은 다음과 같다.

$$I=I_{sh}-I_0(e^{qV/kT}-1) \tag{8·8}$$

여기서 I_{sh}는 단락출력전류, I_0는 pn 전압의 역포화전류이다. 이 식에서 $I=0$으로 놓으면 개방출력전압 V_{OP}를 구할 수 있다.

$$V_{OP}=\frac{kT}{q}\ln\left(\frac{I_{sh}}{I_0}+1\right) \tag{8·9}$$

◀예제 8-2▶ Si 태양전지의 특성을 열거하여라.

【풀이】 ① 장치가 간단하고 고장시에 보수가 편리하다.
② 종래에 이용되지 않은 풍부한 에너지 자원을 얻을 수 있다.
③ 일광이 조사될 때에만 전원으로 작동되므로 2차 전지를 여러개 조합해서 사용해야 한다.
④ 빛의 세기에 따라 출력이 변하므로 출력의 여유가 필요하다.
⑤ 광전변환효율이 높다. (10~20[%] 정도)
⑥ 응용범위가 넓다.

8·3·3 Photo diode

빛을 검출할 때 *pn* 접합을 이용할 수도 있다. 이것은 *pn* 접합의 역바이어스에 의한 전류가 빛에 대해서 민감하기 때문이다. *pn* 다이오드의 역방향전류는 소수 캐리어의 농도에 비해서 매우 작으며, 소수 캐리어는 열이나 빛에 대해서 매우 민감하므로 광감도가 좋은 광검출기를 얻는 데는 다이오드의 역바이어스 특성을 이용한다.

[그림 8·12]는 포토 다이오드(photo diode)의 구조이며, 플라스틱 용기 속에 *pn* 다이오드를 넣어서 만든 것이다.

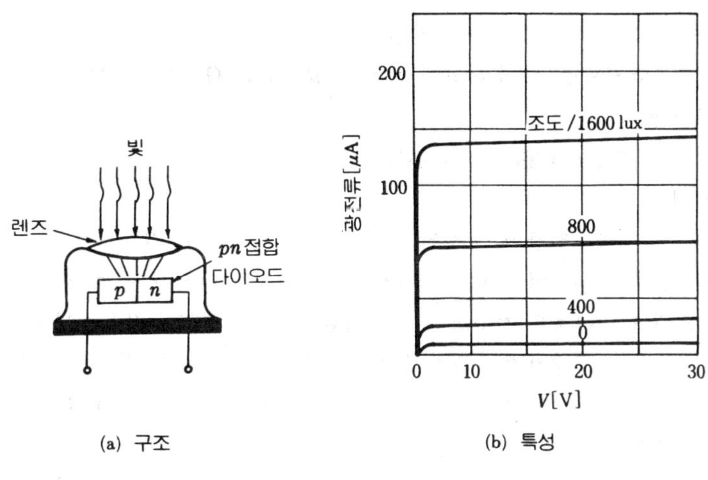

[그림 8·12] 포토 다이오드

■ 동작원리

역바이어스 된 *pn* 다이오드에 빛을 조사하면 출력전류가 광속(光束)에 따라 선형적으로 증가한다. 이 성질을 이용해서 이 다이오드에 수십[V]의 역전압을 인가하면 다이오드의 크기에 관계없이 전류는 거의 일정하다.

간단하게 설명하면,

① 여기서 빛을 차단시켰을 때 흐르는 전류인 암전류(暗電流)는 역포화전류의 열생성된 소수 캐리어 농도에 의해서 흐르게 된다.

② 이 다이오드에 빛을 조사하면 전자-정공쌍(EHP)의 수가 더 증가하므로 빛 에너지를 소수 캐리어의 주입원으로 볼 수 있으며, 이렇게 주입된 소수 캐리어가 *pn* 접합을 넘어서 전류를 흐르게 한다.

■ 전압-전류특성

pn 접합에서 역포화전류 I_0는 소수 캐리어 농도에 비례한다. 따라서 빛이 조사되면 전자-정공쌍이 발생하므로 이 정공과 전자의 확산거리 L_p, L_n 내에 있는 n형쪽에서 생성된 정공과 p형쪽에서 생성된 전자들이 공간전하영역에 끌려와서 광전류(photo current)를 일으키기 때문에 광생성된 전자, 정공전류식은 다음과 같다.

$$I_p = qAL_pG \tag{8·10}$$

$$I_n = qAL_nG \tag{8·11}$$

여기서 A는 단면적, G는 입사광에 비례해서 광생성된 단위체적당의 전자-정공의 생성률이다. 따라서 이 포토 다이오드에 흐르는 총전류는 다음과 같다.

$$I = I_0(e^{qV/kT} - 1) - qAL_nG + qAL_pG \tag{8·12}$$

여기서 첫째항은 역바이어스에 의한 *pn* 다이오드의 암전류이고, 둘째항은 광생성에 의한 광전류이다. 식 (8·12)에서 회로를 단락시키고, 광전류를 I_L이라 하면 다음과 같이 고쳐 쓸 수 있다.

$$I = I_0(1 - e^{qV/kT}) + I_L \tag{8·13}$$

photo diode는 CdS 광도전체나 photo transistor에 비해 광감도는 떨어지기는 하지만 수 100[kHz] 정도의 높은 광신호 주파수의 광신호에 응답할 수 있으며 접합용량은 10[pF] 정도, 동저항은 50[mΩ], Ohm 저항은 100[Ω] 정도된다.

또한, 역바이어스된 전류는 소수 캐리어의 확산에 좌우되므로 *pn* 접합에서 멀리 떨어진 점에서 빛이 조사되면 주입된 소수 캐리어는 접합으로 확산되기 전에 재결합(recombination) 할 수 있으므로 광전류는 접합으로부터 광조사점 사이의 거리의 함수로 나타낼 수 있다. p형측과 n형측에서 소수 캐리어의 확산거리 차이 때문에 약간 비대칭 특성을 갖는다.

8·3·4 Photo transistor

포토 트랜지스터(photo transistor)는 *pn* 접합의 조사되는 입사광에 의한 광전

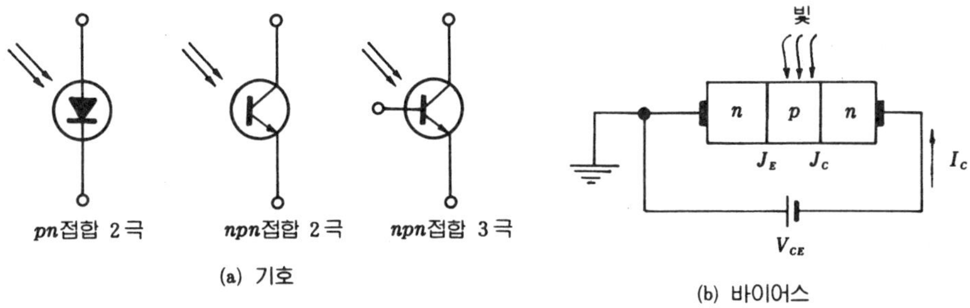

[그림 8·13] 포토 트랜지스터

류를 이용한 것이다. 종류에는 *pn* 접합을 이용한 것, *npn* 또는 *pnp* 접합을 이용한 두 가지 종류가 있다.

보통의 트랜지스터와 다를 것이 없으나, [그림 8·13]에 나타낸 것과 같이 베이스 리드가 없으며, 에미터와 컬렉터의 두 단자로 되어 있는 것이 특징이다.

■ 동작원리

단일의 *pn* 접합에 의한 2극 소자에서는 포토 다이오드라고 하는 것이 옳은 것 같으나 입사광의 작용을 생각해 포토 트랜지스터라고 한다.

트랜지스터의 *EB* 접합부에 빛을 비추면 베이스에 여분으로 광생성된 다수 캐리어가 베이스로 축적되어 마치 에미터에 순방향 전압을 인가한 것과 같은 동작을 한다.

다시 설명하면 *EB* 접합에 빛을 조사하고 *E-C*에 전압을 인가하면 컬렉터 접합에 빛에너지가 집중하게 되어 *EB*접합 J_E는 순바이어스 동작(베이스 개방상태에서)을 하고 *CB* 접합 J_C 는 역바이어스로 된다.[10] 이 경우 $I_B=0$이므로 컬렉터 전류 I_C는 다음과 같다.

$$\left.\begin{aligned} I_C &= (1+\beta)I_{C0} + I_B \\ I_C &\fallingdotseq (1+\beta)I_{C0} \end{aligned}\right\} \qquad (8\cdot 14)$$

이 상태에서 더 많은 양의 빛이 조사되면 빛에너지에 의해서 소수 캐리어는 더욱 증가되고 역포화전류 I_{C0}와 합해서 흐르게 된다. 빛에 의해서 생성된 역포화전류를 I_L이라 할 때 컬렉터 전류는 식 (8·13)으로부터

---

10) photo diode의 역바이어스 특성과 같다. 트랜지스터가 활성영역에서 동작하므로 먼저 빛의 여진이 없으면 소수 캐리어인 전자는 베이스에서 컬렉터로, 또 정공은 컬렉터에서 베이스로 흘러 들어가서 역포화전류 I_{C0}를 형성하게 된다.

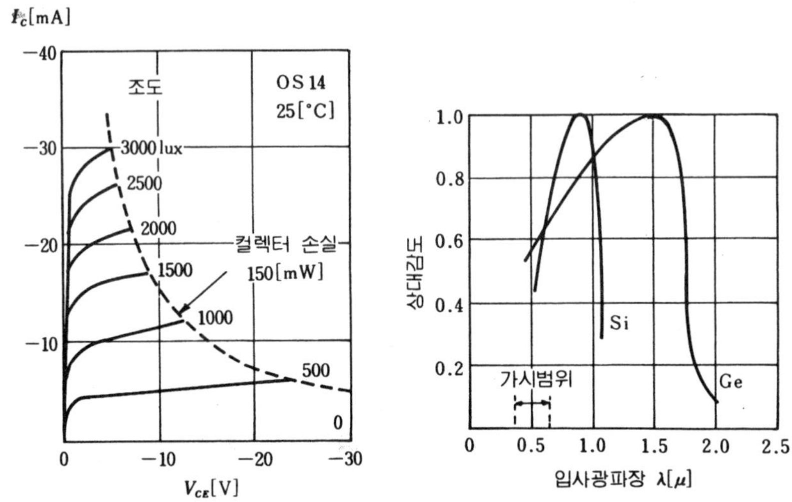

(a) 포토 트랜지스터의 특성　　　(b) 포토 트랜지스터의 파장감도특성

[그림 8·14] 포토 트랜지스터의 특성

$$I_C = (1+\beta)(I_{C0}+I_L) \qquad (8\cdot15)$$

가 된다. 이 식 (8·15)가 갖는 의미는 빛에 의하여 증가된 전류는 트랜지스터의 증폭작용으로 인해서 $(1+\beta)$배가 된다는 것이다.

[그림 8·14]에 포토 트랜지스터의 특성 및 파장감도의 특성을 나타내었다.

■ 응용부분

photo transistor는 외형 자체를 아주 소형화 할 수 있으며, 아주 좁은 장소에 여러 개를 놓을 때에 편리하고, 펀치카드의 판독, 천공 테이프 등에 특히 적합하다.

[그림 8·14]와 같이 파장감도의 특성이 가시광선영역보다도 적외선영역으로 퍼져 있기 때문에 적외선 경보기, 적외선 검출기, 적외선 통신 등에 이용된다. 단일 *pn* 접합에 의한 2극 포토 다이오드에서는 입사광 500[lux]에 대해서 출력 전류 30[μA] 정도의 감도를 갖지만, *pnp* 또는 *npn* 구조로 된 포토 트랜지스터에서는 증폭작용이 가해지기 때문에 500[lux]에 대해 2~4[mA] 정도의 출력 전류를 얻는다. 이것들은 모두 외형이 소형이고, 수광면적도 작기 때문에 직접 계전기를 동작시킬 정도로 큰 출력전류를 얻기는 힘들다.

그러나 다알링턴(darlington) 접속으로 2~3단 직결로 트랜지스터의 칩(chip)을 이용하면 수십[mA]의 출력전류를 얻을 수 있으므로 외부에서 증폭기를 연결하지 않아도 직접적으로 계전기를 접속할 수 있다. 응용한 예를 들어보면 자동차 헤드라이트 전환장치, 가로등 자동점멸장치, 자동개폐장치, 위험방지장치 등에 쓰인다. [그림 8·15]에 photo transistor 측정회로를 나타내었다.

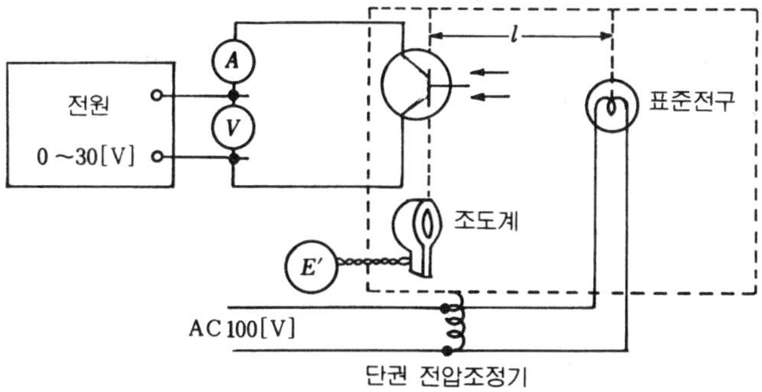

[그림 8·15] 포토 트랜지스터의 측정회로

■ **측정방법**

① DC 전원의 직류출력 및 단권 전압조정기를 0[V]로 놓고 전압 및 거리 L을 조정하고 조도계를 50[lux]로 일정하게 유지한다.

② ①의 상태에서 photo transistor의 V_{CE}를 1[V] 간격으로 증가하면서 전류 I를 측정하여 V-I 특성을 그려본다.

③ 이번에는 조도를 parameter로 하여 전압과 거리를 조정하고 100, 200, 300, 500[lux]에 맞추고 실험 ①, ②를 반복한다.

④ photo transistor의 회전각 θ와 이에 따른 전류 I를 측정해서 θ-I 특성을 만든다.

조도를 500[lux]로 고정하고 전압을 4~5[V]로 고정시킨 다음, 소자를 360° 회전하여 0°~±60°까지는 5°씩, 다른 부분에서는 15°씩 회전시키면서 전류를 측정한다.

8·3·5 LED

앞에서 설명한 바와같이 반도체 내부에서 전자와 전공이 재결합할 때 그들이 갖고 있던 여분의 에너지는 빛에너지나 열에너지로 방출되나, Si나 Ge의 경우 캐리어들이 주로 재결합 중심에 의한 재결합을 하므로 거의 빛을 내지 않는다.

그러나 GaAs, GaP 같은 화합물 반도체 재료를 사용하면 많은 양의 직접재결합이 발생하여 빛을 낸다. 이 원리는 전도대로부터 충만대로 전자가 떨어질 때 발생하는 에너지가 에너지갭 E_g에 해당하는 빛을 방출한다. 이렇게 pn 접합 다이오드에 의해서 주입형 전계발광현상을 이용한 발광소자를 발광 다이오드(Light Emitting Diode : LED)라 한다.

[그림 8·16]에 LED의 점등회로와 동작원리를 나타내었다.

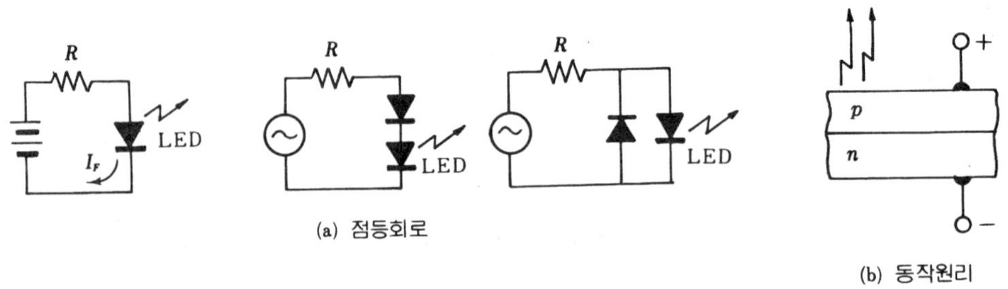

[그림 8·16] LED

■ LED의 기본구조

화합물 반도체로 제조된 발광소자인 LED는 전자 시스템의 표시구동회로에 주로 이용된다. 가시광 LED는 일반적으로 GaP나 GaAs를 재료로 한 화합물 반도체 재료가 많이 사용되지만 최근의 LED는 GaP가 주종을 이루고 있다.

근래에 와서는 SiC를 사용하여 480[nm] 정도의 파장감도를 갖는 청색의 LED

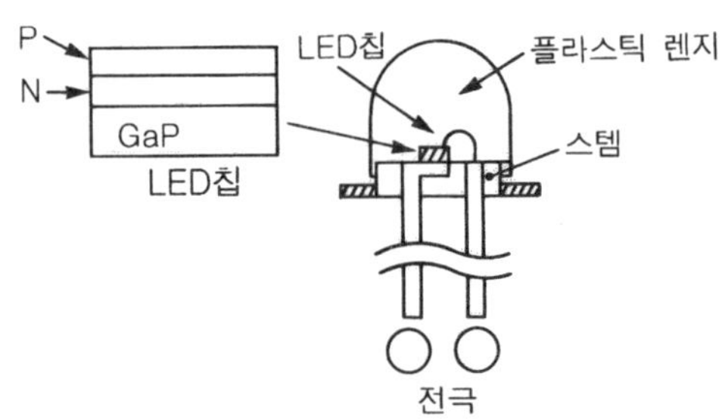

[그림 8·17] LED의 기본구조

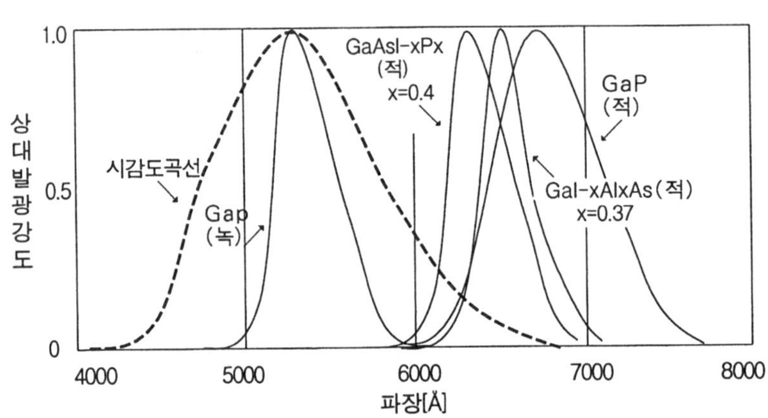

[그림 8·18] 시감도와 발광 스펙트럼

도 개발되고 있으며, 이밖에도 LED의 동작 평균전류값에 따라 적색, 녹색, 등색, 황색 등으로 발광색을 가변시킬 수 있는 multi color LED도 개발되고 있다.

앞에서 설명한 바와 같이 *pn* 접합 동작원리를 이용하여 [그림 8·17]과 같이 GaP를 0.4~0.5[mm] 정도로 절단하여 스템에 마운트(mount)하여 LED 램프를 제조한다.

외형적 모양은 용도에 따라서 원형 또는 삼각형, 사각형 등으로 만든다. [그림 8·18]에 인간의 시감도와 LED의 발광 스펙트럼에 대한 특성을 나타내었다.

■ LED의 특성

LED는 [그림 8·16]과 같이 *pn* 접합에 순방향전압을 가하면 *p*형쪽에서 *n*형쪽으로 정공이, *n*형쪽에서 *p*형쪽으로 전자가 주입된다. 이와같이 전자-정공, 즉 캐리어들이 재결합할 때에 발광현상이 생긴다. 이것을 일반적으로 주입형 전계발광이라 한다.

LED의 발광효율은 순바이어스를 가했을 때 흐르는 전류인 주입전류에 따라서 증가하기도 하고, 온도의 감소에 따라서도 발광효율은 증가한다.

또한 광주파수는

$$f = \frac{E_g}{h}\ [\text{Hz}] \tag{8·16}$$

이 된다. 예를 들어서 (GaAl)As를 재료로 한 LED의 특성을 [그림 8·19]에 나타내었다. GaAs는 E_g=1.43[eV]로 적외선을 발생하고, GaP는 E_g=2.26[V]로 녹색광을 발생한다.[11)]

[그림 8·16]에서 표시한대로 직렬저항을 사이에 두고 직류전원을 이용하거나 또는 역방향 내압을 초과하지 않도록 다른 다이오드를 추가해서 교류를 점등하는 것도 가능하다. 펄스로 점등할 경우 직류점등의 경우와 같은 밝기를 얻으려면 당연히 큰 펄스 전류를 흘려주어야 한다.

LED에서 가장 쉽게 만드는 색광은 적색광인데, 반도체 재료와 그 처리방법에 따라서 녹색광, 황색광, 적외광도 만들 수 있다. 이러한 것을 고체 램프라고도 하며, 저전압, 고휘도로 응답속도가 [ns] 정도로 고속 스위칭이 가능하고 고신뢰도의 램프에 적합하다.

---

11) 이 다이오드는 극히 소형화 할 수 있으므로 [ns]의 고속 스위칭 소자로 사용할 수 있다. 이것은 50[mA]까지의 전류로서 휘도가 높은 적색광을 방사하며, 10[MHz] 정도의 순전류에 비례한 광신호를 얻을 수 있다.

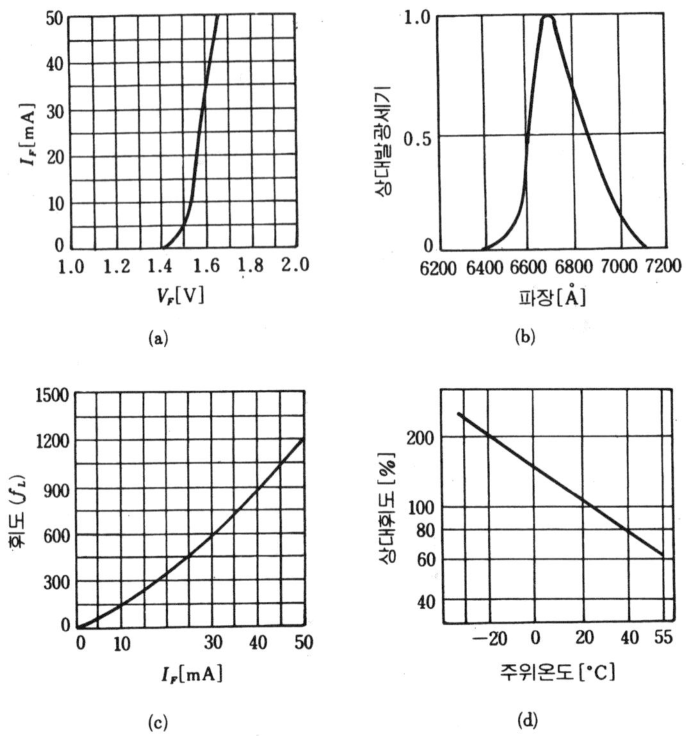

[그림 8·19] LED의 특성

〈표 8·3〉 3족 및 5족 화합물 반도체를 이용한 LED의 특성

재료	발광색	피크 파장 [Å]	발광효율 [%]	순방향전압 [V]	순방향전류 [mA]
GaAs	근적외광	9400	3	1.2	50
GaP	적 색	7000	7	1.8	15
GaP	녹 색	5600	0.2	2.0	50
Ga(AsP)	적 색	6500	0.3	1.6	10
(GaAl)As	적 색	6700	0.4	1.6	10

램프로서 특징을 들면 직류점등이 가능하고, 발광 스펙트럼이 좁아서 단색광이며, 신뢰도가 높다. pilot 램프로서는 수명이 길고, 발광지향성이 없으며, 소비전력이 100~300[mW] 정도로 매우 적다는 것이다. 또한, LED는 응용범위가 매우 넓으나 phto coupler, 검지기, 표시장치 등에 다양하게 쓰인다.

8·3·6 전계발광

전기 에너지에서 빛에너지를 얻는 방법은 조명 이외에도 신호처리, 정보처리를 위하여 전기 에너지를 빛에너지로 충실하게 변환하는 소자가 필요하다. 여기에는 방전과 백열발광을 이용한 기술 이외에도 각종 루미네센스 및 레이저가 실용화되고 있다. 고온의 물체는 그 온도에 특유한 파장분포의 빛을 방사하는데 이것을 온도방사(溫度放射)라 한다.

그러나, 온도에 따라서 결정되는 파장분포와 다른 파장의 빛을 방사하는 경우도 많이 있다. 이 온도방사가 아닌 빛의 방사를 루미네센스(luminescence)라 한다. 루미네센스는 발광기구에 따라서 달라진다.

전계발광(Electro Luminescence : EL)이란 전계에 의해서 여기발광이 생기는 현상으로서, 구체적으로 설명하면 반도체의 성질을 가지고 있는 물질이나 형광체 물질에 전압을 인가하여 전계를 가했을 때 캐리어가 여기되어 여기발광이 일어나는 현상을 EL이라 한다[12]. [그림 8·20]에 전계발광의 단면도를 나타내었다.[13]

■ 전계발광의 종류

전계발광에는 진성전계발광(intrinsic EL)과 주입형 전계발광(캐리어 주입형 EL : carrier injection EL) 두 가지가 있다.

(1) 진성전계발광(고유형 EL이라고도 함)

ZnS와 같은 형광체에 교류전압을 인가하면 전계에 의해 캐리어가 여기되어 발광하는 것을 진성전계발광(intrinsic EL)이라 한다. 일반적으로 전계발광이라고 하면 진성전계발광을 가리킨다.

동작원리를 간단하게 살펴보면, ZnS와 같은 형광물질에 비소한 결정을 유전체 중에 묻어놓고 높은 교류전압을 인가하면 발광한다. 이 경우, 결정은 전압을 가하는 전극 사이에 유전체가 삽입되어 있으므로 전극으로부터 전자나 정공이 결정 속으로 직접 유입되지 못한다.

이렇게 생기는 발광현상은 결정 내부의 인가전압에 따라 높은 전계가 유기되어 생기므로 진성전계발광 또는 고유형 EL이라고 한다.

(2) 주입형 전계발광

pn 접합에 순바이어스 전압을 인가하면 [그림 8·21]에서와 같이 접합의 전위

---

12) 1930년대에 프랑스의 디트리오가 형광체를 2개의 전극에 삽입해서 전계를 가하여 발광하는 현상을 발견하였다.

13) 종래의 EL 디스플레이는 휘도가 낮고, 수명이 짧은 것이 결점이었으나, 최근에 이 문제가 해결되어 상품화되고 있다.

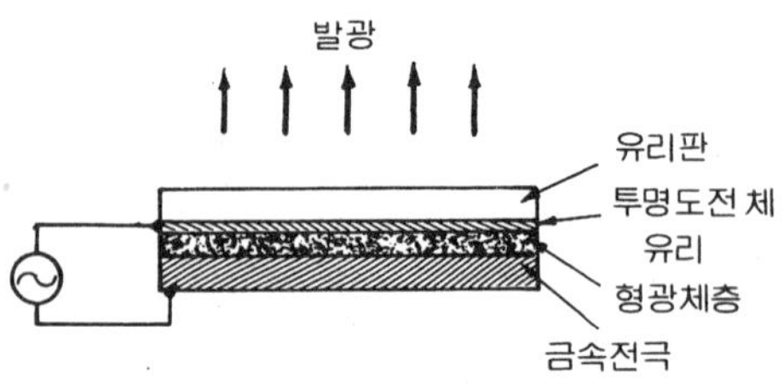

[그림 8·20] EL의 단면도

장벽이 낮아져서 p형측에는 전자, n형측에는 정공이 주입된다. 이 소수 캐리어는 높은 에너지 상태에 있으므로 비교적 짧은 시간내에 재결합하고, 이 재결합을 전후로 한 에너지의 차 ΔE가 $\Delta E = hf$의 관계를 만족하는 진동수 f를 갖는 광자를 생성한다. 이러한 현상을 이용한 발광을 주입형 전계발광(injection EL) 또는 캐리어 주입형 전계발광이라 한다.

회로적으로 설명하면 SiC, GaP 등의 화합물로 된 pn접합에 직접 전극을 붙여서 전류를 흘려주었을 때만 빛을 내는, 즉 발광하는 현상이다. 따라서 주입형 EL은 전극으로부터 전자나 정공이 결정 속에 주입되어야만 발광된다는 것이다. 그러나, 실용적인 측면에서 보면 진성전계발광(고유형 EL)이 주로 쓰이며, 실용화된 것이 전계발광판(EL cell)이다. 이 장치의 응용면으로는 정보단말기의 디스플레이, 광증폭기, 시계나 계기의 문자표시판, 도로표지, 표찰 등에 이용된다.[14)]

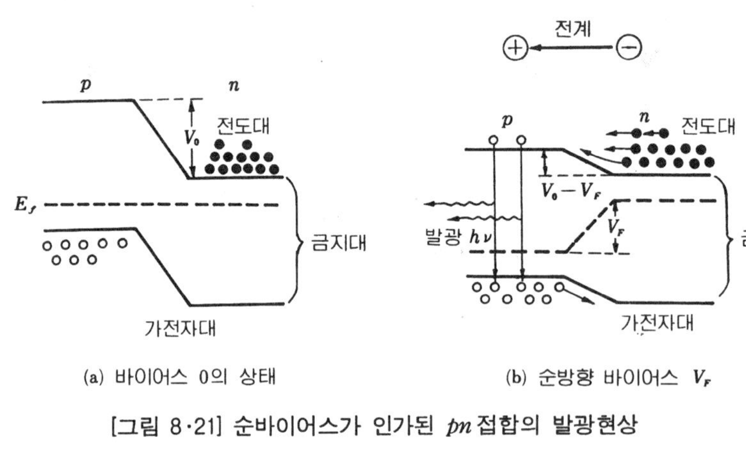

[그림 8·21] 순바이어스가 인가된 pn접합의 발광현상

14) 전계발광은 발광재료에 따라서 발광색이 달라지고, 주파수에 따라서 또는 비례해서 밝기가 증가한다. 형광체의 재료는 ZnS : Zn(S, Se, Te), S(Zn, Cd)가 모체로 쓰이고 활성제로 Cu가 첨가된다.

8·3·7 광분리기

광분리기(光分離器, opto-isolator)는 앞에서 설명한 광전소자들의 특성을 혼합한 소자라고 하겠다. 이것은 1개의 적외선 LED와 Si 다이오드, 트랜지스터 darlington pair 또는 SCR 등으로 구성된 1개의 광검지기로 이루어진 패키지이다. 소자의 파장응답이 가능한 한 동일하도록 꾸며져서 가장 높은 크기의 결합이 가능하도록 했다.

[그림 8·22]은 광분리기를 소자별로 구분하여 나타낸 것이고, [그림 8·23]은 2개의 Litronix 광분리기를 나타낸 것이다.

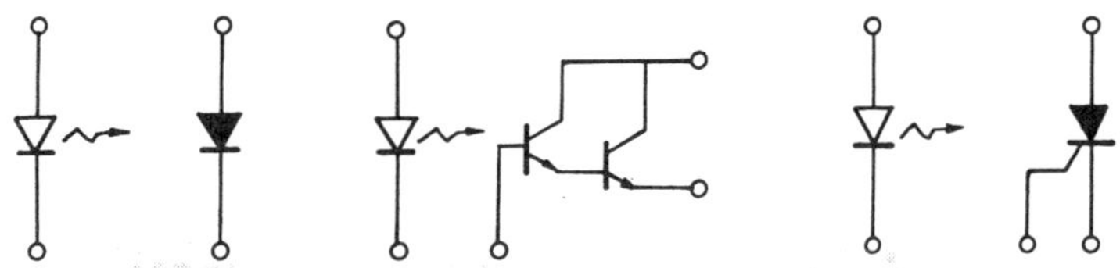

(a) 포토 다이오드　　(b) 포토 다알링턴 쌍　　(c) 포토 SCR

[그림 8·22] 광분리기

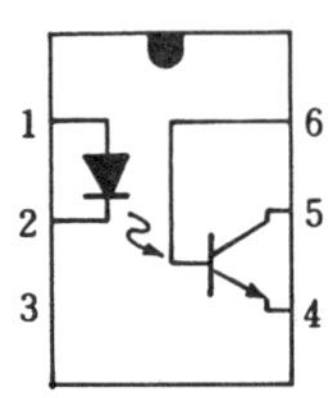

(a) ISO-LIT 1

핀번호	기 능
1	양극
2	음극
3	NC
4	에미터
5	컬렉터
6	베이스

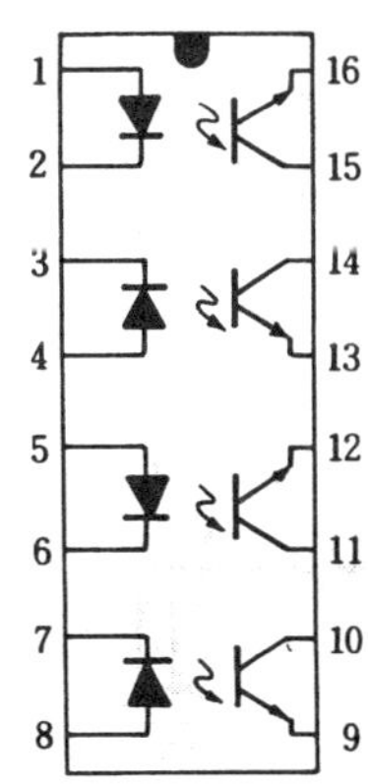

(b) ISO-LITQ1

핀번호	기 능
1	양극
2	음극
3	음극
4	양극
5	양극
6	음극
7	음극
8	양극
9	에미터
10	컬렉터
11	컬렉터
12	에미터
13	에미터
14	컬렉터
15	컬렉터
16	에미터

[그림 8·23] 2개의 Litronix 광분리기

■ **동작특성**

그림에서 빛의 통로를 만들어 주기 위한 구조 내의 각소자들 사이에는 투명한 절연통로가 있다. 이 소자들의 응답시간은 매우 작게 설계되어 있으므로 [MHz] 범위에서 데이터를 전송하는 데 이용할 수 있다. 여기서는 전기적 특성을 생략하였지만, 일반적으로 IL-1 모델의 최대정격에서 보면 I_{CE0}는 [nA] 정도로 측정되며, LED와 트랜지스터의 소비전력은 거의 같다는 점이 중요하다.

특히, 주의할 점은 저온에서는 온도가 출력전류에 매우 큰 영향을 주고 상온(25[℃] 이상)에서는 응답이 거의 일정하다는 것이다.15) 또한, 광분리기의 스위칭 시간은 전류가 증가함에 따라 감소하는 특징이 있다. 이것이 다른 소자들과의 차이점이라 하겠다.

8·3·8 LCD

앞에서 설명한 LED는 동작할 때 소비전력이 [mW] 정도로 높지만 액정 디스플레이(Liquid Crystal Display : LCD)는 [μW]의 소비전력으로 동작한다. 그리고 LCD는 온도범위가 0~60[℃]로 제한되며 내부 또는 외부광원을 필요로 한다.

여기서는 LCD를 동적산란장치(dynamic scattering unit)와 전계효과장치(field effect unit)로 구분하여 설명하고자 한다.

■ **액정의 특성**

액정은 액체와 같은 유기체적인 유동물질로 분자구조는 고체의 성질과 유사하다.

빛의 산란(light-scattering)에서 가장 중요시 되는 것은 [그림 8·24]와 같은 결정구조를 갖는 뉴메틱 액정결정(newmatic liquid crystal)이다.

[그림 8·24]에 나타낸 바와같이 막대모양을 갖고 있는 각 분자들이 있고, 산화인듐으로 되어 있는 도체면은 아주 투명하여 투사광을 쉽게 통과시킬 수 있으며, 액정의 구조는 투명하게 보일 것이다. [그림 8·24(b)]에서 임계전압이 6~20[V]인 소자에 전압이 인가되면 각 분자의 배열이 깨지면서 이 영역은 다른 굴절률을 갖게 된다.

따라서, 투사된 빛은 다른 굴절률을 갖는 영역에서 각각 다른 방향으로 반사되는 빛의 산란으로 인해서 우유빛 유리(frosted-glass) 상태로 흐려진다. 그러나, 전부가 흐려진 상태가 아니라 도체면이 붙어 있는 곳만 흐려지고 나머지 부분은 투명한 상태로 있게 된다.

---

15) 전기적인 특성과 정격을 보려면 *Electronic Devices and Circuit Theory* : by Robert Boylestod and Louis Nashelsky의 opto-isolator 부분을 참조할 것. 차단전류 I_{CE0} 값은 적을수록 좋으며, 이 소자에서는 주위온도 문제를 잘 고려해야 한다.

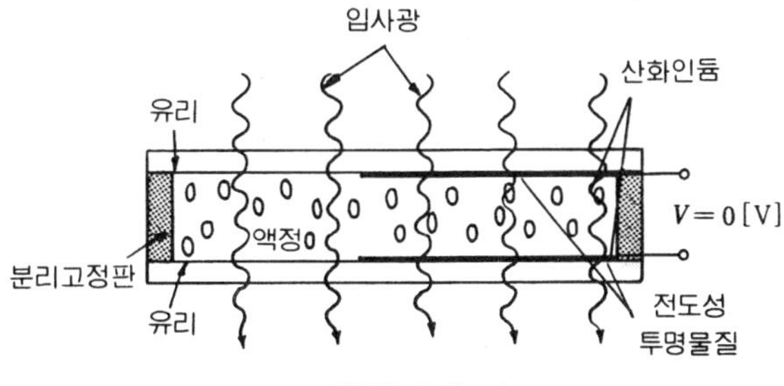

(a) 전원이 없을 때

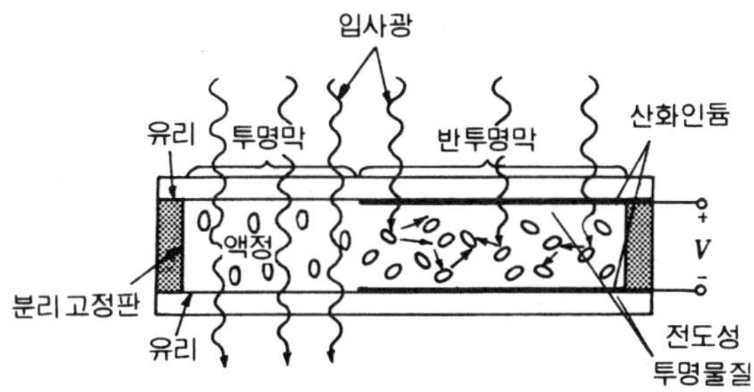

(b) 전원이 인가되었을 때

[그림 8·24] 선형액정

■ **동작특성**

[그림 8·25]는 LCD를 이용한 8세그멘트 디스플레이의 실체도면이다. 2개의 차폐면이 봉해진 두꺼운 층의 액정물질 양면에 있다. 이 LCD가 동작할 때를 예로 들어보면, 숫자 2를 표시할 때는 숫자 8, 7, 3, 4, 5만 흐려지고, 나머지 1, 2, 6은 투명한 채로 그냥 있다. 이와같이 LCD는 자체에서 빛을 발생하지

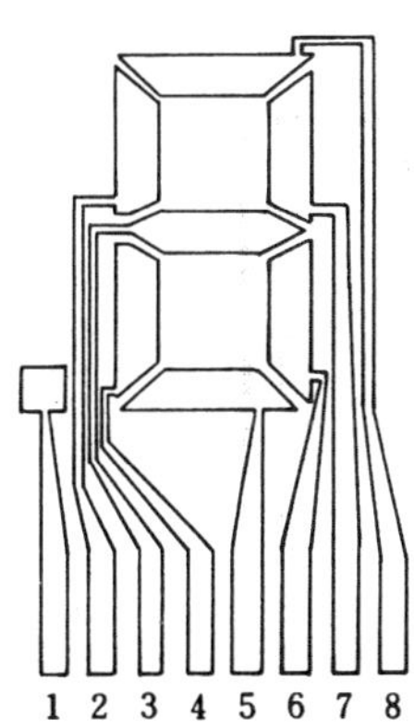

[그림 8·25] 8세그멘트 LCD 디스플레이

못하고 외부 또는 내부전원에 의존한다.

그리고, 빛이 명암에 따라서 LCD는 동작시킬 필요가 있는데, 예를 들면 빛이 어두울 때의 LCD는 뒷면이나 앞면에 자체의 내부광원을 가질 필요가 있다. 또 빛이 밝은 낮에는(밝은 빛을 받는 장소) 반사체를 LCD의 뒷면에 두어서 빛이 최대의 세기로 디스플레이를 통해서 반사될 수 있도록 한다.

■ 전계효과 LCD

시계를 제조할 때 전달(자신의 광원)과 반사의 두 모드(mode)를 조합한 반굴절(transflective) 모드를 최적 동작을 위하여 사용한다. 전계효과 LCD(field effect LCD)는 전달전계효과 LCD와 반사형 전계효과 LCD로 구분된다.

[그림 8·26]은 전달 모드를 사용한 디스플레이이다. [그림 8·24]에서 설명한 LCD와 차이점은 광분극기(light polarizer)가 있다는 점이다. 관측자는 좌측에 내부광원은 오른쪽에 있으며, 오른쪽에서 입사하는 빛의 수직성분만 수직광분극기를 통과할 수 있게 되어 있다.

우선 전달형 LCD의 구조를 살펴보면, 전계효과 LCD는 투명도체 표면의 오른쪽면이 화학적으로 예정되거나 유기 필름(organic film)이 가해져서 액정 내에 있는 분자들이 cell 벽에(수직방향) 평행한 방향으로 되어 있다.[16)]

반대쪽의 도체면도 분자들이 수평방향에서 위상각이 90° 벗어나게 되어 cell 벽에 평행하도록 되어 있으며, 왼쪽의 광분극기는 수직으로 분극된 투사광만 통과시키도록 되어 있다. 만일, 도체표면에 전압이 인가되지 않았다면 빛은 수직으로 분극되어 액정영역에 들어오게 된다.

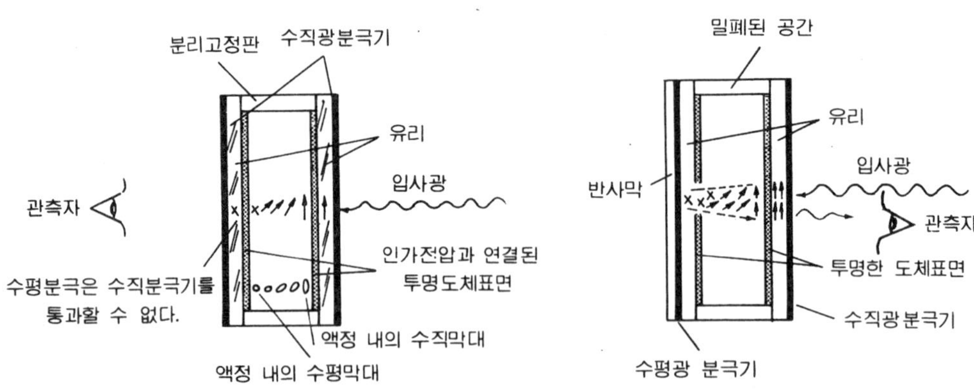

(a) 전원이 없는 상태에서 전달형 LCD　　(b) 전원이 없는 상태에서 반사형 LCD

[그림 8·26] 전계효과 LCD

16) 액정 내의 오른쪽 끝의 화살표 방향에 유의한다.

이렇게 액정영역으로 들어온 빛은 분자들의 구조에 의해서 90° 방향으로 전환되어 수평으로 분극되어서 좌측의 수직광분극기에서 빛이 수평분극을 통과시키지 못하게 된다. 따라서, 관측자에게는 디스플레이 전체가 어둡게 보이게 될 것이다.

일반적으로 쓰이는 소자인 경우는 임계전압이 2~8[V] 정도인데, 이 임계전압이 가해지면 막대모양의 분자는 전계에 따라 벽면에 수직으로 배열되고, 빛은 위상각 90°의 변환이 없이 직접 통과할 수 있다. 이 경우 수직으로 투사된 빛은 두번째의 수직분극 스크린을 직접 통과할 수 있게 되어 관측자에게는 빛의 통과면이 밝게 보일 것이다. 이것이 디지털 세그멘트 LCD 디스플레이의 동작원리라고 하겠다. 두번째로 [그림 8·26(b)]의 반사형 전계효과 LCD를 생각한다.17)

구조를 보면 왼쪽에서 수평분극된 빛은 수평분극 필터를 통과해서 반사체로 진행하여 액정으로 다시 반사된다. 이 빛은 또다시 수직분극으로 되어 관측자 쪽으로 다시 돌아온다. 여기서 전압이 가해지지 않은 상태라면 디스플레이는 일정하게 점등되고, 전압을 가하면 왼쪽에서 수직으로 투사된 빛은 편향이 없어 직접적으로 수평분극 필터에 충돌되어 통과하지 못하게 된다. 즉, 반사되어 나오는 빛이 없게 되어 결과적으로 액정은 어두운 상태로 있게 된다.

■ 응용부분

전계효과 LCD는 광산란형보다 소모전력이 매우 낮아서 수 [mW] 정도로 휴대용 기구, [μW] 정도의 시계 등 에너지원이 1차적인 요소인 경우에 사용된다. 높이는 전계효과형 LCD가 2인치 정도로 제한되고, 광산란형 LCD에서는 8인치 정도로 제한을 받는다. 응답시간은 LCD가 100~300[ms] 정도이고, 유효응답시간은 100[ns] 이하이다.

그러나, 시계인 경우에서는 100[ns]와 100[ms]의 차는 별문제가 되지 않는다. 그리고 수명은 근래에 와서 크게 증가되어 약 10,000시간 이상이 되며, 발생되는 광원에 따라 색이 달라지므로 필요한 색을 선택하기가 좋다.

---

17) 전달형 LCD는 세그멘트로 동작시에 숫자판이 까맣게 나타나고, 반사형 LCD는 숫자판이 환하게 나타낸다. 또, LCD는 LED에 비해서 소등, 점등 시간이 훨씬 느리다.

연습문제

8-1 태양전지에서 Ge보다 Si이 널리 사용되는 이유를 설명하여라.

8-2 광도전체가 가시광선에서 광전자를 방출하려면 최소한 몇 [eV]의 일함수를 가져야 하는가? 단, 가시광선의 파장은 4000~8000[Å]이다. ($W = hf = e\phi$)

8-3 전계발광을 진성전계 EL과 주입형 EL으로 구분하여 설명하고, 그 차이점을 들어 보아라.

8-4 photo transistor의 측정원리와 동작원리를 간단하게 설명하여라.

8-5 luminescence에 대해서 설명하여라.

8-6 광증배 효과란 무엇인가?

8-7 Cs의 일함수는 1.18[eV]이다. 임계파장과 임계주파수를 구하여라.

8-8 Si 태양전지의 특성을 설명하고, 그 응용면을 열거하여라.

8-9 광분리기란 무엇인가? 또 종류에는 어떤 것이 있는가?

8-10 내부 광전효과와 외부 광전효과를 구분해서 설명하여라.

8-11 광감도(photo-sensitivity) S에 대해서 설명하고, 광감도를 높이는 조건에 대해서 써보아라.

8-12 *pn* hook에 대해서 설명하여라.

8-13 광기전력 효과에서 *pn* 접합의 광기전력을 크게 하기 위한 조건을 들어보아라.

8-14 Thomson effect에 대해서 설명하여라.

chapter

9 집적회로

제 9 장

집 적 회 로

9·1 마이크로일렉트로닉스

전자계산기, 우주용 전자기기, 항공기용 전자기기는 수만개의 부품으로 구성되어 있기 때문에 부품의 소형화 및 신뢰성, 경량화 등이 절실하게 요구된다. 1957년 RCA에서 마이크로모듈(micromodule)이 발표되어 전자부품의 소형화가 시작되었다.

일반적으로 집적회로(集積回路, integration circuit : IC)[1)]라 하면 반도체 IC를 말하지만 그 구성면이나 제조방법, 규모면에 따라서 분류된다. IC는 면적이 50×50[mm^2] 정도인 Si의 단결정 칩(chip) 위에 만들어져서 트랜지스터나 다이오드와 같은 능동소자와 저항, 콘덴서와 같은 수동소자들을 소형화하여 하나의 전자회로 기능을 하게 한 것이다.

9·1·1 집적회로의 분류

초소형화의 기술연구 발전에 따라 부품들은 종래의 R, L, C와 같은 단순한

---

1) IC는 1개의 칩(chip)에 들어 있는 소자의 집적도에 따라서 다음의 4가지로 구분한다.

① SSI(small-scale integration)

② MSI(medium-scale integration)

③ LSI(large-scale integration)

④ VLSI(very large-scale integration)

디지털 시스템의 설계는 표준 MSI나 LSI에 의존하며, 단독 게이트(SSI)는 interface용으로만 쓰인다. 일반적으로 IC라 하면 빈도체 IC를 말한다. 빈도체 IC는 Si 칩 내에 여러 개의 TR, 다이오드 등의 능동소자와 R, L, C와 같은 수동소자를 만드는 동시에 상호접속하여 일정한 기능을 갖는 회로로서 구성된 것이다. 한편, 박막(薄膜) IC는 고정밀도가 요구되는 회로나 micro파 회로에 이용되며, 혼성 IC는 고출력, 고내압, 저잡음회로에 이용된다.

기능을 가진 부품에서 능동소자를 짜넣으므로써 하나의 기능을 가진 부품으로 바뀌었다. 이와같이 기능부품을 실현하는 초소형화의 기술을 총칭해서 마이크로일렉트로닉스(microelectronics)라 한다. 1960년대 이후 각종의 마이크로일렉트로닉스가 확립되었는데 가장 대표적인 것이 집적회로이다. 마이크로일렉트로닉스를 분류하면 [그림 9·1]과 같다.

집적회로는 2개 또는 그 이상의 회로소자들이 기판 위나 기판 내에 집적되어

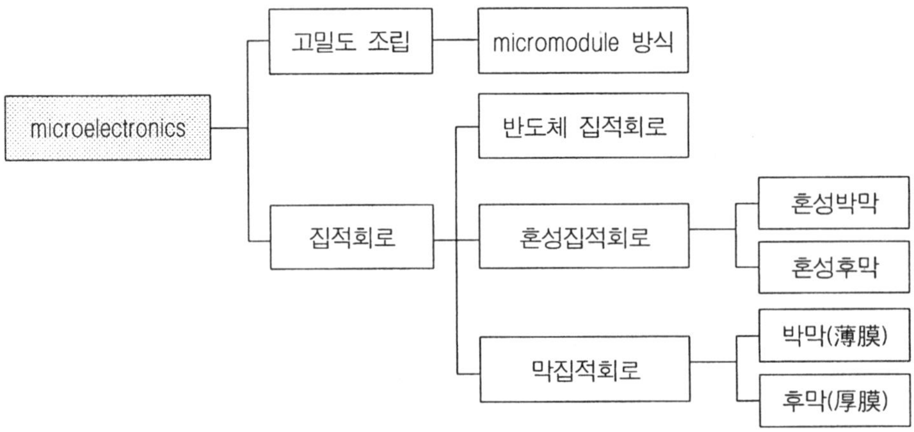

[그림 9·1] microelectronics의 분류

〈표 9·1〉 IC의 분류

	IC의 종류	특 징
규모면	SSI	1칩에 약 12게이트(100소자 미만)로 구성
	MSI	12게이트~100게이트 미만(100소자~1,000소자) 정도로 구성
	LSI	100게이트 이상(약 1000소자)이 되는 것
	VLSI	10,000소자 이상으로 구성
기능면	digital IC	논리회로(logic circuit)를 집적한 것
	linear IC	증폭회로 등을 집적한 것
구성면	bipolar IC	일반 Si TR의 구조를 이용하여 Si기판에 회로를 구성, DTL, TTL, CTL 등이 있다.
	MOS IC	MOSFET형을 이용한 것으로 unipolar IC라고도 하며, 한 종류의 캐리어로 전기전도를 한다.
제조법	반도체 IC	monolithic IC : Si 칩으로 된 기판에 회로소자를 상호접속시킨 것
	막 IC	기판에 구성된 회로소자의 상호접속이 막으로 구성되어 있으며, 혼성 IC(hybrid IC)라고도 한다.

하나의 회로기능을 갖는 것이다. 이 집적회로에는 기판이 되는 반도체편(半導體片, 주로 Si으로 되어 있는 칩)에 여러 개의 TR, 다이오드 등의 능동소자와 *R*, *C* 등의 수동소자를 넣어서 만든 반도체 IC, 전체 소자가 평면적인 막(膜)의 형태로 이루어진 막 IC와 기판상에 구성된 회로소자의 접속이 막으로 이루어진 혼성 IC가 있다.

여기서 반도체 IC는 집적도, 신뢰성이 있으며, 양산시 가격이 싸고, 불균일이 적은 특성으로 각종의 microelectronics 중에서 주종으로 발전되어 왔다.[2)]

반도체 IC에서는 만들기 어려운 대용량 콘덴서나 코일 등의 응용을 피하고 디지털 응용에서부터 시작하여 하나의 시스템으로서 성능을 갖게 하는 대규모의 집적회로와 대용량의 메모리까지 실용화되었다.[3)]

IC를 구성, 기능, 제조방법, 규모에 따라 분류하면 〈표 9·1〉과 같다.

9·1·2 IC의 특징

■ 경제적인 면

일반적으로 Si 칩 위에 하나의 전체적인 회로를 개별적인 부품으로부터 조립된 비슷한 회로보다 가격이 저렴하고 높은 신뢰도를 얻을 수 있다. 즉, 수백개의 같은 회로를 동시에 단일 Si 웨이퍼에다 조립할 수 있다는 것이다.[4)]

실제적으로 웨이퍼의 초기 처리단계는 복잡하고 비용이 많이 들지만 결과적으로 대량생산되므로 최종적인 비용은 저렴해진다. 더구나, 공정처리 단계에서 보면 본질적으로 1000개의 트랜지스터를 포함한 회로나 더 단순한 100개의 트랜지스터를 포함한 회로나 동일하다는 것이다. 따라서 각 회로에서의 부품갯수는 시스템의 최종 가격에는 비교적 중요하지 않다.

■ 신뢰도의 개선

시스템의 신뢰도는 사용되는 부품갯수에 반비례한다. 한 회로기판 위에 서로 배선으로 연결되거나 배치되어 TR 및 다이오드 등의 부품으로 구성되어 있는 회로에 비해서 IC는 많은 여분의 부품을 경제적으로 대량 사용할 수 있다.

따라서, 중복된 여분의 부품(redundancy)과 뒷받침(back-up)되는 회로소자들을 가격에 구애되지 않고 포함시켜서 사용할 수 있다. 즉, 회로를 구성하는 모든 부품이 1개의 반도체 칩 속에 포함되므로 회로 전체를 하나의 부품으로 간주할 수 있다.

---

2) IC는 제조방법, 구성부품, 패키지 방식에 따라 monolithic IC와 hybrid IC로 구분된다.
3) 아날로그의 용도는 당초에는 늦게 나왔으나, 현재로는 연산증폭기(OP amp)나 직결합 다단증폭기, 직결합 대출력 증폭기 등이 있다.
4) 이러한 공정을 묶음제작(batch fabrication)이라고 한다.

더욱 중요한 것은 서로 연결된 회로소자들이 견고한 단일기관 위에 만들어져 있어서 개별적 부품으로 납땜되어 구성된 회로에 비해서 고장을 극소화할 수 있으므로 신뢰도가 향상된다.

■ 시스템의 소형화

수많은 회로기능들, 즉 여러 개의 증폭회로를 1.5×1.5×0.3[mm] 정도의 작은 공간(기판)에 밀집시킬 수 있으므로 공간이나 무게가 극히 제한을 받는 항공기나 우주전자분야 등에 응용할 수 있다.

특히, 대형 컴퓨터에서는 장치의 크기를 감소시키고 보수가 쉽고 신속하게 할 수 있다. IC기술의 발달에 따라 전자계산기, 손목시계, 자동차, 전화, TV 등과 같은 분야에 널리 응용되고 있다.

■ 주파수대역의 광역화와 디지털 시스템의 평가기준

IC가 소형화됨에 따라서 응답시간과 고주파수의 동작, 전환속도에 관계되는 회로 사이의 신호 전달시간의 이점을 들 수 있다. 예를 들면 고주파회로에서는 신호의 지연시간을 감소하기 위하여 부품과 부품 사이를 좁게 할 필요가 있다.

특히, 고속의 컴퓨터에는 여러 가지 논리회로 및 정보축적회로를 가깝게 배치하는 것이 중요하다. 전기적 신호는 궁극적으로 광속(약 1[ft/ns])에 의하여 제한을 받으므로 물리적인 격리는 중요한 제한을 받는다.

따라서, Si 칩 위의 대규모 집적(large scale integration)은 컴퓨터의 크기를 감소시킬 수 있어서 속도와 기능면을 크게 증대시킨다. 또한, 신호 전달시간의 감소효과는 회로의 집적에 의해 회로와 회로 사이의 기생(寄生) 정전용량과 인덕턴스를 감소시킨다.

이와같이 기생 정전용량과 인덕턴스의 감소는 시스템의 동작속도를 크게 향상시킨다. 즉, IC는 크기가 작고 각 소자를 접속하는 도선의 길이가 매우 짧아서 상한주파수가 높아진다.

또한, 디지털 시스템의 평가기준이 되는 사항은 전파시간, 소비전력, 잡음여유도, 팬아웃 수를 들 수 있다.

특히, 전력과 전파시간의 곱[PJ]$=P_C$[mW]$\times t$ [ms] 관계는 디지털 시스템의 평가기준인 고집적화, 시스템의 고속화 및 저전력화에 관계되는 중요한 조건이 된다.

9·2 모노리딕 IC

반도체 IC는 결정학적으로도 단일 반도체 기판 내에 모든 소자가 집적되어 있으므로 모노리딕 IC(monolithic IC)[5]라고도 한다. 기판(substrate)은 통상 Si 단결정의 칩으로서, 작은 것은 1[mm] 정도이고, 큰 것은 7[mm] 정도이며, 이 기판 속에 트랜지스터, 다이오드, 저항 등의 회로소자를 만들어 넣고 칩 표면의 산화피막 위에서 회로접속을 한 것이다.

이 공정은 플레너 트랜지스터의 제조법과 유사하며, 50~70[mm ϕ]의 웨이퍼 단위로 칩 수백 개 분을 동시에 처리할 수 있어서 대량생산이 가능하다.

9·2·1 모노리딕 IC의 구분

IC의 분류는 〈표 9·1〉에서 설명하였다. Monolithic IC는 [그림 9·2]와 같이 트랜지스터의 동작, 즉 소자의 동작에 있어서 전자와 정공, 즉 캐리어가 둘인가, 하나인가에 따라서 Unipolar형 IC와 Bipolar형 IC[6]로 분류된다.

Unipolar형 IC는 MOSFET를 능동소자로 하는 MOS IC[7]이고, Bipolar형 IC에서는 통상의 접합 트랜지스터를 능동소자로 사용한다.

〈표 9·2〉에 Bipolar IC와 MOS IC의 일반적인 장단점을 비교하여 설명하였다.

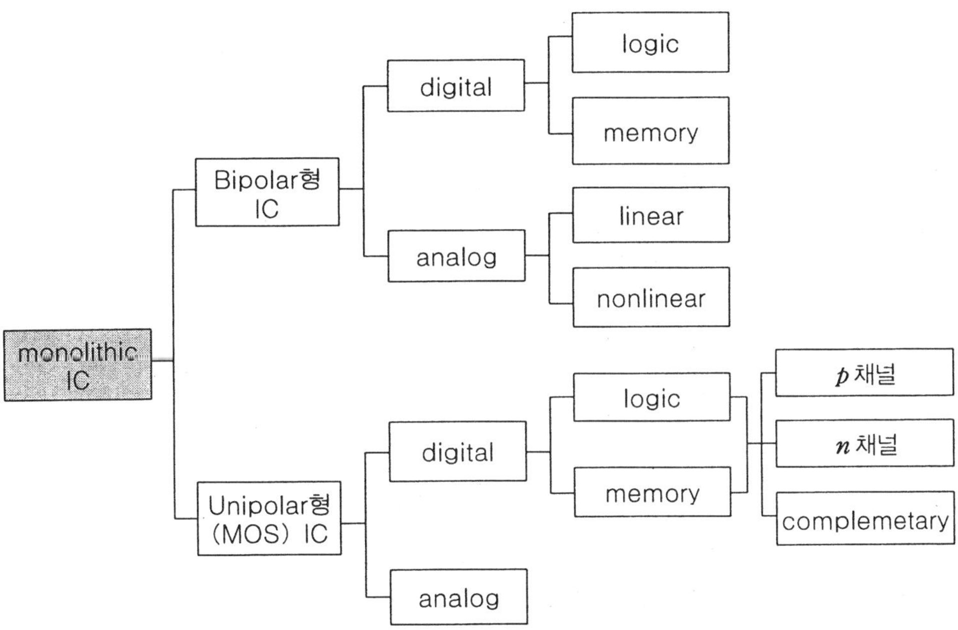

[그림 9·2] Monolithic IC의 분류

5) Monolithic IC의 뜻은 mono는 single, lithic은 stone이라는 의미로 합해서 단위바문(單位碑文)이란 뜻으로 희랍어에서 유래된 것이다. 현재 가장 많이 제조되고 있으며, 대량생산에 적합하다.
6) 회로형식에 따라 TTL시리즈가 대표적인 예가 된다.
7) 회로형식에 따라 CMOS, NMOS, PMOS 등이 있다.

〈표 9·2〉 Bipolar IC와 MOS IC의 장단점

구 분	장 점	단 점
MOS IC	· 소비전력이 적다. · 잡음의 여유도가 크고, 잡음에 강하다. · 전원전압의 동작범위가 크다. · 동일 IC에서 팬아웃이 크다.	· 입력 임피던스가 매우 크다.[8)] ($10^8 \sim 10^{10}$[Ω] 정도) · 처리속도가 늦다. · 부(−)의 고전압이 요구된다. (PMOS)
Bipolar IC	· 입력 임피던스가 낮다. · 처리속도가 빠르다.	· 고밀도 집적화가 어렵다. · 잡음에 약하다. · 전원전압의 동작범위가 작다. · 소비전력이 크다.

■ **Bipolar IC의 일반특성**

가장 대표적인 Bipolar IC로써 시스템의 설계에 많이 이용되는 각종의 TTL(transistor transistor logic)을 들 수 있다. 표준 TTL(standard TTL : 7400 시리즈), 저전력 TTL(low power TTL : 74L00 시리즈), 쇼트키 TTL(Shottky TTL : 74S00 시리즈), 고속 TTL(high speed TTL : 74H00 시리즈), 저전력 쇼트키 TTL(low power Shottoky TTL : 74LS00 시리즈) 등이 대표적인 예가 된다.[9)]

〈표 9·3〉에 각종 TTL IC의 특성을 비교하여 나타내었다.

〈표 9·3〉 각종 TTL IC의 특성

구 분	표준 TTL	저전력 TTL	쇼트키 TTL	고속 TTL	저전력 쇼트키 TTL
전파시간[ns]	10	33	3	6	10
소비전력[mW]	10	1	19	22	2

9·2·2 모노리딕 IC의 제조공정

IC 기술의 가장 중요한 요소는 모노리딕 칩이며, 이 칩은 상호접속된 수개~수천 개의 개별적 트랜지스터와 그밖의 회로소자들을 가지고 있다.

8) 입력 임피던스가 크다는 것은 정전파괴가 될 수 있다는 뜻이다.
9) 각종의 bipolar IC는 영문표기에 따라서 T-TTL, L-TTL, S-TTL, LS-TTL, H-TTL 등으로 약칭으로 표기하기도 한다.

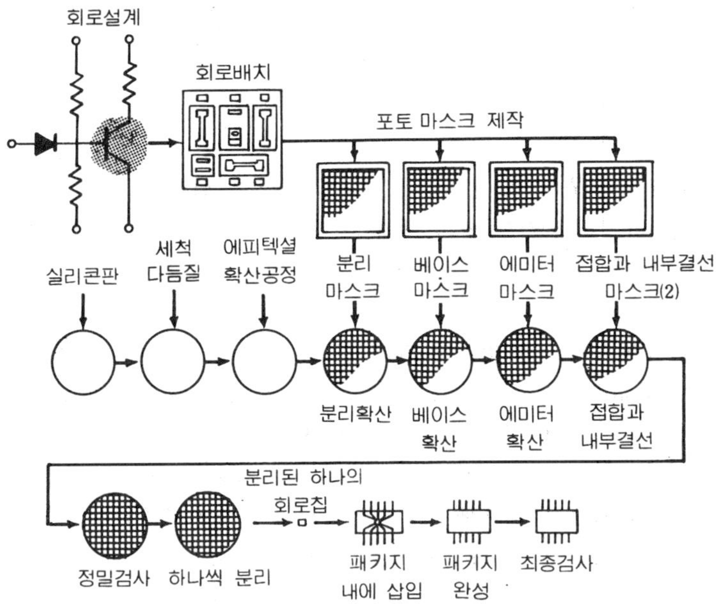

[그림 9·3] Monolithic IC 제조공정의 계통도

Monolithic IC의 제조방법은 몇 가지가 있으나, 에피텍셜(epitaxal) 확산법이 가장 일반적으로 이용된다.

■ 제조공정

우선 Monolithic IC의 웨이퍼를 만들기 위한 제조공정을 살펴보기로 한다. 마스킹(masking)과 선택적 확산과정을 재검토하고 모노리딕 부품을 얻는 일부 과정을 살펴보기로 한다.

즉, 부품들 사이의 분리(isolation)문제, 모노리딕 트랜지스터를 제작하는 특수기법과 모노리딕 칩 위에 다이오드, 저항, 캐패시터를 만드는 방법을 검토하기로 한다.

■ 마스킹과 선택적 불순물 첨가

개별적인 부품에서와 같이 이 제조공정의 목적은 반도체의 어떤 영역에 불순물을 선택적으로 첨가하고 금속화된 패턴 부분과 제조된 부품을 적절하게 서로 접속하는 것이다.

IC 공정에 대한 이론을 다루기 전에 확산형 트랜지스터를 예로 들어 기본적인 공정단계를 요약하면 다음과 같다.

① 산화물(SiO_2)층의 성장
② 베이스 확산을 위한 SiO_2의 개구부(開口部, window)의 개설
③ 붕소의 확산시행
④ 제2의 산화물층 성장
⑤ 에미터 확산을 위한 개구부 개설
⑥ 인 확산시행
⑦ 제3의 산화물층 성장
⑧ 베이스와 에미터 접촉부(전극)를 위한 개구부 개설
⑨ 표면에의 Al 증착
⑩ 금속화된 무늬(패턴) 부분을 제외한 부분의 Al 제거

①~⑩까지의 순서를 평면공정이라 한다. 평면공정은 Si 조각의 산화, 부분적인 산화물제거, 불순물확산 등의 적당한 조합과정을 말한다.

Si 또는 이산화실리콘을 전기로 속에서 코우크와 함께 가열하여 환원시켜 얻어진 실리콘을 요구되는 고순도로 만들기 위해 반복해서 결정화해야 한다. n형 또는 p형 Si으로 만들기 위해 순수한 Si에 미세하게 조절된 불순물을 도우핑한다.

Si 단결정을 조각으로 자른 다음 연마하여 0.25[mm] 정도의 두께로 만든다. 불순물 dopant 기체 속에서 가열하므로 불순물을 순수한 Si 조각의 특정 부분

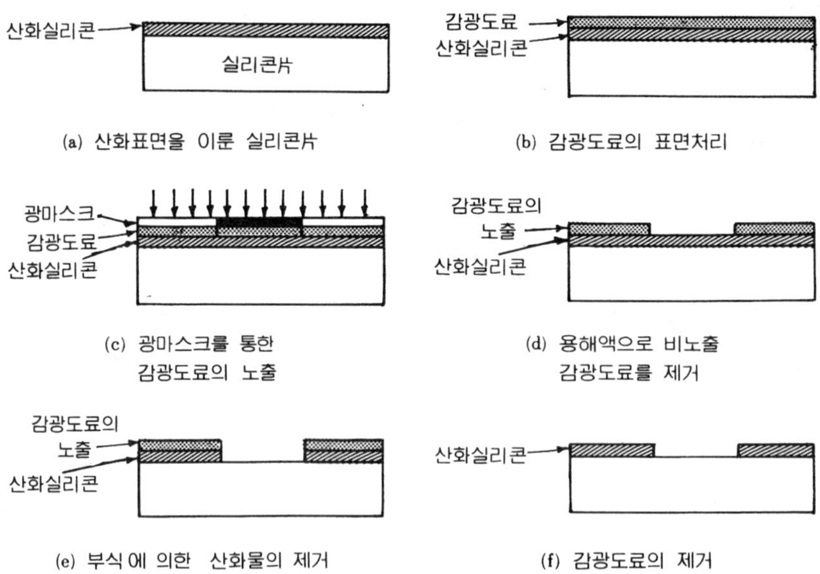

(a) 산화표면을 이룬 실리콘片
(b) 감광도료의 표면처리
(c) 광마스크를 통한 감광도료의 노출
(d) 용해액으로 비노출 감광도료를 제거
(e) 부식에 의한 산화물의 제거
(f) 감광도료의 제거

[그림 9·4] 감광도료 공정에 의한 산화물 제거과정

에만 선정하여 첨가한다. 다음에는 dopant 원자가 Si 속으로 이동 또는 확산되도록 주의스럽게 조정된 높은 온도에서 조각을 가열시킨다.

확산의 깊이는 온도와 시간에 따라서 조정되며, 확산공정은 선정된 부분에서 확산을 억제하기 위하여 Si 조각에 Si 마스크를 만들어서 조정한다. 산화물을 선정된 영역으로부터 제거하는 데는 불화수소산을 쓴 에칭(etching) 방법을 이용한다.

■ 제조공정의 순서

[그림 9·5]는 Monolithic IC의 제조공정을 순서대로 나타낸 것으로 [그림 9·5(a)]의 회로를 IC화하는 경우를 나타낸 것이다.

(1) 제1공정(epitaxal 성장)

에피텍셜 확산법으로 Monolithic IC를 만드는 제조과정은 먼저 p형 Si 기판에 에피텍셜층을 성장시키는 것으로부터 시작된다. 기판의 두께는 0.15~0.2[mm] 정도, 지름은 25[mm] 정도를 사용한다.10)

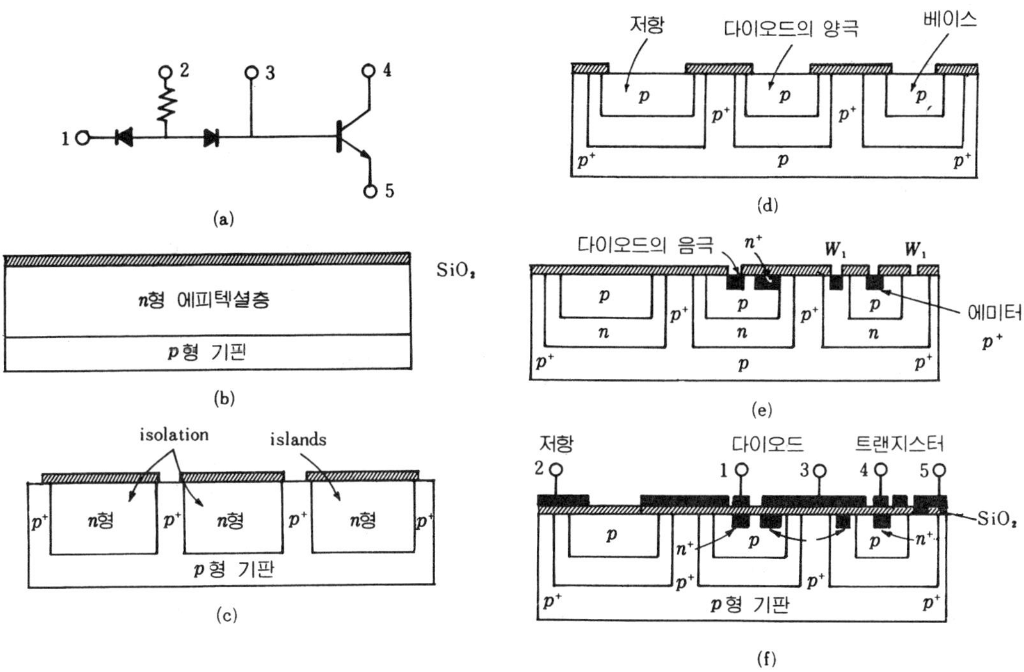

[그림 9·5] Monolithic IC의 제조순서

---

10) 기판의 두께를 설정할 때에 주의할 점
- 작업과정에서 손상되지 않도록 기계적 강도가 커야 한다.
- 수백 개의 IC칩을 만든 후에 개개의 칩을 손쉽게 뺄 수 있도록 얇아야 한다.

또한, 기판의 표면에 형성되는 pn 접합면의 내압(耐壓, 항복전압)을 높이고, 접합용량을 작게 하기 위하여 기판의 저항률은 10[Ω·cm] 정도로 설정한다.

다음은 웨이퍼인 p형 Si 기판을 H_2, DCL, N_2, $SiCl_4$ 등의 고온기체 속에 넣어 기상(氣上)의 Si을 기판 위에 석출시켜서 기판표면에 얇은 n형 에피텍셜층을 만드는 것이 제1공정이며, 이러한 방법을 epitaxal 성장이라 한다.

에피텍셜 성장으로 얻은 Si 웨이퍼의 표면을 깨끗이 한 후에 얇은 SiO_2 막을 형성시킨다. 이때에 에피텍셜층의 두께는 약 0.025[mm] 정도이고, 저항률은 0.5[Ω·cm] 정도, 또, SiO_2막의 두께는 0.5[μm] 정도가 된다.[11)]

(2) 제2공정(isolation 확산)

bipolar IC에서는 하나의 Si 칩 속에 플레너 트랜지스터나 다이오드를 배치하므로 이들 소자 사이를 전기적으로 절연(분리 또는 isolation)해야만 한다. 이러한 공정을 isolation이라 한다.

[그림 9·5(c)]에 관계되는 부문으로 제1공정에서 생성시킨 SiO_2막은 0.5[μm] 정도로서 전기적으로 절연체이고, 화학적으로는 단단하므로 확산과정에서 표면을 보호하는 기능을 갖는다.

우선적으로 SiO_2 막의 일부분을 포토에칭(photoetching)[12)]에 의해서 제거한 후에 p형 불순물(예 : Boron)의 증기를 쬐면 p형 불순물이 표면에서부터 산화막이 없는 부분에만 확산되어 들어가서 p^+로 된다. 이것은 SiO_2 막의 masking 효과를 이용하기 위한 것이다.

따라서, n형 영역은 3개로 분리되고, 이 분리된 영역을 isolation island라 하며, 이 공정과정을 isolation 확산이라고 한다.

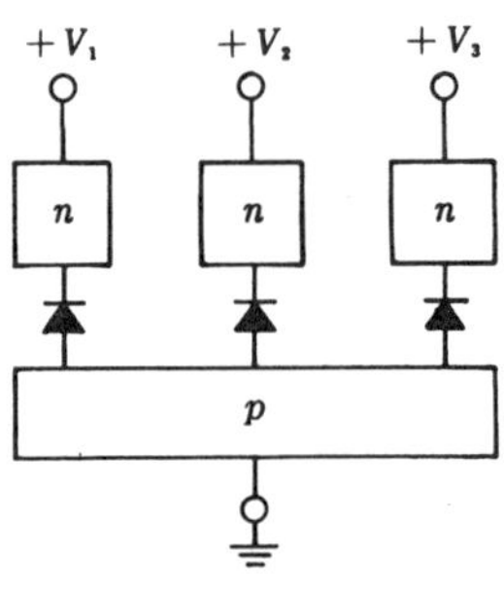

[그림 9·6] pn 접합의 분리방법

11) 에피텍셜층의 두께를 25[μm], 저항률을 0.5[Ω·cm]로 한 것은 에피텍셜층이 주로 npn TR의 컬렉터로 되어 있다. 컬렉터 접합의 내압을 높이고 접합용량을 줄일려면 저항률을 크게 해야 한다. 그러나 $V_{CE(sat)}$를 작게 하고 고주파 특성을 좋게 하려면 저항률을 이보다 작게 해야 한다.

12) 사진부식법이라고 한다.

[그림 9·6]에 *pn* 접합의 분리에 대한 원리를 나타내었다. 여기서 *pn* 접합에 역바이어스를 인가하면 역방향전류는 매우 작아서 무시될 수 있다. 따라서, 각각의 *n* 형 영역은 독립적으로 분리(isolation)가 된 셈이 된다. [그림 9·5(c)]에서 *n* 형 사이의 부분은 p^+형으로 되어 있는데, 이것은 *pn* 접합의 공간전하영역이 분리영역(isolation region)에 깊이 들어오지 않게 하기 위한 것이며, *n*형 사이의 간격을 작게 하여 집적도를 높이기 위한 것이기도 하다.[13]

(3) 제3공정(base의 생성)

능동소자인 트랜지스터의 베이스에 해당하는 부분을 확산에 의하여 제조하는 과정을 베이스 생성 또는 베이스 확산이라 한다. [그림 9·5(d)]에 관계되는 부분으로 분리확산 과정에서 웨이퍼 표면에 생성된 산화물막(SiO_2막)의 일부를 다시 포토에칭하고, *p* 형 불순물을 선택확산시킨다. 여기서 생성된 n^+층이 트랜지스터의 베이스 또는 다이오드의 *p* 형 영역이 되고, 표면은 다시 SiO_2 막으로 덮여진다.

(4) 제4공정(emitter의 생성)

[그림 9·5(e)]에 관계되는 부분으로 에미터에 해당되는 부분을 확산에 의하여 제조하는 과정을 에미터 생성 또는 에미터 확산이라 한다.

앞의 공정에서 얻은 SiO_2막의 일부분을 다시 포토에칭하여 *n* 형 불순물(예 : *p*)을 선택 확산시킨다. 제3공정과 같은 방법으로 여기서 생성된 n^+층은 트랜지스터의 에미터 또는 *pn* 접합의 *n* 형 영역이 된다. 이제까지의 공정과정(제1공정~제4공정)으로 칩 위의 각 소자들이 완성되었다고 볼 수 있다.

[그림 9·5(e)]에서 중앙부분은 2개의 다이오드로 우측은 트랜지스터임을 알 수 있다. 이 트랜지스터와 다이오드는 *EB* 접합을 이용한 것이며, 베이스 영역은 공통으로 되어 일종의 저항으로 이용한 것이다.

여기서 설명한 제4공정은 다음의 공정과정에서 Al을 증착시키기 위한 준비단계라 하겠다. 따라서, 불순물 농도가 약하게 도우핑되어 있는 트랜지스터의 컬렉터 영역으로 될 부분에도 *n* 형 불순물(예 : *p*)을 강하게 도우핑하여 선택확산시킨다. 이것은 Al 배선 사이에 저항성 접촉(ohmic contact)이 되어 *n* 형 영역에서 배선을 접속하기 위한 준비과정이다.

만일, *p* 형 불순물인 Al을 그대로 증착시키면 트랜지스터의 컬렉터 부분이 *p* 형으로 변할 수 있기 때문에 이러한 우려를 미리 방지하기 위한 과정이라 하겠다.[14]

---

13) *pn* 접합 분리법에서 주의할 사항은 접합의 정전용량이 문제가 된다. 이 정전용량은 소자의 고주파특성에 영향을 주고, 또 *n* 형 영역들이 서로 정전적(靜電的)으로 결합이 된다. 따라서 이 접합의 정전용량을 감소하려면 *n*형 isolation island의 불순물 농도를 적게 첨가해야 한다.

(5) 제5공정(Al 증착)

제4공정까지의 과정을 통하여 필요한 소자들을 형성하였으므로 끝으로 완성된 소자들을 어떻게 적절하게 접속시키는가 하는 문제가 남은 셈이다.

먼저, SiO_2 막의 일부분을 포토에칭하고 전극이 되는 부분에 구멍을 뚫고 다음은 웨이퍼 앞부분에 Al막을 증착시킨다. 이 Al막이 각 소자들을 연결하는 배선이 되는 셈이다.

끝으로, 배선이 되는 Al막을 제외한 필요하지 않은 Al막을 포토에칭 방법을 이용해서 제거하면 Si 웨이퍼 내의 IC칩의 공정이 끝나는 것이다.

9·2·3 IC의 조립

■ **scribing**

지금까지는 웨이퍼 단위로 IC칩을 만드는 공정을 설명하였다. 우선 웨이퍼 그대로 각 칩의 양부를 검사한 다음에 스크라이빙(scribing)이라는 공정을 통해서 웨이퍼에서 떼어내어 칩으로 한다.[15]

스크라이빙에는 다이아몬드 포인트로 긁어서 상처를 내는 방법과 레이저 광선을 이용하는 방법이 있다. 칩의 스크라이빙선을 따라서 흠을 내어서 만든 웨이퍼를 기계적으로 잘라내어 칩으로 한다.

보통, 0.4[mm] 정도의 Si 웨이퍼를 다이아몬드 포인트로 가볍게 선을 그은 다음에 약간의 압력을 가하면 쉽게 갈라지는데, 이 작업과정을 스크라이빙이라

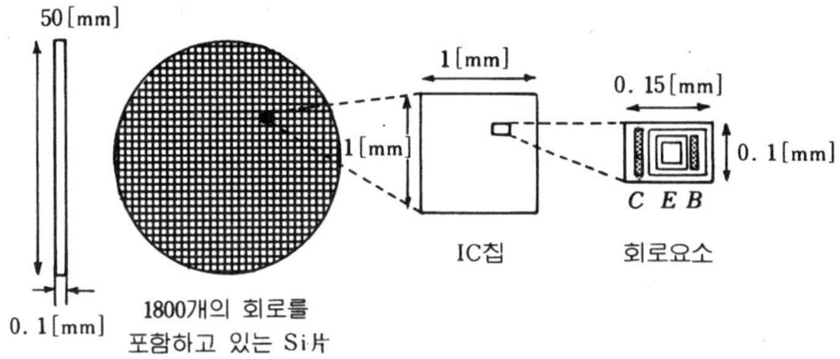

[그림 9·7] 모노리딕 IC 웨이퍼의 기하학적 구조

14) Al은 p형 불순물이므로 약하게 불순물이 첨가된 n형 반도체에 Al을 증착시키면 p형 반도체가 되어 하나의 pn 접합이 될 우려가 있다는 것이다. 따라서, 미리 n형을 강하게 도우핑해서 n^+ 형으로 해놓은 다음에 p형 불순물인 Al을 증착시켜서 이 반도체가 p형이 되는 것을 방지하자는 뜻이다.

15) IC를 실제로 제조하는 과정에서는 수백 개의 동일한 IC 칩을 각각 하나씩 만드는 것이 아니고 하나의 Si 단결정 웨이퍼 안에서 한꺼번에 만든다. scribing이란 유리를 베어내는 요령과 같다고 생각하면 이해가 될 것이다.

한다. 이 작업을 자동적으로 하기 위해서 제조회사에서는 정밀한 자동 웨이퍼 scriber를 사용한다.

실제로는 지름 2.5[cm]의 Si 웨이퍼에 [그림 9·7]과 같이 약 200개의 IC칩이만들어진다. 웨이퍼 상태에서 양부의 검사는 본딩패드부에 바늘을 세워서 하는 다탐침(多探針) probe와 고속 자동검사기에 의해서 이루어진다. 이때에 불량 칩에는 자기 잉크, 색잉크 또는 긁어서 흠을 내는 등 어떤 방법으로나 식별할 수 있도록 하였고, 스크라이빙을 한 다음에 불량 칩을 제거한다.

■ **pellet bonding**

스크라이빙이 끝난 칩은 크기가 1.5×1.5[mm] 정도인데 이 IC칩을 용기(package 또는 header)의 바닥에 붙이는 작업을 pellet bonding 또는 die bonding이라 한다.

IC의 header의 종류는 [그림 9·8]과 같이 금속제인 TO-5형, 에폭시 수지 등을 사용한 dual-in-line형 및 flat형이 있다. 이 header의 기능은 IC칩을 외부로부터의 기계적 또는 화학적 충격을 보호하고 리드선을 밖으로 끌어내는 역할을 한다.

일반적으로 header의 바닥은 Au로 도금되어 있으며, 400~500[℃] 정도로 가열한 header 위에 올려놓고 초음파와 같은 기계적 충격을 주면 칩의 밑바닥이 Au와 같이 녹아서 합금되어 Si이 붙어버린다. Au 대신에 유리를 녹여서 붙이는 경우도 있다.

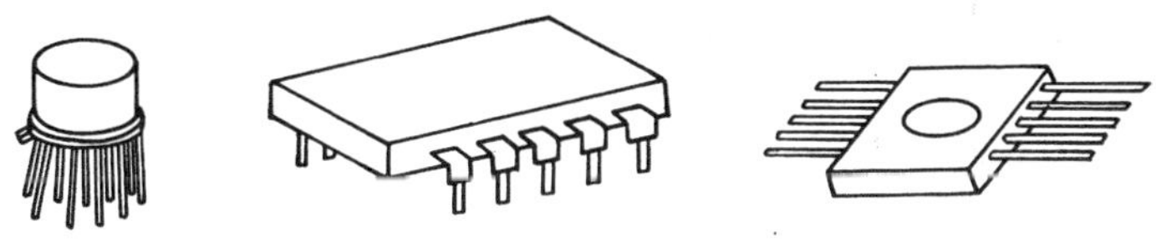

[그림 9·8] IC의 대표적인 패키지 모양

■ **lead bonding**

lead bonding의 제조기술은 IC의 조립공정에서 가장 중요한 과정이라 할 수 있다.[16] lead 다리(리드선 또는 package의 다리)가 바닥 위로 나와 있는 부분을 포스트라 한다.

이 포스트와 IC칩의 bonding pad 사이를 굵기가 30[$\mu\phi$] 정도의 Au 또는 Al으로 되어 있는 리드로 연결하는 작업과정을 lead bonding 또는 wirebonding이

16) 현재 IC의 불량원인은 이 lead bonding 공정에서 약 70[%] 정도가 생긴다고 한다.

라 한다. bonding 방식에는 Au선에 의한 열압착방식과 Al선에 의한 초음파 방식이 있다.

■ 봉　　입

마지막으로 bonding 과정을 끝낸 IC의 용기(header)에 금속이나 수지로 된 캡을 봉하는 것을 봉입(packaging)이라 한다. 봉입의 공정은 금속캡을 씌워서 용접하는 작업으로 DIP형 모듈 패키지와 같이 리드 프레임의 끝을 절단하여 최후의 패키지형으로 하는 것이다. 이것은 [그림 9·8]의 TO-5형을 봉입할 때 쓰이고 dual-line형이나 flat형을 봉입할 때는 에폭시 수지 또는 Si 수지를 사용한다.

이러한 작업과정에서 조립이 끝난 IC는 필요한 aging, screening을 한 후에 고속 자동검사기에 의해서 특성검사를 하고 양부의 판결을 내린다. 그리고 형명, 회사명, 로트 기호 등이 날인되어 최종 제품이 된다.

9·2·4 Monolithic IC의 구조

■ 트랜지스터

[그림 9·9]에 *npn* 트랜지스터를 칩의 단면도로 나타내었다. 그림을 보면 *pn* 접합에 의해 분리(isolation)된 *n*형의 섬(island) 속에 플레너 트랜지스터와 동일한 공정으로 만들어서 *npn* 트랜지스터를 완성하였다. 여기서 주의할 점은 컬렉터와 기판 사이에는 분리용(또는 절연용)의 *pn* 접합 다이오드가 기생소자로 있다는 것이다.

pnp 트랜지스터는 가능하면 쓰지 않도록 회로를 설계하지만 *pnp* 트랜지스터가 필요한 경우에는 [그림 9·10]과 같은 제작방법이 실용화되고 있다. 이 제작방법을 횡형(lateral) 트랜지스터 방법이라 한다. 이 방법은 에미터-컬렉터의 전극 패턴의 형으로 확산하고 가운데 있는 *n*형 부분을 베이스로 이용한다. 캐리어가 이동하는 방향이 가로방향으로 칩의 표면과 평행하기 때문에 횡형이라는 명칭이 붙게 되었다.

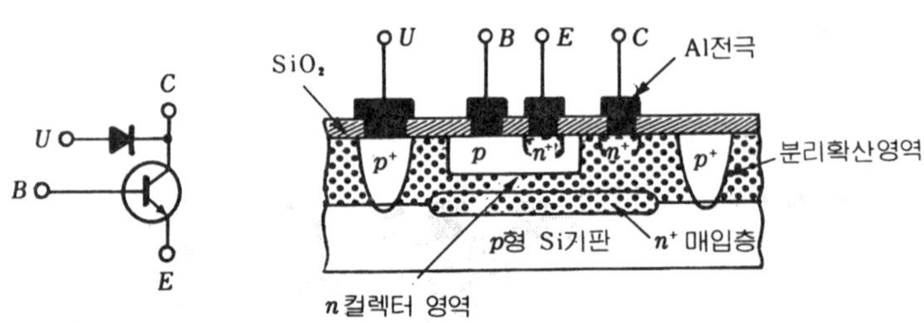

[그림 9·9] n^+층이 있는 *npn* 트랜지스터의 구조

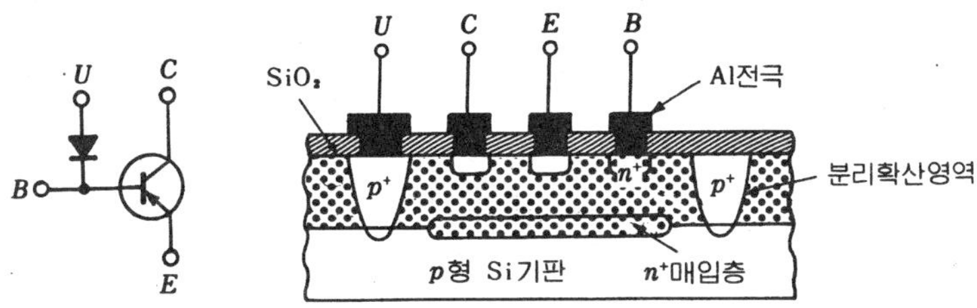

[그림 9·10] 횡형 *pnp* 트랜지스터의 구조

이러한 방식의 *pnp* 트랜지스터에서는 전류증폭률 $h_{FE}=2\sim5$ 정도밖에 얻지 못하기 때문에 높은 h_{FE}를 얻기 위해서는 h_{FE}가 큰 *npn* 트랜지스터를 다알링턴(darlington) 접속해서 h_{FE}가 큰 등가구조의 *pnp* 트랜지스터를 만든다.

이번에는 횡형과는 반대로 종형(vertical) 트랜지스터 방법을 생각해 보자. [그림 9·11]에 단면도를 나타내었다. 이 제조방식에서는 n^+층에 다시 p형의 매입층(埋入層)을 두고 이것을 *pnp* 트랜지스터의 컬렉터로 한다. 베이스 영역은 n형 에피텍셜 성장부분을 이용하고, 에미터는 다른 *npn* 트랜지스터의 베이스를 확산할 때 동시에 만들어진다.

지금까지 설명한 내용을 컬렉터(n^+층)을 포함하여 IC칩 안에서 구성되는 트랜지스터의 구조를 순서대로 간단히 요약하면 다음과 같다.

① 산화물(SiO_2)막의 일부를 사진부식(photoetching)한다.

② 노출된 p형 기판의 표면을 에칭하여 홈을 파고 홈이 파인자리에 에피텍셜 기술로 강하게 도우핑하여 n^+층을 형성한다.17)

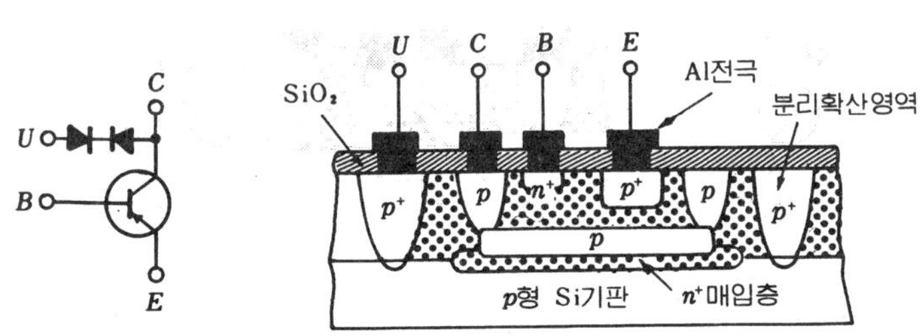

[그림 9·11] 종형 *pnp* 트랜지스터의 구조

17) n^+로 되어 있는 컬렉터 매입층은 불순물로 5가 원소인 As를 일반적으로 사용하는데, 그 이유는 B, P에 비해서 확산정수가 작기 때문이다. (n^+층이 형성된 후에도 계속하여 확산공정(열처리)을 받게 되므로 n^+층 안의 구조가 불순물의 확산에 의해서 변할 수 있기 때문이다. 그리고 Si에 대한 용해도가 높아서 최소한 10^{19}[개/cm^3] 이상이 되어야 하는데 As는 이 두 조건을 만족하기 때문에 사용한다.)

③ 표면의 SiO_2막을 모두 제거한 후에 에피텍셜 확산법의 공정작업을 계속한다.

■ 다이오드

일반적으로 반도체 IC에서 다이오드의 구조를 단순한 *pn* 접합의 구조로 하지 않고 에미터, 베이스, 컬렉터의 3전극을 적절하게 접속하여 사용하는 경우가 대부분이다.

전기적 특성은 불순물 농도의 분포상태, 접합면적, 도우핑 농도에 따라 결정된다. 다시 설명하면 트랜지스터의 에미터와 베이스 전극에 해당되는 부분인 *n* 접합을 그대로 다이오드로 이용한다는 것이다.

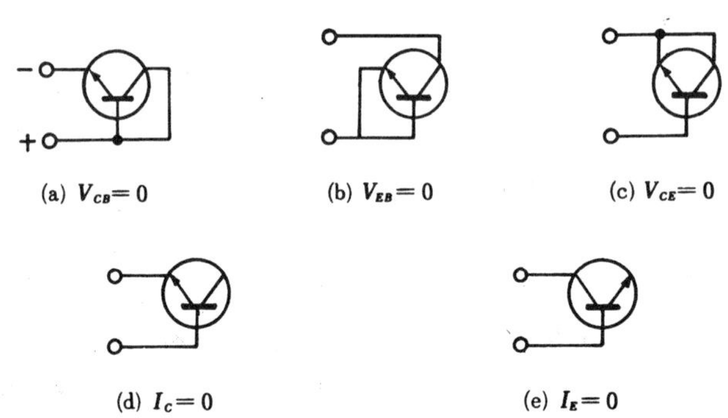

[그림 9·12] 집적 트랜지스터를 다이오드로 사용한 예와 특성

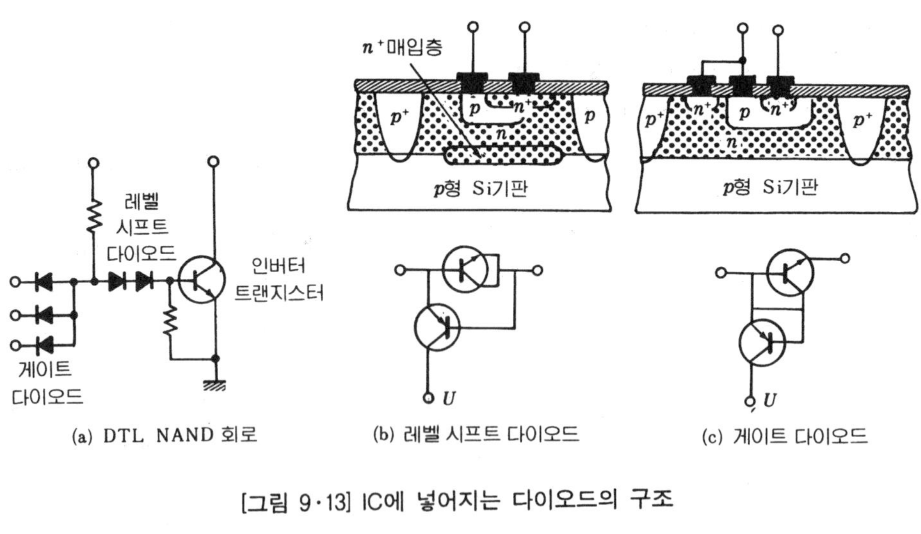

[그림 9·13] IC에 넣어지는 다이오드의 구조

[그림 9·12]에 트랜지스터를 컬렉터-베이스, 에미터-베이스 사이를 단락시켜서 사용하는 경우를 나타내었다.

DTL NAND 회로를 예로 들어서 제조과정을 생각해 보기로 한다. [그림

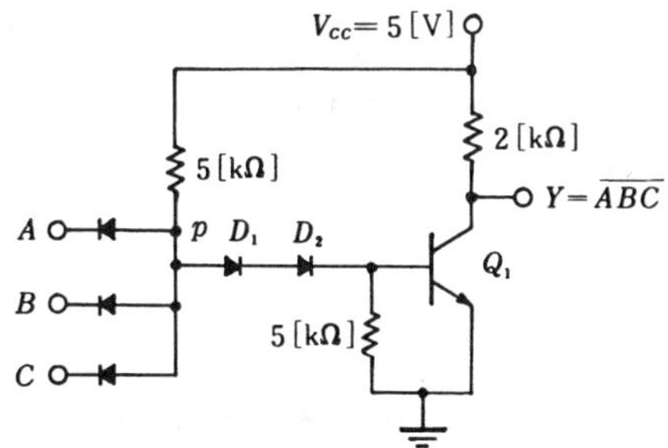

(a) DTL 기본 NAND 게이트

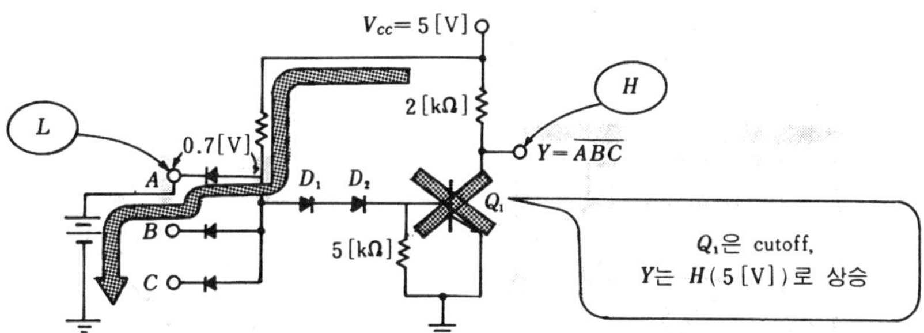

(b) A가 L로 될 때 Q_1은 cutoff, 출력 Y는 H로 된다.

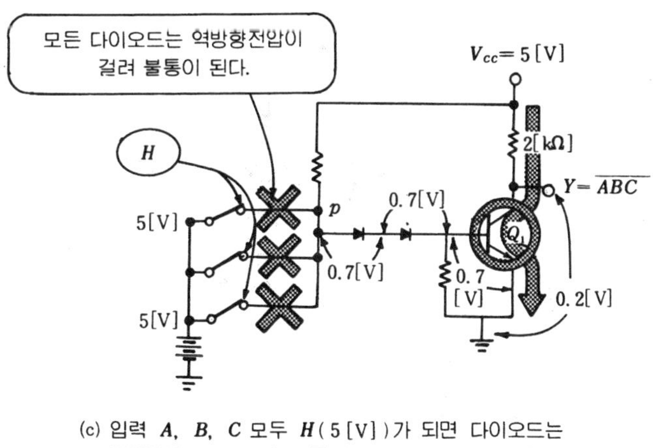

(c) 입력 A, B, C 모두 H(5[V])가 되면 다이오드는 역바이어스가 걸려 불통되고, Q_1이 도통되어 출력 단자 Y가 L(0.2[V])로 내려간다.

[그림 9·14] DTL 기본 NAND 게이트의 동작

9·13]은 DTL NAND 회로의 구조를 나타낸 것이고, [그림 9·14]는 이해를 돕기 위하여 DTL 기본 NAND 게이트의 동작을 나타낸 것이다.

여기서 게이트 다이오드는 축적시간을 짧은 것으로 하고, 레벨 시프트(level shift) 다이오드는 축적시간이 긴 접속으로 한다.[18] 게이트 다이오드에서는 축적시간을 짧게 하기 위하여 life time 킬러로서 Au를 확산시킨다.

또한 레벨 시프트 다이오드에서는 순방향 바이어스가 되므로 기판에서 *pnp* 트랜지스터로 동작이 생길 위험이 있으므로 n^+층을 만들어서 사용한다.

■ 저 항

Monolithic IC에서는 직접 트랜지스터의 베이스 또는 에미터를 만들 때 동시에 확산에 의해서 만들며 요구되는 저항값을 얻을 수 있도록 설계한다. 이 경우 트랜지스터의 에미터 확산층이나 베이스 확산층의 저항값은 100[Ω]~30[kΩ] 정도인데 수식으로 나타내면

$$R = \rho\left(\frac{L}{A}\right) \qquad (9\cdot 1)$$

과 같다. 여기서 ρ는 고유저항률, L은 길이, A는 p형인 베이스 영역(또는 에미터 영역)의 면적이다.

[그림 9·15]는 확산저항을 나타낸 것으로 2개의 *pn* 접합이 존재하는 *RC* 분포정수 회로와 함께 1개의 *pnp* 트랜지스터가 형성되어 있음을 알 수 있다. 그림을 보면 기판이 컬렉터, 중앙의 *n* 형이 베이스, 저항영역인 *p* 형이 에미터임을 알 수 있다.[19]

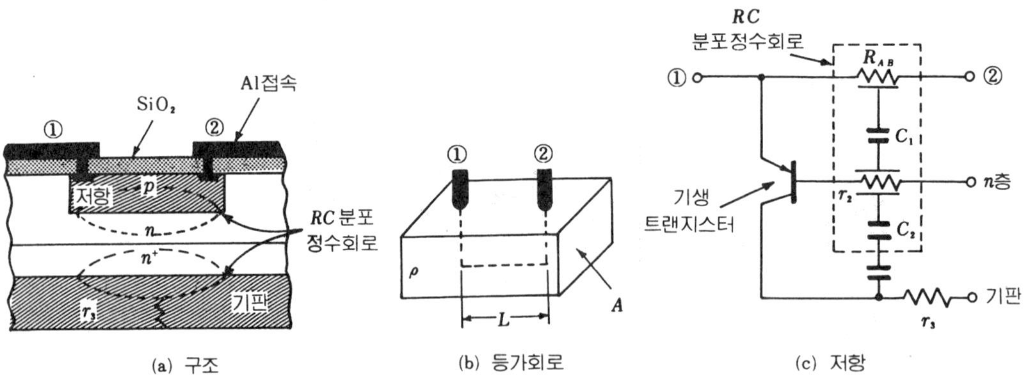

[그림 9·15] 에미터 또는 베이스 확산층을 이용한 확산저항

---

18) DTL 게이트의 전력소비는 약 12[mW] 정도이고, 전송지연시간(propagation delay time)은 30[ns], 잡음 마진(noise margin)은 대략 1[V] 정도이다. fan out는 8개 정도까지 가능하다.

19) 이런 방식으로 제조된 트랜지스터를 기생 트랜지스터라고 한다.

■ 콘덴서와 인덕터

반도체 IC에서는 pn 접합을 역바이어스했을 때의 공간전하영역의 접합용량과 Si 산화막(SiO_2, 또는 SiO)을 유전체로 하는 MOS 구조의 콘덴서를 이용하는 방법이 고려된다.

콘덴서의 정전용량은 접합면적, 불순물 농도, 역바이어스 전압의 크기에 따라 다르지만 근본적으로 접합면적의 한계 때문에 100～1000[pF/mm^2] 정도로 0.01[μF] 정도까지 얻을 수 있다.

대부분의 경우에 이 방법을 이용하지만 Si칩의 표면에 점유면적이 커지게 되어 IC의 값이 비싸지므로 콘덴서를 사용하지 않는 회로적인 연구를 하는 것이 좋다.

공간전하영역(또는 공핍층)은 충전된 층을 분리하는 2개의 차단특성을 가지고 있으며, 공핍층의 용량값은 다음과 같이 표시된다.

$$C_T = \frac{\varepsilon A}{W} \tag{9·2}$$

여기서 W는 공핍층의 폭이고, A는 접합면적, ε은 공핍층 내의 유전율이다. 한 가지 유의할 점은 [그림 9·16]에서 역방향 바이어스에 의한 접합장벽은 J_2 인데, J_1에서 생기는 불필요한 기생용량(parastic capacitance)은 설계를 통해서 최소로 줄여야 한다.[20)]

Al이 p형 불순물이므로 Al 접촉면과 n형 불순물영역 사이의 경계면에서 불필요한 pn 접합이 형성되지 않도록 강하게 도우핑된 n^+영역이 n형 영역으로 확산되는 것을 이용한다.

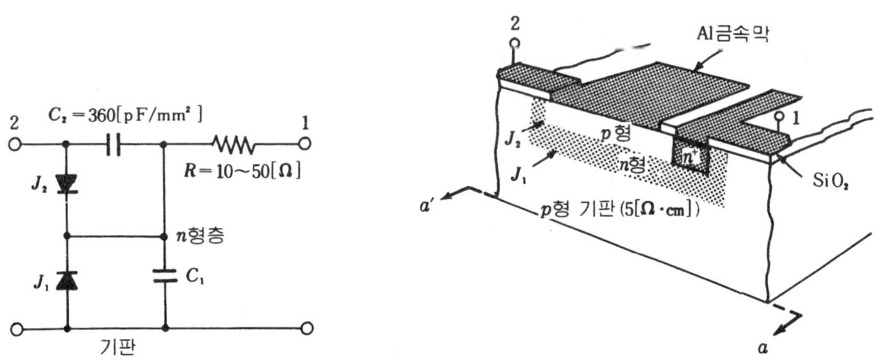

(b) 등가회로 (a) 단면도

[그림 9·16] monolithic 콘덴서

---

20) 세심한 설계를 통해서 기생용량은 줄일 수 있다.

인덕터 문제는 반도체 IC의 제조기술에서 인덕터의 공칭값(nominal value)을 얻기 위한 효과적인 기술이 monolithic IC에서는 아직 고안되지 않았다. Q의 처리문제 또는 안정성 등의 문제가 남아 있어서 실제로 설계되는 경우는 적은 편이다.

일반적으로 인덕터의 필요성은 RC 합성(synthesis)에 의해서 해결된다. 하이브리드(hybrid) IC는 monolithic IC에서 사용될 수 없는 방법을 사용하는데, 즉 구조의 표면에 분리된 유도성 소자를 첨가하는 방법을 쓴다. 그러나 이와같은 방법도 부피가 커서 면적을 많이 차지하므로 거의 이용되지 않고 있다.

9·3 MOS IC

MOS IC는 MOSFET를 이용한 것으로 전기전도가 한 종류의 캐리어로 이루어지기 때문에 Unipolar IC라고도 한다. MOS IC는 Bipolar IC에 비해서 여러 가지 특징이 있다. 즉, 트랜지스터의 크기가 작고, 트랜지스터 사이에 분리(절연 : isolation)가 필요하지 않아서 고밀도로 집적할 수 있다.

또한, 공정면에서도 Bipolar IC에 비해서 제조공수가 작고, 가격이 싸며 공정시간이 짧다. MOS IC는 Bipolar IC(DTL, CTL, TTL)에 비해서 동작속도가 느리다. 그러나, 이러한 단점이 있어도 MOS IC는 전자계산기, 저속도를 중심으로 한 각종 계측기 등에 실용화되고 있으며, LSI의 중요한 회로로 여겨지고 있다.

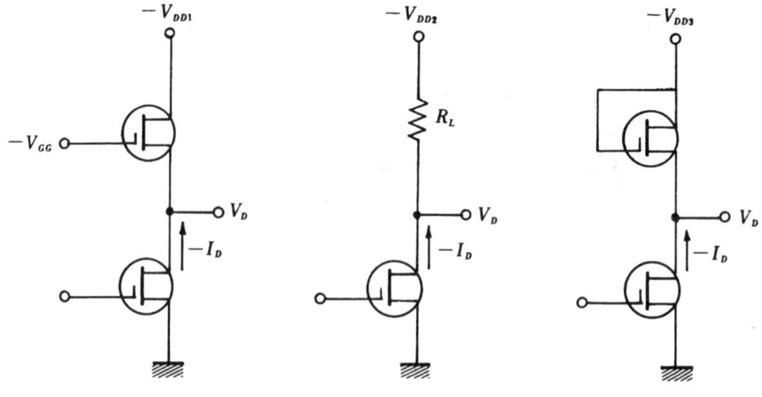

(a) 차단상태의 MOSFET (b) 순저항 (c) 포화영역의 MOSFET

[그림 9·17] 부하저항으로서의 MOSFET

■ 동작원리

MOS IC에는 일반적으로 p채널 증가형의 MOSFET를 사용한다. 그 이유는 증가형(enhancement type) MOSFET는 게이트 전압이 인가되지 않았을 때는 소오스와 드레인 사이는 역직렬 pn접합이 되므로 거의 전류가 흐르지 않기 때문이다.21)

게이트 전압의 인가에 따라서 전도 채널을 유지하기 때문에 전기전도가 게이트 전극의 밑에서만 안정되고, 소자와 소자 사이에 분리(isolation), 즉 전기절연이 필요하지 않다는 것이다.

이밖에도 증가형 MOSFET에서는 게이트 전압 $V_G=0$에서 드레인 전류 I_D는 차단상태에 있고, 임계전압 V_{th}를 넘어야만 드레인 전류가 흐르게 되므로 디지털 기능의 회로구성에 적합하다.

또 하나의 중요한 사용방법은 소오드-드레인 사이를 2극 소자의 저항으로 사용할 수 있다는 것이다. 이 경우 게이트를 다른 전원으로 접속하는 방법과 드레인에 접속하는 방법이 있는데, [그림 9·18]과 같이 비선형적이지만 고저항과 같은 구조를 갖게 된다.

MOS IC는 앞에서 설명한 Monolithic IC의 확산저항 대신에 MOSFET를 사용하므로 미소한 면적의 단일 칩 위에서 고저항을 만들 수 있어서 고밀도 집적화에 적합하다.

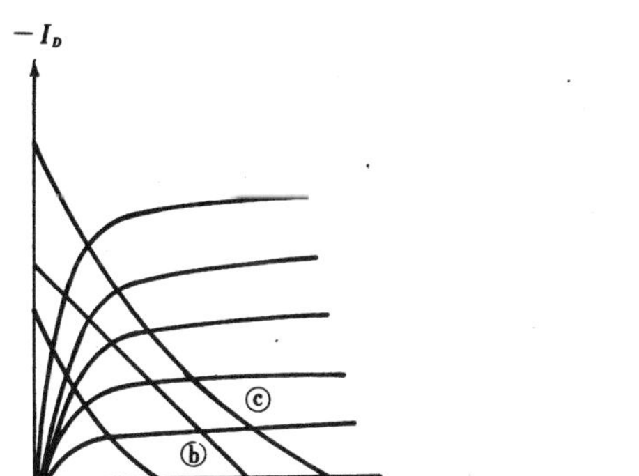

[그림 9·18] 부하저항으로서의 특성곡선

---

21) 증가형 MOSFET는 게이트에 충분히 큰 (+)의 전압이 걸렸을 때 SiO_2층에 형성된 전계에 의해서 전자는 게이트쪽에 모이게 되어 n형 반전층인 n채널이 형성되어 드레인 전류가 흐르게 된다. 소오스-드레인 사이에 전기전도가 시작되는 게이트 전압을 임계전압(threshold voltage)이라 한다.

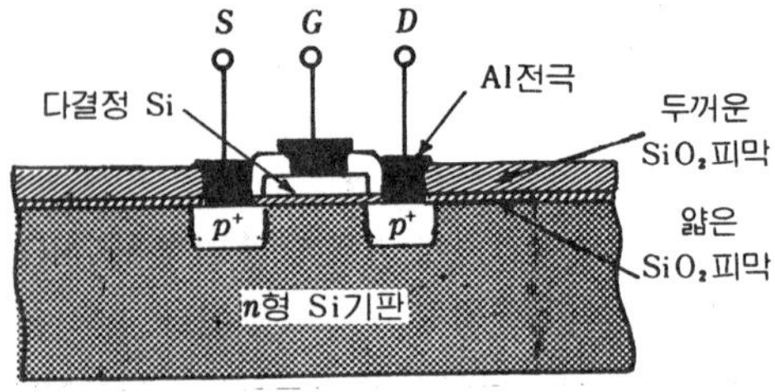

[그림 9·19] Si 게이트 MOSFET의 구조

9·3·1 Si 게이트 MOS IC

[그림 9·19]에 Si 게이트 MOSFET의 구조를 나타내었다. *n* 채널을 예로 들면 대부분의 MOS 구조에서는 게이트가 Al과 같은 금속전극이 Si의 표면에 있다. Si 게이트란 그림에서와 같이 얇은 SiO_2 피막 위에 다결정의 Si 게이트를 둔 FET를 소자로 사용하는 것을 말한다. 다결정의 Si은 전하밀도를 낮추는 효과가 있다.

Si 게이트의 구조는 일반적인 금속을 이용한 게이트 금속과는 다른 점이 있는데 확산하는 방법에서 다르다.22) 즉, 다결정 Si 자체에 의해서 게이트 부분을 마스킹(masking)해서 소오스와 드레인을 확산한다. 이 때문에 소오스, 드레인, 게이트 부분의 마스킹이 필요하지 않게 되고 게이트-드레인, 게이트-소오스 사이에서 생기는 기생용량을 최소화할 수 있다. 이것을 자기정합(自己整合, self align 구조)이라 한다. 이러한 이점 때문에 Si 게이트 MOS IC는 고속 동작이라는 우수성을 갖고 있다.

9·3·2 *n* 채널 MOS IC

n 채널 MOSFET를 능동소자로 이용하면 *p* 채널 MOS IC보다 응답속도가 빠른 MOS IC를 만들 수 있다. 왜냐하면, *n* 채널의 다수 캐리어인 전자가 *p* 채널의 다수 캐리어인 정공보다 이동도(mobility)가 크기 때문이다. *n* 채널로 쉽게 만들어지는 MOSFET는 공핍형(depletion type)이므로 기판에 바이어스 전압을 부여해서 외형적으로는 증가형(enhancement type)의 특성을 갖도록 해서 사용한다.

구조적인 면을 생각해 보기로 한다. *n* 형 채널로써 Si 표면에 매우 얕게 불순물을 주입시켜 극성을 반전시키면 *n* 채널 증가형의 MOSFET를 만들 수가 있는데 제조방법에는 이온 주입방식이 사용된다. 또다른 방법으로는 앞에서 설명한 Si 게이트 방법에 의해서도 *n* 채널 증가형 MOSFET를 만들 수도 있다.

---

22) 게이트 금속은 Al의 경우가 대부분이기 때문에 Al 게이트라고도 한다.

9·3·3 C-MOS

MOS 논리회로 중에 중요한 것은 상보형 MOS(C-MOS : complementary MOS)를 들 수 있다. 하나의 칩 속에 위쪽에는 *p*채널 증가형 MOSFET를, 아래쪽에는 *n*채널 증가형 MOSFET가 직렬로 연결되어 상보동작을 하는 IC를 C-MOS(complementary MOS) 또는 상보형(相補型) MOS라 한다.

이온 주입기술을 이용해서 실용화한 것으로 전력소모가 매우 작고 바이폴라 IC에 가까운 고속동작을 할 수 있기 때문에 전자손목시계, 우주선, 소형계산기 등에 적합하다.

■ 동작원리

[그림 9·20]에서 *n*채널 MOSFET와 *p*채널 MOSFET로 구성된 C-MOS 인버터를 볼 수 있다. 직렬로 연결되어 있는 증가형 *n*채널, *p*채널 MOSFET 동작특성을 생각한다.

입력전압 V_{in}이 낮으면 *p*채널 MOSFET가 on 상태에서 동작하고, *n*채널 MOSFET는 off 상태에 있게 된다. 반대로 V_{in}이 높을 때에는 *p*채널 MOSFET가 off 상태, *n*채널 MOSFET가 on상태가 된다.

어느 경우이든 양쪽 MOSFET를 통해서 흐르는 전류는 매우 작아서 off 상태의 누설전류와 같다고 볼 수 있다. 동작특성의 비교를 위해 [그림 9·21]에 *p*채널로 된 MOS IC의 구조를 나타내었다.

C-MOS에서는 *n*채널과 *p*채널 FET를 게이트끼리 또는 드레인끼리 서로 직렬로 접속해서 드레인이 공통이 된 푸시풀(push-pull) 회로를 구성한다. 이 구조는 입력전압이 on 또는 off인 어느 상태에 있어도 반드시 한쪽의 FET는 off 상태에 있게 되며, 직류전류는 매우 미소하여 수[nA]~[μA] 정도만 흐르게 된다.

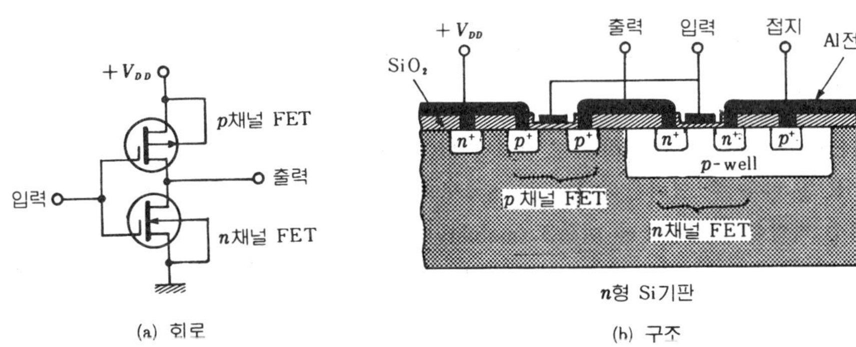

[그림 9·20] C-MOS 인버터의 구조

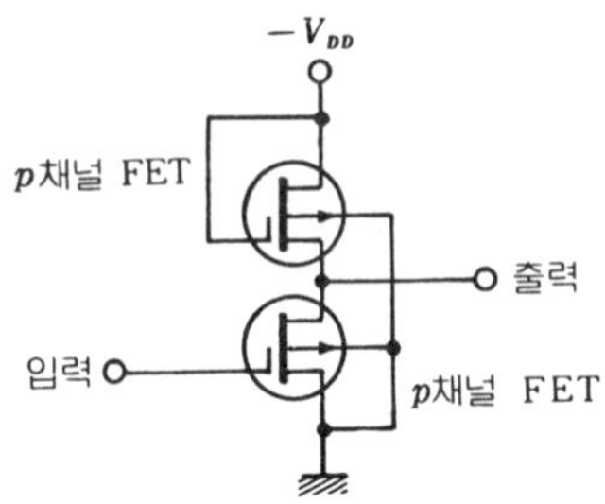

(a) 회로

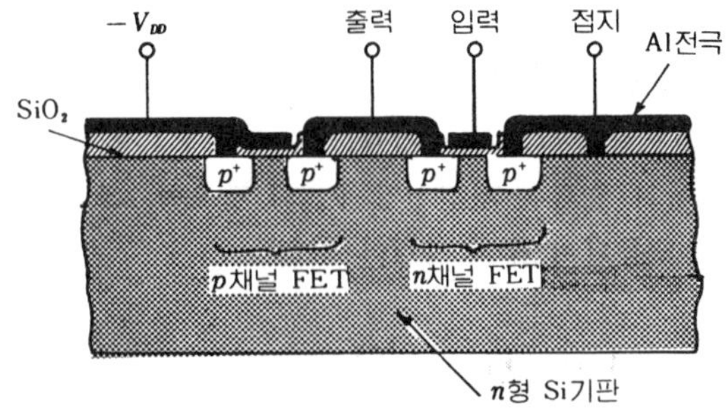

(b) 구조

[그림 9·21] p채널 MOS 인버터의 구조

그리고, 입력이 on 또는 off로 변환되는 순간에는 양쪽의 FET가 통전되는 공핍층 영역이 존재하게 되어 이때에만 전류가 도통된다. 또한, C-MOS는 불순물 농도가 낮아서 확산기술로는 제조가 곤란하므로 이온 주입법에 의한 기술, 특히 임계전압(V_{th} : thresold voltage) 제어의 기술이 활용되고 있다.

■ 동작영역의 분류

C-MOS의 동작은 입력전압 V_{th}에 의해서 다음과 같이 3가지 영역으로 구분된다. n채널 MOSFET의 임계전압을 V_{thn}, p채널 MOSFET의 임계전압을 V_{thp}라 하고, C-MOS의 전원전압 V_{DD}를 n채널과 p채널의 임계전압의 합보다 크다는 조건에서 동작시킨다고 생각한다. 즉, $V_{DD} > V_{thn} + V_{thp}$의 조건하에서 동작시킨다고 하자.

①영역 : $V_{in} < V_{thn}$

②영역 : $V_{thn} \leq V_{in} \leq V_{DD} - |V_{thp}|$

③영역 : $V_{in} > V_{DD} - |V_{thp}|$

이러한 동작영역을 입력전압 V_{in}-출력전압 V_{out} 관계 특성으로 [그림 9·22]에 나타내었다. 이 특성을 영역별로 설명하면 다음과 같다.

(1) $V_{in} < V_{thn}$ 영역

영역에서는 p채널 FET가 on 상태, n채널 FET가 off 상태(차단상태)이다. 따라서 이때의 출력은 전원전압 V_{DD}와 같으며, 또 전원에서 접지측으로 전원전류는 도통되지 않은 상태가 된다.

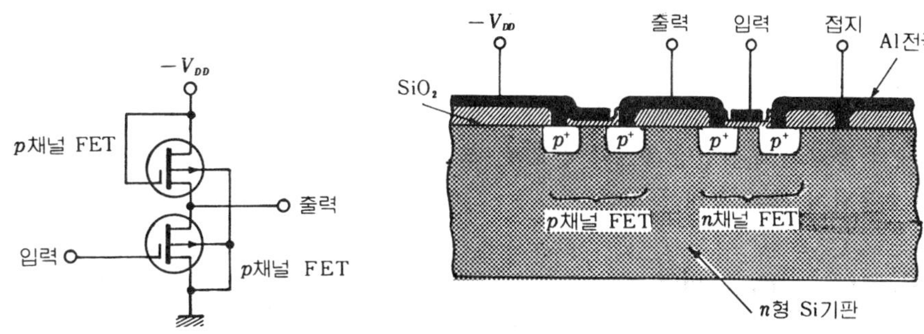

[그림 9·22] C-MOS 인버터의 입출력 특성

(2) $V_{thn} \leq V_{in} \leq V_{DD} - |V_{thp}|$ 영역

영역에서는 n채널과 p채널 FET 모두가 on 상태로 공핍영역(또는 천이영역)에서 동작한다. 그리고 출력전압 V_{out}는 전원전압 V_{in}이 n채널과 p채널 FET의 임피던스의 비로서 분할된 값으로 나타난다. 이 경우는 MOSFET가 도통상태가 되어 전원전류가 흘러서 전력소모가 생긴다.

(3) $V_{in} > V_{DD} - |V_{thp}|$ 영역

영역에서는 $V_{in} < V_{thn}$ 영역의 동작과는 반대현상이라고 생각해도 좋을 것이다. n채널 FET가 on 상태, p채널 FET가 off 상태가 되므로 전원전류는 0이 되고, 출력전압 $V_{out} = 0[V]$가 된다.

이와같이 C-MOS의 논리진폭은 전원전압과 동일하고 정상상태에서는 동작을 하지 않게 되므로 전력소모가 없다.

■ C-MOS의 특성

C-MOS의 특성을 응답속도, 소모전력, 잡음문제 등으로 구분하여 가장 일반적인 p채널 MOS IC와 비교 검토해 보기로 한다.

(1) 응답속도

p채널 MOS IC에서는 부하 MOSFET를 통하게 하는 부하용량을 충전하는 시간에 따라서 응답속도가 제한을 받는다. 그러나 C-MOS에서는 n채널 FET나 p채널 FET 중의 하나가 on 상태에서 반드시 낮은 임피던스를 가지므로 응답속도의 시정수는 매우 작다. 따라서 Bipolar IC에 가까운 고속동작을 한다.

(2) 소모전력

C-MOS의 가장 우수한 장점이 전력소모가 매우 작다는 것이다. C-MOS에 있어서 소모전력이라 함은 대체적으로 기생용량을 포함한 부하용량의 충방전전류와 [그림 9·22]의 C-MOS 인버터 특성에서 ② 영역에 해당하는 천이영역을 통과해서 *n*채널과 *p*채널 FET를 거쳐서 전원으로부터 접지쪽으로 직접 흐르는 전류를 가지고 생각할 수 있다.

이 두 전류는 전원전압, 부하용량, 입력주파수 등에 의해서 변화되는데 대략적으로 Bipolar IC(TTL)의 1/100~1/1000 정도의 소모전력을 갖는다.

(3) 잡음과 전원

C-MOS는 잡음여유도가 매우 높다. 잡음여유도는 논리진폭이 크고 전원전압과 거의 같은 것이 있고, 또 하나는 비선형성이 큰 회로의 임계전압 V_{th}가 전원전압의 약 1/2되는 점에 있으며, 소자의 특성이 약간 변동해도 특별히 변하지 않는 것이 있다. 대개의 C-MOS의 전원은 단일전원으로 동작하고 2~6배로 넓은 전압의 범위를 갖고 있으므로 안전하게 동작한다.

9·4 LSI

하나의 IC 속에 100~1,000 소자 이상을 갖는 것을 대규모 집적회로(Large Scale Integration : LSI)라 한다. 크기는 3.7×3.8[mm] 정도의 칩에 약 1000 게이트를 갖는다. 간단하게 생각하면 칩 속에 집적되는 소자의 수를 크게 하기 위하여, 즉 집적도를 높이기 위하여 IC칩을 크게 하면 될 것 같지만 회로의 설계문제, 원료에 대한 제품비율의 감소, 검사방법 등의 제조시에 기술적인 어려움이 따른다.

결과적으로, LSI의 개발은 경이적인 마이크로일렉트로닉스 기술이라 할 수 있으나 여러 가지 문제점은 남아 있다고 할 수 있다. 그러나, LSI의 이러한 문제점은 집적화하기가 쉽고 구조가 간단한 MOS IC를 이용해서 실현이 가능하고, 컴퓨터에 의한 패턴 설계(CAD : Computer Aided Design)에 의해서 10,000 소자 이상의 LSI를 실현한다.

■ 제조방법

[그림 9·23]은 LSI의 제조과정을 IC의 과정과 비교해서 나타내었다. 완성된 웨이퍼 위에 많은 수의 동일한 종류의 칩을 만든 다음, 이렇게 만들어진 칩을 자르지 않고 내부적으로 배선해서 접속한다. 이 웨이퍼를 특성검사를 통해서 양부(良否)를 판정하고, 불량품을 제외한 약 100개 이상이 되는 나머지 칩을

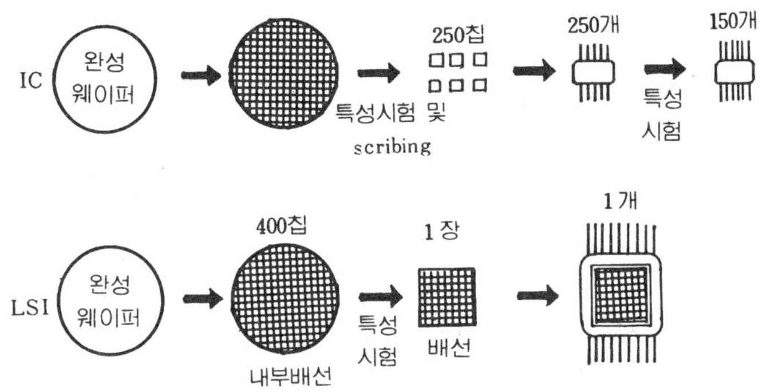

[그림 9·23] IC와 LSI의 제조과정 비교

분리하지 않고 한 장의 pellet로 배선해서 한 용기 안에 넣는다. 이 때문에 LSI는 용기의 가격이 절감되며 접속할 때의 복잡성이 적어서 신뢰성이 높은 것이 큰 장점이라 하겠다.[23)]

LSI의 제조법에는 다음의 두 가지가 있다.

첫째는 IC 전체가 모두 양품이라고 생각하고 종래에 사용해 왔던 방법을 그대로 이용하는 100[%] 외출금지법이 있는데, 이 방법은 기술적으로 문제점이 있어서 한계가 있다.

둘째는 임의배선 웨이퍼(discretionary wiring wafer) 방법이 있는데, 이 방법은 웨이퍼 중에 불량품이 발견되는 경우에 이 불량품을 피해서 배선하는 방법이다. 그러나 임의배선 웨이퍼 방법을 사용할 때는 웨이퍼 한 장마다 모두 배선이 다르게 되어 많은 노동력이 필요하므로 컴퓨터를 이용해서 패턴을 설계하는 CAD 방법을 사용한다.

9·5 IC 메모리

메모리(memory)는 각종 정보를 필요에 따라 기억하거나 또는 읽어내는 기능을 갖고 있는 회로이다. IC 메모리의 기본은 플립플롭(flip-flop)이며, 이것 하나로 1비트의 기억력이 있다.

이 기본 플립플롭(또는 메모리 셀)과 주변회로에 의해서 정보의 읽기 또는

23) 이 때에 100개의 칩 속에 불량품이 있다고 하면 매우 곤란하다. 그 이유는 100개의 칩의 효율이 100[%]가 되어야 하는 것이 LSI의 문제점이라 할 수 있다. 즉, 칩의 넓이가 크면 클수록 수율(收率)이 떨어진다. LSI는 IC와는 다르게 한 장의 Si 웨이퍼 위에 두고 각 칩(수백 개)을 절단하지 않고 그대로 결선한다.

쓰기의 기능을 가진 메모리를 구성할 수 있다. 이 메모리 셀(memory cell)을 배열한 행과 열의 조합으로 결정되는 어드레스(address)에 읽어내기, 써넣기를 하는 메모리를 RAM(Random Access Memory)이라 한다.

IC 메모리의 특징을 열거하면 다음과 같다.

① 정보의 고쳐쓰기가 자유롭게 된다.
② 써넣기, 읽어내는 시간(access time)이 빠르다.
③ 읽어내기 전문의 메모리(ROM)를 만들 수가 있다.
④ 읽어내기 시간이 지정번지에 관계없이 일정하다.
⑤ 읽어내기에 의해서 기억내용은 손실되지 않는다. 즉, 비파괴 읽어내기(NDRO)이다.
⑥ 전원을 끊으면 기억내용은 소멸한다(휘발성, volatile).

■ bipolar IC 메모리와 MOS IC 메모리

기억소자로서 IC 메모리는 Bipolar IC 메모리와 MOS IC 메모리로 구분할 수 있다.

Bipolar IC 메모리는 접합 트랜지스터의 플립플롭을 메모리 셀로 하고 있는데, 일반적으로 기억용량은 MOS IC 메모리에 비해서 작으며, 큰 집적도를 얻기가 어렵다. 장점으로는 고속동작을 하는 것을 들 수 있다.

MOS IC 메모리는 MOSFET를 메모리 셀로 하고 있으며, 기본적인 회로를 구분하면 다음과 같다.[24)]

① 플립플롭용, 부하용, 전송용으로 쓰이는 합계 6개의 MOSFET로 구성되어 있는 스태틱(static) 방식 플립플롭 등이 있다.
② 인버터용, 입출력 전송용의 합계 9개의 MOSFET로 구성된 일시기억 게이트를 사용하는 것이 있다.
③ 플립플롭용, 부하용, 전송겸용의 합계 4개의 MOSFET로 구성된 다이나믹 방식 자기재생형 플립플롭이 있다.

9·5·1 ROM

ROM(Read Only Memory, 고정기억장치)은 정보를 영구적으로 또는 반영구적으로 기억하는 장치로서 읽어내기만 하는 기억장치이다. 즉, 이 장치는 자동적으로 써넣기가 안되는 장치이다.

ROM에 데이터를 기억시키는 것을 프로그래밍(programming)이라 하며, 일

---

24) 여러 개의 소자를 이용하는 dynamic flip-flop 방식의 메모리 셀이나 static flip-flop 방식의 회로는 디지털 회로 설계분야에 관계되는 서적을 참고하기 바란다.

단 프로그래밍한 후에는 필요에 따라 데이터를 읽어낼 수 있다. 여기에서는 ROM에 대한 개요만 고찰하기로 한다.

디코우더(decoder)는 n 입력변수들로 된 2^n 민터엄(minterm)들을 산출하는 조합회로이다. 불(boolen) 함수의 민터엄들을 합하기 위해 디코우더에 OR 게이트를 첨가함으로써 임의의 조합회로를 실현할 수 있다.

ROM은 1개의 IC 안에 디코우더와 OR 게이트 둘다 포함하고 있는 장치이다. [그림 9·24]와 같이 디코우더의 출력들과 OR 게이트의 입력들을 상호연결함으로써 ROM을 프로그래밍할 수 있다. ROM은 종종 하나의 IC로 복잡한 회로를 실현하고 그렇게 함으로써 모든 내부의 선연결을 제거하기 위해 사용된다.

본질적으로 ROM은 2진 정보의 집합이 저장되어 있는 메모리이다. 2진 정보는 먼저 사용자에 의해 명시되어 있어야 하며, 그리고 나서 ROM 속에 기록되어진다. ROM은 특별한 내부 연결고리(link)들을 가지고 있다. 요구되는 회로를 형성하기 위해 이 연결고리들을 끊어버리거나 연결된 채로 두게 된다. 일단, 완성되면 ROM은 전원이 들어가거나 나가더라도 항상 일정한 정보가 남아있게 된다.

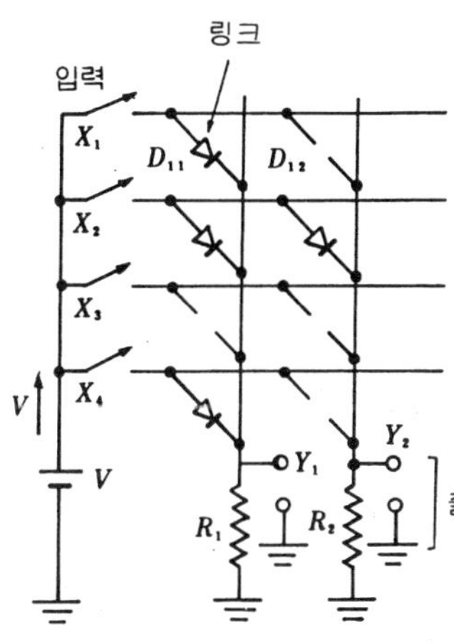

(a) 기본적인 8비트 ROM

A_1	A_0	Y_1	Y_2	Y_3	Y_4	10진
0	0	0	0	0	0	0
0	1	0	0	0	1	1
0	0	0	1	0	0	4
1	1	1	0	0	1	9

(c) 2승값

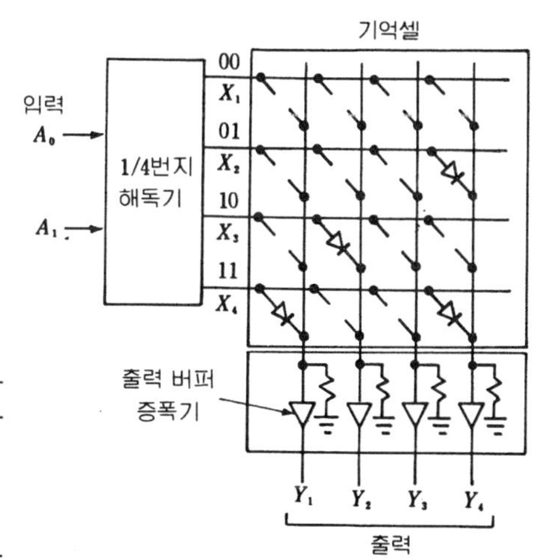

(b) 번지 해독기와 출력 비트를 갖춘 ROM

[그림 9·24] ROM

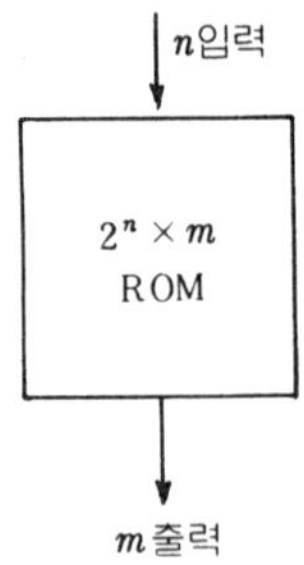

[그림 9·25] ROM의 계통도

ROM의 계통도를 [그림 9·25]에 나타내었다. 이 계통도에서 보면 n개의 입력선과 m개의 출력선으로 구성되어 있다. 입력변수들의 각 비트(bit) 조합은 번지(address)가 되고 출력선에서 나오는 각 비트의 조합은 워드(word)라 한다. 이때에 한 워드는 m개의 비트로 구성되며, 본질적으로 번지란 n변수들의 민터엄들 중에 하나를 나타내는 2진수이다.

또한, n개의 입력변수로 지정할 수 있는 서로 다른 번지의 수는 2^n개이며, 이때 하나의 번지에 대해 단 하나의 워드가 대응된다. 따라서, ROM에는 2^n개의 서로 다른 번지들이 있으므로 ROM 내에는 2^n개의 서로 다른 워드가 저장되어 있다. 임의의 시간에 출력선에 나타나는 워드는 입력선에 적용되는 번지에 따라 결정되고, ROM은 워드의 갯수인 2^n개와 워드당 비트수인 m개의 수로 특정지어진다.[25]

■ IC-ROM

데이터 전송, 산술연산, 논리연산 등의 기능을 수행하는 마이크로프로세서(microprocessor)와 기억소자로 MOS-LSI가 널리 이용되므로 MOSFET를 예로 들어서 설명한다.

MOSFET에서는 게이트를 구동선에, 드레인을 출력선에 접속하고 소오스를 접지해서 구동 펄스를 가하면 드레인-소오스간이 도통하고 출력선이 접지전위가 된다. 이것을 정보 1에 대응시키면 정보 0은 구동선과 게이트를 접속시키지 않으면 출력선의 전위는 변화하지 않으므로 정보 1과 구별될 수 있다. 이 게이트의 접속유무는 IC의 제작단계에서 Al 증착 배선용 마스크를 작성하는 시점에

25) 38×8이라는 ROM을 예로 들면 이 장치는 8bit로 된 32개의 word로 구성되어 있다. 따라서, ROM에는 8개의 출력선과 32개의 다른 워드가 ROM 속에 저장되어 있다는 뜻이다. 워드가 32개이므로 $2^5=32$에 의해서 입력선은 5개가 필요하고 이때 출력선에 나타나는 워드는 5개의 입력선에 적용되는 번지에 따라서 결정된다.

만일, 입력번지가 0 0 0 0 0이면 0으로 매겨진 워드가 선택되어 출력선에 나타난다. 또, 입력번지가 1 1 1 1 1이면 31로 매겨진 워드가 출력선에 나타난다. 그리고, 이 번지 사이에는 그밖에도 30개의 서로 다른 번지들이 있어 각각 서로 다른 워드를 선택할 수 있다.

서 결정되므로 그 후의 기억내용은 변경되지 않는다.

따라서, IC-ROM은 코드(code)의 변환, 문자 패턴 발생기 등의 정보의 고쳐 쓰기가 필요없고 필요에 따라서 정보를 읽어내기만 하는 용도에 사용된다.

9·5·2 PROM

ROM은 소자를 제작하는 단계에서 메모리 내용이 결정되어 버리므로 정보를 한번 기억하면 영구적으로 고정되어 변경할 수 없게 되어 있다. 따라서, 전원이 차단되거나 불안정하여도 기억된 내용을 영구적으로 보존된다. 다라서 다른 메모리 내용을 여러 종류로 만드는 데는 비경제적이었다.

이러한 단점을 보완하기 위하여 메모리 소자를 모두 0 또는 1의 상태로 제작하고, 전기적 조건을 선택적으로 부여하여 사용자(user)가 필요에 따라 정보를 외부에서 써넣어 한번만 기억시킬 수 있는 것을 PROM(Programmable ROM)이라 하고, 자외선을 조사해서 그 내용을 지우고 몇 번이고 다시 써넣을 수 있는 것을 EPROM(Eraserable PROM)이라 한다.

이 방법은 메모리 셀에 직렬로 퓨우즈를 넣거나 역내압이 다른 다이오드를 반대방향으로 직렬접속하고, 외부에서 선택적으로 대전류나 고전압을 가해서 정보 써넣기를 하는 방법으로 시도되어 실용화된 것이다.

그 후에 전기적으로 써넣기가 가능한 ROM으로서 전기적 스트레스의 효과를 길게 유지하는 각종의 IGFET(Insulated Gate FET)가 개발되어 EPROM으로 발전된 것이다.

■ MAS 메모리

[그림 9·26]은 MAS 메모리의 구조와 써넣기를 나타낸 것이다. MAS의 구조를 보면 금속-알루미나-실리콘의 조합에 의한 것으로 알루미나막을 게이트

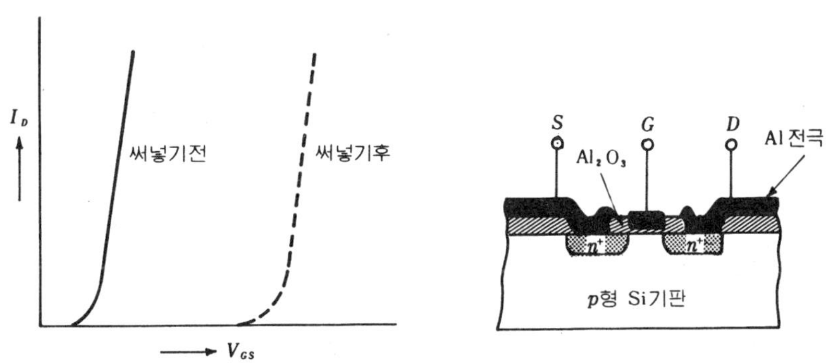

(a) 구조　　　　(b) MAS-FET의 써넣기

[그림 9·26] MAS 메모리

절연물로 하는 절연 게이트형의 FET이다. 이 구조를 가진 메모리 소자를 MAS (Metal-Alumina-Semiconductor)라 한다.

MAS는 통상의 *n*채널 증가형 FET의 특성을 갖고 있으며, 1~2[V]의 낮은 임계전압 V_{th}(약 10~15[V])로 상승한다. 이러한 상태는 반영구적으로 유지되기 때문에 게이트에 고전압을 인가하는 조작을 써넣기라 생각하고 MAS-FET를 메모리 셀로 하는 MAS-ROM을 만들면 PROM으로써의 기능을 갖는다.

이밖에도 알루미나막과 Si과의 사이에 얇은 막을 끼운 구조를 MAOS라 한다. MAOS도 MAS와 유사한 동작원리를 갖는다.

■ MNOS 메모리

MNOS(Metal-Nitride-Oxide-Semiconductor)는 *p*채널 MOSFET와 비슷한 구조를 갖는다. 게이트 절연물로서 2[nm] 정도의 얇은 산화물막(SiO_2)과 50[nm] 정도의 두꺼운 질화실리콘막(Si_3N_4)을 사용한 것이다.

MNOS에서는 SiO_2막과 Si_3N_4막 사이에 있는 트랩과 Si 사이에서 터널 효과에 의하여 전하를 주고, 받는 현상이 생겨서 게이트에 고전압을 가해서 써넣기를 한 후에 소전압에 의해서 비파괴적으로 읽어내기가 가능하다.

또한, 게이트에 (−)의 높은 전압을 가해서 써넣은 정보를 소거하고 다시 써넣기를 할 수 있다. 따라서, MNOS는 전기적 특성을 변화함으로써 다시 써넣기를 할 수 있는 기억소자이다. 이밖에도 특성에 따라서 AMOS, FAMOS, SAMOS 등의 많은 기억소자들이 개발되어 있다.

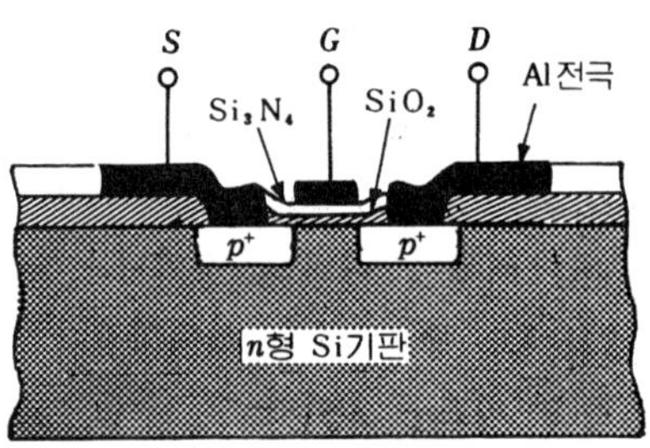

[그림 9·27] MNOS 메모리의 구조

9·6 RAM

프로그램의 처리를 위하여 일시적으로 데이터를 기억하고 읽어내는 기억소자를 RAM(Random Access Memory)이라 한다. RAM은 ROM을 시뮬레이트(simulate)하는 데 사용되는 소자로 전원이 차단되면 메모리된 정보가 없어지는 특징을 가지고 있다. RAM은 동작에 따라 DRAM과 SRAM으로 구분된다.

■ **DRAM**

DRAM(Dynamic RAM)은 MOSFET의 게이트와 기판 사이의 정전용량에 의해서 데이터, 즉 정보를 기억하므로 그 내용이 지워지기 전에 전하가 재충전되지 않으면 일정한 시간의 경과에 따라서 전하가 방전되어 정보내용을 상실하는 소자이다. 따라서, 메모리의 내용을 일정하게 유지하기 위하여 항상 재생을 위한 재충전 펄스(refresh pulse)를 공급해야 한다.

이러한 이유 때문에 주변회로가 SRAM에 비하여 구성이 복잡하다고 할 수 있으나, 고집적도(high packing density) 기능과 동작처리 시간이 빠르므로 대용량의 시스템 구성이 용이하여 대용량의 데이터 처리 및 고속의 메모리를 필요로 하는 대형 시스템의 메모리 방식에 이용되고 있다.

1992년에 국내의 메이커에서 이미 64MD RAM의 양산 이어, 1994년에 일본의 NEC나 미국의 T.I에 앞서 256MD RAM의 개발에 성공했다.

이 소자의 개발로 고품위 텔레비전(HDTV : High Definition Television)의 조기개발 및 다중매체 시스템(multi-media system)의 조기실현이 가능하게 되었다.

■ **SRAM**

SRAM(Static RAM)은 전원이 공급되는 동안은 정보의 내용이 지워지지 않는 소자이다. SRAM의 구조는 기본적으로 MOSFET 6~8개 정도로 구성된 플립플롭 방식의 메모리 셀로 되어 있으며, 그 동작원리는 일반적인 플립플롭과 동일하다. 즉, 한쪽이 on 상태일 때는 다른 한쪽이 off 상태가 되어, 어느 한쪽에서는 항시 전류가 도통상태가 되어 있다. 이러한 이유로 1[bit]당 소모전력은 DRAM에 비하여 평균 2배 정도 많다.

동작속도가 느린 것이 단점이지만, DRAM과는 다르게 전하의 재충전에 관계되는 refresh clock이 필요없으므로 소용량 메모리에 사용된다.

9·7 전하수송소자

근래에 널리 사용되고 있는 집적회로 소자로는 전하결합소자(電荷結合素子, Charge Coupled Device : CCD)이다. CCD는 일반적으로 알려진 전하수송소자(電荷輸送素子, Charge Transfer Device)의 구조를 갖고 있는 것 중에 보다 광범위하게 사용되는 중요한 소자이다. 이들 소자는 클럭 펄스(clock pulse)의 제어 아래 미리 정해진 길을 따라 전하가 이동되는 동적(dynamic) 소자로서 기억장치, 각종 논리기능, 신호처리 및 영상처리에 응용되고 있다.

여기에서는 소자를 이해하기 위한 기초적인 원리를 다루도록 하고, 보다 상세한 내용이나 응용부분은 최신문헌에서 얻어야 한다.

9·7·1 MOS 캐패시터에서의 동적 효과

CCD의 기본은 직렬로 연결된 MOS 캐패시터에서의 전하의 동적 축적과 되찾기(withdrawal)라 하겠다. 따라서 MOS의 원리를 동적 효과의 기본개념까지 확대하여 생각하기로 한다.

[그림 9·28]은 (+)의 게이트 펄스가 인가된 *p*형 기판 위에 형성된 MOS 캐패시터를 나타내고 있다. 결핍영역은 게이트 아래에 생기고, 표면 전위는 게이트 전극 아래에서 상당히 증가한다. 실제로 이 표면전위는 전위우물(potential well)을 형성하며, 이것이 전하축적을 위해 활용될 수 있다.

만일, 충분히 긴 시간 동안 (+)의 게이트 펄스가 인가되면 전자는 표면에 쌓이게 되고 정상상태의 반전상태, 즉 반전층이 형성된다. 이 캐리어의 원천은 표면이나 그 근처에서의 열생성(thermal generation)에 의한 전자라고 하겠다.

실질적으로 이 반전층의 전하는 우물(well)의 전하축적에 대한 수용능력을 의미한다. 이 우물이 열적으로 채워지는 데 소요되는 시간을 열적이완시간(熱的弛緩時間, thermal relaxation time)이라 하는데, 이 시간은 반도체 재료와 절연체 재료와의 경계면 상태에 따른다. 양질의 재료에서는 열적이완시간을 CCD 동작에 관계되는 전하의 축적시간보다 훨씬 길게 할 수 있다.

MOS 게이트 전극에 정상상태의 바이어스 대신 (+)의 큰 펄스를 인가하면 처음에는 깊은 전위우물(deep potential well)이 생길 것이고, 열생성에 의하여 반전층이 형성되기 전에는 결핍영역의 폭은 평형상태에서의 폭보다 크다고 하겠다($W > W_m$). 이렇게 과도적인 상태를 때로는 깊은 결핍(deep depletion)이라 한다. 이 전위우물에 광학적으로나 또는 전기적으로 전자를 주입시킬 수 있다면 이들 전자들은 전위우물에 축적될 것이다.

그러나, 이러한 축적은 일시적인 것으로 열생성이 상당히 커지게 되기 전에 축적전하(전자)들을 다른 축적장소로 옮겨버려야 한다. 실제로 필요한 것은 한

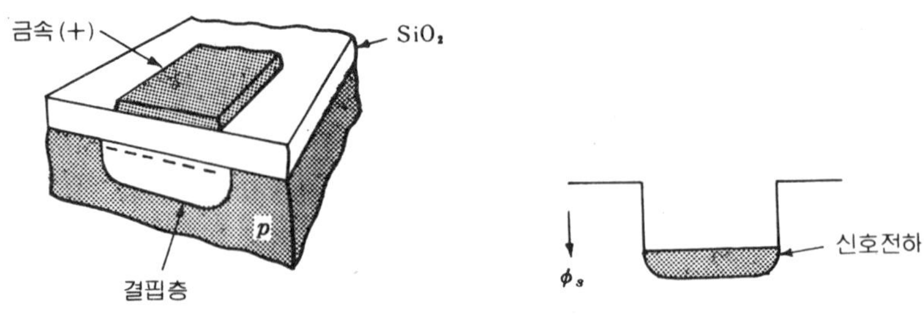

(a) 결핍영역과 표면전하

(b) (a)에서 나타낸 표면전하에 해당하는 전자로 부분적으로 충만된 경계면에서의 전위우물

[그림 9·28] (+)의 게이트 펄스를 인가한 MOS 캐패시터

전위우물에서 인접한 다른 전위우물로 전하를 빠르게 이동시키는 것으로, 그 이동과정에서 전하가 크게 상실하지 않는 방법이다.

만일, 이 방법이 실현된다면 동적으로 전하의 묶음(packet)을 주입하거나 이동 또는 접속하여 다양한 전자적 기능을 수행할 수 있다.

9·7·2 CCD의 원리

1969년 Bell 연구소의 Boyle과 Smith에 의하여 제안된 최초의 CCD 구조는 [그림 9·29]에 나타낸 바와같이 MOS 캐패시터의 배열(array)을 구성하는 일련의 금속전극들로 되어 있다.

전압 펄스는 3개의 선(L_1, L_2, L_3)에 인가되고 각 선은 한 줄에 있는 세번째 전극(G_1, G_2, G_3)마다 각각 연결되어 있다. 이들 전압은 그림에서와 같이 전위우물이 시간에 따라 변하도록 일정한 시간간격으로 공급된다. 동작관계를 간단히 설명하면 다음과 같다.

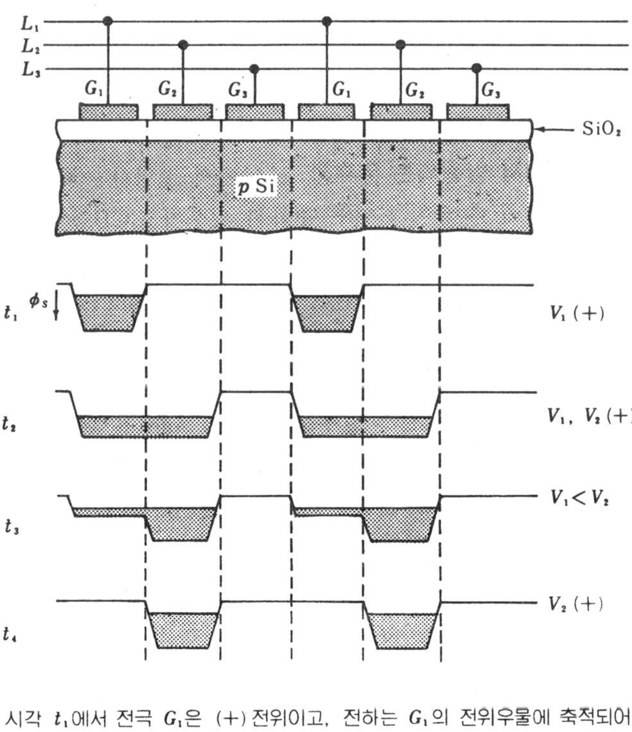

시각 t_1에서 전극 G_1은 (+) 전위이고, 전하는 G_1의 전위우물에 축적되어 있다. t_2에서는 G_1과 G_2가 모두 (+) 전위이고, 전하는 2개의 전위우물 사이에 분포되어 있다. t_3에서 G_1의 전위는 감소되고, 전하는 제 2 의 우물쪽으로 이동된다. t_4에서 G_2의 우물로 전하의 전송은 완료된다.

[그림 9·29] MOS 캐패시터의 직선 배열로 되어 있는 기본적인 CCD

① 시간 t_1에서 전위우물은 전극 G_1에 존재하며, 이 우물은 앞선 동작으로부터 전자의 묶음(전하)을 공급받았다고 가정한다.

② 시각 t_2에서 또 인접된 전극 G_2에 전압이 인가되고 전하는 G_1-G_2의 우물을 가로질러 균등하게 분포된다. 이러한 과정은 확대된 용기 속에서 그 높이가 균일하게 되도록 흐르는 액체와 유사하게 이동전하를 생각함으로써 상상하기가 쉽다. 이 액체 모델은 전압 V_1이 감소함에 따라 G_1 아래의 전위우물이 줄어지는 시각 t_2에서도 계속된다.

③ 이제 전하는 G_2의 우물로 흘러 들어가게 되고, 이 과정은 V_1이 0이 되는 시각 t_4에서 완료된다.

이 과정을 거쳐서 전하의 다발은 G_1에서 G_2로 이동한다. 이러한 과정이 계속됨에 따라 전하는 G_3의 위치로 넘어가고 시간의 경과에 따라 그 선을 따라서 계속 옮겨간다. 이 방법에서 전하는 입력 다이오드를 통해서 주입되고 선을 따라 이동되어 다른쪽 끝에서 검출된다.

9·7·3 기본구조의 개선

[그림 9·29]에 나타낸 CCD의 구조를 구현하는 데는 몇 가지 문제점이 있다. 예를 들면, 전극 간의 분리는 우물 사이에서 결합이 이루어질 수 있도록 매우 작아야 한다. 이 문제점은 [그림 9·30]에서 보인 바와같이 인접된 게이트 전극들을 중첩시킴으로써 개선할 수 있다. 예를들어서 이것은 SiO_2로 분리된 다결정 Si 전극들로 하거나 또는 다결정 Si과 금속전극으로 실현할 수 있다.

■ 전하전송 과정에서 발생되는 문제점

앞에서 설명한 전하전송 과정에서 일어나는 고유한 문제 중의 하나는 전하의 일부가 CCD를 따라 여러 번 전송되는 도중에 불가피하게 없어진다는 것이다.

만일, Si-SiO_2 경계면에 전하가 축적된다면 표면준위(表面準位, surface state)가 다소의 전하를 붙잡아 둔다. 따라서, 논리상태가 "0"일 때 우물이 비어 있는 상태라면 "0"상태에서 비어 있는 트랩(trap)을 채워주기 위하여 상실되는 전하 때문에 일련의 펄스 앞부분(leading age)은 손상된다.

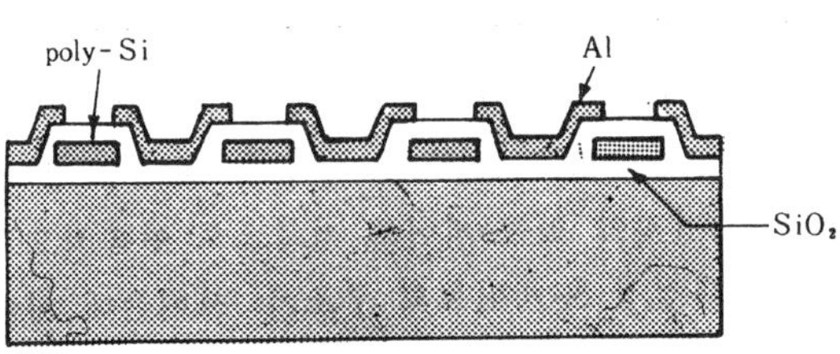

[그림 9·30] 중첩된 게이트의 CCD의 구조

이와같은 문제를 개선하기 위한 방법의 하나는 경계면과 몸체에 있는 트랩을 고려하여 "0"상태에서 충분한 바이어스를 인가하는 것이다. 이 과정을 "fat zero"를 쓴다고 말한다. 이 fat zero를 쓰더라도 전하를 여러 번 전송하면 전송과정에 존재하는 고유한 비능률적인 문제 때문에 신호는 손상된다.

■ 전송효율

전송효율은 반도체-절연체 경계면 아랫쪽으로 전하전송층을 이동시켜서 개선할 수 있다. 이것은 기판과 반대가 되는 형태의 불순물층을 만들기 위하여 이온주입 또는 에피켁셜 성장을 함으로써 이룰 수 있다. 따라서, 각 전극 아래의 최대전위 부분을 반도체-절연체의 경계면에서 반도체 몸체쪽으로 이동시킨다.

이와같은 형태의 소자를 매몰형(埋沒型, buried channel) CCD라 한다. [그림 9·29]에 나타낸 3상 CCD는 다양한 CCD 구조의 한 가지 예에 불과하다.

[그림 9·31]은 2상 시스템을 얻기 위한 한 방법을 예로 보인 것이며, 전압이 2개의 선으로부터 번갈아 있는 게이트 전극으로 연속적으로 인가된다. 여기서는 2단의 다결정 Si 게이트의 구조가 쓰이는데 게이트 전극이 중첩되어 있다.

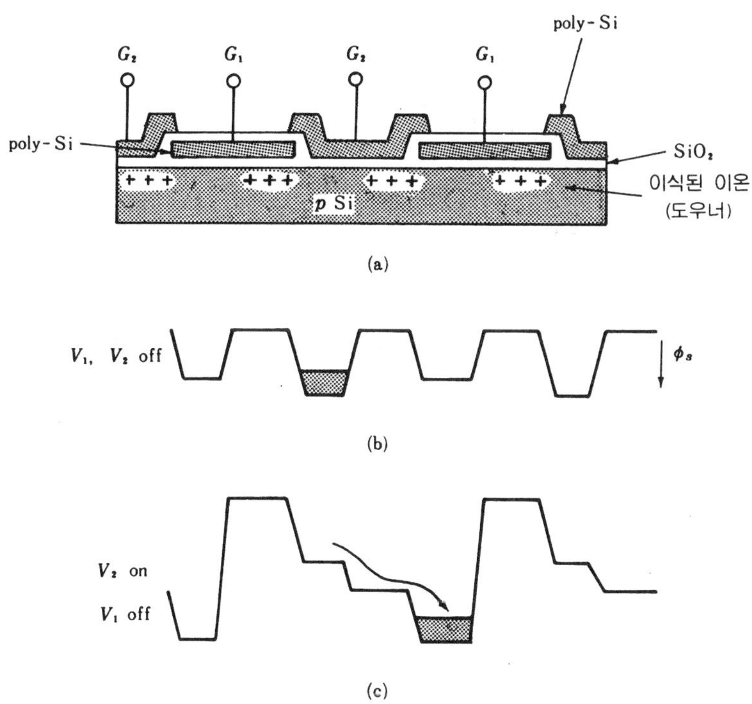

[그림 9·31] 도우너를 주입함으로써 각 전극의 오른쪽 반 아래부분에 여분의 내장된 전위우물을 갖는 2상(相) CCD

그리고 Si 표면부근에 도우너를 주입함으로써 각 전극의 반쪽부분 아래에는 내장된 우물이 생긴다. 양쪽 게이트들이 그림 (b)와 같이 모두 차단상태가 되면 전위우물들은 이온 주입영역 아래에서만 존재하고 전하는 이들 우물 중 한 곳에 축적될 수 있다.

전극 G_2에 (+)전위로 펄스가 인가되면 그림 (b)에 보인 전하의 다발은 G_2 아래의 가장 깊은 우물로 전송되는데 이곳은 그림 (c)에서 보여주는 것과 같이 그 전극의 주입된 영역이다. 그리고, 양쪽 게이트가 모드 차단상태(off)로 되면 우물은 그림 (b)와 같이 다시 우물이 나타나는데, 다만 전하가 G_2 전극 아랫쪽에 있는 것이 다르다.

■ **전송과정의 다음 단계**

전송과정에서의 다음 단계는 분명히 G_1 전극에 펄스를 인가해서 (+)전위로 하는 것이며, 이로써 전하는 G_1 전극의 아래쪽에 주입된 영역을 오른쪽으로 이동시킨다. CCD의 이러한 형식은 선형 시프트 레지스터(linear shift resister)에서 실현되고 있다.

소자는 전극길이를 4[μm]보다 작게 하기 위하여 전자빔(beam) 석판기법을 써서 제작하고, 소자의 패킹 밀도는 inch^2 당 1000~2000만[bit] 정도된다. 그리고, 응용을 위한 기본구조에 대한 개선방법이 요구되는데, 이들에는 축적된 전하가 측면으로 이탈하는 것을 방지하는 채널 차단과 같은 방법을 들 수 있다. 신호가 노화된 후 전하를 다시 보충시켜 주기 위하여 그의 배열에다 포함시켜야 한다.

9·7·4 CCD의 응용

CCD는 신호의 지연, 여파기, 또는 여러 개 신호의 다중화와 같은 신호처리 기능을 갖는 분야를 포함한 여러 가지 분야에서 이용된다. 그밖의 응용으로서는 디지털 기억장치와 논리회로 배열이 있다.

또 다른 CCD의 흥미로운 응용은 영상처리(image processing)이다. 이 영상처리에는 빛의 강도에 비례하는 전하의 묶음(packet)을 형성시키기 위하여 감광소자(感光素子, photosensor)의 배열이 이용되며, 이들 다발이 정보의 판독을 위하여 검출지점으로 이송된다.

CCD에서 이와같은 것을 실현하는 방법은 선형 어레이 라인 스캐너(linear array line scanner)를 포함한 많은 방법이 있는데, 이것에서는 영상에 따라 상대적으로 스캐너가 움직여서 두번째 차원의 것이 얻어진다.

또, 영상을 양쪽 차원에서 전자적으로 주사하는 면상영상감응소자(面狀映像感應素子, area image sensor)를 만들 수 있다. 후자의 소자는 전자빔으로 위치를 찾아가는 텔레비전의 촬상관(image tube)의 대용으로 사용할 수 있다.

연습문제

9-1 microelectronics 기술에 대해서 서술하고 분류하여라.

9-2 RAM과 ROM의 차이점을 들고, 종류별로 구분하여 설명하여라.

9-3 다음 용어를 설명하여라.

1) epitaxal 성장
2) isolation 확산
3) base의 생성
4) scribing
5) pellet bonding
6) lead bonding
7) 봉입
8) masking

9-4 Monolithic IC의 트랜지스터 제조과정에서 컬렉터를 n형으로 하는 이유를 설명하여라.

9-5 SSI, MSI, LSI, VLSI를 집적도의 정도에 따라서 구분하여 설명하여라.

9-6 MOS IC와 bipolar IC를 구분하여 특성을 설명하고 차이점을 써라.

9-7 C-MOS의 동작원리를 인버터의 입출력 특성을 가지고 영역별로 구분하여 설명하여라.

9-8 기억소자의 최근 동향과 기억용량에 대해서 간단히 설명하여라.

9-9 CCD의 기본구조를 설명하고 응용부분에 대해서 간단히 설명하여라.

chapter 10

반도체 마이크로파 소자

제 10 장

반도체 마이크로파 소자

10·1 마이크로파 송수신용 다이오드

먼저, 수신 믹서용 다이오드에 대해서 고찰하기로 한다.

마이크로파의 수신기에서는 다이오드 믹서(mixer) 방식으로 수신한 마이크로파를 중간 주파수로 변화해서 증폭한다. 이와 같이 주파수 변환용으로 사용되는 것이 마이크로파 수신 믹서용 다이오드이다. 첫단계에 쓰이므로, 이 다이오드의 잡음지수(Noise Figure : NF)는 수신기의 잡음지수에 크게 영향을 준다.

따라서, 수신 믹서용 다이오드에는 변환손실이 적고 잡음이 낮은 다이오드가 요구된다. 수신 믹서용 다이오드로서는 주로 Si 점접촉형이 많이 사용되지만, 〈표 10·1〉에 나타낸 바와 같이 Si schottky barrier형이나 GaAs를 이용한 것도 있다. 외형은 일반 다이오드와는 달리 1,000~10,000[MHz] 대에서는 [그림 10·1(a)]에 나타낸 카트리지(cartridge)형이 쓰인다.

〈표 10·1〉 마이크로파 수신용 믹서 다이오드

형명	구조	외형	시험주파수[MHz]	국발입력[mW]	변환손실[dB]	잡음온도비	메이커
1N21D	Si 점접촉	카트리지	3060	0.5	5.0max	1.3max	NEC, Sylvania
1N21F	Si 점접촉	카트리지	3060	0.5	5.0max	1.3max	NEC, Sylvania
1N23D	Si 점접촉	카트리지	9375	1.0	5.0max	1.7max	NEC, Sylvania
1N23F	Si 점접촉	카트리지	9375	1.0	5.0max	1.7max	NEC, Sylvania
1N26C	Si 점접촉	동 축	23984	1.0	7.5max	1.5max	Sylvania
1N53C	Si 점접촉	동 축	34860	1.0	6.5max	2.0max	Sylvania
1N263	Ge 점접촉	카트리지	9375	I_0=18[mA]	6.0max	1.4max	NEC, Philco
1SS11	GaAs쇼트키 베리어	리본리드	9375	2.0		NF=5.0[dB] N_{if}=1.5[dB]	NEC

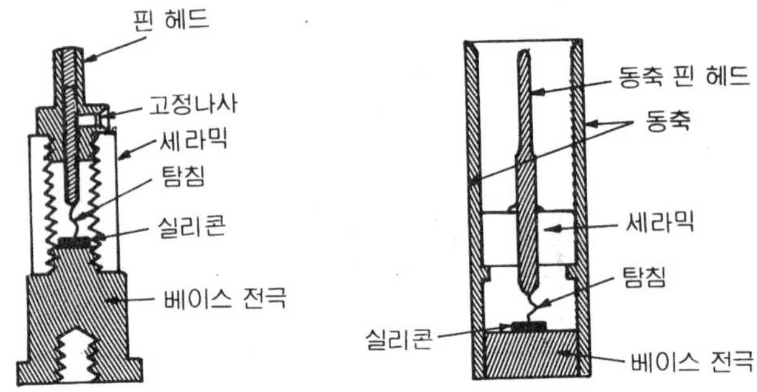

(a) 카트리지형 (b) 동축형

[그림 10·1] 마이크로파 다이오드의 구조

그러나 그 이상의 높은 주파수가 되면 [그림 10·1 (b)]와 같은 동축형 또는 도파관(導波管) 속에 다이오드를 직접 조립하는 방식이 쓰인다. 이것들은 패키지(package)가 갖는 인덕턴스 등이 기생소자(奇生素子)로써 작용하기 때문에 다이오드의 특성을 저하시키지 않는다.[1)]

10·1·1 쇼트키 다이오드

쇼트키 다이오드(Schottky diode)는 금속과 반도체의 접촉부분에 생기는 전위장벽(또는 쇼트키 장벽)을 이용한 고주파용 다이오드이다.[2)] 쇼트키 다이오드

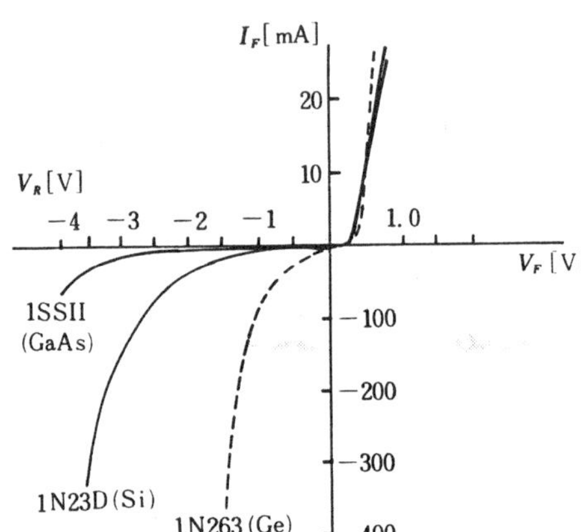

[그림 10·2] 마이크로파 다이오드의 정특성

1) 이와같이 수신 믹서용 다이오드는 고주파 특성을 좋게 하기 위하여 저항률이 지극히 낮은 재료를 쓰고 있으므로 역방향 내압은 일반 다이오드와는 비교할 수 없을 정도로 낮다.
2) 쇼트키 장벽 다이오드(Schottky barrier diode) 또는 표면장벽 다이오드(surface barrier diode), hot carrier 다이오드라고도 한다.

의 응용영역은 점접촉 다이오드에 대해서 상대적으로 개발된 소자로서 매우 높은 주파수의 범위를 가지며, 또한 고주파 응용에서 중요한 저잡음 특성과 고속의 응답시간을 이 다이오드의 특징이라 하겠다.

쇼트키 다이오드는 저전압/고전류의 전원장치로, 또한 AC/DC 변환장치에 이용되며, 컴퓨터를 위한 쇼트키 TTL 논리회로, 레이다 시스템, 각종 통신 시스템의 믹서(mixer)와 검파기(detector), A/D 변환기 등에 광범위하게 이용되고 있다.

■ 구조와 원리

[그림 10·3]에 쇼트키 다이오드의 구조를 나타내었다. *pn* 접합론에서 이미 설명한 바와같이 일함수 ϕ_m인 금속과 ϕ_s인 *n*형 반도체를 접촉시키면 다음과 같이 된다.

① $\phi_m < \phi_s$일 때 저항성 접촉

② $\phi_m > \phi_s$일 때 정류성 접촉

따라서, $\phi_m > \phi_s$로 하면 정류성 접촉에 의하여 전위장벽이 생긴다. 이때 금속쪽에 (+)가 되도록 바이어스를 인가하면 전자는 이 전위장벽을 통과하여 *n*형 반도체로부터 금속쪽으로 흘러 들어가서 금속에서 반도체쪽으로 순방향 전류가 흐르게 된다.

이와같은 원리를 갖는 쇼트키 다이오드는 금속-반도체 접합부를 갖는 점이 일반적인 *pn* 다이오드와 다르다는 것이다.[3] 반도체는 보통 *n*형 Si(때로는 *p*형)이 사용되고, 이와 반대로 금속은 몰리브덴, 백금, 크롬, 텅스텐과 같은 것들이 사용된다. 이밖에도 반도체 재료로는 전자이동도가 큰 GaAs도 많이 이용된다.

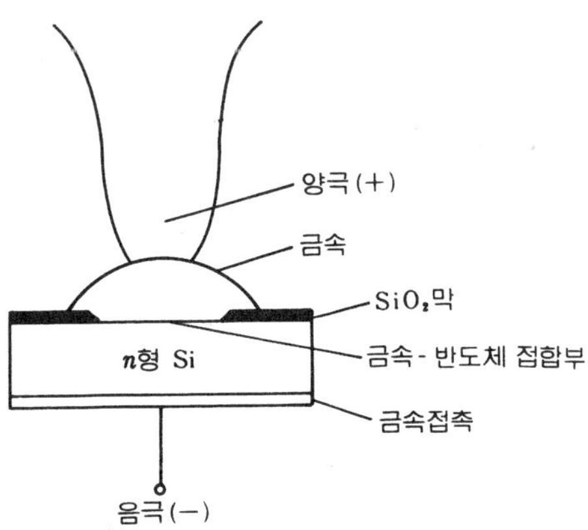

[그림 10·3] 쇼트키 다이오드의 구조

3) 일반적으로 쇼트키 다이오드의 구조는 점접촉 다이오드에 비해 더 일정한 접합부를 갖는다.

쇼트키 다이오드의 특징을 간단히 요약하면 다음과 같다.

① 마이크로파 주파수 대역의 변조, 검파에 이용된다.

② *pn* 접합 다이오드에 비해서 역방향 회복시간(t_{rr})이 매우 짧으므로 고속 스위칭용에 이용된다. 25[℃]에서 20[kHz] 정도의 주파수를 갖는 전원장치를 위하여 사용되는 전형적인 소자의 회복시간은 10[ns] 정도이다.

■ 쇼트키 다이오드의 *pn*접합 다이오드의 특성 비교

무바이어스 상태에서 금속-반도체 접합을 먼저 해보기로 한다. 금속에서는 소수 캐리어인 정공의 의미는 없는데 반도체나 금속 모두가 전자가 다수 캐리어가 되기 때문이다. 이 두 물질이 접합될 때 *n*형 Si 반도체 내의 다수 캐리어인 전자들은 직접 금속으로 흘러들어간다. 주입된 캐리어는 금속 내의 전자에 비해 매우 높은 운동 에너지 준위를 갖기 때문에 hot carriers라 한다.

일반 *pn* 다이오드에는 인접한 영역으로 소수 캐리어가 주입되지만 쇼트키 다이오드에서는 전자들이 많이 있는 인접한 영역으로 전자들이 주입되는 것이 특징이다. 따라서 쇼트키 다이오드는 다수 캐리어에 의해서 전기전도가 생기는 것이 특징이라 하겠다.

앞에서 설명한 바와같이 $\phi_m > \phi_s$인 정류성 접촉에서는 전자들이 금속으로 흘러들어가면 *pn* 접합과 유사하게 전위장벽, 즉 공핍영역이 생긴다. 이 결과로 금속 내에 추가로 주입된 캐리어는 금속-반도체의 경계면에 (−)의 장벽(negative wall)을 형성하게 되고 두 물질 사이에는 표면장벽(surface barrier)이 생겨서 전류가 더 이상 흐르지 못하게 된다. 즉, *n*형 Si 내의 전자들이 이 공핍영역과 금속표면의 (−)의 장벽에 부딪힌다는 뜻이다.

다시 바이어스를 인가한 상태를 생각하자.

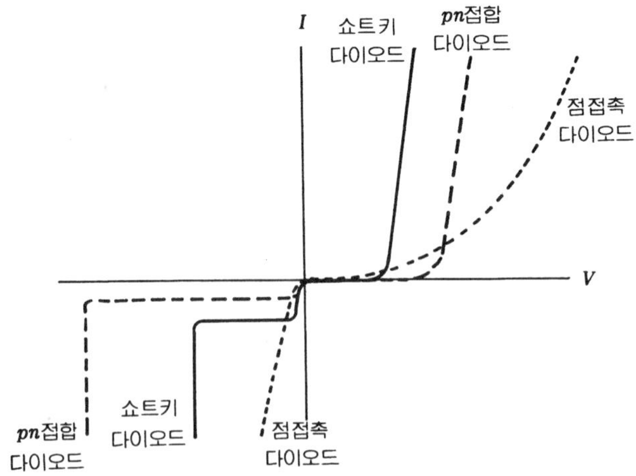

[그림 10·4] 다이오드의 특성 비교

[그림 10·3]과 같이 순방향 바이어스가 인가되면 (+)의 전위는 전자를 끌어내어서 (−)의 장벽은 감소되고, 캐리어들은 다시 유동되어 전기전도가 생기게 된다. 여기서 캐리어의 흐름의 정도는 인가된 바이어스에 의해서 조정된다.

또한, 여기서 유의할 사항은 일반 pn 다이오드에 비해서 쇼트키 다이오드는 접합장벽이 낮으므로 동일한 인가전압이라도 많은 전류가 흐르게 된다. 그러나 이 이론은 순방향 바이어스 영역에서는 일치되는 결과이지만 역바이어스인 경우에는 적합한 이론이 아니다.

[그림 10·4]에 쇼트키 다이오드, 점접촉 다이오드, pn 접합 다이오드의 V-I 특성을 나타내었다. 역바이어스 영역에서 전류는 대부분 반도체로 이동되는 금속으로부터의 전자이동에 의한 것이다($\phi_m > \phi_s$ 에서).

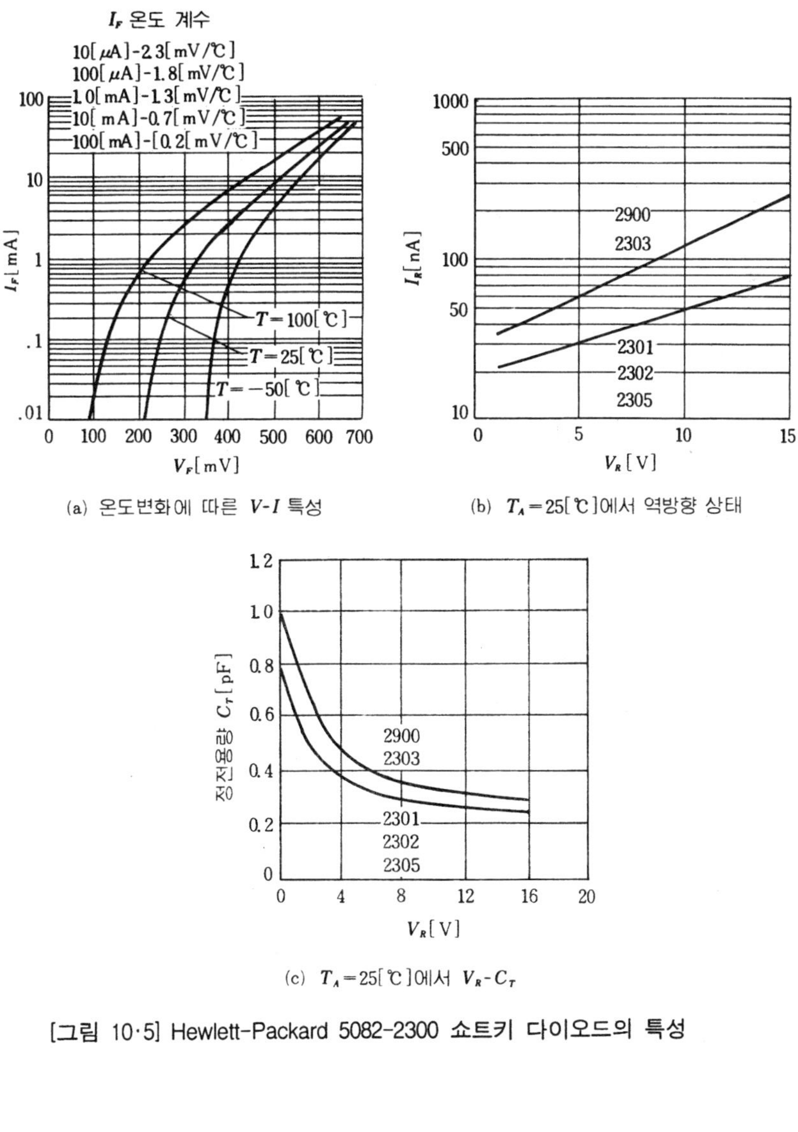

(a) 온도변화에 따른 V-I 특성

(b) T_A=25[℃]에서 역방향 상태

(c) T_A=25[℃]에서 V_R-C_T

[그림 10·5] Hewlett-Packard 5082-2300 쇼트키 다이오드의 특성

따라서, 온도문제는 생각해야 할 필요가 있다. 쇼트키 다이오드의 연구과제가 100[°C] 이상에서 발생되는 역포화전류, 즉 누설전류(漏洩電流, leakage current)의 감소문제이다.

이것은 설계에 의해서 개선된 장치의 개발로 −65[°C]~150[°C]의 온도범위에서 이용되고 있으며, 보통 상온에서 역방향전류의 범위는 저전력인 경우는 [μA] 정도이고, 고전력장치에서는 [mA] 정도로 알려져 있다.4)

[그림 10·4]의 역바이어스 영역에서 보면 쇼트키 다이오드가 점접촉 다이오드보다 좋은 특성으로 나타나지만 PIV(peak inverse voltage)가 비슷한 조건의 *pn*접합 다이오드보다는 PIV가 대단히 작다. 전형적으로 50[A] 장치에서는 *pn*접합 다이오드의 PIV는 약 150[V] 정도인데 비해서 쇼트키 다이오드는 약 50[V]의 정격을 갖는다.

그러나, 최근에는 이 전류 레벨에서 100[V] 이상의 PIV를 갖는 쇼트키 다이오드가 제조되었다. [그림 10·5]에 일반 목적용인 Hewlett-Packard 5082-2300 쇼트키 다이오드에 대한 특성을 나타내었다.

◀예제 10-1▶ 쇼트키 다이오드는 어떠한 원리를 이용한 것인가? 또 응용부분에 대해서 간단하게 서술하여라.

【풀이】 ① 쇼트키 다이오드는 금속-반도체로 접합되어 다수 캐리어의 avalanche 현상과 주행 공간전하를 이용한 것이다.

② 또한, 금속의 일함수를 ϕ_m, 반도체의 일함수를 ϕ_s라 할 때 금속-반도체를 접촉시키면 E_f가 일치될 때까지 전하의 이동이 생긴다. 즉, $\phi_m > \phi_s$ 조건에서 정류성 접촉원리를 이용한 것이다.

③ 1000~10,000[MHz]대의 고주파용으로, 마이크로파대의 검파 및 변조, 즉 수신 믹서용으로 응용된다.

10·1·2 파라메트릭 다이오드

송신 믹서용으로 사용되는 파라메트릭 다이오드(parametric diode)는 바랙터를 응용한 것으로 접합용량의 비직선성을 이용하여 파라메트릭 증폭기에 쓰이는 다이오드이다.

송신 믹서는 증폭된 중간주파신호와 마이크로파의 국발출력(局發出力)을 혼합하여 변조된 마이크로파 신호로써 송신하기 위한 것이다. 따라서, 마이크로파 송신 믹서에서 취급하는 신호 레벨은 높지만 잡음지수는 큰 문제가 되지 않

4) 이 값은 동일한 온도조건 하에서의 *pn*접합 다이오드의 경우보다 크다.

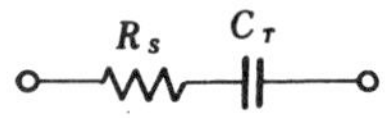

[그림 10·6] 파라메트릭 다이오드의 등가회로

는다. 또한, 수 100[mW] 정도의 전력용으로 사용하기 위하여 고전압에 견딜 수 있도록 고려되어 있으므로 역내압도 높은 편이다.

구조상으로 보통 카트리지형으로 조립된 것이 많다. 파라메트릭 다이오드는 다음에서 설명할 가변용량 다이오드와 마찬가지로 마이크로파의 주파대역에서 이용되는 다이오드이다.

일반적으로 파라메트릭 증폭기[5)]는 마이크로파대에서 저잡음증폭, 변환 등에 이용된다. 파라메트릭 증폭기용 다이오드로서는 사용주파수의 Q가 높아야 하고 용량(capacitance)의 변화율이 커야 한다.

[그림 10·6]에 파라메트릭 다이오드의 등가회로를 나타내었다. 이 관계를 수식으로 정리하면 다음과 같다.

$$Q=\frac{1}{2\pi f C_T R_S} \tag{10·1}$$

여기서, C_T는 접합용량, R_S는 반도체 재료의 저항값이다. Q는 측정주파수로 역바이어스에 따라서 변화하는 값이며, $Q=1$이 되는 주파수가 다이오드의 차단주파수로서

$$f_C=\frac{1}{2\pi C_T R_S} \tag{10·2}$$

이 된다. 실용적인 파라메트릭 다이오드는 Ge나 Si의 본드형, Si과 GaAs의 메사형이 대부분이다.

10·1·3 가변용량 다이오드

pn 접합론에서 설명한 바와같이 역바이어스 상태의 pn 접합의 정전용량, 즉 공간전하영역의 정전용량 C는 바이어스 전압 V에 의하여 변화하는 C-V plot

---

5) 파라메트릭 증폭기는 전자관이나 TR을 사용하지 않고 마이크로파 증폭을 하는 장치로서 메이버(maver, microwave, amplification by variable reactance)라고도 하는데, 대부분 무손실의 비선형 소자를 사용한 마이크로파 증폭기를 말한다. 이 증폭기는 소자의 특성이 무손실이므로 열잡음(thermal noise)이 발생하지 않고, 잡음지수가 낮아서 저잡음 증폭기로서 우주통신 등에 쓰이는데, 주위온도의 변화나 여진주파수의 변화를 적게 하기 위해 항온조에 넣어서 사용한다.

를 갖는다.

이러한 C-V 특성을 이용해서 설계된 다이오드를 바랙터 다이오드(varactor diode), VVC 다이오드(Voltage Variable Capacitance) 또는 바리캡(vari-cap)이라고도 한다.

공간전하영역의 두께는 역바이어스 전압의 증가에 따라서 증대되므로 역바이어스가 인가된 *pn* 접합 다이오드는 C-V 특성에 의해서 전압의존성을 갖는 일종의 콘덴서 기능을 갖는다.[6)]

[그림 10·7]에 1SS554, SD111, 1S1617의 C-V특성과 [그림 10·8]에 접합용량 C_T와 교류저항 r을 포함한 다이오드의 소신호 모델을 나타내었다.

여기서, R_S는 *pn* 접합 중성영역의 저항이다. C_T와 병렬로 된 교류저항 r은 역바이어스일 때 1[MΩ] 이상으로 매우 크므로 무시될 수 있다.

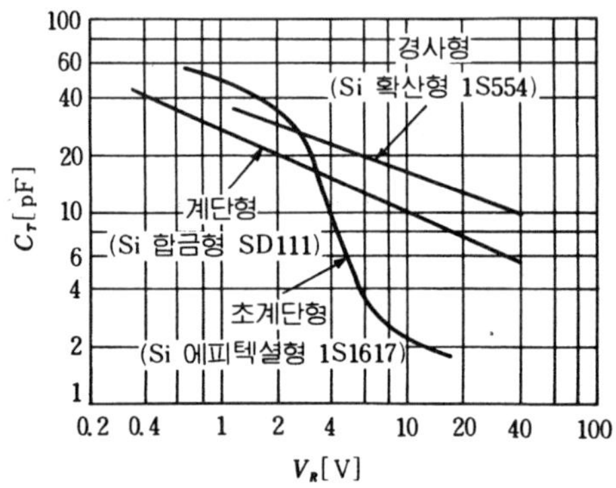

[그림 10·7] 각종 다이오드의 역바이어스 전압에 의한 정전용량의 변화

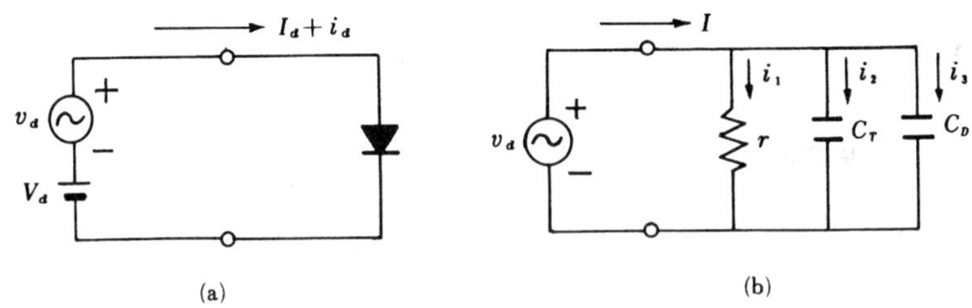

[그림 10·8] 다이오드의 소신호 모델

6) 소신호 모델 이론에서 계단형 접합일 때는 C-V 특성이 $C\propto(V_0\pm V)^{-1/2}$ 이고, 경사형 접합일 때는 $C\propto(V_0\pm V)^{-1/3}$ 이다.

■ 가변용량 다이오드의 응용

C-V 특성에 의한 가변용량 다이오드는 FM이나 TV 수신기의 AFC에 이용되고 있으며, FM 송신기의 변조회로나 소인발진기의 소인용으로도 중요하게 이용된다. 이와같은 응용을 위해서는 동조회로의 *Q*와 주파수가 높아야 하므로, Si의 합금형 또는 확산형의 소형 다이오드가 적당하다.

바리콘 대신에 동조용으로 이용하려면 용량변화율이 클 뿐만 아니라 용량과 변화율이 같은 것이 여러 개가 필요하다. 파라메트릭 증폭기용 다이오드는 마이크로파 주파수대에서 사용 가능한 가변용량 다이오드에 불과하다. 이것은 Si을 재료로 한 *pn* 접합의 비직선 용량소자로서, 특히 대전력용으로 제작된 것은 VHF 및 UHF 대에서 손실이 적은 주파수체배가 된다.

또한, 이 가변용량 다이오드는 각종 VHF 송신기나 마이크로파 송신장치의 출력단으로 트랜지스터로는 실현할 수 없는 주파수대역이나 출력전력 부분에 이용된다.

10·2 마이크로파 발진용 다이오드

반도체 소자에 의해서 마이크로파를 얻는 방법은 트랜지스터 뿐만 아니라 어떤 종류의 다이오드로도 가능하다. 대표적인 다이오드로서 Si *pn* 접합에서의 캐리어의 애벌란치(avalanche) 항복현상(降伏現像)과 천이시간(遷移時間, transit time)을 이용한 IMPATT 다이오드와 GaAs의 건효과(Gunn effect)를 이용한 건 다이오드를 들 수 있다.

이들 두 종류의 다이오드를 이용하여 직류에서 직접 마이크로파를 얻는 방법이 실용화되고 있으며, 소전력의 레이다 시스템, 장해물 탐지장치, 이동물체 탐지장치 등의 마이크로파원으로서 매우 중요시되고 있다.

10·2·1 IMPATT 다이오드

전자의 애벌란치 현상과 캐리어들이 반도체 내를 주행하는 현상을 이용한 다이오드를 IMPATT(IMPact Avalanche and Transit Time) 다이오드라 한다. 1958년 Bell 전화연구소의 W. T. Read는 [그림 10·9]와 같이 $n^{+}pIp^{+}$ 라고 하는 4층 구조를 가진 다이오드가 애벌란치 항복을 일으키면 마이크로파가 발생된다고 제안하였다.

그 후 1965년에 실현되었고, 이 당시에는 Read 다이오드라고 불렀으며, 이 이후에도 *pn* 형 또는 *pIn* 형의 다이오드에서도 같은 현상이 확인되었다. 이 다

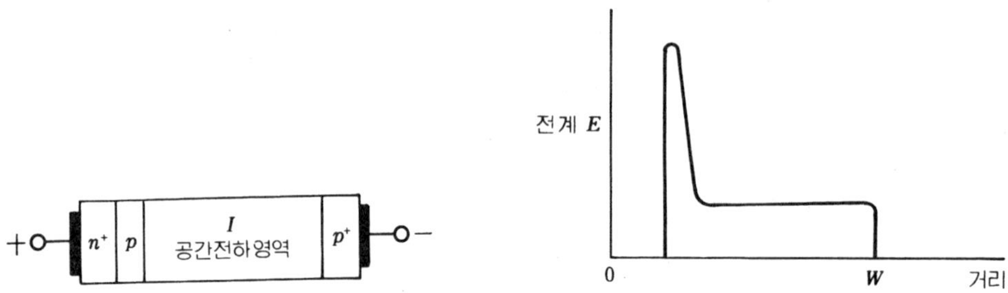

[그림 10·9] IMPATT 다이오드

이오드를 포함해서 애벌란치 현상과 천이시간을 이용한 마이크로파 발진용 다이오드를 통틀어서 IMPATT 다이오드라 한다.

[그림 10·9(a)]에 표시한 구조의 다이오드에 충분히 큰 역바이어스를 인가하면 공간전하영역의 폭 W는 접합부의 끝에서 끝까지 퍼져서 [그림 10·9(b)]와 같이 이상적인 전계분포가 된다.

여기에 인가전압을 증가시키면 n^+p 접합에서는 전자눈사태항복이 일어나서 전자, 정공대가 발생하고, 전자는 곧 n^+ 층에 끌려들어가지만 정공은 일정한 속도로 I 층을 드리프트(drift)하여 p^+ 층에 도달한다. 이때에 항복을 일으키는 직류임계전압에 교류전압을 중첩시키면 전자눈사태의 성장, 정지가 이루어진다.

■ 부성저항에 의한 마이크로파의 발진

전자눈사태와 인가전압 사이에는 시간적 지연이 생겨서 주파수가 증가하면 I 층에 들어가는 전류의 위상이 인가된 교류전압보다 약 90° 만큼 늦은 상태가 된다.

좀더 구체적으로 설명하면 n^+p 접합을 흐르는 애벌란치 전류 I_O 는 [그림 10·11]과 같이 (+)의 반주기 사이에 지수함수적으로 증가하고, 인가된 교류전압과는 약 90°의 위상지연을 나타낸다. 이 위상지연이 90°가 되도록 I 층의 두께를 설정하면 외부회로에 흐르는 전류는 인가된 교류전압에 대하여 위상이 약 180° 정도 지연된다.

n^+p 접합에서 발생한 정공이 p^+ 층을 향해서 I 층을 드리프트하는 시간($\tau = W/v_d$) 동안에 외부회로에서는 [그림 10·11]에 보인 사각형파의 전류 I_D가 유기된다. I_D는 I_O 보다 평균 90°만 지연되므로 인가된 교류전압의 주파수가 $1/2\tau$ 일 때는 다이오드가 부성저항(負性抵抗)을 나타내는 것과 같이 되어 마이크로파 발진이 생긴다.

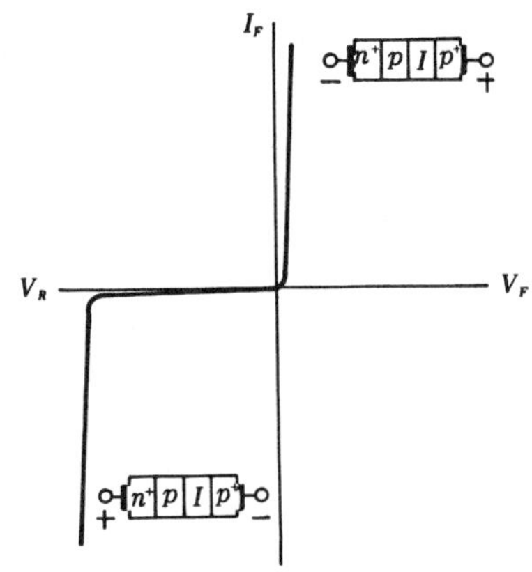

[그림 10·10] avalanche 주행 다이오드의 $V-I$ 특성

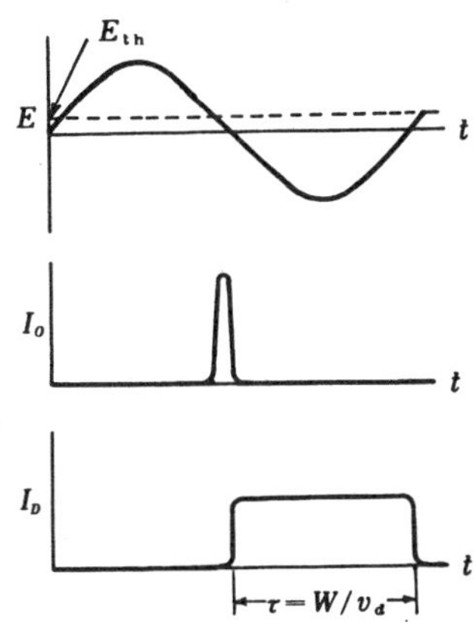

[그림 10·11] 접합전류 I_O와 외부전류 I_D의 외부전압에 대한 위상관계

앞에서 언급한 바와 같이 이 n^+pIp^+ 구조를 갖는 다이오드와는 별도로 일반적인 *pn* 접합 다이오드의 전자눈사태현상에 따라 마이크로파 발진이 가능하다는 것은 1965년에 실현되었는데, 이 다이오드를 애벌란치 다이오드(avalanche diode)라 한다. 여기에 PIN 다이오드를 포함하여 총칭해서 IMPATT 다이오드라 한다.

pn 형 *pIn* 형의 다이오드 경우에서는 애벌란치 증배와 캐리어의 드리프트가 같은 영역에서 일어난다. 즉, 공간전하 영역의 캐리어 밀도가 증대되면서 이동하는 것과 같다.

실용적인 천이시간 다이오드(transit time diode)는 보통 Si을 재료로 하고 에피텍셜 또는 확산기술에 의하여 *pn* 또는 *pIn* 구조로 만든 것이다.

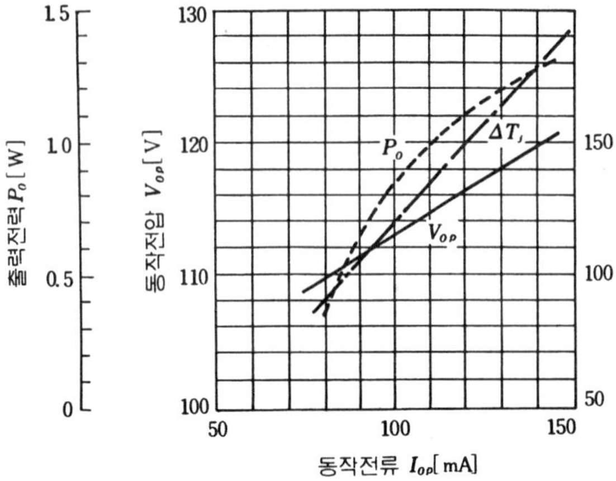

[그림 10·12] avalanche 주행 다이오드의 발진특성

[그림 10·12]에 IMPATT 다이오드 1ST12(f=10.9[GHz]) 경우 마이크로파 발진의 특성을 나타내었다.

10·2·2 PIN 다이오드

PIN 다이오드는 불순물 밀도가 매우 높은 p형층과 n형층 사이에 10~20[μm] 정도의 얇은 진성 반도체층(I층)을 접합시킨 것이다. 이 PIN 다이오드 역시 마이크로파 발진용으로 구조는 [그림 10·13]과 같다. I층(I= layer)은 진성 반도체층이 되는 것이 이상적이지만 제조기술상 완전한 I층의 실현이 어렵기 때문에 실제적으로는 불순물밀도가 매우 낮은 p형층 또는 n형층으로 된다.

[그림 10·14]에 PIN 다이오드와 PπN 다이오드의 구조와 불순물 농도의 분포, 공간전하밀도, 전계분포를 차례대로 보여주고 있다.

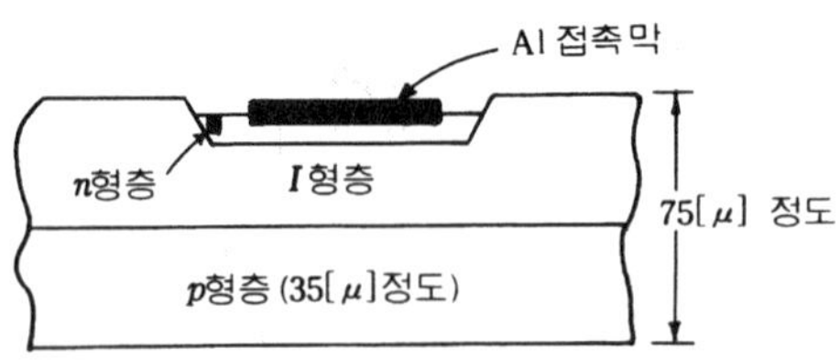

[그림 10·13] PIN 다이오드의 구조

■ 바이어스 전압이 인가되지 않은 상태의 PIN 다이오드

I층은 불순물밀도(또는 도우핑 농도)가 낮기 때문에 대부분의 전압이 이 영

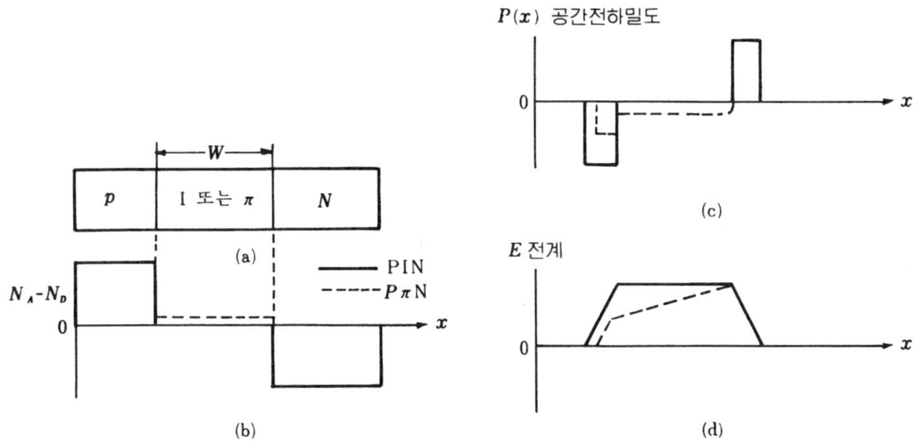

[그림 10·14] PIN 다이오드와 PπN 다이오드의 특성

역에 걸린다. 따라서, PIN 다이오드에 바이어스 전압이 인가되지 않은 상태에서는 접합면을 통한 전자나 정공의 확산에 의하여 진성영역인 I층에 인접한 p형층의 영역이나 n형층의 영역에 공간전하영역이 형성된다. 그러나, I층은 진성 반도체 영역이므로 공간전하영역이 형성되지 않기 때문에 바이어스 전압이 0이 되거나 역바이어스 상태에서는 매우 높은 임피던스를 갖게 된다.

■ 순바이어스 전압이 인가된 상태의 PIN 다이오드

PIN 다이오드에 순바이어스 전압이 인가되면 정공은 p형층에서 I층으로, 전자는 n형층에서 I층으로 주입된다. 따라서 I층 영역의 전자, 정공의 수가증가하여 다이오드의 지항은 김소되므로 단락상태로 된다.

또한, p형층과 I층 사이의 경계면을 흐르는 전류는 주로 정공에 의한 전류이므로 수식으로 나타내면 다음과 같다.

$$I_F = AepW/\tau_p \qquad (10\cdot3)$$

여기서, A는 단면적, W는 I층의 폭, τ_p는 정공의 이동시간이다. 마찬가지로 n형층과 I층 사이의 경계면을 흐르는 전류는 역시 전자에 의한 전류이다. 따라서 I층의 도전율(導電率)을 구하면

$$\sigma_I = e(\mu_p p + \mu_n n) \propto I_F \qquad (10\cdot4)$$

이 되고, I층의 저항은

$$R_I = \frac{W}{\sigma A} \propto \frac{1}{I_F} \qquad (10\cdot5)$$

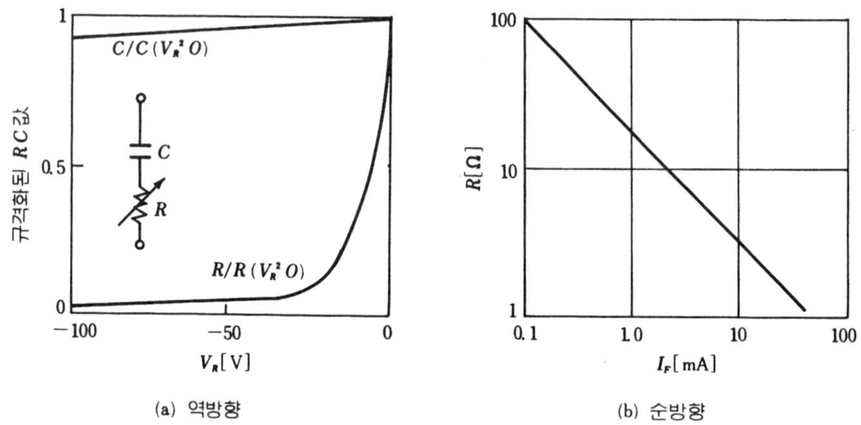

[그림 10·15] PIN 다이오드의 역방향, 순방향 특성

이 된다.

[그림 10·15]에 PIN 다이오드의 역방향, 순방향 특성을 나타내었다.

■ PIN 다이오드의 특징과 응용

PIN 다이오드의 특징과 응용부분을 간단히 정리하면 다음과 같다.

① PIN 다이오드는 고주파에 대하여 역방향 임피던스는 매우 크고 순방향 임피던스는 매우 적으므로 마이크로파 전송선로의 대출력 스위치 소자로 사용할 수 있다.

② PIN 다이오드의 고주파저항은 바이어스 전압에 따라 광범위하게 변화한다. 특히, 순바이어스 전류에 대해서 소자의 저항값이 거의 선형적으로 제어되므로 가변감쇠기(可變減衰器, variable attenuator)로 이용된다.

③ PIN 다이오드를 전송선로에 병렬접속하고, 그 순방향 바이어스 전압을 신호전압에 따라 변화시키면 고주파대의 진폭변조를 할 수 있어서 [GHz] 영역의 신호변조기로 사용할 수 있다.

10·2·3 건 다이오드

천이영역을 갖지 않는 막대기 모양의 n형 GaAs 또는 InP의 양단에 저항접촉 전극을 붙이고 직류전압을 인가하면 처음에는 전압의 증가에 따라서 전류가 선형적으로 증가하지만 아주 높은 고전계(高電界)를 인가하면 마이크로파가 발생된다. 이 현상은 1963년 J. B. Gunn에 의해서 처음으로 증명되었다. 이러한 건효과를 이용한 마이크로파 발진용 다이오드를 건 다이오드(Gunn diode)라 한다.

이와같이 천이영역을 갖고 있지 않은 균일한 반도체를 벌크 반도체(bulk

semiconductor)라 하고, 벌크 반도체에서만 볼 수 있는 특이한 현상을 벌크 효과, 이것을 이용한 소자를 벌크 반도체 소자라고 한다.[7] pn 접합에 의한 소자는 필연적으로 접합용량을 갖고 있으므로 고주파대의 동작에는 제한을 받게 된다. 그러나, 벌크 반도체 소자에서는 접합용량이 없기 때문에 마이크로파 발진이 가능하다.

이와같이 건효과와 건효과의 변형을 이용한 소자는 적당한 에너지의 구조를 갖는 InP, CdTe, ZnSe, GaAs 등의 재료가 있으나, 이 중에서도 GaAs를 가장 많이 이용한다. 그 이유는 GaAs는 고순도로 제조가 가능하고 마이크로파 응용에 가장 광범위하게 이용되기 때문이다.

■ 전계의 세기와 전류진동

건 다이오드는 발진이론의 발전과 GaAs의 제조기술, 소자의 제작기술의 진보에 따라 실용화되었다. 건 효과에 의하면 전계 $E=3000$[V/cm] 이하인 상태에서는 소자의 전압-전류특성은 선형적으로 비례하기 때문에 일종의 단순한 저항에 불과하다.

그러나, 이 전계보다 더 커지게 되면 전압-전류관계는 [그림 10·16]과 같이 선형적인 특성에서 벗어나서 매우 높은 주파수의 전류진동이 일어나게 된다.

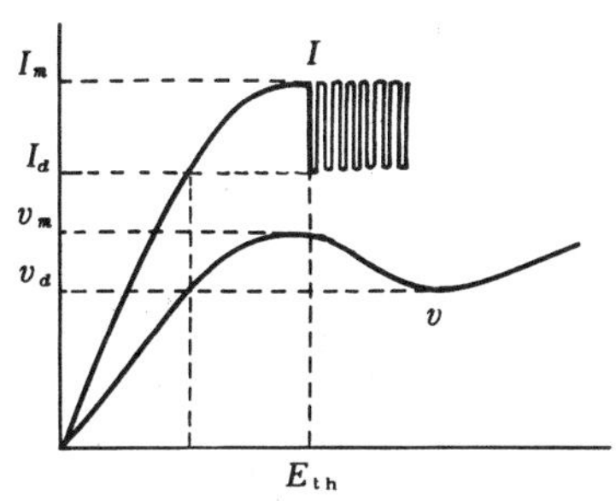

[그림 10·16] GaAs 결정 중의 $E-I$ 특성

대부분의 반도체에서 캐리어들은 산란제한속도(散亂制限速度)에 도달하면 캐리어의 속도 대 전계의 관계는 고전계에서는 포화상태를 이룬다. 그러나 건효과나 이 효과에 관련되는 전송전자기구에 이용되는 재료인 GaAs 같은 물질에서는 전자의 에너지를 인가된 전계에 의하여 전도대역의 한 영역에서 보다 높은 다른 에너지대 영역으로 전자를 전송시킬 수 있을 만큼 상승시킬 수 있다.

---

7) 이 소자를 다이오드라고 하는 것은 2단자 소자이기 때문이며, 이 소자들은 pn 접합을 포함하지 않는다. 건효과 및 이에 관련된 소자들은 체적적(體積的) 불안정성을 이용하므로 pn 접합이 필요하지 않다.

■ GaAs 결정의 에너지대 구조

앞에서 설명한 바와 같이 건효과에 관련된 기기들은 GaAs 결정의 특이한 에너지대 구조 때문에 부성저항 특성을 갖는다.[8)]

이제 건 다이오드가 부성저항 특성을 갖는 이유를 생각해 보자.

[그림 10·17]은 n형 GaAs 결정의 파수(wave number) κ에 따른 단순화된 전자의 에너지대의 준위도이다. 그림에서와 같이 n형 GaAs 결정은 약 0.30 [eV]의에너지차가 있는 2개의 전도대로 되어 있으며, 가전자대는 충만된 상태로 되어 있다. 에너지 준위가 낮은 $\kappa=0$인 제1전도대(중앙계곡 : central valley)는 극소점을 갖고 있으며, 보통의 전자들을 포함하고 있다. 또한, 가전자대와 제1전도대의 에너지차는 1.43[eV] 정도이다.

그리고 제1전도대보다 약 0.30[eV] 큰 에너지 준위를 갖고 있는 제2전도대(위성계곡 : satellite valley)도 종속적인 일련의 극소점들을 갖고 있으나, 이들 극소점들은 제1전도대의 중앙계곡보다 $\kappa-T$ 위에 존재하고 일반적으로 비어 있다.[9)]

제1전도대와 제2전도대의 전자이동도는 약 1/50 정도의 비로 제2전도대의 전자이동도가 작다. 제2전도대가 존재하는 위성계곡의 존재는 건효과에서는 매우 중요하다. 임계값 E=3000[V/cm] 이상의 전계영향에 있으면 제1전도대의 중앙계곡에 있는 전자들은 0.36[eV] 이상의 에너지차를 갖는다.

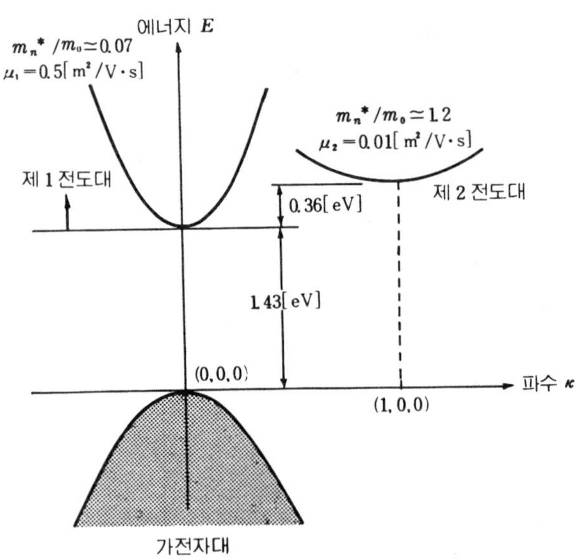

[그림 10·17] GaAs 결정의 에너지대 구조

8) Gunn 다이오드는 부성저항 특성을 갖는데 이것은 부성전자 이동도로 설명된다.
9) 편의상 한 개의 위성계곡(제2전도대)만 보였으나, κ공간이 다른 방향에 대하여 또 다른 등가계곡들이 있다. 유효질량비 1.2는 이들 결합된 위성계곡에 관한 것이다.

따라서, 에너지 준위가 큰 제2전도대쪽으로, 즉 위성계곡으로 매우 큰 전자산란이 생기게 된다. 임계값 이상의 전계로부터 충분한 에너지를 얻은 전도전자가 제1전도대의 중앙계곡(κ=0. 0. 0)보다 높은 위성계곡으로 이동되면 임계값 이상의 전계가 계속되는 한 위성계곡에 존재한다.

중앙계곡보다 높은 에너지 준위에 있는 위성계곡의 전자유효질량은 중앙계곡에 있는 전자의 유효질량보다 20배나 크며, 전자이동도는 매우 낮아진다. 이것이 부성저항특성의 중요한 원인이 된다.

■ 건 다이오드의 부성저항 특성

GaAs에 가해진 전계가 증가되면 전자의 속도는 임계전계값 E_{th}까지 증가하고 전계가 더 증가되면 전자속도는 느려진다.

이와 같이 전자의 전송과정은 어떤 한 영역의 전계값에서 전자자신의 속도를 희생하고 에너지를 얻게 해준다.

따라서, 전류밀도 $J = ev_D n$으로 하면 전계가 증가하는 영역에서의 전류는 감소되어 부성미분전도도 dJ/dE가 성립된다.

[그림 10·18]에 이 과정을 나타내었다. 이제 실제적인 문제로 검토해 보기로 한다. n형 GaAs로 된 건 다이오드에 인기전압을 0[V]부터 점차적으로 증가시킨다고 하자. 처음의 낮은 전압에서는 전자들이 제1전도대(중앙계곡)을 중심으로 낮은 전도대에 존재할 것이다. 이렇게 낮은 전도대에 존재하는 전자는 유효질량(m_0)은 작고 이동도 $\left(\mu = \dfrac{v_D}{E}\right)$는 크다. 따라서 전도도가 커지므로 GaAs 결정은 단순한 저항과 같은 기능을 하게 된다.[10)]

인가전압을 처음보다 약간 증가시키면 에너지 준위가 낮은 제1전도대의 중앙계곡에 있던 전자는 전계에 의해서 에너지를 받아서 에너지 준위가 높은 전도대로 이동(또는 전이)하기 때문에 급속하게 이동도는 작아진다. 그리고 다시 인가전압을 높이면 낮은 전도대에 있던 전자의 대부분이 에너지 준위가 더 높

---

10) 참고적으로 중앙계곡(제1전도대) 및 위성계곡(제2전도대)의 전자의 유효질량을 각각 m_1^*, m_2^*, 이동도를 μ_1, μ_2라 하면

$m_1^* < m_2^*$ …… ①

$\mu_1 < \mu_2$ …… ②

가 되고, 각 전도대의 전자속도와 전하밀도를 각각 v_1, v_2, ρ_1, ρ_2라 하면, 그리고 전류밀도를 J라 하면

$v_1 = \mu_1 E_2$, $v_2 = \mu_2 E$ …… ③

$J = \rho_1 v_1 = en_0 \mu_1 E$(제1전도대에서 전류밀도) …… ④

$J = \rho_2 v_2 = en_0 \mu_2 E$(제2전도대에서 전류밀도) …… ⑤

수식관계가 성립된다.

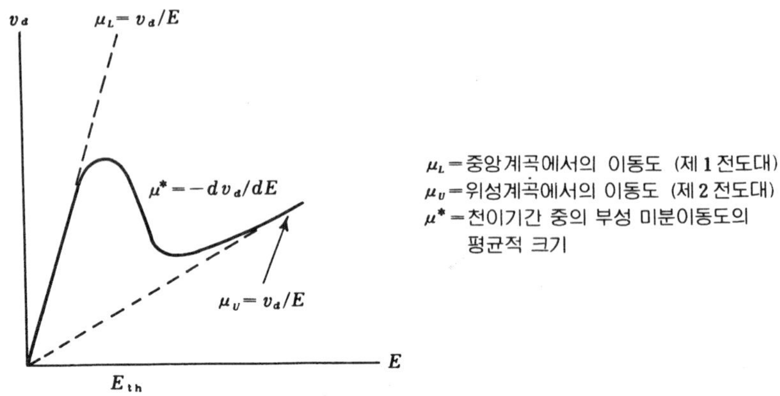

[그림 10·18] 전송전자기구의 전계 사이의 전자의 드리프트 속도

은 전도대로 이동하기 때문에 전자속도와 전류는 다시 서서히 증가된다. 이 때문에 GaAs 결정에 인가된 전계와 전자의 평균속도는 [그림 10·16]과 [그림 10·18]에 나타내었다.

즉, 전계에 의한 부성저항 특성이 있음을 알 수 있다.11) 이것은 전자의 전송이 가능한 재료에서 전계 E에 대한 전자속도의 의존성을 나타낸 것이라 하겠다. 결론적으로, 낮은 전계값에서는 전자가 낮은 전도대, 즉 제1전도대에 존재하고 전자의 이동도($\mu_L = v_d/E$)는 전계와 더불어 일정하다. 다시 전계가 증대되면 전자는 제2전도대, 즉 위성계곡으로 이동되고 전자의 속도와 이동도 역시 낮아진다.

[그림 10·18]의 경사영역에서 알 수 있듯이 이들 2개의 에너지대의 변화상태를 부성미분 이동도로 나타내면

$$-\mu^* = \frac{dv_D}{dE} \tag{10·6}$$

로 표시된다.

---

11) 전계의 증가에 따른 전자이동도는 μ가 낮아진다는 이론으로서 밝혀진 부성 콘덕턴스(negative conductance)의 가능성은 1963년 Gunn이 건효과를 입증하기 수년전부터 Ridley와 Watkins 그리고 Hilsum에 의해서 예언되었다. 따라서 "전자전송의 기구"는 Ridley-Watkins-Hilsum 기구라고도 한다.

이 부성전도도의 효과는 반도체의 체계적인 특성에만 의존할 뿐 접합이나 표면효과에는 관여되지 않는다. 따라서, 체적부성 미분전도도(BNDC : bulk negative differential conductivity) 효과라고도 한다.

■ **건 다이오드의 발진주파수 특성**

일반적으로 음극에서 발생한 고전계층은 대부분이 전자의 이동속도 v_D와 같은 속도(보통 10^5[m/s])로 양극으로 드리프트하여 양극에 도달하면 소멸된다. 따라서, 고전계층(高電界層)은 전자가 음극에서 양극에 도달하는 시간을 주기로 하여 생기므로 발진주파수를 나타내는 근사식은 $f=1/T$이라 할 때,

$$v_D = f \cdot W \fallingdotseq 10^5 [\text{m/s}] \tag{10·7}$$

이 된다. 여기서 W는 결정의 두께로 음극과 양극 사이의 거리이다. 건 다이오드는 외부에 공진회로(共振回路)를 접속하지 않아도 식 (10·7)과 같은 고유의 주파수로 발진한다.

그러나, 발진능률을 향상시키기 위하여 외부회로에 공진회로를 접속해서 동시에 1개의 건 다이오드로 1옥타브(octave) 이상의 발진주파수로 변화시킬 수 있다. 직류 입력전력에 대해 얻는 발진능률은 1~3[%] 정도이다. [그림 10·19]에 GD518C 건 다이오드의 발진주파수와 출력전력관계를 나타내었다.

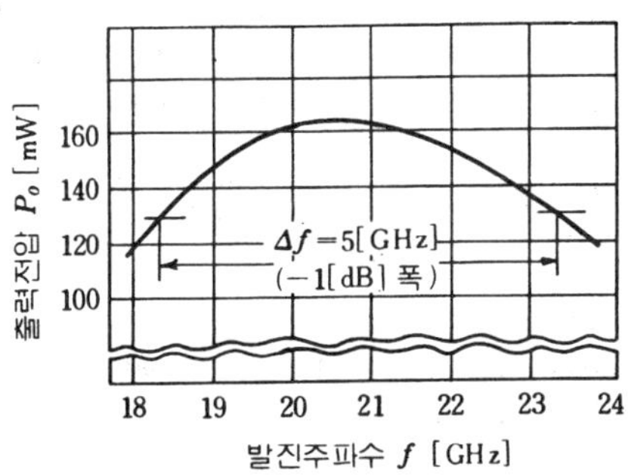

[그림 10·19] 건 다이오드의 발진주파수 특성
GD518C(V≒6.5[V], I≒800 [mA])

10·2·4 LSA 다이오드

앞에서 설명한 바와같이 발진능률을 향상시키기 위하여 건 다이오드의 외부회로에 공진회로를 접속한다고 하였다. 그러나 건 다이오드에서는 외부의 공진회로에서 발진주파수를 변화시킨다는 것에 어려움이 따른다.

그러나, 고전계층의 발생을 억제하고 건효과의 부성저항 특성을 그대로 이용하면 외부의 공진회로에서 설정한 마이크로파의 주파수를 발생할 수 있다. 이와같은 방법으로 마이크로파를 발생할 수 있는 다이오드를 LSA 다이오드라 하며, 1967년 Copeland에 의해서 발표되었다. 여기서 LSA 다이오드의 고전계층의 발생을 억제하는 방법을 알아보자.

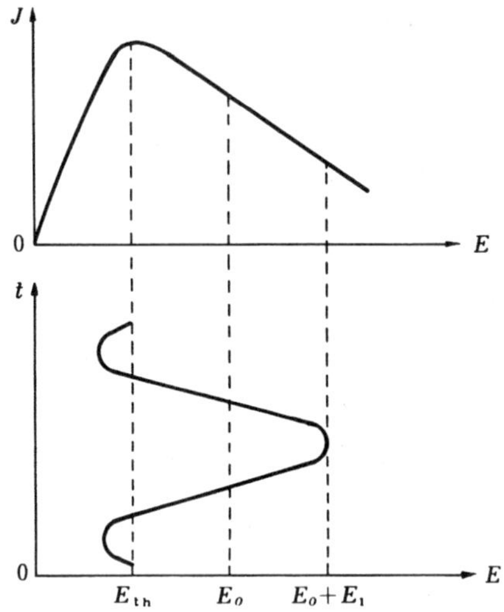

[그림 10·20] LSA 다이오드의 특성

[그림 10·20]과 같이 교류전계와 직류전계를 중첩시켜서 소자에 인가하여 고주파 전계가 임계전계값 E_{th}를 넘으면 이 E_{th}를 넘는 시간 동안 부성저항 특성에 의하여 소자 안에는 공간전하가 축적될 것이다. 그러나, 전계를 E_{th} 이하로 낮추면 이때까지 축적되었던 공간전하층이 없어지게 된다.

따라서, 외부회로에서 설정한 마이크로파 발진주파수를 발생시키거나 변화시키려면 고전계층의 임계전계값 E_{th}의 조정과 전계의 변화에 의해서 축적되거나 소멸되는 공간전하층의 시간을 잘 선택해야 한다.

10·2·5 Backward 다이오드

역 다이오드라고 하는 *pn* 접합 다이오드로서 일반적인 다이오드의 특성을 반전시킨, 즉 *pn* 접합의 순방향을 역방향으로, 역방향을 순방향으로 한 것이다. 이 다이오드는 순방향, 역방향 모두가 온도특성이 안정되어 있으며, 또한 순방향 전압강하가 일반적인 반도체 다이오드보다 작아서 초기동작이 빠른 것이 특징이다.

따라서, 소신호의 검파기 믹서(mixer), 리미터(limiter) 등에 이용된다. 이러한 특성을 고려하여 [그림 10·21]에 1T1402 역 다이오드의 특성을 표시하였다. 불순물 밀도의 첨가를 다이오드의 순방향으로 터널전류가 흐르기 직전에 멈추었다고 하면 확산전류에 의한 초기동작은 그다지 변하지 않는다.

따라서, backward 다이오드는 순방향보다도 역방향쪽이 전류가 더 흐르기 쉽다는 것이다. 이것이 다이오드의 순방향, 역방향이 반전된 특성으로 나타나는 원리이다. 또한, 역방향 내압에 대한 문제는 반도체의 재료가 결정되면 자동적으로 결정된다.

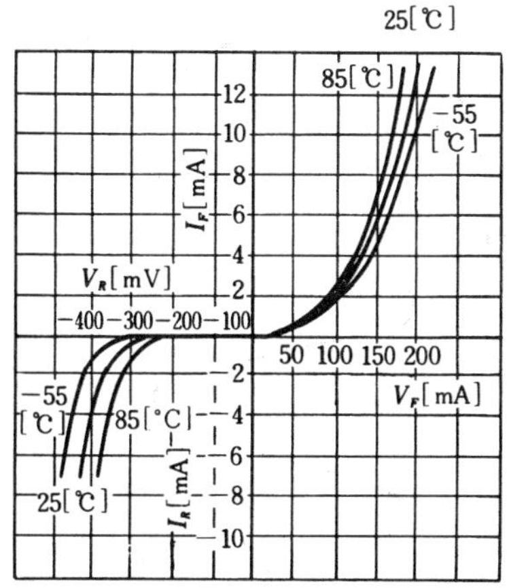

[그림 10·21] 역다이오드의 특성

연습문제

10-1 마이크로파 다이오드를 송수신용, 발진용으로 구분하고 일반적인 반도체와의 차이점을 들어보아라.

10-2 파라메트릭 증폭원리를 약술하고, 파라메트릭 다이오드가 갖추어야 할 조건을 열거하여라.

10-3 가변용량 다이오드의 원리를 설명하고 응용부분에 대해서 설명하여라.

10-4 마이크로파 발진용 다이오드로서 IMPATT 다이오드가 이용된다. 다음 물음에 답하여라.
1) IMPATT 다이오드는 어떤 원리에 의해서 발진되는가?
2) IMPATT 다이오드와 PIN 다이오드의 차이점을 설명하여라.
3) 건효과에 대해서 설명하여라.

10-5 건 다이오드에 비해서 LSA 다이오드가 좋은 점을 들어보아라.

10-6 건 다이오드의 재료로 쓰이는 GaAs 결정의 에너지대 구조를 설명하여라.

10-7 건 다이오드의 부성저항 특성이 생기는 이유를 전계의 세기와 전자의 평균속도 관계로 설명하여라.

10-8 역 다이오드와 일반 pn 접합 다이오드와의 차이점을 들어보아라.

10-9 벌크 효과를 설명하고, 벌크 반도체 소자에 대해서 약술하여라.

10-10 PIN 다이오드의 구조를 나타내고 바이어스 전압에 따른 동작상태를 설명하여라.

chapter

11 LASER

제 11 장

LASER

11·1 레이저의 발달사

레이저(LASER)란 Light Amplification by Stimulated Emission Radiation의 약자로서 유도방출에 의한 광증폭이란 뜻이다. 최초의 레이저는 1960년 Hughes 항공사의 Theodore H. Maiman에 의하여 발명된 루비 레이저(Ruby LASER)이다.

■ Maiman의 광증폭 실험

Maiman은 양쪽 끝에 은도금한 지름이 약 1[cm] 정도의 루비 막대기에 플래시 램프의 빛을 강하게 여기(勵起)시켜서 형광을 관찰할 수 있었다. 여기광(勵起光)의 세기를 더욱 높여서 스펙트럼의 폭이 수분의 1로 좁아지고, 형광선 중 2개의 상대강도가 분명하게 증가하는 것을 관찰할 수 있었다. 이것이 유도방출에 의한 광증폭을 확인한 최초의 실험이었다.

■ 레이저의 발진

최초의 레이저 발진에 관한 실험은 1960년 Bell 연구소의 Ali Javan을 중심으로 한 연구진에 의하여 실현되었다. 지름 1.5[cm], 길이 1[m]의 석영관에 1[torr]의 He과 0.1[torr]의 Ne을 넣고 양쪽에 반사거울을 붙여 고주파방전을 시킴으로써 파장이 1.15[μm] 정도되는 He-Ne 기체 레이저가 발진되는 것을 확인하였다. 이 He-Ne 기체 레이저는 루비 레이저만큼 출력이 크지는 않으나 지향성이 매우 높은 것이 특징이었다. 또한, 전화신호를 이용해서 레이저광을 변조하여 최초로 레이저 통신의 길을 열어놓았다.

이와같이 루비 레이저 외에도 고체 레이저의 종류가 늘어남에 따라 다른 재료를 이용한 레이저 발진이 1962년에 실현되었다. 특히, 유리는 결정재료보다도 광학적으로 균일한 레이저 물질을 만들 수 있어서 대출력 레이저용으로 적합하다.

1962년 William P. Dumke에 의해서 GaAs가 반도체 레이저로 유용하다는 이론을 발표되었으며, IBM의 Marshall I. Nathan이 반도체 레이저의 발진을 발표하였다.

11·2 레이저의 원리

11·2·1 유도방출

Bohr의 이론에서 이미 설명한 제2가설인 주파수 조건에 따르면 양자조건(量子條件)에서 주어진 원자는 하나의 궤도에서 또다른 궤도로 옮겨갈 때 그 차에 해당하는 에너지를 빛으로 방출하거나 흡수한다고 했다. 이 빛 또는 전자파(電磁波)의 주파수와 궤도상태의 에너지 준위 E_1, E_2 사이의 관계는

$$E_1 - E_2 = hf \tag{11·1}$$

로 설명된다.

■ 자연방출 현상

Bohr의 이론을 적용하여 자연방출의 개념을 알아보자.

원자궤도에서 에너지 준위 사이에서 일어나는 원자의 천이(遷移)에 의해서 전자파 또는 방사선의 방출이나 흡수가 나타나는데, 원자나 분자 등은 외부의 작용이 없어도 높은 에너지 준위로부터 낮은 에너지 준위로 자연적으로 천이해서 방사선이나 전자파를 방출한다. 이 현상을 자연방출(自然放出, spontaneous emission)이라 한다.

자연방출현상의 특징을 요약해 보면 다음과 같다.

① 자연방출은 상호작용이 없는 원자의 모임에서 발생하기 때문에 방출되는 빛은 시간적으로 완전히 불규칙한 천이에 의해서 불간섭성(incoherent)인 불균일(random)한 전자파이다.

② 방향과 입상은 불규칙하고 에너지차와 일치하는 전자파를 방출한다.

③ 예를 들면 보통의 형광체에서 나오는 빛, 즉 형광등, 백열등, 텅스텐 등에서 나오는 모든 광원들이 이 자연방출에 해당된다.[1)]

1) 형광등, 백열등에서 나오는 광원의 경우는 높은 에너지 준위에 위치하던 여러 개의 다른 원자들이 낮은 에너지 준위로 상호작용(또는 간섭)이 없이 천이하면서 각각 파장이 다른 빛을 동시에 방출한다. 즉, 백열등이나 형광등에서 방출되는 빛은 여러 가지의 각각 다른 파장을 갖고 있는 빛의 집합이라 한다. 이것이 자연방출현상이다.

■ 유도방출 현상

에너지 준위의 차가 있는 원자궤도에서 원자나 분자들의 천이는 자연발생적인 것뿐만 아니라, 외부의 자극이나 어떤 주파수를 갖고 있는 전자파의 자극에 의해서도 발생된다. 즉, 높은 에너지 준위에 존재하던 원자가 외부의 자극이나, 또 다른 에너지를 받아서 강력한 상호작용을 하면서 동시에 낮은 에너지 준위로 천이하는 현상을 유도방출(誘導放出, stimulated emission)이라 한다. 레이저의 경우가 바로 이 유도방출에 해당한다.

[그림 11·1]에 유도방출의 원리를 설명하기 위한 원자의 에너지 준위를 표시하였다.

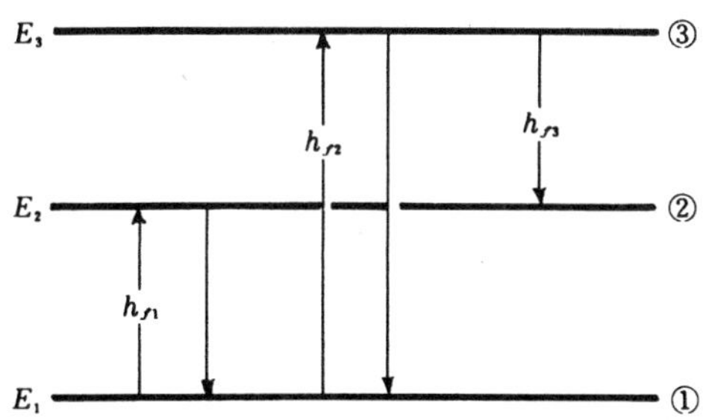

[그림 11·1] 원자의 에너지 준위도

에너지 준위 E_1에 존재하는 입자가 자연방출을 하기 전에 hf_1 만큼의 외부 에너지를 받게 되면, 이 입자는 외부로부터 받은 에너지에 의해서 유도되어 여기가 시작된다.

Bohr 이론에서도 언급한 바와같이 높은 에너지 준위에 존재하던 입자가 낮은 순위로 천이하면 빛(또는 선사파)을 방출하고, 반내로 낮은 에너지 준위에 존재하던 입자가 높은 에너지 준위로 천이하면 빛을 흡수한다. 이 현상이 유도방출의 원리이다.

■ 반전분포

높은 에너지 준위에 있는 원자의 수가 낮은 에너지 준위에 있는 원자의 수보다 많이 있는 경우를 반전분포(反轉分布, population inversion) 되었다고 한다.

일반적으로 높은 에너지 준위에 있는 원자는 자연방출에 의존하므로 반전분포를 형성하기가 어렵다. 그러므로, 레이저에서는 높은 에너지 준위에 있는 원자가 일부분의 에너지를 자연방출하면서 높은 에너지 준위와 낮은 에너지 준위 사이에 존재하는 중간 에너지 준위인 준안성상태의 준위(metastable state energy level)에 모여 반전분포를 형성했다가 적당한 외부의 자극이나 에너지에 의해서 유도방출을 한다.

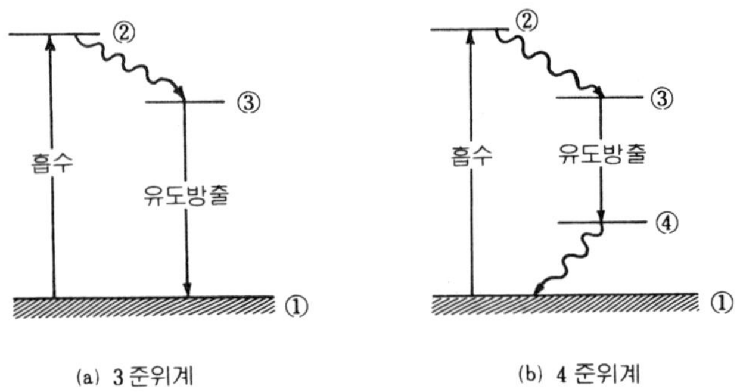

[그림 11·2] 레이저의 유도방출 과정

즉, 레이저는 준안정상태의 준위로부터 낮은 에너지 준위로 떨어질 때 그 에너지차에 해당하는 빛이 방출되는 원리를 이용한 것이다. 따라서, 레이저에서는 일정한 파장의 빛만 방출하게 된다. 또한, 유도방출을 위하여 외부에서는 에너지를 공급하여 반전분포를 만드는 것을 펌핑(pumping)이라 한다.

[그림 11·2]에 유도방출의 과정을 표시하였다.

[그림 11·2(a)]에서 유도방출현상에 의하여 외부 에너지를 흡수하면 기저준위 ①로부터 높은 에너지 준위 ②로 여기되어 올라간다. ②로 여기되어 올라간 입자는 ②의 준위에 머무르는 시간이 매우 짧아서 자연방출에 의해서 준안정전위 ③으로 떨어진다. 이 준안정준위 ③에서 충분한 수의 원자가 반전분포를 형성하면, 유도방출에 의해서 [그림 11·2(a)]에서는 기저준위 ①쪽으로, [그림 11·2(b)]에서는 에너지 준위 ④를 거쳐서 기저준위 ①로 떨어진다.

특히, [그림 11·2(b)]인 4준위계에서는 준위 ④의 원자수가 준위 ①의 원자수보다 훨씬 적으므로 반전분포의 형성이 쉽다.

■ **광발진**(光發振)

이와같이 반전분포현상을 형성해 광발진기, 광증폭기를 만들 수 있다. 상세한 이론적인 배경은 여기서는 생략하기로 하고, 광발진기의 원리만 설명하기로 한다. 유도방출에 의하여 빛을 증폭하는 작용을 레이저라고 이미 설명하였다. 우선, 반전분포현상을 이용하여 광증폭기를 만든 후에 궤환을 걸어주면 광발진기가 된다.

광증폭기에 궤환을 걸어주는 일반적인 방법은 [그림 11·3]과 같은 광발진기의 형태로 표시한 바와같이 서로 평행한 두 장의 광학적 공동(光學的 空洞)인 반사거울 사이에 레이저 증폭기를 설치하는 것이다.

[그림 11·3]에서 두 반사거울 사이에, 즉 광학적 공동 사이에 부온도매질(負溫度媒質)을 설치했는데, 여기에 빛이 수없이 왕복하면서 증폭되어, 증폭된 양이 반사거울에서의 손실보다 크게 되면 발진을 일으킨다.

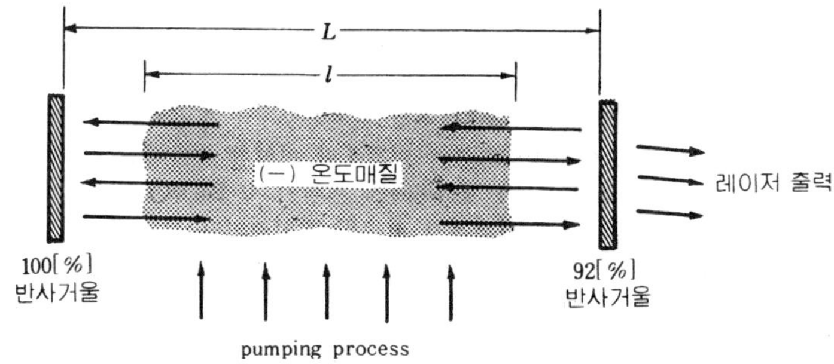

[그림 11·3] 광발진기의 원리

이 경우, 한 쪽의 반사거울은 100[%]의 반사율로, 반대쪽에는 약 92[%]의 반사율 정도로 빛을 약하게 통과시키면 발진된 빛의 일부가 밖으로 나와서 레이저광을 얻을 수 있다. 여기서, 최초에 방출되는 빛은 사방으로 나가지만 레이저의 진행방향과 수직으로 설치되어 있는 반사거울 사이를 무수히 왕복하면서 수직축 방향의 빛만 증폭하게 된다.

이와같이 레이저광은 발생과정부터 축방향의 빛만 방출하므로, 흩어지지 않고 한 줄기로 멀리까지 진행할 수 있는 직진성이 있다.

11·2·2 레이저의 종류

물질의 양자상태 사이의 천이현상을 이용하여 빛과 같은 형태의 집중된 에너지를 만드는 소자를 레이저라고 이미 설명하였다.[2)]

레이저를 구분하면 고체 레이저, 기체 레이저, 반도체 레이저로 대별할 수가 있다. 여기에서는 반도체 레이저를 중심으로 고찰하고 고체 레이저와 기체 레이저는 개념만 다루기로 한다.

---

2) 레이저와 같은 원리로 증폭과 발진을 하는 메이저(MASER : microwave amplification by stimulated emission of radiation)가 있는데, 이것은 방사선의 유도방출에 의한 마이크로파 증폭에 레이저는 광주파수의 전자파 발진에 응용하는 것이다.

메이저는 고체 내의 원자가 방출하는 마이크로파 영역의 전자파를 사용하는 것으로, 1954년 Colombia 대학의 Charles. H. Townes에 의해서 약 23.87[GHz]의 주파수를 내는 암모니아의 분자빔을 쓴 기체 레이저가 최초의 메이저이다.

현재는 수소원자를 이용한 1.42[GHz]의 단색이며, 안정도가 10^{-13} 정도인 안정된 메이저가 있다. 또한, 1956년 Bloembeger에 의해 개발된 마이크로파 고체 메이저도 있다. 재료로는 루비가 이용된다. 그리고 레이저는 주파수 범위가 메이저보다 짧은 적외선영역에서부터 가시광선 자외선영역까지를 말한다.

■ 고체 레이저

고체 레이저용의 재료는 펌핑 작용이 쉬워야 하고 스펙트럼이 좁은 형광을 지녀야 한다.3)

1960년 T. H. Maiman은 마이크로파 영역에서 메이저 재료로써 사용되던 루비를 이용하여 레이저 발진에 성공하였다. 이 루비 레이저는 열적으로나, 기계적으로 안정되었으며, 상온에서도 발진이 가능하고 출력이 커서 현재까지 가장 우수하게 평가받는 고체 레이저이다.

루비 결정은 알루미나(Al_2O_3)에 0.05[%] 정도의 산화크롬(Cr_2O_3)를 첨가한 인공보석으로, 즉 Al^{3+} 이온의 일부가 3가인 Cr^{3+}에 치환되어 레이저 동작을 일으키게 한 것이다. 원주형태인 루비의 지름은 0.635[cm], 길이는 5.08[cm] 정도로 하고, 루비 결정부분을 잘 연마하여 은도금을 하여 레이저 원리에서 설명한 바와같이 한쪽은 100[%]의 완전반사가 또 다른쪽은 일부분 반사인 92[%]만 반사가 되도록 한다.

[그림 11·4]에 루비 레이저를 이용한 발진기를 보였다.

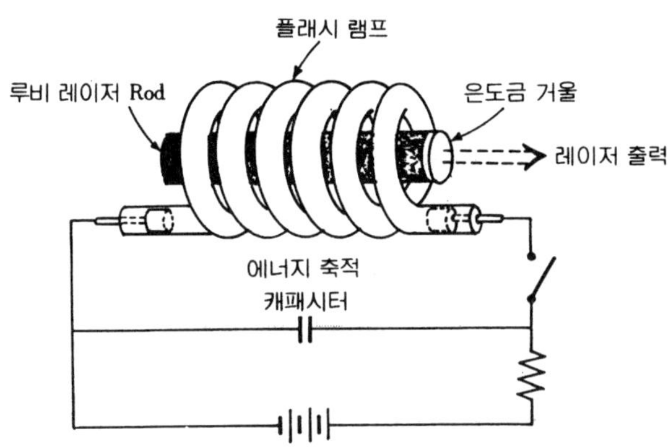

[그림 11·4] 루비 레이저 발진기의 구조

전원을 동작시켜서 크세논(Xe) 섬광 램프에서 5600[Å]인 황색 또는 녹색광을 조사하는 펌핑 작용을 하면, 황색광이나 녹색광을 흡수한 크롬 이온들이 기저상태에서 여기상태로 올라간다. 이 상태는 10^{-8}[s] 정도의 수명으로 매우 짧으므로 크롬 이온들은 가장 높은 불안정한 에너지 준위인 E_3에서 자연방출하면서 10^{-3}[s] 정도로 비교적 수명이 긴 준안정준위로 떨어진다.

이 준안정준위에서 충분한 수가 모여서 반전분포가 형성되면 유도방출에 의해 기저상태로 떨어지게 되고, 그 차에 해당하는 에너지를 약 6943[Å] 빛으

3) 고체 레이저의 물질에는 유리계, 중석계(重石系), 형석계(螢石系) 등이 있으나, Ruby가 가장 많이 쓰인다.

로, 발산각도는 1~5[mrad]로 방출된다.

고체 레이저는 발진 모드가 많으므로 단색광을 얻기가 어렵다는 결점이 있다. 그러나 [GW] 정도의 큰 출력을 얻을 수 있는 펄스 발진이나 홀로그라피(holography) 등에서 가시광선을 필요로 할 때 쓰인다.

또한, 간섭성(干涉性, coherence)의 길이를 1[m] 이상 얻을 수 있으며, 높은 3준위계 레이저의 효율이 요구되는 기계가공 등 많은 에너지가 필요한 분야[4]에는 적게 이용되지만, 가시광선에서 높은 첨두출력이 필요한 분야에서는 이 루비 레이저가 중요하게 이용되고 있다.[5]

11·3 기체 레이저

기체 레이저는 가스 레이저라고도 하는데, 출력특성이 다양하여 고체 레이저에 비해 많이 이용된다. 기체 레이저는 1960년 Bell 연구소의 Ali Javan에 의해 He-Ne의 혼합기체 레이저로 개발되었으며, 중요한 기체 레이저로는 He-Ne, Ar, CO_2 레이저를 들 수 있고, 재료로서는 He, N, Ne, O_2, Xe 등이 쓰이고 있다.

기체 레이저에서 이용하는 천이원리(遷移原理)가 3가지가 있는데,

① 중성원자(中性原子)에서의 전자천이
② 이온 속에서의 전자천이
③ 분자기체 속에서의 진동천이

를 들 수 있다. 이들은 모두 레이저의 원리에 의한 것이다.

■ He-Ne 기체 레이저

석영으로 된 유리관에 특수기체를 넣어 양쪽 끝부분에 전극을 붙여 방전을 시키면 고주파 전자장에 의해서 원자의 펌핑 작용이 생기고, 또한 이 원자들은 글로우 방전으로 인하여 준안정준위에 올라간다. 이 과정이 계속해서 일어나므로 레이저 출력광의 간섭성은 더욱 좋아지게 된다. 이 경우 고주파 전원은 29[MHz], 50[W]의 출력을 갖는 반송파 발진기를 이용한다.

[그림 11·5]에 He-Ne 기체 레이저의 구조를 보였다.

석영관의 양쪽 끝을 반사거울이나 축과 브루스터각(brewster angle)[6]을 갖는

---

4) 이 때 루비 레이저는 3준위계에 해당한다. 즉, E_2에서 머무는 시간인 준안정준위의 시간(10^{-3}~1[s])이 길다는 것이 레이저 동작을 가능하게 하는 것이다.
5) 니오디미움(Nd) 레이저가 주로 쓰인다.
6) 레이저광에 대한 굴절률을 η라 할 때 η는 다음 식을 만족해야 한다.

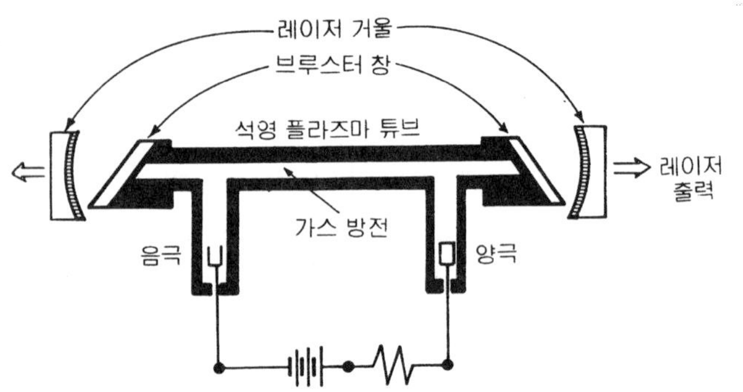

[그림 11·5] He-Ne 기체 레이저

거울로 봉하고, He과 Ne을 5 : 1~8 : 1 정도의 비율로 넣어 방전시킨다(이때 전압력은 1[mmHg]).

양쪽의 반사거울은 유전체의 다층막으로 증착하여 반사율이 높도록 하였고, 한쪽 거울은 100[%] 반사율로, 또다른 한쪽 거울은 일부의 빛만 통과시키도록 되어 있다. 방전에 의해 가속된 전자가 He 원자에 충돌하면 기저상태의 He은 여기준위로 올라간다.

가속전자에 의해 여기준위로 올라간 He 원자가 Ne 원자와 충돌하면 Ne 원자는 에너지를 얻어서 가장 높은 에너지 준위군의 일부가 된다. 가장 높은 에너지 준위에 충분한 수의 원자가 모이면 아래의 에너지 준위로 떨어지게 되는데, 이때에 0.6328[μm]의 적색광과 3.381[μm], 1.154[μm], 1.084[μm]의 적외선이 방출된다. 그리고, Ne 원자는 다시 자연방출하면서 또다른 준위를 거쳐서 기저상태로 떨어진다.

혼합 가스인 He-Ne 기체 레이저는 4준위계에 해당되며, 0.6328[μm]에서 수십[mW]의 안정된 연속파를 얻을 수 있다. 또한, 단색성이 높고, 발산각은 1[mrad] 정도이며, 간섭성의 길이도 수십[cm] 이상이나 된다.

따라서, 발진 스펙트럼이 자외선영역에서 적외선영역까지이고, video disc에 수록이 되어 있는 영상신호처리, 비접촉용 인쇄기 등에 광범위하게 이용이 되고 있다.

참고로, 대표적인 레이저의 특성과 응용에 대해서 〈표 11·1〉에 나타내었다.

$$\tan\left(\frac{\pi}{2}-\delta\right)=\tan\zeta=\eta$$

이 때, ζ를 brewster각이라 하고, 일반적으로 경질의 붕규산(硼硅酸) 유리(borosilicate glass)는 η가 1.5이므로 brewster각 ζ는 56°21′이다. 이것은 관축에 따라 입사하는 빛에 대해 광학유리면에 평행한 편광(偏光)에 대해서는 반사손실을 최소로 하여 그대로 통과하게 하고, 다른 반사를 최대로 하는 각을 말한다.

〈표 11·1〉 대표적인 레이저 특성과 응용

종류 / 파장[μm] / 특성 / 응용	He−Ne 레이저	Ar 레이저	CO_2 레이저	ruby 레이저	유리 레이저	YAG 레이저	반도체 레이저
파장[μm]	0.6328(적) 1.15(적외)	0.4880(청) 0.5145(녹)	10.6(적외)	0.6943(적)	1.06(적외)	1.06(적외)	0.7~1.6(적외)
특성	안정된 연속출력, 소출력, 장수명, 가시출력, 소전력 동작, 취급이 간단, 연속 출력이 0.1~100[mW]	안정된 연속출력, 비교적 대출력, 간섭성이 높음. 연속출력 10[mW]~1 [W], 가시영역 및 자외선 영역	높은 에너지 효율, 대출력, 펄스 발진 가능, 연속출력 1~15[kW], 펄스 1[mW]	강력한 출력 펄스, Q−스위치 가능, 높은 단색성	강력한 출력 펄스, Q−스위치 가능	연속 또는 펄스, Q−스위치 가능, 소형	높은 에너지 효율, 소형, 직접고속변조
계측 대기오염감시	조준기, 분광분석 길이 정밀측정, 유속측정, 평면도 측정	raman 분광, 유속계	유속계 대기오염감시	거리 측정 비선형 광학계측		레이다	대기오염감시
가공 레이저핵융합		IC mask 가공, 레이저 제판, disc 원반제작	절단, 구멍뚫기 용접, 열처리 세라믹 가공 핵융합	구멍뚫기 plasma 계측	구멍뚫기 용접 핵융합	scribing trimming mask수정, 용접, 구멍뚫기 marking	
의학용	안정검사 혈액검사	coagulator 피부치료 안과용	레이저 메스	coagulator holography 진단		레이저 메스	
광통신	공중전파통신	수중통신					광섬유통신
정보처리	holography FAX, OCR 레이저 인쇄기, POS video disc, 광 memory cisplay	holography, 광 memory 인쇄기, display		holography			OCR 인쇄기 광 memory video disc

11·4 반도체 레이저

pn 접합에 순방향 바이어스를 인가하면 전도대(傳導帶)에 있는 전자와 가전자대(價電子帶)에 있는 정공의 재결합이 일어난다. 이 재결합으로 인하여 *p*형 측에서 감소한 에너지만큼 레이저광이 발생된다.

이와같은 반도체 레이저(semiconductor laser)는 1962년 Nathan, Quist, Hall에 의하여 구현되었다.

반도체 레이저는 현미경을 통해서만 볼 수 있는 아주 작은 GaAs, InP 등의 결정으로 제조된 것으로, 보통 광출력은 5~10[mW] 정도이고, 출력은 형광등 크기인 He-Ne 레이저의 적색 광출력과 비슷하다.

또한, 다른 레이저에 비해서 반영구적인 10만~100만 시간 정도의 긴수명과 광출력의 변조방식이 간단하다. 이와같이 반도체 레이저는 긴수명, 소형, 경량, 광변조장치의 간편화 등이 큰 장점으로 알려져 있다.

11·4·1 반도체 레이저의 원리

반도체의 원자 속에 있는 전자는 고립적인 에너지 준위를 갖는 것이 아니고, 에너지갭을 갖고 있는 에너지대로서 존재한다. 이 때문에 높은 에너지 준위에 있는 전자의 에너지를 가해서 낮은 에너지 준위에 있는 가전자대로 천이시키면 전도대와 가전자대 사이의 에너지갭에 해당하는 에너지를 광전자의 형태로 방출하여 레이저의 개념에 적용할 수 있다.

그러나, 이 경우에는 간섭성의 빛이 되지 않으나, 주입 캐리어를 크게 증대시키면, 즉 순방향 바이어스를 크게 하면 반전분포를 거쳐서 에너지대에서 전

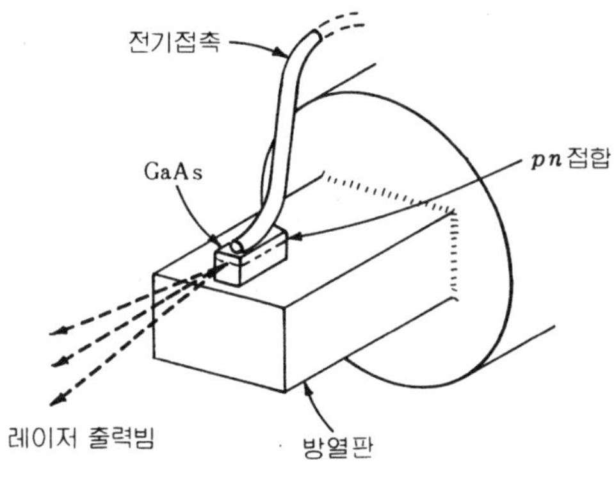

[그림 11·6] 반도체 레이저

자의 천이가 예민해지는 좁은 간섭성(coherent)의 단색광 레이저광을 얻을 수 있다. 반도체 레이저는 GaAs, GaAsP로 된 *pn* 접합의 2단 소자로 되어 있는데, 역방향으로는 이용을 하지 않고 주로 전류가 잘 흐르는 순방향 특성을 이용한다.

이러한 원리에 의해 방출된 빛은 파장의 폭이 넓어서 단색광은 나쁘지만 캐리어의 여기방법이 간단하고 효율이 높은 장점이 있다. 또한, 반도체 재료의 조성비를 변화시키면 가시광선에서부터 수[μm]의 적외선영역까지 발진이 가능하게 된다. 따라서, video disc, audio disc, scanner, 자동차의 감시제어용 장치, 광섬유통신용의 광원으로 이용된다.[7)]

■ 반도체 접합 레이저의 에너지대

[그림 11·7]에 GaAs 접합 레이저의 에너지대 구조를 나타내었다. [그림 11·7(b)]와 같이 *pn* 접합을 만들고 순방향 바이어스를 인가해서 캐리어를 주입시키면 전도대에는 다량의 전자가, 충만대에는 정공이 발생하여 (−)온도특성이 생긴다. 제10장 10·1에서 이미 설명한 바 있는 GaAs 결정의 에너지대 구조를 예를들어 설명한다([그림 10·17] 참조).

[그림 11·8]에서 전도대에 있는 전자가 주파수 f인 빛을 방출하면서 충만대(充滿帶, filled band)로 천이하는 확률은 전도대나 가전자대의 에너지대에서파수(波數) κ를 가질 때, 즉 직접재결합이 될 때에 최대가 된다. 그런데, Ge이나 Si인 경우에는 전자가 충만대의 위부분은 $\kappa=0$인 점에 있지만, 전도대의 아래부분은 $\kappa\neq0$인 점에 위치한다.

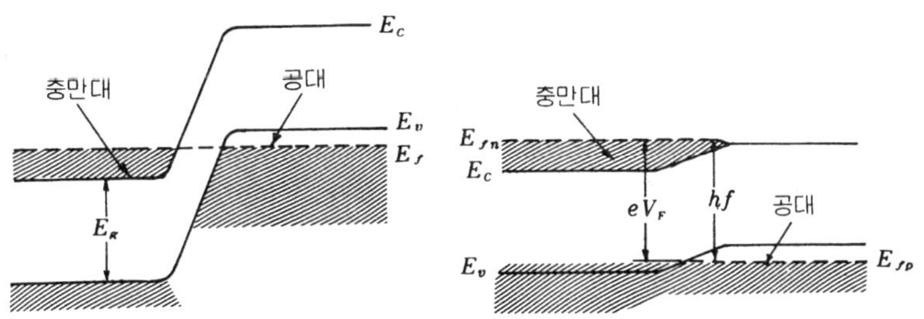

(a) 열평형 상태 (b) 순바이어스가 인가된 상태

[그림 11·7] GaAs 접합 레이저의 에너지대

7) 1970년에 AlGaAs 반도체 레이저의 실온(室溫) CW 발진이론이 발표된 이래 반도체 레이저는 광섬유통신의 발광원으로 이용되었다. 1970년 당시의 광섬유손실은 20[dB/km]이었으나, 현재는 0.2[dB/km]까지 감소시켰다. 또한, 광섬유의 최저 손실파장이 1.2~1.7[μm] 정도로 장파장화(長波長化)됨에 따라 0.7~0.9[μm]에서 발진되는 AlGaAs 레이저와 최저 손실파장에서 발진이 가능한 InGaAsP/InP 반도체 레이저도 개발되었다.

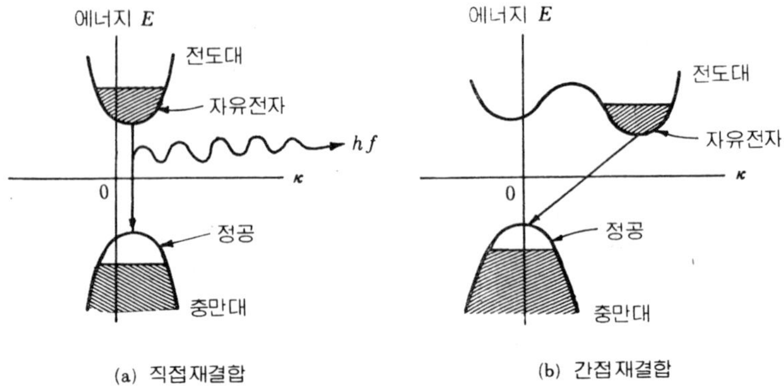

[그림 11·8] 충만대와 전도대 사이의 전자천이

따라서, 전자가 충만대로 천이할 때에는 파수 κ의 차에 상당하는 운동량을 결정격자(結晶格子)의 에너지 준위에 주어 간접재결합을 하도록 해야 한다. 이와같이 Si나 Ge 반도체는 재결합에 의한 형광이 매우 작고, 또 간접재결합을 하는 확률도 작으므로 GaAs, GaAsP 등을 이용한 접합 레이저를 이용한다.

GaAs 결정은 [그림 11·8(b)]와 같이 충만대의 위부분과 전도대의 아래부분이 모두 $\kappa=0$인 점에 위치한다. 따라서, 격자진동이 필요없이 직접 재결합을 하게 되어 최대의 빛을 방출할 수 있다. 이들 재료로는 InP, GaAsP, InSb, InAs, GaSb 등이 있다.

11·4·2 레이저 다이오드

반도체 레이저는 2중 헤테로 구조(double hetero structure : DH)라는 층의 구조를 가지고 상온에서 쉽게 연속 발진된다. 이와같은 반도체 레이저를 레이저 다이오드(laser diode)라 한다.

[그림 11·9]에 AlGaAs와 InGaAsP 레이저를 보였다. 여기서 AlGaAs 레이저는 0.8[μm], 0.7[μm]대의 레이저광을, InGaAsP 레이저는 1[μm]대의 레이저광을 방출한다.

■ 활 성 층

[그림 11·9]와 같이 AlGaAs 레이저에는 활성층이라고 하는 두께 0.1[μm]의 p형 또는 n형 $Al_yGa_{1-y}As$($y=0\sim0.2$)가 두께 2~3[μm]의 n-$Al_xGa_{1-x}As$ 및 p-$Al_xGa_{1-x}As$($x=0.3\sim0.4$) clad층의 사이에 위치한다. 이러한 층들은 GaAs 및 InP의 기판 위에서 주로 LPE(liquid phase epitaxy) 방식에 의하여 제조된다.

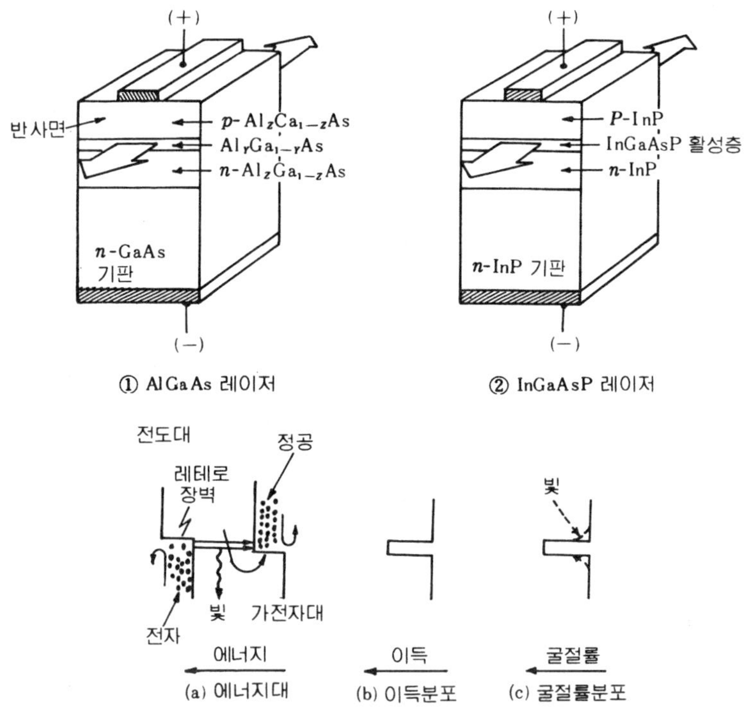

[그림 11·9] 2중 헤테로 접합의 반도체 레이저

또한, InGaAsP 레이저에서는 두께가 약 0.1[μm]의 n형 또는 p형 InGaAsP 활성층이 n-InP, p-InP의 clad층 사이에 삽입되어 있다. 보통 다른 종류의 결정접합을 헤테로 접합(hetero junction)이라 하고, [그림 11·9]의 구조에서는 활성층의 양측에 헤테로 접합이 2개가 있으므로 2중 헤테로 구조(double hetero structure)라 한다.

이 2중 헤테로 구조를 이용한 반도체 레이저는 에너지갭이 적고, 얇은 활성층이 에너지갭이 큰 clad층으로 쌓여 있다. 이 때문에 활성층 내의 전자, 정공의 밀도는 크게 증가되므로 집광현상(集光現像)이 가능하다고 볼 수 있다.

레이저 발진이나 증폭원리는 다음과 같이 설명될 수 있다.

빛의 증폭 이득은 주입된 캐리어 농도(전자, 정공)에 비례하므로 활성층이 얇을수록 소전류로 큰 이득을 얻을 수 있다. 또한, 활성층을 쌓고 있는 clad층의 에너지갭이 활성층의 에너지갭보다 크므로, 활성층의 굴절률이 clad층보다 크기 때문에 캐리어를 집속 또는 빛을 집광하는 작용을 하므로 빛은 활성층 내에서 증폭된다.

■ 레이저광의 발산과 방열판의 설치

레이저가 발진하는 활성영역(active region)에서는 온도상승과 더불어 빛의

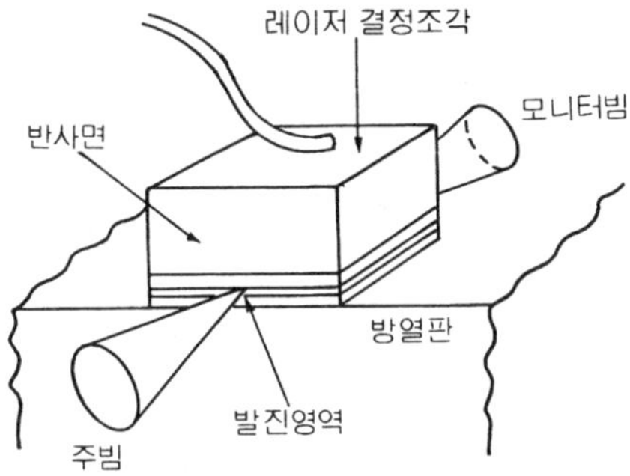

[그림 11·10] 반도체 레이저광의 발산

이득은 저하한다. 빛의 이득이 저하되는 것을 방지하기 위하여 방열판(傍熱板, heat sink)을 레이저 결정에 붙인다.

[그림 11·10]에 반도체 레이저광의 발산을 나타내었다. 에너지대가 clad층에 비해서 얇은 활성층에서 공중으로 방사되는 레이저광은 빛의 회전현상에 의해서 활성층에 수직방향으로 ±20° 정도까지 퍼진다.

이와같이 방사되는 빛이 방열판 표면에서 산란되는 것을 막기 위하여 레이저 결정의 반사면과 방열판의 끝부분이 일치되도록 부착한다. 레이저광은 양반사면에서 동일한 광출력을 방사하는데 [그림 11·10]의 앞면의 주된 빔(main beam)은 통신분야에 사용되고, 반대쪽의 빔은 광출력 모니터용으로 사용된다.

〈표 11·2〉 대표적인 반도체 레이저 특성

결정재료	파장[μm]	동작모드	광출력[W]	임계전류[A]	용　도
GaAs	~0.84	펄스	1~3000	0.5~100	야시(夜視)장치, 군사용 거리측정
AlGaAs(日立)	0.78	CW	3[mW]	~30[mA]	광정보처리
AlGaAs(RCA)	0.8~0.9	CW	3~10[mW]	30[mA]~150[mA]	광통신, 레이저 프린터, 거리측정
InGaAsP	1.3	CW	5	~150[mA]	광통신, 기체검출
PbSnSe	8.5~30	CW	5	~150[mA]	광통신, 기체검출

연습문제

11-1 레이저의 발달사를 연대별로 정리하여라.

11-2 레이저의 종류를 들어보고, 각 레이저의 응용면을 설명하여라.

11-3 레이저는 유도방출을 이용한다. 이 유도방출이 자연방출과 다른 점은 무엇인가?

11-4 레이저와 메이저의 차이점은 무엇인가?

11-5 레이저 발진기의 원리를 루비 레이저를 예로 들어서 설명하여라.

11-6 레이저 다이오드란 무엇인가? 재료를 중심으로 간단히 설명하여라.

11-7 반도체 레이저에서 2중 헤테로 구조란 무엇을 뜻하는가?

11-8 반도체 레이저의 에너지대 구조와 전자의 천이현상에 대해서 설명하여라.

11-9 He-Ne 기체 레이저의 동작원리에 대해서 설명하여라.

11-10 반도체 레이저가 광섬유통신에 이용되는 이유를 설명하여라.

11-11 GaAs 결정의 에너지대를 설명하고, 간접 재결합과 직접 재결합의 차이점을 설명하여라.

11-12 다음 용어를 설명하여라.

1) pumping process
2) 반전분포
3) 캐리어의 천이현상
4) 파수 κ
5) 활성층
6) clad층
7) 브루스터(brewster) 각
8) 준안정준위
9) coherence

appendix

부 록

부 록

I-1 Einstein의 특수상대성 원리에 의한 질량 m의 관계식 유도

$$m=\frac{m_0}{\sqrt{1-\left(\frac{v}{c}\right)^2}} \quad \text{(관련 2·2)}$$

이 식은 Lorentz 변환에 의해서 유도된다.[1] [그림 I-1]에서 두 관측자의 위치가 일치하는 순간을 $t=0$이라 하고, 그 순간에 섬광(閃光)이 비쳤다고 생각하자. t초 후에 관측자 O는 빛이 A점에 도달한 것을 보고 $r=ct$로 쓸 것이다. 여기서 c는 광속도(光速度)이다. 이때 구(球)의 방정식은

$$x^2+y^2+z^2=r^2=c^2t^2 \tag{1}$$

이 되고, 같은 방법으로 관측자 O의 위치와 일치하지 않는 곳에 있는 관측자 O'는 t'

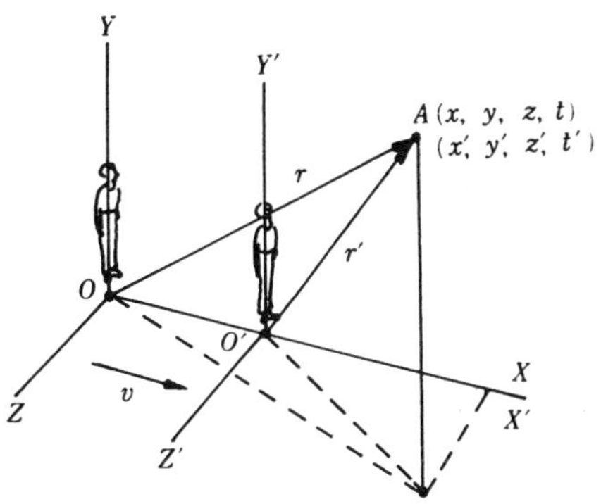

[그림 I-1] 균일한 상대운동의 좌표계

1) Physics by M. Alonso, E. J. Finn. 제5장 5·6 참고.

초 후에 같은 점 A에 도달하는 것을 관찰하겠지만 역시 광속도는 c라고 생각한다. 따라서 관측자 O'는 $r'=ct'$이므로

$$x'^2+y'^2+z'^2=c^2t'^2 \tag{2}$$

이라고 쓸 것이다.

대칭성에 의해서 $y'=y$, $z'=z$이고, 관측자 O에 대해서 $OO'=vt$이고, $x'=0$(점 O')에 대해서는 $x=vt$가 된다. 이것은 $x'=k(x-vt)$라고 두는 것이 가능함을 제시하고, 여기서 k는 결정되어야 할 상수(常數)이다.

t'도 다르므로 $t'=a(t-bx)$로 가정할 수 있고, 여기서 a와 b는 결정되어야 할 상수이다(Galilei 변환에서는 $k=a=1$, $b=0$). 이 식들을 모두 식 (2)에 대입하면 다음과 같다.

$$k^2(x^2-2vxt+v^2t^2)+y^2+z^2=c^2a^2(t^2-2bxt+b^2x^2)$$

또는

$$(k^2-b^2a^2c^2)x^2-2(k^2v-ba^2c^2)xt+y^2+z^2$$
$$=(a^2-k^2v^2/c^2)c^2t^2 \tag{3}$$

식 (3)은 식 (1)과 같아야 하므로

$$\left.\begin{aligned} &k^2-b^2a^2c^2=1 \\ &k^2v-ba^2c^2=0 \\ &a^2-k^2v^2/c^2=1 \end{aligned}\right\} \tag{4}$$

식 (4)를 k, a, b에 관해서 풀면

$$k=a=\frac{1}{\sqrt{1-v^2/c^2}}, \qquad b=\frac{v^2}{c^2} \tag{5}$$

로 정의된다.

여기서 k, a, b값을 $x'=k(x-vt)$ 및 $t'=a(t-bx)$에 대입하면 Lorentz 변환식을 얻을 수 있다.[2)]

$$\begin{aligned} x' &= \frac{x-vt}{\sqrt{1-v^2/c^2}} \\ y' &= y \\ z' &= z \\ t' &= \frac{t-vx/c^2}{\sqrt{1-v^2/c^2}} \end{aligned} \tag{6}$$

따라서, 관측자에 대하여 속도 v로 움직이고 있는 입자의 운동량은 운동량의 정의식 $P=mv$와 비교하면

---

2) 이 관계식은 1890년경에 네덜란드의 물리학자 Hendrik Lorentz가 운동하는 전하에 의한 전자기장의 문제와 관련해서 도출한 식이다.

$$P=\frac{m_0 v}{\sqrt{1-v^2/c^2}}=km_0 v \tag{7}$$

이 되고, 관측자에 대하여 속도 v로 운동하는 입자의 질량은 다음과 같이 얻어진다.

$$m=\frac{m_0}{\sqrt{1-v^2/c^2}}=km_0 \tag{8}$$

여기서 m_0는 정지질량(rest mass)으로 $v=0$일 때 질량 m의 값이다. 즉, 입자가 관측자에 대하여 정지하고 있을 때의 질량이다.

제2장 [그림 2·4]에서 입사 X선 광양자의 진행방향을 x, x의 직각방향을 y라고 하고, 입사 X선 광양자의 주파수를 f, 충돌 후의 산란 X선 광양자의 주파수를 f', 충돌한 후의 전자의 질량 및 속도를 m, v라고 하면, 에너지 보존의 법칙에 의해서 식 (10)이 성립된다. 입사 X선 광양자의 에너지 변화=전자운동의 에너지 변화라는 관계는

$$hf-hf'=(m-m_0)c^2 \tag{9}$$

이 된다. 이 경우, 운동량은 속도가 매우 크므로 Einstein의 상대성 이론식을 적용해야 된다.

X선 광양자 및 전자가 진행하는 방향을 나타내는 각을 ϕ와 θ라고 하면, 운동량보존의 법칙에 의해서 x방향의 운동량은 충돌 전의 운동량과 충돌 후의 운동량과 같으므로 [그림 I-2]에서 다음 식이 성립됨을 알 수 있다.

$$\frac{hf}{c}=\frac{hf'}{c}\cos\phi+mv\cos\theta \tag{10}$$

$$\frac{hf'}{c}\sin\phi-mv\sin\theta=0 \tag{11}$$

식 (9), (10), (11)에서 θ와 v를 소거하기 위해서 식 (10)에서 $\cos\phi$ 항을 이항하여 양변을 제곱하면

$$\left(\frac{hf}{c}-\frac{hf'}{c}\cos\phi\right)^2=m^2v^2\cos^2\theta \tag{12}$$

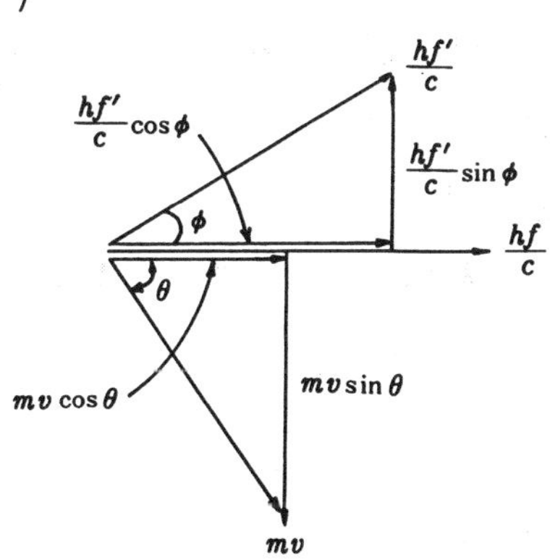

[그림 I-2]

이 된다. 같은 방법으로 식 (11)에서 $\sin\phi$를 이항하여 양변을 제곱하면,

$$\left(\frac{hf'}{c}\right)^2 \sin^2\phi = m^2v^2\sin^2\theta \tag{13}$$

가 되며, 식 (12)와 (13)을 합하여 θ항을 소거하면

$$m^2v^2 = \frac{h^2}{c^2}(f^2 + f'^2 - 2ff'\cos\phi) \tag{14}$$

또, 식 (9)에서 m_0c^2을 이항하여 양변을 제곱하면

$$m^2c^4 = (hf - hf' + m_0c^2)^2$$

$$m^2c^4 = \frac{1}{c^2}(hf - hf' + m_0c^2)^2 \tag{15}$$

또한, 식 (15)에서 식 (14)를 빼고 m 대신 상대성 이론식 $m = \dfrac{m_0}{\sqrt{1-\left(\frac{v}{c}\right)^2}}$을 대입해서 정리하면

$$m^2(c^2 - v^2) = \frac{m_0^2}{1-(v^2/c^2)}(c^2 - v^2) = m_0^2c^2$$

$$= m_0^2c^2 - \frac{2h^2}{c^2}ff'(1-\cos\phi) + 2hm_0(f - f') \tag{16}$$

가 되고, 식 (16)을 ff'로 나누고 c 값을 양변에 곱하여 정리하면

$$\left(\frac{1}{f'} - \frac{1}{f}\right)c = \frac{h}{m_0c}(1-\cos\phi) \tag{17}$$

가 된다. 한편, $\frac{c}{f'} = \lambda'$, $\frac{c}{f} = \lambda$의 관계를 고려하면 다음과 같은 결과식을 얻을 수 있다.

$$\lambda' - \lambda = \frac{h}{m_0c}(1-\cos\phi) \tag{18}$$

식 (19)에서 $\lambda' - \lambda = \Delta\lambda$라 놓으면, 이 $\Delta\lambda$를 Compton의 파장차라고 한다. $\Delta\lambda$는 산란각 ϕ만으로 결정되고, 산란각 $\phi = \frac{\pi}{2}$인 경우 $\cos\frac{\pi}{2} = 1$이 되어 식 (18)에서의 파장차 $\Delta\lambda = \lambda' - \lambda$는 다음과 같은 값을 갖게 된다.

$$\Delta\lambda = \lambda' - \lambda = \frac{h}{m_0c}$$

$$= 2.46\times10^{-12}[\mathrm{m}] \fallingdotseq 0.024[\text{Å}] \tag{19}$$

de Broglie파가 붙어다니는 어떤 물체의 정지질량을 m_0, 속도를 v라 할 때, 이 물체에 붙어 있는 de Broglie파의 각주파수(angular frequency) ω와 전파상수(propagation constant) k를 구한다.

각 주파수 ω는

$$\omega = 2\pi f \tag{20}$$

이므로, 식 (20)에 식 (2·10)(제2장)을 대입하면

$$\omega = \frac{2\pi mc^2}{h} \tag{21}$$

가 된다. 따라서, 식 (21)에 일반적으로 전자가 v[m/s]의 속도로 운동하고 있을 때의 질량 m을 나타낸 Einstein의 특수상대성 원리의 식 $m = \dfrac{m_0}{\sqrt{1-\left(\frac{v}{c}\right)^2}}$ 을 대입하면

$$\omega = \frac{2\pi c^2}{h} \cdot \frac{m_0}{\sqrt{1-\left(\frac{v}{c}\right)^2}} = \frac{2\pi m_0 c^2}{h\sqrt{1-\left(\frac{v}{c}\right)^2}} \tag{22}$$

이 된다. 같은 방법으로, 전파상수 k를 구하면

$$k = \frac{2\pi}{\lambda} \tag{23}$$

로 정의되므로 식 (2·7)(제2장)에서의 파장 λ의 값과 Einstein의 특수상대성 원리의 식을 대입해서 정리하면 다음과 같다.

$$k = \frac{2\pi mv}{h} = \frac{2\pi v}{h} \cdot \frac{m_0}{\sqrt{1-\left(\frac{v}{c}\right)^2}} = \frac{2\pi m_0 v}{h\sqrt{1-\left(\frac{v}{c}\right)^2}} \tag{24}$$

식 (22)와 (24)에서 알 수 있듯이 각속도 ω와 전파상수 k는 모두 입자의 속도 v의 함수가 된다. 한편, de Broglie 파의 파동속도 W는 식 (2·11)(제2장)에서와 같이

$$W = \frac{\omega}{k} = \frac{c^2}{v} \tag{25}$$

이 된다.

[그림 2·5](제2장)에서 파장을 λ라 하고, 각속도 ω인 파가 x축을 따라 진행하는 파의 진폭을 ψ라고 하자. 또, $+x$방향의 정현파를 ψ_1, $-x$방향으로 진행하는 정현파를 ψ_2라고 하고 수식으로 나타내면 다음과 같다.

$$\psi_1 = a\sin\left(\frac{2\pi x}{\lambda} - \omega t\right)$$

$$\psi_2 = a\sin\left(\frac{2\pi x}{\lambda} + \omega t\right) \tag{26}$$

장소 x에서 시간 t의 진동을 ψ라 하면, 주파수 f인 파동 ψ_1, ψ_2는 x축상에 동시에 존재하게 되므로 중첩의 원리에 의해서

$$\psi = \psi_1 + \psi_2 = 2a\sin\frac{2\pi x}{\lambda}\cos 2\pi ft \tag{27}$$

가 된다. 식 (27)은 우리가 잘 알고 있는 삼각함수의 가법정리를 이용해서 풀도록 한다.

그런데, 식 (27)이 갖고 있는 의미를 생각해 보면, 이 파의 형태가 정현파이지만 진동

ψ는 시간적으로는 $\cos 2\pi ft$로 변화하고, 공간적으로는 $2a\sin\frac{2\pi x}{\lambda}$로 시간 t와는 무관하게 주기적으로 변화를 하게 된다. 즉, 이러한 파를 정상파라고 한다. 그러므로, 이 정상파의 진동 ψ는 식 (27)에서 $2a=A$로 놓고 정리하면

$$\psi=A\sin\frac{2\pi x}{\lambda}$$

$$\psi=A\cos\frac{2\pi x}{\lambda} \tag{28}$$

와 같이 된다. 정상파에서는 sin 대신 cos, cos 대신 sin을 사용해도 관계없으므로 식 (28)의 $\psi=A\sin\frac{2\pi x}{\lambda}$를 미분하면,

$$\psi'=\frac{d\psi}{dx}=A\left(\frac{2\pi}{\lambda}\right)\cos\frac{2\pi x}{\lambda} \tag{29}$$

한번 더 미분하면 다음과 같다.

$$\psi'=\frac{d^2\psi}{dx^2}=-\left(\frac{2\pi}{\lambda}\right)^2 A\sin\frac{2\pi x}{\lambda} \tag{30}$$

식 (30) 중의 $A\sin\frac{2\pi x}{\lambda}$는 이미 식 (28)에서 진동 ψ라고 하였으므로 다음과 같이 고쳐 쓸 수 있다.

$$\frac{d^2\psi}{dx^2}+\left(\frac{2\pi}{\lambda}\right)^2\psi=0 \tag{31}$$

식 (31)이 갖고 있는 의미를 생각해 보면, 앞서 설명한 바와같이 정상파의 진행이 마치 원자 내의 전자의 운동과 같다고 하였으므로, 이 식은 전자의 운동을 나타내는 일차원의 파동방정식이다. 그러므로, 전자의 이중성, 즉 입자성과 파동성을 de Broglie의 물질파 식 $\lambda=\frac{h}{mv}$와 관련지어 전자의 운동 에너지(kinetic energy) E_k를 구하면 다음과 같다.

$$E_k=\frac{1}{2}mv^2=\frac{1}{2}m\left(\frac{h}{m\lambda}\right)^2 \tag{32}$$

식 (32)에서 전자의 운동 에너지 E_k와 전자의 운동에 의한 파장 λ의 관련식은 $\lambda^2=\frac{h^2}{2mE_k}$이므로 식 (31)의 $\left(\frac{2\pi}{\lambda}\right)^2$은 다음과 같이 고쳐 쓸 수 있다.

$$\left(\frac{2\pi}{\lambda}\right)^2=\frac{8\pi^2 mE_k}{h^2} \tag{33}$$

그러므로, 식 (31)은

$$\frac{d^2\psi}{dx^2}+\frac{8\pi^2 mE_k}{h^2}\psi=0 \tag{34}$$

이 되고, 이 식은 곧 전자의 운동 에너지를 포함한 파동방정식으로 일차원의 파동만을 나타낸 것이다.

그러므로, 이 식을 삼차원으로 나타내기 위하여 $\frac{d^2\psi}{dx^2}$ 대신에 $\frac{\partial^2\psi}{\partial x^2}+\frac{\partial^2\psi}{\partial y^2}+\frac{\partial^2\psi}{\partial z^2}$ 을 사용하면

$$\frac{\partial^2\psi}{\partial x^2}+\frac{\partial^2\psi}{\partial y^2}+\frac{\partial^2\psi}{\partial z^2}+\frac{8\pi^2 mE_k}{h^2}\psi=0 \tag{35}$$

이 된다. 다시, Laplacian으로 나타내면

$$\nabla^2=\frac{\partial^2}{\partial x^2}+\frac{\partial^2}{\partial y^2}+\frac{\partial^2}{\partial z^2} \tag{36}$$

이 되고, 또 $h/2\pi=\hbar$ 를 사용하면 식 (35)는

$$\nabla^2\psi+\frac{2mE_k}{\hbar^2}\psi=0 \tag{37}$$

가 된다. 식 (37)이 일반적으로 나타내는 전자의 파동방정식으로, 1926년 오스트리아의 Schrödinger에 의해서 처음으로 만들어진 것이다.

I-2 공간전하영역의 폭 *W* 유도 (관련 4·1절)

(1) 전계분포

본문 식 (4·19)~(4·20)까지 참고해서 전계분포 $E(x)=-\frac{dv}{dx}$ 이므로

$$\left.\begin{aligned}\frac{dE}{dx}&=-\frac{eN_a}{\varepsilon} \qquad (x<0,\ p\text{형쪽})\\ \frac{dE}{dx}&=-\frac{eN_d}{\varepsilon} \qquad (x>0,\ n\text{형쪽})\end{aligned}\right\} \tag{38}$$

pn 접합의 p형쪽에서 전계 $E(x)$는

$$E(x)=-\int\frac{eN_a}{\varepsilon}dx+c=-\frac{eN_a}{\varepsilon}x+c \tag{39}$$

식 (39)에서 c는 적분상수이고, 공간전하영역은 $x=-W_p$에서 $E=0$이므로 c는

$$c=-\frac{eN_aW_p}{\varepsilon} \tag{40}$$

이 되고 이 식 (40)을 (39)에 대입해서 정리하면 p형쪽의 전계분포는

$$E(x)=-\frac{eN_a}{\varepsilon}(x+W_p) \qquad (x<0,\ p\text{형쪽}) \tag{41}$$

이 된다. 식 (41)에서 $x=0$인 점에서의 전계는 다음과 같다.

$$E(x)\mid_{x=0}=-\frac{eN_aW_p}{\varepsilon} \tag{42}$$

위와 동일한 방법으로 n형쪽의 전계분포를 구한다. $x=W_n$에서 $E=0$이 되므로 식 (38)에서 $x>0$을 고려하면

$$E(x)=\frac{eN_d}{\varepsilon}(x-W_n) \qquad (x>0,\ n\text{형쪽}) \tag{43}$$

이 된다. $x=0$인 경계면에서 전계 E를 구하면

$$E(x)\mid_{x=0}=-\frac{eN_dW_n}{\varepsilon} \tag{44}$$

식 (42)와 (44)는 형태로 모순되지 않는다. 그 이유는 공간전하영역 W는 pn 접합 전체로 놓고 보면 전기적으로 중성영역이기 때문이다.

따라서, 식 (42)와 (44)를 같이 놓으면 다음과 같다.

$$eN_aW_p=eN_dW_n \tag{45}$$

즉, $x=0$인 점에서 전계가 가장 크다는 사실을 알 수 있다.

(2) 전위분포

한편, 식 (41)에서 $E(x)=-\dfrac{dV}{dx}$를 대입하면

$$\frac{dV}{dx}=\frac{eN_a}{\varepsilon}(x+W_p) \qquad (x<0) \tag{46}$$

p형의 중성영역을 전위 V의 기준으로 하면, $x=-W_p$에서 $V=0$이 되므로 식 (46)을 적분하면

$$V(x)=\frac{eN_a}{\varepsilon}\left[\frac{x^2}{2}+W_px+\frac{W_p^2}{2}\right] \qquad (x<0,\ p\text{형쪽}) \tag{47}$$

식 (47)은 적분상수는 $c=-\dfrac{eN_aW_p}{\varepsilon}$ ($\because x=-W_p$)를 관련해서 구한 것이다. 따라서, p형쪽의 전위분포는 경계조건을 이용해서 $x=0$에서는

$$V(x)\mid_{x=0}=\frac{eN_a}{\varepsilon}\cdot\frac{W_p^2}{2} \tag{48}$$

동일한 방법으로 n형쪽의 전위분포는 식 (43)에서부터 구해진다.

$$V(x)=-\frac{eN_d}{\varepsilon}\left[\frac{x^2}{2}-W_n x\right]+\frac{eN_a}{\varepsilon}-\frac{W_p^2}{2} \qquad (x>0,\ n\text{형쪽}) \tag{49}$$

식 (49)로부터 $x=W_n$으로 놓고 접촉전위차 V_0를 구하면

$$V_0=\frac{e}{2\varepsilon}[N_a W_p^2+N_d W_n^2] \tag{50}$$

이 식을 식 (45)에 대입하여 V_0에 관해서 정리하면

$$V_0=\frac{eN_a W_p^2}{2\varepsilon}\left[1+\frac{N_d}{N_a}\right] \tag{51}$$

$$V_0=\frac{eN_d W_n^2}{2\varepsilon}\left[1+\frac{N_a}{N_d}\right] \tag{52}$$

따라서 식 (51), (52)를 W_n, W_p에 대해서 정리하면

$$W_p=\left(\frac{2\varepsilon}{eN_a(1+N_a/N_d)}\right)^{1/2}\sqrt{V_0} \tag{53}$$

$$W_n=\left(\frac{2\varepsilon}{eN_d(1+N_d/N_a)}\right)^{1/2}\sqrt{V_0} \tag{54}$$

이 식 (51), (52)이 공간전하영역의 폭으로 본문 중 식 (4·13), (4·14)와 같다.

I-3 역포화전류 I_0의 유도(관련 4·6)

확산되는 정공에 의한 정공전류밀도를 J_p[A/m²]라 하면 J_p는 정공농도의 기울기 $\frac{dp}{dx}$에 비례하므로

$$J_p=-eD_p\frac{dp(x)}{dx} \tag{55}$$

이고, 같은 방법으로 확산전자 전류밀도는 다음과 같다.

$$J_n=eD_n\frac{dn(x)}{dx} \tag{56}$$

또한, 경계면 $x=0$에서 주입된 정공농도가 $p'(0)$이라면

$$p'(x)=p'(0)\,e^{-x/L_p}=p(x)-p_{n0} \tag{57}$$

이 되고, 따라서 정공농도는 $x=0$의 $p'(0)$에서부터 지수함수적으로 감소한다. 정공의 확산전류는 식 (55), (57)에 의해서

$$J_p = -eD_p \frac{dp(x)}{dx} = eD_p \frac{p'(0)}{L_p} e^{-x/L_p}$$

$$I_p = JA_p = \frac{AeD_p}{L_p} \cdot p'(0) e^{-x/L_p} = \frac{AeD_p}{L_p} [p(0) - p_{n0}] e^{-x/L_p} \tag{58}$$

로 되고, 전자에 의한 확산전류도 같은 방법으로 구할 수 있다. 식 (58)에서부터 pn 접합면($x=0$)에서 정공의 확산전류는

$$I_{pn}(0) = \frac{AeD_p}{L_p} [P_n(0) - P_{n0}] \tag{59}$$

로 된다. 여기에 접합의 법칙을 대입하면

$$I_{pn}(0) = \frac{AeD_p}{L_p} (p_{n0} e^{V/V_T} - p_{n0}) = \frac{AeD_p}{L_p} p_{n0} (e^{V/V_T} - 1) \tag{60}$$

을 얻을 수 있다. 따라서 $x=0$에서 전자의 확산전류는

$$I_{np}(0) = \frac{AeD_n}{L_n} n_{p0} (e^{V/V_T} - 1) \tag{61}$$

이 된다. 다이오드는 직렬로 된 회로이고, 직렬회로에 흐르는 전류는 어디에서나 같으므로 전류 I는 거리와 관계가 없기 때문에

$$\begin{aligned} I &= I_{pn}(0) + I_{np}(0) \\ &= \left(\frac{AeD_p p_{n0}}{L_p} + \frac{AeD_n n_{p0}}{L_n} \right) (e^{V/V_T} - 1) \\ &= I_0 (e^{V/V_T} - 1) \end{aligned} \tag{62}$$

이 얻어진다. 결론적으로, 반도체 내에서의 전체전류는 항상 일정하다는 뜻이다. 식 (62)에서 V는 바이어스 전압이므로 역바이어스인 경우에는 $V<0$이 되므로 $-V \gg V_T$이면

$$I = -I_0 \tag{63}$$

가 된다. 즉, 이 전류가 이상적인 pn 다이오드의 정특성에 관련되는 역포화전류이며, 식 (62)에서부터 다음과 같이 구할 수 있다.

$$I_0 = eA \left(\frac{D_p p_{n0}}{L_p} + \frac{D_n p_{n0}}{L_n} \right) = eA \left(\frac{L_p p_{n0}}{\tau_p} + \frac{L_n n_{p0}}{\tau_n} \right) \tag{64}$$

이 식이 본문 식 (4·31)의 증명이 된다.

Ⅱ-1 그리스 문자

그리스 문자		호칭		그리스 문자		호칭	
A	α	alpha	알파	N	ν	nu	뉴어
B	β	beta	베타	Ξ	ξ	xi	크사이
Γ	γ	gamma	감마	O	o	omicron	오미크론
Δ	δ	delta	델타	Π	π	pi	파이
E	ε	epsilon	입실론	P	ρ	rho	로오
Z	ζ	zeta	제에타	Σ	σ	sigma	시그마
H	η	eta	이이타	T	τ	tau	타우
Θ	θ	theta	시이타	Υ	υ	upsilon	웁실론
I	ι	iota	이오타	Φ	φ	phi	화이
K	κ	kappa	갑파	X	χ	chi	카이
Λ	λ	lambda	람다	Ψ	ψ	psi	프사이
M	μ	mu	뮤우	Ω	ω	omega	오메가

Ⅱ-2 물리상수

물리량	기호	값	
만유인력 상수	G	$6.670\times10^{-11}[N\cdot m^2kg^{-2}]$	
지구표면에서의 중력가속도	g	$9.81[ms^{-2}]=32.2[ft^{-2}]$	
해면에서의 대기압력	atm	$14.7[lbin^{-2}]=1.01325\times10^5[N\cdot m^{-2}]$	
절대영도	0°K	−273.15[°C]	
Boltzmann 상수	k	1.38054×10^{-23}[J°K^{-1}]	
Avogadro 수	N_0	6.02252×10^{26}[molecule kilomole^{-1}]	
보편기체상수	R	8.31434[Jmole^{-1}°K^{-1}]	
자유공간의 유전율	ε_0	$8.85434\times10^{-12}[CN^{-1}\cdot m^{-2}]$	
자유공간의 투자율	μ_0	$1.25664\times10^{-6}[WA^{-1}\cdot m^{-1}]$	
전자의 전하	e	$1.60216\times10^{-19}[C]$	
전자의 정지질량	m_e	$9.10908\times10^{-31}[kg]$	
양성자의 정지질량	m_p	$1.67252\times10^{-27}[kg]$	
중성자의 정지질량	m_n	$1.67482\times10^{-27}[kg]$	
광 속	c	$2.99792\times10^{8}[ms^{-1}]$	
Planck 상수	h	$6.6256\times10^{-34}[Js^{-1}]$	
Bohr 반지름	a_0	$0.529167\times10^{-10}[m]$	
비유전율	Ge	$(\varepsilon_r)_{Ge}$	16
	Si	$(\varepsilon_r)_{Si}$	11.8
	GaAs	$(\varepsilon_r)_{GaAS}$	10.9
	SiO_2	$(\varepsilon_r)_{SiO_2}$	3.8

Ⅱ-3 태양계상수

	질량, 10^{24}kg	지름, 10^{6}m	궤도의 주기, 일	궤도의 지름, 10^{9}m
태양	1.96×10^{6}	1390	—	—
지구	5.98	12.76	365.3	149
달	0.0735	3.48	27.3	0.38

Ⅱ-4 단위환산표

1 [m]=100[cm]=39.4[in]=3.28[ft]
1 [cm]=10[mm]=0.394[in]
1 [km]=1000[m]=0.621[mi]
1 [ft]=12[in]=0.305[m]
1 inch[in]=0.0833[ft]=2.54[cm]
1 mile[mi]=5280[ft]=1.61[km]
1 [ms^{-1}]=3.28[ft s^{-1}]=2.24[mi hr^{-1}]=3.60[km hr^{-1}]
1 [ft s^{-1}]=0.305[m s^{-1}]=0.682[mi hr^{-1}]=1.10[km hr^{-1}]
(주의 : 88[ft s^{-1}]=60[mi hr^{-1}]라는 것을 알아두면 편리하다)
1 [mi hr^{-1}]=1.47[ft s^{-1}]=0.477[m s^{-1}]=1.61[km hr^{-1}]
1 [rad]=57.30°=57°18′
1°=0.01745[rad]
1회전/분[rev min^{-1}]=0.1047[rad s^{-1}]
1 [kg]=1000[g]=0.0685 slug
(주의 : 1[kg]의 무게가 2.21[lb]라는 의미에서 1[kg]은 2.21[lb]에 해당한다)
1 slug=14.6[kg]
(주의 : 1 slug의 무게가 32.2[lb]라는 의미에서 1 slug는 32.2[lb]에 해당한다)
1 원자질량단위(amu)=1.66×10^{-27}[kg]=1.49×10^{-10}[J]=931[MeV]
1 [N]=0.225[lb]
1 [lb]=4.45[N]
1 [J]=0.738[ft·lb]=2.39×10^{-4}[kcal]=6.24×10^{18}[eV]=1[N·m]=10^{7}[erg]=1[W·s]
1 kilocalorie[kcal]=4185[J]
1 foot·pound[ft·lb]=1.36[J]
1 electron volt[eV]=10^{-6}[MeV]=1.60×10^{-19}[J]=1.18×10^{-19}[ft·lb]=3.83×10^{-23}[kcal]
1 [W]=1[Js^{-1}]=0.738[ft·lb s^{-1}]
$\log_e x=2.3026\log_{10}x$
1 [A]=1[c/s]
1 [Å]=10^{-10}[m]=10^{-4}[μm]
1기압=760[mmHg]

1 [Farad]=1[c/V]
1 [micron]=10^{-6}[m]=1[μm]
milli[m]=$\times 10^{-3}$
nano[n]=$\times 10^{-9}$
1 newton[N]=1[kg·m/s^2]
pico[P]=$\times 10^{-12}$
1 volt[V]=1[W/A]
1 watt[W]=1[J/s]
1 weber[Wb]=1[V·s]
1 weber/m^2=10^4[gauss]

Ⅱ-5 원소의 주기율표

원자량 : 동위원소 원자량의 자연의 존재비에 의한 중가평균치
원자번호 Z : 양성자(또는 전자)의 수
질량수 : $A=Z+N$, N: 중성자의 수
핵종 : $^{X}_{Z}\mathrm{X}$와 같이 표시한다. 단, X는 원소기호(화학기호)

양성자수 n, l, s 에 대한 제약

		K	L	M	N	O	P	Q	…
主量子數	$n\in\{$	1,	2,	3,	4,	5,	6,	7,	…
		s	p	d	f				
方位量子數	$l\in\{$	0,	1,	2,	3,	…,	$n-1\}$		

磁氣量子數 $m\in\{0,\ \pm1,\ \pm2,\ \cdots,\ \pm l\}$

스핀量子數 $s\in\left\{\frac{1}{2},\ -\frac{1}{2}\right\}$

금 속

Ⓖ : 기체 Ⓛ : 액체 기타 : 고체

← 천이원소 ——

족 / 주기

주기	1A	2A	3A	4A	5A	6A	7A	8	8
1	1 $_{1}$H 수 소 Hydrogen 1.0079 Ⓖ 1								
2	1 $_{3}$Li 리 튬 Lithium 6.94(1) 2, 1	2 $_{4}$Be 베릴륨 Beryllium 9.01218 2, 2							
3	1 $_{11}$Na 나트륨 Sodium 22.98977 2, 8, 1	2 $_{12}$Mg 마그네슘 Magnesium 24.305 2, 8, 2							
4	1 $_{19}$K 칼 륨 Potassium 39.09(8) 2, 8, 8, 1	2 $_{20}$Ca 칼 슘 Calcium 40.08 2, 8, 8, 2	3 $_{21}$Sc 스칸듐 Scandium 44.9559 2, 8, 9, 2	4, 3 $_{22}$Ti 타탄늄 Titanium 47.9(0) 2, 8, 10, 2	5, 4, 3, 2 $_{23}$V 바나듐 Vanadium 50.941(4) 2, 8, 11, 2	6, 3, 2 $_{24}$Cr 크 롬 Chromium 51.996 2, 8, 13, 1	7, 6, 4, 2, 3 $_{25}$Mn 망 간 Manganese 54.9380 2, 8, 13, 2	2, 3 $_{26}$Fe 철 Iron 55.84(7) 2, 8, 14, 2	2, 3 $_{27}$Co 코발트 Cobalt 58.9332 2, 8, 15, 2
5	1 $_{37}$Rb 루비듐 Rubidium 85.467(8) 2, 8, 18, 8, 1	2 $_{38}$Sr 스트론튬 Strontium 87.62 2, 8, 18, 8, 2	3 $_{39}$Y 이트륨 Yttrium 88.9059 2, 8, 18, 9, 2	4 $_{40}$Zr 지르코늄 Zirconium 91.22 2, 8, 18, 10, 2	5, 3 $_{41}$Nb 나오브 Niobium 92.9064 2, 8, 18, 12, 1	6, 5, 4, 3, 2 $_{42}$Mo 몰리브덴 Molybdenum 95.9(4) 2, 8, 18, 13, 1	7 $_{43}$Tc 테크네튬 Technetium — 2, 8, 18, 14, 1	2, 3, 4, 6, 8 $_{44}$Ru 루테늄 Ruthenium 101.0(7) 2, 8, 18, 15, 1	2, 3, 4 $_{45}$Rh 로 듐 Rhodium 102.9055 2, 8, 18, 16, 1
6	1 $_{55}$Cs 세 슘 Cesium 132.9054 Ⓛ 2, 8, 18, 18, 8, 1	2 $_{56}$Ba 바 륨 Barium 137.3(4) 2, 8, 18, 18, 8, 2	3 * $_{57}$La 란 탄 Lanthanum 138.905(5) 2, 8, 18, 18, 9, 2	4 $_{72}$Hf 하프늄 Hafnium 178.4(9) 2, 8, 18, 32, 10, 2	5 $_{73}$Ta 탄 탈 Tantalum 180.947(9) 2, 8, 18, 32, 11, 2	6, 5, 4, 3, 2 $_{74}$W 텅스텐 Wolfram 183.8(5) 2, 8, 18, 32, 12, 2	7, 6, 4, 2, −1 $_{75}$Re 레 늄 Rhenium 186.207 2, 8, 18, 32, 13, 2	2, 3, 4, 6, 8 $_{76}$Os 오스뮴 Osmium 190.2 2, 8, 18, 32, 14, 2	2, 3, 4, 6 $_{77}$Ir 이리듐 Iridium 192.2(2) 2, 8, 18, 32, 17
7	1 $_{87}$Fr 프랑슘 Francium — 2, 8, 18, 32, 18, 8, 1	2 $_{88}$Ra 라 듐 Radium 226.0254 2, 8, 18, 32, 18, 8, 2	3 ** $_{89}$Ac 악티늄 Actinium — 2, 8, 18, 32, 18, 9, 2						

*	란타니드 系列	3, 4 $_{58}$Ce 세 륨 Cerium 140.12 2, 8, 18, 20, 8, 2	3, 4 $_{59}$Pr 프라세오디뮴 Praseodymium 140.9077 2, 8, 18, 21, 8, 2	3 $_{60}$Nd 네오디늄 Neodynium 144.2(4) 2, 8, 18, 22, 8, 2	3 $_{61}$Pm 프로메튬 Prometheum — 2, 8, 18, 23, 8, 2	3, 2 $_{62}$Sm 사마륨 Samarium 150.4 2, 8, 18, 24, 8, 2
**	악티니드 系列	4 $_{90}$Th 토 륨 Thorium 232.0381 2, 8, 18, 32, 18, 10, 2	5, 4 $_{91}$Pa 프로트악티늄 Protactinium 231.0359 2, 8, 18, 32, 20, 9, 2	6, 5, 4, 3 $_{92}$U 우라늄 Uranium 238.029 2, 8, 18, 32, 21, 9, 2	6, 5, 4, 3 $_{93}$Np 넵투늄 Neptunium 237.0482 2, 8, 18, 32, 22, 9, 2	6, 5, 4, 3 $_{94}$Pu 플루토늄 Plutonium — 2, 8, 18, 32, 23, 9, 2

[기호 설명]

酸化數	±4, 2
元素記號	C
原子番數	6
元素名	炭素 / Carbon
原子量	12.011
原子配置(KLMNOPQ)	2, 4

Pauli의 배타원리 : 한 원자 속의 2개의 전자(n, l, m, s)의 동일치를 갖는 것을 허용하지 않는다. 어느 각의 s, p, d, f 궤도에 들어갈 수 있는 수는 2, 6, 10, 14 이하이다.

전자배치는 nl^k 모양의 3개의 숫자의 조를 나열해서 표시한다. k는 양자수 n, l의 궤도에 있는 전자의 수 한 개의 각 내에서 에너지는 s, p, d, f의 순서로 높아진다. 표에서는 이 순서에 따라서 전자배치를 표시하고 있다.

예 : $_{26}Fe$

$\underbrace{1s^2,}_{2}$ $\underbrace{2s^2 \cdot 2p^6,}_{8}$ $\underbrace{3s^2 \cdot 3p^6 \cdot 3d^6,}_{14}$ $\underbrace{4s^2}_{2}$

반 도 체 비 금 속

	1B	2B	3B	4B	5B	6B	7B	0
								0 $_{2}$He 헬륨 Helium 4.00260 Ⓖ 2
			3 $_{5}$B 붕소 Boron 10.81 2, 3	±4, 2 $_{6}$C 탄소 Carbon 12.011 2, 4	±3, 5, 4, 2 $_{7}$N 질소 Nitrogen 14.0067 Ⓖ 2, 5	−2 $_{8}$O 산소 Oxygen 15.999(4) Ⓖ 2, 6	−1 $_{9}$F 플루오르 Fluorine 18.99840 Ⓖ 2, 7	0 $_{10}$Ne 네온 Neon 20.17(9) Ⓖ 2, 8
			3 $_{13}$Al 알루미늄 Aluminum 26.98154 2, 8, 3	4 $_{14}$Si 규소 Silicon 28.08(6) 2, 8, 4	±3, 4, 5 $_{15}$P 인 Phosphorus 30.97376 2, 8, 5	6, 3, 4, −2 $_{16}$S 황 Sulfur 32.06 2, 8, 6	±1, 4, 5, 6, 7 $_{17}$Cl 염소 Chlorine 35.453 Ⓖ 2, 8, 7	0 $_{18}$Ar 아르곤 Argon 39.94(8) Ⓖ 2, 8, 8
2, 3 $_{28}$Ni 니켈 Nickel 58.70 2, 8, 16, 2	2, 1 $_{29}$Cu 구리 Copper 63.54(6) 2, 8, 18, 1	2 $_{30}$Zn 아연 Zinc 65.38 2, 8, 18, 2	3 $_{31}$Ga 갈륨 Gallium 69.72 2, 8, 18, 3	4 $_{32}$Ge 게르마늄 Germanium 72.5(9) Ⓛ 2, 8, 18, 4	±3, 5 $_{33}$As 비소 Arsenic 74.9216 2, 8, 18, 5	6, 4, −2 $_{34}$Se 셀렌 Selenium 78.9(6) 2, 8, 18, 6	±1, 4, 5 $_{35}$Br 브롬 Bromine 79.904 Ⓛ 2, 8, 18, 7	0 $_{36}$Kr 크립톤 Krypton 83.80 Ⓖ 2, 8, 18, 8
3, 4 $_{46}$Pd 팔라듐 Palladium 106.4 2, 8, 18, 18	1 $_{47}$Ag 은 Silver 107.868 2, 8, 18, 18, 1	2 $_{48}$Cd 카드뮴 Cadmium 112.40 2, 8, 18, 18, 2	3 $_{49}$In 인듐 Indium 114.82 2, 8, 18, 18, 3	4, 2 $_{50}$Sn 주석 Tin 118.6(9) 2, 8, 18, 18, 4	±3, 5 $_{51}$Sb 안티몬 Antimony 121.7(5) 2, 8, 18, 18, 5	6, 4, −2 $_{52}$Te 텔루륨 Tellurium 127.6(0) 2, 8, 18, 18, 6	±1, 4, 5, 7 $_{53}$I 요오드 Iodine 126.9045 2, 8, 18, 18, 7	0 $_{54}$Xe 크세논 Xenon 131.30 Ⓖ 2, 8, 18, 18, 8
2, 4 $_{78}$Pt 백금 Platinum 195.0(9) 2, 8, 18, 32, 17, 1	3, 1 $_{79}$Au 금 Gold 196.9665 2, 8, 18, 32, 18, 1	2, 1 $_{80}$Hg 수은 Mercury 200.5(9) Ⓛ 2, 8, 18, 32, 18, 2	3, 1 $_{81}$Tl 탈륨 Thallium 204.3(7) 2, 8, 18, 32, 18, 3	4, 2 $_{82}$Pb 납 Lead 207.2 2, 8, 18, 32, 18, 4	3, 5 $_{83}$Bi 비스무트 Bismuth 208.9804 2, 8, 18, 32, 18, 5	4, 2 $_{84}$Po 폴로늄 Polonium — 2, 8, 18, 32, 18, 6	$_{85}$At 아스타틴 Astatine — 2, 8, 18, 32, 18, 7	0 $_{86}$Rn 라돈 Radon — Ⓖ 2, 8, 18, 32, 18, 8

3, 2 $_{63}$Eu 유로퓸 Europium 151.96 2, 8, 18, 25, 8, 2	3 $_{64}$Gd 가돌리늄 Gadolinium 157.2(5) 2, 8, 18, 25, 9, 2	3, 4 $_{65}$Tb 테르븀 Terbium 158.9254 2, 8, 18, 27, 8, 2	3 $_{66}$Dy 디스프로슘 Dysprosium 162.5(0) 2, 8, 18, 28, 8, 2	3 $_{67}$Ho 홀뮴 Holmium 164.9304 2, 8, 18, 29, 8, 2	3 $_{68}$Er 에르븀 Erbium 167.2(6) 2, 8, 18, 30, 8, 2	3, 2 $_{69}$Tm 툴륨 Thulium 168.9342 2, 8, 18, 31, 8, 2	3, 2 $_{70}$Yb 이테르븀 Ytterbium 173.0(4) 2, 8, 18, 32, 8, 2	3 $_{71}$Lu 루테튬 Lutetium 174.97 2, 8, 18, 32, 9, 2
6, 5, 4, 3 $_{95}$Am 아메리슘 Americium — 2, 8, 18, 32, 24, 9, 2	3 $_{96}$Cm 퀴륨 Curium — 2, 8, 18, 32, 25, 9, 2	4, 3 $_{97}$Bk 버클륨 Berkelium — 2, 8, 18, 32, 26, 9, 2	3 $_{98}$Cf 칼리포르늄 Californium — 2, 8, 18, 32, 27, 9, 2	— $_{99}$Es 아인시타이늄 Einsteinium — 2, 8, 18, 32, 28, 9, 2	— $_{100}$Fm 페르뮴 Fermium — 2, 8, 18, 32, 29, 9, 2	— $_{101}$Md 멘델레븀 Mendelevium — 2, 8, 18, 32, 30, 9, 2	— $_{102}$No 노벨륨 Nobelium — 2, 8, 18, 32, 32, 8, 2	— $_{103}$Lw 로렌슘 Lawrencium — 2, 8, 18, 32, 32, 9, 2

※ 104·105·106은 생략했음.

Ⅱ-6 전자파의 종류 및 용도

주파수[Hz]	파 장	명 칭	용 도
	(1°A)	X선	
10^{18} (1E)	10^{-9}(1nm)		
		자외선	
10^{15} (1P)	10^{-6} (1μm)	가시광선	레이저 응용
		근적외선	
10^{12} (1T)	10^{-3} (1mm)	근원적외선	
		(SHF) (UHF) 마이크로파	마이크로파 통신 이동무선
10^{9} (1G)	10^{0} (1m)		
		(VHF) 초단파	TV방송
		(HF) 단파	라디오 방송
10^{6} (1M)	10^{3} (1km)	(MF) 중파	
		(LF)	전파항법
		(VLF) 장파	
10^{3} (1K)	10^{6}	(ELF)	

Ⅱ - 7 반도체의 여러 가지 성질

족	물질	결정	접점 [°C]	∇E [eV] 300[°K]	$\frac{d}{dT}(\Delta E_g)\times 10^4$ [eV/deg]	굴절률	비유전율	전자이동도 (cm^2/V·s) 300[°K]	정공이동도 (cm^2V·s) 300[°K]	비 고
Ⅳ	C 다이아몬드	다이아몬드형		~5.4	−1.6	2.4		1800	1500	
	Si	다이아몬드형	1420	1.09	−4.0	3.44	11.8	1600	500	
	Ge	다이아몬드형	936	0.66	−4.0	4.0	16	4000	2000	
Ⅵ	Se	육방정계	220	1.5~2.2	−4 −10	3~4 2.5	~6	0.005	0.2 0.1	정류기, 광전지 광전면
Ⅳ-Ⅳ	SiC	섬아연광형	2700	2.3~3	−3	2.6	10	100	50	정류기, 바리스터 전장발광, 레이저
Ⅲ-Ⅴ	AlSb	섬아연광형	2700	1.62	−4	3.2	11	200	420	
	GaP	섬아연광형	1450 ~1500	2.25	−5.4	2.9	10	110	75	형광, LED
	GaAs	섬아연광형	1237	1.39	−4.3	3.3	12.5	8500	420	정류기, 에사키 다이오드, 태양전지, 레이저, LED
	GaSb	섬아연광형	712	0.67	−4	3.7	15	4000	1400	
	InP	섬아연광형	1062	1.29	−4.5	3.3	14	4600	150	레이저
	InAs	섬아연광형	942	0.36	−3.5	3.4	14.5	33000	460	PEM, 레이저
	InSb	섬아연광형	525	0.17	−2.9	4.0	17	78000	1000	발전기, PEM, 광도전체 레이저
Ⅱ-Ⅵ	ZnO	섬아연광형	1975	3.2~3.5		2.0	~10	200	180	전자사식
	ZnS	섬아연광형	1850	3.7	−5	2.3	16.6			형광체
	ZnSe	섬아연광형	~1000	2.8	−7	2.7		100		형광체, 광도전체
	ZnTe	섬아연광형	1239	2.15		3		100	50	
	CdS	섬아연광형	~1500	2.4	−5.2	2.4	11.6	250	20	형광체, 광도전체
	CdSe	섬아연광형	~1300	1.8	−4.6	2.5				광도전체, 형광체
	CdTe	섬아연광형	1090	1.5	−4	2.7	10.7	900	80	
	HgSe	섬아연광형	690	小				~10000		
	HgTe	섬아연광형	670	小				~10000		
Ⅳ-Ⅵ	PbS	암염형	1110	0.39	+5	4		600	500	광도전체
	PbSe	암염형	1065	0.27	+4	4.6		1400	950	광도전체
	PbTe	암염형	911	0.33	+4	5.3		2100	840	광도전체
Ⅴ-Ⅵ	Sb_2S_3	사방정계	546	1.7	−10		15		45	광전면
	Bi_2Te_3	마름모정계	573	0.5	−0.9			800	400	열전소자
Ⅰ-Ⅵ	Cu_2O	아산화동형	고온	~2		2.17			50	정류기, 광전지
Ⅰ-Ⅴ	Cs_3Sb			0.6					412(190°C)	광전관 2차 전자방사

찾아보기

물리전자공학

2019년 9월 10일 3판 2쇄 발행

저 자 양호언 · 김 탁
발행인 남 승 우

발행처 도서출판 상尙 학學 당堂

서울특별시 동작구 사당로9가길 6
TEL : 02) 595-1692～4
FAX : 02) 595-1394
E-mail : namdoo6@unitel.co.kr

신고 : 2-155호 (1968. 11. 29)

정가 25,000원

ISBN 978-89-6587-100-2 93560

〈디자인〉 편집 이선경 / 표지 나아기획